U0103772

Linux
C/C++
服务器开发实践

朱文伟 李建英 著

清华大学出版社
北京

内 容 简 介

本书较为全面地介绍了基于 Linux 网络编程的基础知识和编程技术，章节安排贴近企业项目需求，对基于 Linux C/C++语言的多线程编程和 Linux 操作系统支持的网络库函数等进行讲解，由易到难，逐层递进。

本书共分 12 章，内容包括网络概述、网络基础概念、套接字、TCP 编程、UDP 编程、原始套接字编程、网络 I/O 模型、服务器设计，以及四大综合实践项目（HTTP 服务器、FTP 服务器、并发聊天服务器与 C/S 和 P2P 联合架构的并发游戏服务器），通过项目练习帮助读者巩固所学的编程技术。

本书适合具有 Linux C/C++编程基础、需要掌握 Linux 服务器编程的开发人员阅读，也适合高等院校和培训学校计算机软件开发相关专业的师生作为参考用书。

图书在版编目（CIP）数据

Linux C/C++服务器开发实践/朱文伟，李建英著. —北京：清华大学出版社，2022.6（2023.4重印）
ISBN 978-7-302-60886-8

Ⅰ．①L… Ⅱ．①朱… ②李… Ⅲ．①C 语言—Linux 操作系统—程序设计
②C++语言—Linux 操作系统—程序设计 Ⅳ．①TP312

中国版本图书馆 CIP 数据核字（2022）第 083225 号

责任编辑：夏毓彦
封面设计：王　翔
责任校对：闫秀华
责任印制：沈　露

出版发行：清华大学出版社
　　　　网　　　址：http://www.tup.com.cn，http://www.wqbook.com
　　　　地　　　址：北京清华大学学研大厦 A 座　　　　　　　邮　　编：100084
　　　　社 总 机：010-83470000　　　　　　　　　　　　　　邮　　购：010-62786544
　　　　投稿与读者服务：010-62776969，c-service@tup.tsinghua.edu.cn
　　　　质量反馈：010-62772015，zhiliang@tup.tsinghua.edu.cn
印 装 者：小森印刷霸州有限公司
经　　销：全国新华书店
开　　本：190mm×260mm　　　　　　印　　张：25.75　　　　字　　数：695 千字
版　　次：2022 年 7 月第 1 版　　　　　　　　　　　　　　印　　次：2023 年 4 月第 2 次印刷
定　　价：99.00 元

产品编号：095411-01

前　　言

当前图书市场上，参加工作 3～4 年的 Linux 开发工程师能参考的实用型网络编程书不多，不少 Linux 网络编程书还从编辑器、编译器如何使用讲起，那些内容都是给学生或者刚刚参加工作的人员看的，适用于未接触过 Linux 开发的人。Linux 网络编程最重要的基础有两点，一是 Linux 多线程编程功底，二是对网络协议的理解。笔者以前编写的《Linux C 与 C++一线开发实践》对 Linux 基础编程进行了较为详细的讲述，也取得到了不错的市场反馈。很多读者都问笔者：下一步想深入地学习 Linux 编程，应该看哪些书？我想，Linux 编程的两大就业领域中，一个是嵌入式开发，另一个是网络服务器编程。前者目前书籍较多。而后者，尤其是有深度、符合招聘市场要求的从基础到案例的网络编程书非常少！当前网络系统越来越复杂，应用范围越来越大，迫切需要新的技术来应对新应用的挑战。这一点可以从广大招聘启事上看得出来。网络编程难，难就难在服务器编程。

一本专门讲述 Linux 服务器编程的书，不但能帮助一般工程师提高网络编程能力，而且还可以为市场输送更符合需求的工程师。笔者常年从事一线 Linux 服务器编程，了解流行的 Linux 网络编程技术，并且拥有相关项目经验。对于 Linux 编程的初学者，可以将本书和笔者的另一本编程书《Linux C 与 C++一线开发实践》结合起来学习。

关于本书

本书涵盖 Linux 网络编程从基础到高级开发的知识点，重点讲解了技术性较强的 TCP 编程、UDP 编程和 I/O 模型编程，同时对每个知识点都从原始概念和基本原理进行了详细和透彻的分析，并对比较复杂和难度较高的内容绘制了原理图进行讲解。书中的示例代码大多是从实际项目总结而来，有很强的实用性。

本书从五大服务器编程基础技术开始逐步深入到四大项目案例进行开发实践，融合基础知识和一些数据库、跨平台界面编程知识，使得我们的案例系统完整且包含客户端，甚至稍微修改就可以上升为商用软件，比如最后一章的并发游戏服务器。通常在网络编程书中，一般只会讲解一个综合案例，而本书提供了 HTTP 服务器、FTP 服务器、并发聊天服务器与 C/S 和 P2P 联合架构的并发游戏服务器四大项目案例，可以作为课程设计和学生毕业设计的素材。

本书适用的读者

本书由于技术全面、讲解循序渐进、学习曲线坡度小、注释详尽，因此本书适用的读者面很广，可作为学校和培训班教材使用，也可作为工程师自学教材。如果是从来没有接触过 Linux 和 C/C++ 语言编程的读者，可以先学完《Linux C 与 C++一线开发实践》，再学本书，那样可以起到事半功倍的效果。另外，本书需要读者有 C 和 C++的基础，最好是 C++11，因为本书的线程池用到的语言是基于 C++11 的。

配套源码下载

本书配套的源码，需要使用微信扫描下面二维码获取，可按扫描后的页面提示填写自己的邮箱，把下载链接转发到邮箱中下载。如果发现问题或疑问，请发送电子邮件联系 booksaga@163.com，邮件主题为"Linux C/C++服务器开发实践"。

本书作者与鸣谢

本书笔者为朱文伟和李建英。本书的顺利出版，离不开清华大学出版社老师们的帮助，在此表示衷心的感谢。虽然笔者尽了最大努力编写本书，但书中依然可能存在疏漏之处，敬请读者提出宝贵的意见和建议。

作　者
2022 年 6 月

目　　录

第 1 章

TCP/IP 基础

　　TCP/IP是Transmission Control Protocol/Internet Protocol的简写，中文名为传输控制协议/互联网协议，又名网络通信协议，是Internet最基本的协议，也是Internet国际互联网络的基础。TCP/IP协议不是指一个协议，也不是TCP和IP这两个协议的合称，而是一个协议族，包括了多个网络协议，比如IP协议、IMCP协议、TCP协议以及我们更加熟悉的HTTP协议、FTP协议、POP3协议等。TCP/IP 定义了计算机操作系统如何连入互联网，以及数据如何在它们之间传输的标准。

　　TCP/IP协议是为了解决不同系统的计算机之间的传输通信而提出的一个标准，不同系统的计算机采用了同一种协议后，就能相互进行通信，从而能够建立网络连接，实现资源共享和网络通信了。就像两个不同语言国家的人，都用英语说话后，就能相互交流了。

1.1　TCP/IP 协议的分层结构

　　TCP/IP协议族按照层次由上到下，可以分成4层，分别是应用层（Application Layer）、传输层（Transport Layer）、网络层（Internet Layer，也称Internet层或网络层）和网络接口层（Network Interface Layer）或称数据链路层。其中，应用层包含所有的高层协议，比如虚拟终端协议（Telecommunications Network，TELNET）、文件传输协议（File Transfer Protocol，FTP）、电子邮件传输协议（Simple Mail Transfer Protocol，SMTP）、域名系统（Domain Name System，DNS）、网上新闻传输协议（Net News Transfer Protocol，NNTP）和超文本传送协议（Hyper Text Transfer Protocol，HTTP）等。TELNET允许一台机器上的用户登录到远程机器上，并进行工作；FTP提供有效地将文件从一台机器上转移到另一台机器上的方法；SMTP用于电子邮件的收发；DNS用于把主机名映射到网络地址；NNTP用于新闻的发布、检索和获取；HTTP用于在WWW上获取主页。

　　应用层的下面一层是传输层，著名的TCP协议和UDP协议就在这一层。TCP协议是面向连接的协议，它提供可靠的报文传输和对上层应用的连接服务。为此，除了基本的数据传输外，它还有可靠性保证、流量控制、多路复用、优先权和安全性控制等功能。UDP协议（User Datagram Protocol，用户数据报协议）是面向无连接的不可靠传输的协议，主要用于不需要TCP的排序和流量控制等功能的应用程序。

传输层下面一层是网络层，该层是整个TCP/IP体系结构的关键部分，其功能是使主机可以把分组发往任何网络，并使分组独立地传向目标。这些分组可能经由不同的网络，到达的顺序和发送的顺序也可能不同。互联网层使用协议有IP协议。

网络层下面是网络接口层，该层是整个体系结构的基础部分，负责接收IP层的IP数据报，通过网络向外发送；或接收处理从网络上来的物理帧，抽出IP数据报，向IP层发送。该层是主机与网络的实际连接层。链路层下面就是实体线路了（比如以太网络、光纤网络等）。链路层有以太网、令牌环网等标准，链路层负责网卡设备的驱动、帧同步（就是说从网线上检测到什么信号算作新帧的开始）、冲突检测（如果检测到冲突就自动重发）、数据差错校验等工作。交换机是工作在链路层的网络设备，可以在不同的链路层网络之间转发数据帧（比如十兆以太网和百兆以太网之间、以太网和令牌环网之间），由于不同链路层的帧格式不同，交换机要将进来的数据报拆掉链路层首部重新封装之后再转发。

不同的协议层对数据报有不同的称呼，在传输层叫作段（Segment），在网络层叫作数据报（Datagram），在链路层叫作帧（Frame）。数据封装成帧后发到传输介质上，到达目的主机后每层协议再剥掉相应的首部，最后将应用层数据交给应用程序处理。

不同层包含不同的协议，如图1-1所示为各个协议及其所在的层。

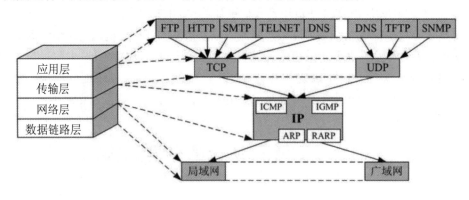

图 1-1

在主机发送端，从传输层开始，会把上一层的数据加上一个报头形成本层的数据，这个过程叫数据封装。在主机接收端，从最下层开始，每一层数据会去掉首部信息，该过程叫作数据解封，如图1-2所示。

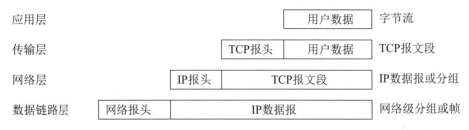

图 1-2

下面以浏览某个网页为例，了解浏览网页的过程中TCP/IP各层所做的工作。

发送方：

（1）打开浏览器，输入网址：www.xxx.com，按Enter键，访问网页，其实就是访问Web服务器上的网页，在应用层采用的协议是HTTP协议，浏览器将网址等信息组成HTTP数据，并将数据发送给下一层传输层。

（2）传输层将数据前加上TCP首部，并标记端口为80（Web服务器默认端口），将这个数据段发给下一层网络层。

（3）网络层在这个数据段前加上自己机器的IP和目的IP，此时这个段被称为IP数据报（也可以称为报文），然后将这个IP包发给下一层网络接口层。

（4）网络接口层先将IP数据报前面加上自己机器的MAC地址和目的MAC地址，这时加上MAC地址的数据称为帧，网络接口层通过物理网卡将这个帧以比特流的方式发送到网络上。

互联网上有路由器，它会读取比特流中的IP地址进行选路，以到达正确的网段，之后这个网段的交换机读取比特流中的MAC地址，找到对应要接收的机器。

接收方：

（1）网络接口层用网卡接收到了比特流，读取比特流中的帧，将帧中的MAC地址去掉，就成了IP数据报，传递给上一层网络层。

（2）网络层接收了下层传上来的IP数据报，将IP从包的前面拿掉，取出带有TCP的数据（数据段）交给传输层。

（3）传输层接收了这个数据段，看到TCP标记的端口是80，说明应用层协议是HTTP协议，之后将TCP头去掉并将数据交给应用层，告诉应用层发送方请求的是HTTP的数据。

（4）应用层发送方请求的是HTTP数据，就调用Web服务器程序，把www.xxx.com的首页文件发送回去。

如果两台计算机在不同的网段中，那么数据从一台计算机到另一台计算机传输过程中要经过一个或多个路由器，如图1-3所示。

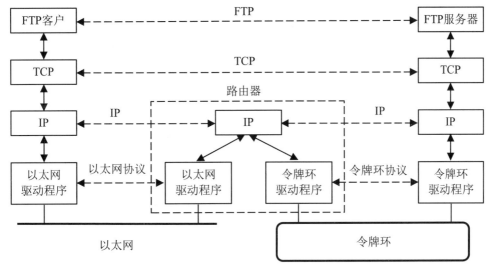

图 1-3

目的主机收到数据报后，经过各层协议栈最后到达应用程序的过程如图1-4所示。

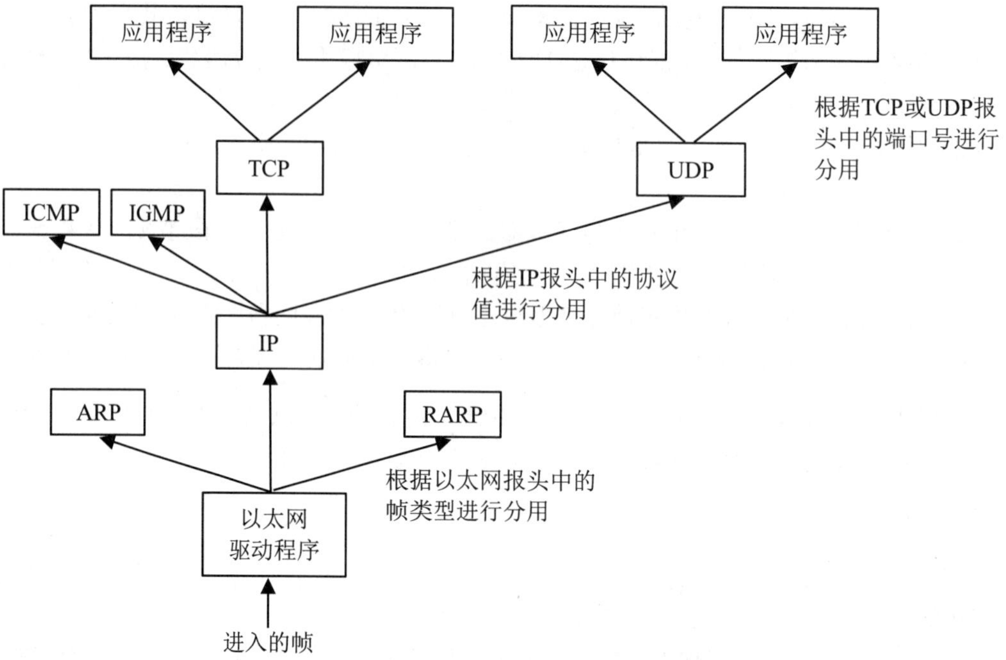

图 1-4

以太网驱动程序首先根据以太网首部中的"上层协议"字段确定该数据帧的有效载荷（Payload，指除去协议首部之外实际传输的数据）是IP、ARP还是RARP协议的数据报，然后交给相应的协议处理。假如是IP数据报，IP协议再根据IP首部中的"上层协议"字段确定该数据报的有效载荷是TCP、UDP、ICMP还是IGMP，然后交给相应的协议处理。假如是TCP段或UDP段，TCP或UDP协议再根据TCP首部或UDP首部的"端口号"字段确定应该将应用层数据交给哪个用户进程。IP地址是标识网络中不同主机的地址，而端口号就是同一台主机上标识不同进程的地址，IP地址和端口号合起来标识网络中唯一的进程。

注意，虽然IP、ARP和RARP数据报都需要以太网驱动程序来封装成帧，但是从功能上划分，ARP和RARP属于链路层，IP属于网络层。虽然ICMP、IGMP、TCP、UDP的数据都需要IP协议来封装成数据报，但是从功能上划分，ICMP、IGMP与IP同属于网络层，TCP和UDP属于传输层。

如图1-5所示，总结TCP/IP协议模型对数据的封装。

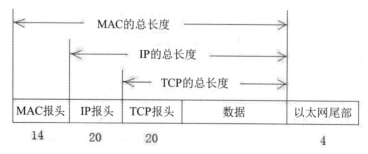

图 1-5

1.2　应　用　层

应用层位于TCP/IP最高层，该层的协议主要有以下几种：

（1）远程登录协议（Telnet）。
（2）文件传送协议。
（3）电子邮件传输协议。
（4）域名系统（Domain Name System，DNS）。
（5）简单网络管理协议（Simple Network Management Protocol，SNMP）。
（6）超文本传送协议。
（7）邮局协议（POP3）。

其中，从网络上下载文件时使用的是FTP协议；上网游览网页时使用的是HTTP协议；在网络上访问一台主机时，通常不直接输入IP地址，而是输入域名，使用的是DNS服务协议，它会将域名解析为IP地址；通过Outlook发送电子邮件时使用的是SMTP协议；接收电子邮件时使用的是POP3协议。

1.2.1　DNS

互联网上的主机通过IP地址来标识自己，但由于IP地址是一串数字，用户记这个数字去访问主机比较难记，因此，互联网管理机构又采用了一串英文来标识一个主机，这串英文是有一定规则的，它的专业术语叫域名（Domain Name）。当用户访问一个网站时，既可以输入该网站的IP地址，也可以输入其域名。例如，微软公司的Web服务器的域名是www.microsoft.com，不管用户在浏览器中输入的是www.microsoft.com，还是Web服务器的IP地址，都可以访问其Web网站。

域名由互联网域名与地址管理机构（Internet Corporation for Assigned Names and Numbers，ICANN）管理，这是为承担域名系统管理、IP地址分配、协议参数配置以及主服务器系统管理等职能而设立的非盈利机构。ICANN为不同的国家或地区设置了相应的顶级域名，这些域名通常都由两个英文字母组成。例如：.uk代表英国、.fr代表法国、.jp代表日本。中国的顶级域名是.cn，.cn 下的域名由CNNIC进行管理。

域名只是某个主机的别名，并不是真正的主机地址，主机地址只能是IP地址，为了通过域名来访问主机，就必须实现域名和IP地址之间的转换。这个转换工作就由DNS来完成。DNS是互联网的一项核心服务。它作为可以将域名和IP地址相互映射的一个分布式数据库，能够使人更方便地访问互联网，而不用去记能够被机器直接读取的IP数字串。一个需要域名解析的用户先将该解析请求发往本地的域名服务器，如果本地的域名服务器能够解析，则直接得到结果，否则本地的域名服务器将向根域名服务器发送请求。依据根域名服务器返回的指针再查询下一层的域名服务器，以此类推，最后得到所要解析域名的IP地址。

1.2.2　端口

网络上的主机通过IP地址来标识自己，方便其他主机上的程序和自己主机上的程序建立通信。但主机上需要通信的程序有很多，那么如何才能找到对方主机上的目的程序呢？IP地址只是用来寻找目的主机的，最终通信还需要找到目的程序。为此，人们提出了端口这个概念，它就是用来标识目的程序的。有了端口，一台拥有IP地址的主机可以提供许多服务，比如Web服务进程用80端口提供Web服务、FTP进程通过21端口提供FTP服务、SMTP进程通过23端口提供SMTP服务等。

如果把IP地址比作一间旅馆的地址，端口就是这家旅馆内某个房间的房号。旅馆的地址只有一个，但房间却有很多个，因此端口也有很多个。端口是通过端口号来标记的，端口号是一个16位的无符号整数，范围是从0到65535（$2^{16}-1$），并且前面1024个端口号是留作操作系统使用，我们自己的应用程序如果要使用端口，通常用1024后面的整数作为端口号。

1.3　传　输　层

传输层为应用层提供会话和数据报通信服务。传输层最重要的两个协议是TCP（Transmission Control Protocol）和UDP（User Datagram Protocol）。TCP协议提供一对一的、面向连接的可靠通信服务，它能建立连接，对发送的数据报进行排序和确认，并恢复在传输过程中丢失的数据报。UDP协议提供一对一或一对多的、无连接的不可靠通信服务。

1.3.1　TCP 协议

TCP协议是面向连接、保证高可靠性（数据无丢失、数据无失序、数据无错误、数据无重复到达）的传输层协议。TCP协议会把应用层数据加上一个TCP头，组成TCP报文。TCP报文首部（TCP头）的格式如图1-6所示。

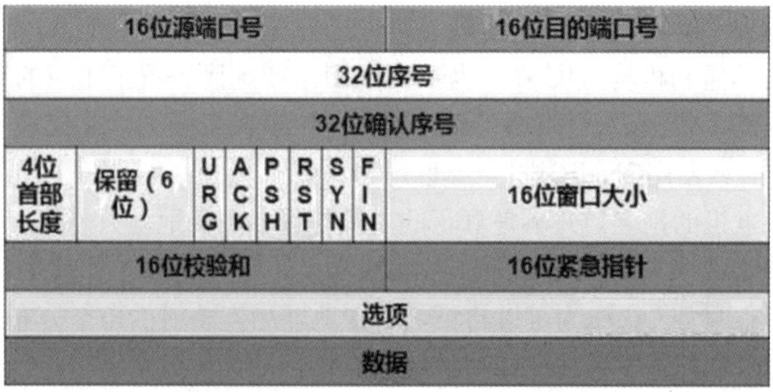

图 1-6

如果用C语言来定义，代码如下：

```
typedef struct _TCP_HEADER        //TCP头定义，共20个字节
{
```

```
short    sSourPort;                  //源端口号16bit
short    sDestPort;                  //目的端口号16bit
unsigned int  uiSequNum;             //序列号32bit
unsigned int  uiAcknowledgeNum;      //确认号32bit
short    sHeaderLenAndFlag;          //前4位：TCP头长度；中6位：保留；后6位：标志位
short    sWindowSize;                //窗口大小16bit
short    sCheckSum;                  //检验和16bit
short    surgentPointer;             //紧急数据偏移量16bit
}TCP_HEADER, *PTCP_HEADER;
```

1.3.2　UDP 协议

UDP协议是无连接、不保证可靠的传输层协议。UDP协议头相对比较简单，如图1-7所示。

源端端口	目的地端口
用户数据包长度	检查和
数据	

图 1-7

如果用C语言来定义，代码如下：

```
typedef struct _UDP_HEADER            //UDP头定义，共8个字节
{
unsigned short m_usSourPort;          //源端口号16bit
unsigned short m_usDestPort;          //目的端口号16bit
unsigned short m_usLength;            //数据报长度16bit
unsigned short m_usCheckSum;          //校验和16bit
}UDP_HEADER, *PUDP_HEADER;
```

1.4　网　络　层

网络层向上层提供简单灵活的、无连接的、尽最大努力交付的数据报服务。该层重要的协议有IP、ICMP（Internet Control Message Protocol，互联网控制报文协议）、IGMP（Internet Group Management Protocol，互联网组织管理协议）、ARP（Address Resolution Protocol，地址转换协议）、RARP（Reverse Address Resolution Protocol，反向地址转换协议）等。

1.4.1　IP 协议

IP协议是TCP/IP协议族中最为核心的协议。它把上层数据报封装成IP数据报后进行传输。如果IP数据报太大，还要对数据报进行分片后再传输，到了目的地址处再进行组装还原，以适应不同物理网络对一次所能传输数据大小的要求。

1. IP 协议的特点

（1）不可靠

不可靠的意思是它不能保证IP数据报能成功地到达目的地。IP协议仅提供最好的传输服务。如果发生某种错误时，如某个路由器暂时用完了缓冲区，IP有一个简单的错误处理算法：丢弃该数据报，然后发送ICMP消息报给信源端。任何要求的可靠性必须由上层协议来提供（如TCP协议）。

（2）无连接

无连接的意思是IP协议并不维护任何关于后续数据报的状态信息。每个数据报的处理是相互独立的。这也说明，IP数据报可以不按发送顺序接收。如果一信源向相同的信宿发送两个连续的数据报（先是A，然后是B），每个数据报都是独立地进行路由选择，可能选择不同的路线，因此B可能在A之前先到达。

（3）无状态

无状态的意思是通信双方不同步传输数据的状态信息，无法处理乱序和重复的IP数据报；IP数据报提供了标识字段用来唯一标识IP数据报，用来处理IP分片和重组，不指示接收顺序。

2. IPv4 数据报的报头格式

IPv4数据报的报头格式如图1-8所示，主要说明IPv4的报头结构，IPv6的报头结构与之不同。图1-8中的"数据"以上部分就是IP报头的内容。因为有了选项部分，所以IP报头长度是不定的。如果选项部分没有，则IP报头的长度为（4+4+8+16+16+3+13+8+8+16+32+32）bit=160bit=20字节，这也是IP报头的最小长度。

4位版本	4位报头长度	8位服务类型（ToS）	16位总长度（字节数）	
16位标识			3位标志	13位片偏移
8位生存时间（TTL）		8位协议	16位报头校验和	
32位源IP地址				
32位目的IP地址				
选项（如果有）			填充	
数据				

图 1-8

- 版本（Version）：占用4 bit，标识目前采用的IP协议的版本号，一般取值为0100（IPv4）和0110（IPv6）。
- 首部长度（Header Length）：即IP报头长度，这个字段的作用是为了描述IP报头的长度。该字段占用4 bit，由于在IP报头中有变长的可选部分，为了能多表示一些长度，因此采用4字节（32 bit）为本字段数值的单位，比如，4 bit最大能表示为1111，即15，单位是4字节，因此最多能表示的长度为15×4=60字节。
- 服务类型（Type of Service，TOS）：占用8 bit，可用PPPDTRC0这8个字符来表示，其中，PPP定义了数据报的优先级，取值越大表示数据越重要，取值如表1-1所示。

表 1-1 数据报的取值及其含义

PPP 取值	含 义	PPP 取值	含 义
000	普通（Routine）	100	疾速（Flash Override）
001	优先（Priority）	101	关键（Critic）
010	立即（Immediate）	110	网间控制（Internetwork Control）
011	闪速（Flash）	111	网络控制（Network Control）

D：时延，0表示普通，1表示延迟尽量小　　　　　　T：吞吐量，0表示普通，1表示流量尽量大

R：可靠性，0表示普通，1表示可靠性尽量大　　　　C：传输成本，0表示普通，1表示成本尽量小

0：这是最后一位，被保留，恒定为0

- 总长度：占用16 bit，该字段表示以字节为单位的IP数据报的总长度（包括IP报头部分和IP数据部分）。如果该字段全为1，就是最大长度了，即$2^{16}-1=65535$字节≈ 63.9990234375KB，有些书上写最大是64KB，其实是达不到的，最大长度只能是65535字节，而不是65536字节。

- 标识：在协议栈中保持着一个计数器，每产生一个数据报，计数器就加1，并将此值赋给标识字段。注意这个"标识符"并不是序号，IP是无连接服务，数据报不存在按序接收的问题。当IP数据报由于长度超过网络的MTU（Maximum Transmission Unit，最大传输单元）而必须分片（把一个大的网络数据报拆分成一个个小的数据报）时，这个标识字段的值就被复制到所有的小分片的标识字段中。相同的标识字段的值使得分片后的各数据报片最后能正确地重装成为原来的大数据报。该字段占用16 bit。

- 标志（Flags）：该字段占用3 bit，该字段最高位不使用，第二位称DF（Don't Fragment）位，DF位设为1时表明路由器不对该上层数据报分片。如果一个上层数据报无法在不分段的情况下进行转发，则路由器会丢弃该上层数据报并返回一个错误信息。最低位称MF（More Fragments）位，为1时说明这个IP数据报是分片的，并且后续还有数据报；为0时说明这个IP数据报是分片的，但已经是最后一个分片了。

- 片偏移：该字段的含义是某个分片在原IP数据报中的相对位置。第一个分片的偏移量为0。片偏移以8个字节为偏移单位。这样，每个分片的长度一定是8字节（64位）的整数倍。该字段占13 bit。

- 生存时间（TTL，Time to Live，也称存活时间）：表示数据报到达目标地址之前的路由跳数。TTL是由发送端主机设置的一个计数器，每经过一个路由节点就减1，减到为0时，路由就丢弃该数据报，向源端发送ICMP差错报文。这个字段的主要作用是防止数据报不断在IP互联网络上循环转发。该字段占8 bit。

- 协议：该字段用来标识数据部分所使用的协议，比如取值1表示ICMP、取值2表示IGMP、取值6表示TCP、取值17表示UDP、取值88表示IGRP、取值89表示OSPF。该字段占8 bit。

- 首部校验和（Header Checksum）：该字段用于对IP头部的正确性检测，但不包含数据部分。由于每个路由器会改变TTL的值，所以路由器会为每个通过的数据报重新计算首部校验和。该字段占16 bit。

- 起源和目标地址：用于标识这个IP数据报的起源和目标IP地址。值得注意的是，除非使用NAT（网络地址转换），否则整个传输的过程中，这两个地址不会改变。这两个地段都占用32 bit。

- 选项（可选）：这是一个可变长的字段。该字段属于可选项，主要是给一些特殊的情况使用，最大长度是40字节。
- 填充（Padding）：由于IP报头长度这个字段的单位为32bit，所以IP报头的长度必须为32bit的整数倍。因此，在可选项后面，IP协议会填充若干个0，以达到32bit的整数倍。

在Linux源码中，IP报头的定义如下：

```
struct iphdr {
#if defined(__LITTLE_ENDIAN_BITFIELD)
    __u8    ihl:4,
        version:4;
#elif defined (__BIG_ENDIAN_BITFIELD)
    __u8    version:4,
        ihl:4;
#else
#error   "Please fix <asm/byteorder.h>"
#endif
    __u8    tos;
    __be16    tot_len;
    __be16    id;
    __be16    frag_off;
    __u8    ttl;
    __u8    protocol;
    __sum16    check;
    __be32    saddr;
    __be32    daddr;
    /*The options start here. */
};
```

这个定义可以在源码目录的include/uapi/linux/ip.h查到。

3. IP 数据报分片

IP协议在传输数据报时，将数据报分为若干分片（小数据报）后进行传输，并在目的系统中进行重组，这一过程称为分片（Fragmentation）。

要理解IP分片，首先要理解MTU，物理网络一次传送的数据是有最大长度的，因此网络层的下层（数据链路层）的传输单元（数据帧）也有一个最大长度，这个最大长度值就是MTU，每一种物理网络都会规定链路层数据帧的最大长度，比如以太网的MTU为1500字节。

IP协议在传输数据报时，若IP数据报加上数据帧头部后长度大于MTU，则将数据报切分成若干分片后再进行传输，并在目标系统中进行重组。IP分片既可能在源端主机进行，也可能发生在中间的路由器处，因为不同网络的MTU是不一样的，而传输的整个过程可能会经过不同的物理网络。如果传输路径上的某个网络的MTU比源端网络的MTU要小，路由器就可能对IP数据报再次进行分片。分片数据的重组只会发生在目的端的IP层。

4. IP 地址的定义

IP协议中有个概念叫IP地址。所谓IP地址，就是Internet中主机的标识，Internet中的主机要与别的主机通信必须具有一个IP地址。就像房子要有个门牌号，这样邮递员才能根据信封上的地址送到目的地。

IP地址现在有两个版本，分别是32位的IPv4和128位的IPv6，后者是为了解决前者不够用的问题而产生的。每个IP数据报都必须携带目的IP地址和源IP地址，路由器依靠此信息为数据报选择路由。

这里以IPv4为例，IP地址由四个数字组成，数字之间用小圆点隔开，每个数字的取值范围在0~255之间（包括0和255）。通常有两种表示形式：

（1）十进制表示，比如192.168.0.1。

（2）二进制表示，比如11000000.10101000.00000000.00000001。

两种方式可以相互转换，每8位二进制数对应一位十进制数，如图1-9所示。

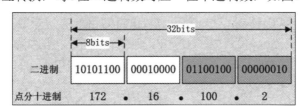

图 1-9

实际应用中多用十进制表示，比如172.16.100.2。

5. IP 地址的两级分类编址

互联网有很多网络构成，每个网络上都有很多主机，这样便构成了一个有层次的结构。IP地址在设计的时候就考虑到地址分配的层次特点，把每个IP地址分割成网络号（NetID）和主机号（HostID）两个部分，网络号表示主机属于互联网中的哪一个网络，而主机号则表示其属于该网络中的哪一台主机，两者之间是主从关系。同一网络中绝对不能有主机号完全相同的两台计算机，否则会报出IP地址冲突。IP地址分为两部分后，IP数据报从网际上的一个网络到达另一个网络时，选择路径时可以基于网络而不是主机。在大型的网际中，这一优势特别明显，因为路由表中只存储网络信息而不是主机信息，这样可以大大简化路由表，方便路由器的IP寻址。

根据网络地址和主机地址在IP地址中所占的位数可将IP地址分为 A、B、C、D、E五类，每一类网络可以从IP地址的第一个数字看出，如图1-10所示。

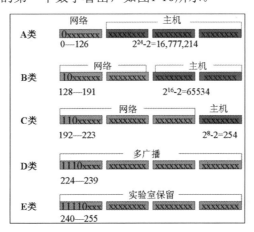

图 1-10

这5类IP地址中，A类地址，第一位为0，第二至八位为网络地址，第九至三十二位为主机地址，这类地址适用于为数不多的主机数大于65536（2^{16}）的大型网络，A类网络地址的数量最多不超过126（2^7-2）个，每个A类网络最多可以容纳16777214（$2^{24}-2$）台主机。

B类地址前两位分别为1和0，第三至第十六位为网络地址，第十七至三十二位为主机地址，此类地址用于主机数介于256～65536（2^8～2^{16}）之间的中型网络，B类网络数量最多16382（$2^{14}-2$）个。

C类地址前三位分别为1、1、0，四到二十四位为网络地址，其余为主机地址，用于每个网络只能容纳254（2^8-2）台主机的大量小型网，C类网络数量上限为2097150（$2^{21}-2$）个。

D类地址前四位为1、1、1、0，其余为多目地址。

E类地址前五位为1、1、1、1、0，其余位数留待后用。

A类IP的第一个字节范围是0到126，B类IP的第一个字节范围是128到191，C类IP的第一个字节范围是192到223，例如192.X.X.X肯定是C类IP地址，根据IP地址的第一个字节的范围就能够推导出该IP属于A类、B类或C类。

IP地址以A、B、C三类为主，又以B、C两类地址更为常见。除此之外还有一些特殊用途的IP地址：广播地址（主机地址全为1，用于广播，这里的广播是指同时向网上所有主机发送报文，不是指我们日常听的那种广播）、有限广播地址（所有地址全为1，用于本网广播）、本网地址（网络地址全为0，后面的主机号表示本网地址）、回送测试地址（127.X.X.X型，用于网络软件测试及本地机进程间通信）、主机位全0地址（这种地址的网络地址就是本网地址）及保留地址（网络号全为1和32位全为0两种）。由此可见，网络位全1或全0和主机位全1或全0都是不能随意分配的。这也就是前面的A、B、C类网络的网络数及主机数要减2的原因。

总之，主机号全为0或全为1时分别作为本网络地址和广播地址使用，这种IP地址不能分配给用户使用。D类网络用于广播，它可以将信息同时传送到网上的所有设备，而不是点对点的信息传送，这种网络可以用来召开电视电话会议。E类网络常用于试验。网络管理员在配置网络时不应该采用D类和E类网络。特殊的IP地址如表1-2所示。

表 1-2 特殊的 IP 地址

特殊 IP 地址	含　　义
0.0.0.0	表示缺省的路由，这个值用于简化IP路由表
127.0.0.1	表示本主机，使用这个地址，应用程序可以像访问远程主机一样访问本主机
网络号全为0的IP地址	表示本网络的某主机，如0.0.0.88将访问本网络中结点为88的主机
主机号全为0的IP地址	表示网络本身
网络号或主机号位全为1	表示所有主机
255.255.255.255	表示本网络广播

当前，A类地址已经全部分配完，B类也不多了，为了有效并连续地利用剩下的C类地址，互联网采用CIDR（Classless Inter Domain Routing，无类别域间路由）方式把许多C类地址合起来作B类地址分配，全球被分为四个地区，每个地区分配一段连续的C类地址：欧洲（194.0.0.0～195.255.255.255）、北美（198.0.0.0～199.255.255.255）、中南美（200.0.0.0～201.255.255.255）、亚太地区（202.0.0.0～203.255.255.255）、保留备用（204.0.0.0～223.255.255.255）。这样每一地区都有约3200万个网址供使用。

6. 网络掩码

在IP地址的两级编址中，IP地址由网络号和主机号两部分组成，如果我们把主机号部分全部置零，此时得到的地址就是网络地址，网络地址可以用于确定主机所在的网络，为此路由器只需计算出IP地址中的网络地址，然后与路由表中存储的网络地址相比较就知道这个分组应该从哪个接口发送出去。当分组达到目的网络后，再根据主机号抵达目的主机。

要计算出IP地址中的网络地址，需要借助于网络掩码，或称默认掩码。它是一个32位的数，前面n位全部为1，后边32～n位连续为0。A、B、C三类地址的网络掩码分别为255.0.0.0、255.255.0.0和255.255.255.0。我们通过IP地址和网络掩码进行与运算，得到的结果就是该IP地址的网络地址。网络地址相同的两台主机，就是处于同一个网络中，它们可以直接通信，而不必借助于路由器了。

举个例子，现在有两台主机A和B，A的IP地址为192.168.0.1，网络掩码为255.255.255.0；B的IP地址为192.168.0.254，网络掩码为255.255.255.0。我们先对A运行，把它的IP地址和子网掩码每位相与：

```
IP:       11010000.10101000.00000000.00000001
子网掩码： 11111111.11111111.11111111.00000000
AND运算
网络号：  11000000.10101000.00000000.00000000
转换为十进制：192.168.0.0
```

再把B的IP地址和子网掩码每位相与：

```
IP:       11010000.10101000.00000000.11111110
子网掩码： 11111111.11111111.11111111.00000000
AND运算
网络号：  11000000.10101000.00000000.00000000
转换为十进制：192.168.0.0
```

可以看到，A和B的两台主机的网络号是相同的，因此可以认为它们处于同一网络。

由于IP地址越来越不够用，为了不浪费，人们对每类网络进一步划分出子网，为此IP地址的编址又有了三级编址的方法，即子网内的某个主机IP地址={<网络号>,<子网号>,<主机号>}，该方法中有了子网掩码的概念。后来又提出了超网、无分类编址和IPv6。限于篇幅，这里不再赘述。

1.4.2 ARP 协议

网络上的IP数据报到达最终目的网络后，必须通过MAC地址来找到最终目的主机，而数据报中只有IP地址，为此需要把IP地址转为MAC地址，这个工作就由ARP协议来完成。ARP协议是网络层中的协议，用于将IP地址解析为MAC地址。通常，ARP协议只适用于局域网中。ARP协议的工作过程如下：

（1）本地主机在局域网中广播ARP请求，ARP请求数据帧中包含目的主机的IP地址。这一步所表达的意思就是"如果你是这个IP地址的拥有者，请回答你的硬件地址。"

（2）目的主机收到这个广播报文后，用ARP协议解析这份报文，识别出是询问其硬件地址，于是发送ARP应答报，里面包含IP地址及其对应的硬件地址。

（3）本地主机收到ARP应答后，知道了目的地址的硬件地址，之后的数据报就可以传送了。同时，会把目的主机的IP地址和MAC地址保存在本机的ARP表中，以后通信直接查找此表即可。

在Windows操作系统的命令行下可以使用arp –a命令来查询本机ARP缓存列表，如图1-11所示。另外，可以使用arp -d命令清除ARP缓存表。

图 1-11

ARP协议通过发送和接收ARP报文来获取物理地址，ARP报文的格式如图1-12所示。

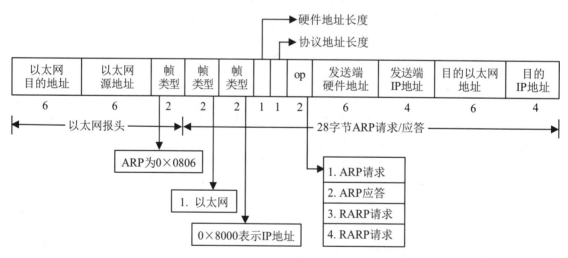

图 1-12

结构ether_header定义了以太网帧首部；结构arphdr定义了其后的5个字段，其信息用于在任何类型的介质上传送ARP请求和回答；结构ether_arp除了包含结构arphdr外，还包含源主机和目的主机的地址。如果这个报文格式用C语言表述，代码如下：

```
//定义常量
#define EPT_IP    0x0800        /* type: IP */
#define EPT_ARP   0x0806        /* type: ARP */
```

```
#define EPT_RARP 0x8035          /* type: RARP */
#define ARP_HARDWARE 0x0001      /* Dummy type for 802.3 frames */
#define ARP_REQUEST 0x0001       /* ARP request */
#define ARP_REPLY 0x0002         /* ARP reply */
//定义以太网首部
typedef struct ehhdr
{
unsigned char eh_dst[6];         /* destination ethernet addrress */
unsigned char eh_src[6];         /* source ethernet addresss */
unsigned short eh_type;          /* ethernet pachet type */
}EHHDR, *PEHHDR;
//定义以太网arp字段
typedef struct arphdr
{
//arp首部
unsigned short arp_hrd;          /* format of hardware address */
unsigned short arp_pro;          /* format of protocol address */
unsigned char arp_hln;           /* length of hardware address */
unsigned char arp_pln;           /* length of protocol address */
unsigned short arp_op;           /* ARP/RARP operation */

unsigned char arp_sha[6];        /* sender hardware address */
unsigned long arp_spa;           /* sender protocol address */
unsigned char arp_tha[6];        /* target hardware address */
unsigned long arp_tpa;           /* target protocol address */
}ARPHDR, *PARPHDR;
```

定义整个ARP报文，总长度42字节，代码如下：

```
typedef struct arpPacket
{
EHHDR ehhdr;
ARPHDR arphdr;
} ARPPACKET, *PARPPACKET;
```

1.4.3 RARP 协议

RARP协议允许局域网的物理机器从网关服务器的ARP表或者缓存上请求其IP地址。比如局域网中有一台主机只知道自己的物理地址而不知道自己的IP地址，那么可以通过RARP协议发出请求自身IP地址的广播，然后由RARP服务器负责回答。RARP协议广泛应用于无盘工作站引导时获取IP地址。RARP允许局域网的物理机器从网管服务器ARP表或者缓存上请求其IP地址。

RARP协议的工作过程如下：

（1）主机发送一个本地的RARP广播，在此广播中，声明自己的MAC地址并且请求任何收到此请求的RARP服务器分配一个IP地址。

（2）本地网段上的RARP服务器收到此请求后，检查其RARP列表，查找该MAC地址对应的IP地址。

（3）如果存在，RARP服务器就给源主机发送一个响应数据报并将此IP地址提供给对方主机使用。

（4）如果不存在，RARP服务器对此不做任何的响应。

（5）源主机收到RARP服务器的响应信息，就利用得到的IP地址进行通信。如果一直没有收到RARP服务器的响应信息，表示初始化失败。

RARP的帧格式同ARP协议，只是帧类型字段和操作类型不同。

1.4.4 ICMP 协议

ICMP协议是网络层的一个协议，用于探测网络是否连通、主机是否可达、路由是否可用等。简单来说，它是用来查询诊断网络的。

虽然和IP协议同处网络层，但ICMP报文却是作为IP数据报的数据，然后加上IP报头后再发送出去的，如图1-13所示。

图 1-13

IP首部的长度为20字节。ICMP报文作为IP数据报的数据部分，当IP首部的协议字段取值1时其数据部分是ICMP报文。ICMP报文格式如图1-14所示。

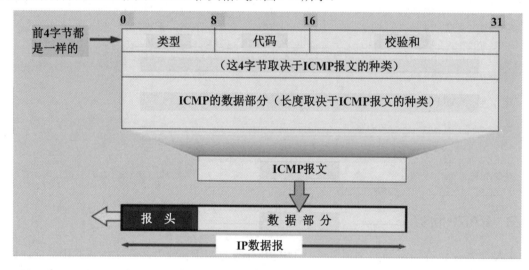

图 1-14

其中，最上面的（0、8、16、31）指的是比特位，所以前3个字段（类型、代码、校验和）一共占了32个比特（类型占8位，代码占8位，检验和占16位），即4字节。所有ICMP报文前4字节的格式都是一样的，即任何ICMP报文都含有类型、代码和校验和这3个字段，8位类型和8位代码字段一起决定了ICMP报文的种类。紧接着后面4字节取决于ICMP报文种类。前面8字节就是ICMP报文的首部，后面的ICMP数据部分的内容和长度也取决于ICMP报文种类。16位的检验和字段是对包括选项数据在内的整个ICMP数据报文的检验和，其计算方法和IP头部检验和的计算方法一样。

ICMP报文可分为2大类别：差错报告报文和查询报文。每一条（或称每一种）ICMP报文要么属于差错报告报文，要么属于查询报文，如图1-15所示。

类　型	代　码	描　　述	查　询	差　错
0	0	回显应答(Ping应答)	•	
3		目的不可达：		
	0	网络不可达		•
	1	主机不可达		•
	2	协议不可达		•
	3	端口不可达		•
	4	需要进行分片但设置了不分片比特		•
	5	源站选路失败		•
	6	目的网络不认识		•
	7	目的主机不认识		•
	8	源主机被隔离（作废不用）		•
	9	目的网络被强制禁止		•
	10	目的主机被强制禁止		•
	11	由于服务类型 TOS，网络不可达		•
	12	由于服务类型 TOS，主机不可达		•
	13	由于过滤，通信被强制禁止		•
	14	主机越权		•
	15	优先权中止生效		•
4	0	源端被关闭（基本流控制）		•
5		重定向		•
	0	对网络重定向		•
	1	对主机重定向		•
	2	对服务类型和网络重定向		•
	3	对服务类型和主机重定向		•
8	0	请求回显（Ping请求)	•	
9	0	路由器通告	•	
10	0	路由器请求	•	
11		超时：		
	0	传输期间生存时间为0		•
	1	在数据报组装期间生存时间为0		•
12		参数问题：		
	0	坏的IP首部（包括各种差错）		•
	1	缺少必需的选项		•
13	0	时间戳请求	•	
14	0	时间戳应答	•	
15	0	信息请求（作废不用）	•	
16	0	信息应答（作废不用）	•	
17	0	地址掩码请求	•	
18	0	地址掩码应答	•	

图 1-15

1. ICMP 差错报告报文

我们从图1-15中可以发现属于差错报告报文的ICMP报文很多，为了归纳方便，根据其类型的不同，可以将这些差错报告报文分为5种类型：目的不可达（类型为3）、源端被关闭（类型为4）、重定向（类型为5）、超时（类型为11）和参数问题（类型为12）。

代码字段不同的取值进一步表明了该类型ICMP报文的具体情况，比如类型为3的ICMP报文都是表明目的不可达，但目的不可达的原因可用代码字段进一步说明，比如代码为0表示网络不可达、代码为1表示主机不可达等。

ICMP协议规定，ICMP差错报文必须包括产生该差错报文的源数据报的IP首部，还必须包括跟在该IP（源IP）首部后面的前8个字节，这样ICMP差错报文的IP数据报长度=本IP首部（20

字节）+本ICMP首部（8字节）+源IP首部（20字节）+源IP数据报的IP首部后的8个字节=56字节。ICMP差错报文如图1-16所示。

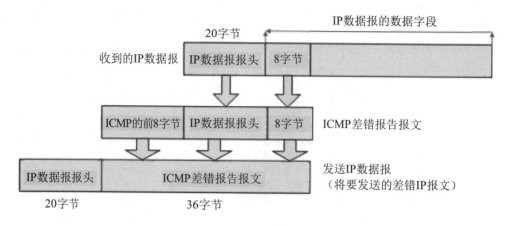

图 1-16

如图1-17所示为一个具体的UDP端口不可达的差错报文。

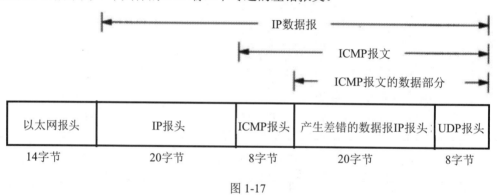

图 1-17

从图1-17中可看到，IP数据报的长度是56字节。为了让读者更清晰地了解这五大类差错报告报文格式，我们用图形来表示每一类报文。

（1）ICMP目的不可达报文

目的不可达也称终点不可达，可分为网络不可达、主机不可达、协议不可达、端口不可达、需要分片但DF比特已置为1，以及源站选路失败等16种报文，其代码字段分别置为0至15。当出现以上16种情况时就向源站发送目的不可达报文。该类报文格式如图1-18所示。

（2）ICMP源端被关闭报文

也称源站抑制，当路由器或主机由于拥塞而丢弃数据报时，就向源站发送源站抑制报文，使源站知道应当将数据报的发送速率放慢。该类报文格式如图1-19所示。

（3）ICMP重定向报文

当IP数据报应该被发送到另一个路由器时，收到该数据报的当前路由器就要发送ICMP重定向差错报文给IP数据报的发送端。重定向一般用来让具有很少选路信息的主机逐渐建立更完善的路由表。ICMP重定向报文只能有路由器产生。该类报文格式如图1-20所示。

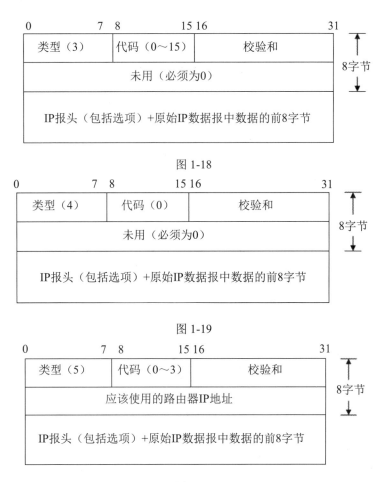

图 1-18

图 1-19

图 1-20

（4）ICMP 超时报文

当路由器收到生存时间为零的数据报时，除丢弃该数据报外，还要向源站发送超时报文。当目的站在预先规定的时间内不能收到一个数据报的全部数据报片时，就将已收到的数据报片都丢弃，并向源站发送时间超时报文。该类报文格式如图1-21所示。

图 1-21

（5）ICMP 参数问题

当路由器或目的主机收到的数据报的首部中的字段的值不正确时，就丢弃该数据报，并向源站发送参数问题报文。该类报文格式如图1-22所示。

代码为0时，数据报某个参数错，指针域指向出错的字节；
代码为1时，数据报缺少某个选项，无指针字段。

图 1-22

2. ICMP 查询报文

根据功能的不同，ICMP查询报文可以分为4大类：请求回显（Echo）或应答、请求时间戳（Timestamp）或应答、请求地址掩码（Address Mask）或应答、请求路由器或通告。种类由类型和代码字段决定，其类型和代码，如表1-3所示。

表 1-3 ICMP 查询报文的种类

类型（Type）	代 码	含 义
8、0	0	回显请求（Type=8）、应答（Type=0）
13、14	0	时间戳请求（Type=13）、应答（Type=14）
17、18	0	地址掩码请求（Type=17）、应答（Type=18）
10、9	0	路由器请求（Type=10）、通告（Type=9）

关于回显请求和应答，Echo的中文翻译为回声，有的文献用回送或回显，本书用回显。请求回显的含义就好比请求对方回复一个应答。Linux或Windows下有个ping命令，值得注意的是，Linux下ping命令产生的ICMP报文大小是64字节（56+8=64，56是ICMP报文数据部分长度，8是ICMP报头部分长度），而Windows（如XP）下ping命令产生的ICMP报文大小是40字节（32+8=40）。该命令就是本机向一个目的主机发送一个请求回显（类型Type=8）的ICMP报文，如果途中没有异常（例如被路由器丢弃、目标不回应ICMP或传输失败），则目标返回一个回显应答的ICMP报文（类型Type=0），表明这台主机存在。

为了让读者更清晰地了解这四类查询报文格式，用图表示每一类报文，如图1-23～图1-27所示。

（1）ICMP 请求回显和应答报文格式

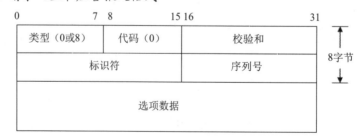

图 1-23

（2）ICMP 时间戳请求和应答报文格式

图 1-24

（3）ICMP 地址掩码请求和应答报文格式

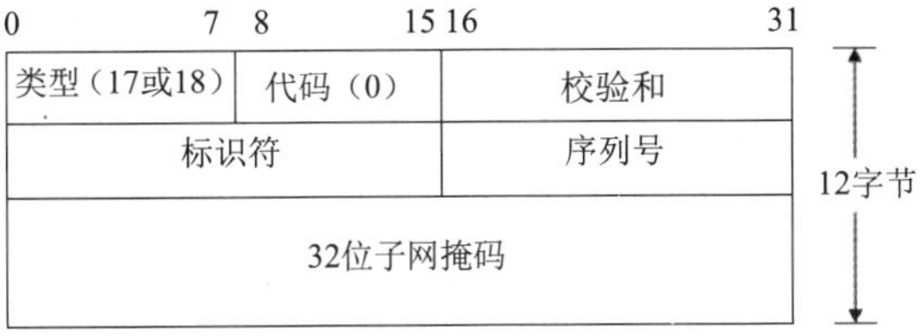

图 1-25

（4）ICMP 路由器请求报文和通告报文格式

图 1-26

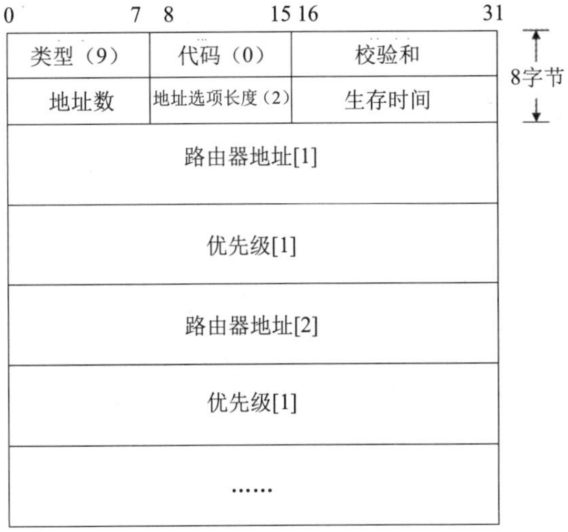

图 1-27

【例1.1】 抓包查看来自Windows的ping包。

（1）启动VMware下的虚拟机XP，设置网络连接方式为NAT，则虚拟机XP会连接到虚拟交换机VMnet8上。

（2）在Windows 7安装并打开抓包软件Wireshark，选择要捕获网络数据报的网卡是VMware Virtual Ethernet Adapter for VMnet8，如图1-28所示。

图 1-28

双击图1-28中选中的网卡，就开始在该网卡上捕获数据。此时在虚拟机XP（192.168.80.129）下ping宿主机（192.168.80.1），可以在Wireshark下看到捕获到的ping包，如图1-29所示为回显请求，可以看到ICMP报文的数据部分是32字节，如果加上ICMP报头（8字节），则为40字节。

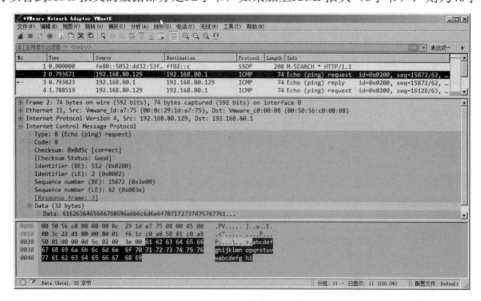

图 1-29

如图1-30所示为回显应答，ICMP报文的数据部分长度依然是32字节。

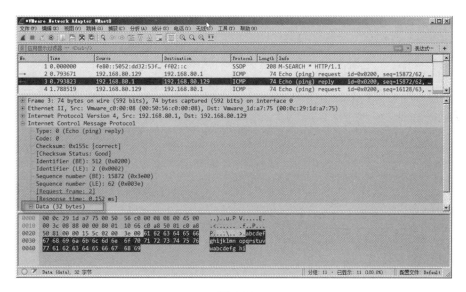

图 1-30

【例1.2】 抓包查看来自Linux的ping包。

（1）启动VMware下的虚拟机Linux，设置网络连接方式为NAT，则虚拟机Linux会连接到虚拟交换机VMnet8上。

（2）在Windows 7安装并打开抓包软件Wireshark，选择要捕获网络数据报的网卡是VMware Virtual Ethernet Adapter for VMnet8，图片可以参考例1.1。

在虚拟机Linux（192.168.80.128）下ping宿主机（192.168.80.1），可以在Wireshark下看到捕获到的ping包，如图1-31所示为回显请求，可以看到ICMP报文的数据部分是56字节，如果加上ICMP报头（8字节），则为64字节。

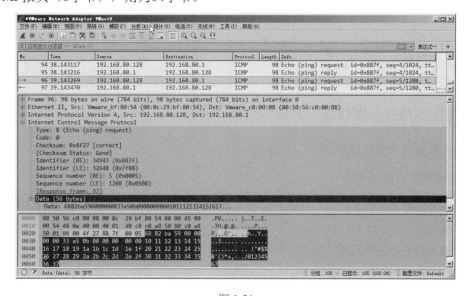

图 1-31

如图1-32所示为回显应答，ICMP报文的数据部分长度依然是56字节。

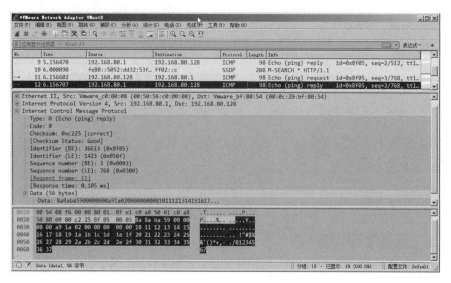

图 1-32

1.5　数据链路层

1.5.1　数据链路层的基本概念

数据链路层最基本的作用是将源计算机网络层的数据可靠地传输到相邻节点的目标计算机的网络层。为达到这一目的，数据链路层需要解决以下3个问题：

（1）如何将数据组合成数据块（在数据链路层中将这种数据块称为帧，帧是数据链路层的传送单位）。

（2）如何控制帧在物理信道上的传输，包括如何处理传输差错，如何调节发送速率以使之与接收方相匹配。

（3）在两个网路实体之间提供数据链路通路的建立、维持和释放管理。

1.5.2　数据链路层主要功能

数据链路层的主要功能如下：

（1）为网络层提供服务

- 无确定的无连接服务。适用于实时通信或者误码率较低的通信信道，如以太网。
- 有确定的无连接服务。误码率较高的通信信道，如无线通信。
- 有确认的面向连接服务。适用通信要求比较高的场合。

（2）成帧、帧定界、帧同步、透明传输

为了向网络层提供服务，数据链路层必须使用物理层提供的服务。而物理层是以比特流进行传输的，这种比特流并不能保证在数据传输过程中没有错误，接收到的位数量可能少于、等于或者多于发送的位数量，而且它们还可能有不同的值。这时数据链路层为了能实现数据有效的差错控制，就采用一种"帧"的数据块进行传输。而要采用帧格式传输，就必须有相应的帧同步技术，这就是数据链路层的"成帧"（也称为"帧同步"）功能。

- 成帧：两个工作站之间传输信息时，必须将网络层的分组封装成帧，以帧的形式进行传输，将一段数据的前、后分别添加首部和尾部，就构成了帧。
- 帧定界：首部和尾部中含有很多控制信息，它们的一个重要的作用是确定帧的界限，即帧定界。
- 帧同步：指的是接收方应当能从接收的二进制比特流中区分出帧的起始和终止。
- 透明传输：指的是不管所传数据是什么样的比特组合都能在链路上传输。

（3）差错控制

在数据通信过程可能会因物理链路性能和网络通信环境等因素，出现一些传送错误，但为了确保数据通信的准确，必须使这些错误发生的几率尽可能低。这一功能也是在数据链路层实现的，即"差错控制"功能。

（4）流量控制

在双方的数据通信中，如何控制数据通信的流量同样非常重要。它既可以确保数据通信的有序进行，还可避免通信过程中不会出现因为接收方来不及接收而造成的数据丢失。这就是数据链路层的"流量控制"功能。

（5）链路管理

数据链路层的"链路管理"功能包括数据链路的建立、链路的维持和释放三个主要方面。当网络中的两个结点要进行通信时，数据的发送方必须确知接收方是否已处在准备接收的状态。为此通信双方必须要先交换一些必要的信息，以建立一条基本的数据链路。在传输数据时要维持数据链路，而在通信完毕时要释放数据链路。

（6）MAC 寻址

这是数据链路层中的MAC子层的主要功能。这里所说的"寻址"与"IP地址寻址"是完全不一样的，因为此处所寻找地址是计算机网卡的MAC地址，也称"物理地址"或"硬件地址"，而不是IP地址。在以太网中，采用媒体访问控制（Media Access Control，MAC）进行寻址，MAC地址被烧入每个以太网网卡中。

网络接口层中的数据通常称为MAC帧，帧所用的地址为媒体设备地址，即MAC地址，也就是通常所说的物理地址。每一块网卡都有唯一的物理地址，它的长度固定为6字节，比如00-30-C8-01-08-39。在Linux操作系统的命令行下用ifconfig -a可以看到系统所有网卡信息。

MAC帧的帧头的定义如下：

```
typedef struct _MAC_FRAME_HEADER    //数据帧头定义
{
char  cDstMacAddress[6];            //目的MAC地址
char  cSrcMacAddress[6];            //源MAC地址
short m_cType;        //上一层协议类型，如0x0800代表上一层是IP协议，0x0806为ARP
}MAC_FRAME_HEADER,*PMAC_FRAME_HEADER
```

第 **2** 章

搭建 Linux 开发环境

本章开始我们就要慢慢进入实战了。实战就像一个战士要上战场一样，必须先打造好兵器，这里就是搭建好开发环境，准备好开发工具。俗话说，工欲善其事，必先利其器。这一章我们将讲述Linux的C/C++开发环境，虽然是开发Linux应用程序，但笔者建议大家在Windows下开发，然后把开发出来的程序上传至Linux中运行。毕竟Windows用起来比Linux方便得多，所以开发效率也高得多。为了照顾初学者，使学习曲线尽可能平缓上升，我们将从Linux虚拟机环境开始讲起。

2.1 准备虚拟机环境

2.1.1 在 VMware 下安装 Linux

要开发Linux程序，前提需要一个Linux操作系统。通常在公司开发项目都会有一台专门的Linux服务器，而读者可以使用虚拟机软件比如VMware来安装一个虚拟机中的Linux操作系统。

VMware是虚拟机软件，它通常分两种版本：工作站版本VMware Workstation和服务器客户机版本VMware vSphere。这两类软件都可以安装操作系统作为虚拟机操作系统。但个人用得较多的是工作站版本，供单人在本机使用。VMware vSphere通常用于企业环境，供多人远程使用。通常，我们把自己真实PC上装的操作系统叫宿主机系统，VMware中安装的操作系统叫虚拟机系统。

VMware Workstation大家可以到网上去下载，它是Windows软件，安装非常简单。笔者这里使用的版本是15.5，其他版本也可以。注意，VMware Workstation 16 不支持Windows 7了，必须Windows 8或以上Windows版本。

通常我们开发Linux程序，往往先在虚拟机下安装Linux操作系统，然后在这个虚拟机的Linux系统中编程调试，或在宿主机系统（比如Windows）中进行编辑，然后传到Linux中进行编译。有了虚拟机的Linux系统，开发方式比较灵活。实际上，不少一线开发工程师都是在Windows下阅读编辑代码，然后放到Linux环境中编译运行的。

　　这里我们采用的虚拟机软件是VMware Workstation 15.5（它是最后一个能安装在Windows 7上的版本）。在安装Linux之前我们要准备Linux映像文件（ISO文件），可以从网上直接下载Linux操作系统的ISO文件，也可以通过UltraISO等软件从Linux系统光盘制作一个ISO文件，制作方法是在菜单上选择"工具"｜"制作光盘映像文件"。

　　不过，笔者建议还是直接从网上下载一个ISO文件来得简单。笔者就从Ubuntu官网（ https://ubuntu.com ）上下载了一个64位的Ubuntu20.04，下载下来的文件名是ubuntu-20.04.1-desktop-amd64.iso。当然其他发行版本也可以，如Redhat、Debian、Ubuntu或Fedora等，作为学习开发环境都可以，但建议用较新的版本。

　　ISO文件准备好了后，就可以通过VMware来安装Linux了，打开Vmware Workstation，然后根据下面几个步骤操作即可。

步骤 01 在Vmware的菜单上选择"文件"｜"新建虚拟机"，出现新建虚拟机向导对话框，如图2-1所示。

步骤 02 单击"下一步"按钮，出现"安装来源"选项组，由于VMware15默认会让Ubuntu简易安装，而简易安装可能会导致很多软件装不全，为了避免VMware简易安装Ubuntu，因此选择"稍后安装操作系统"，如图2-2所示。

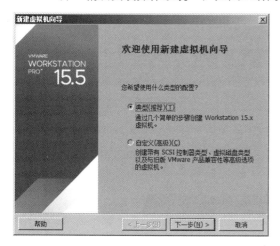

图 2-1

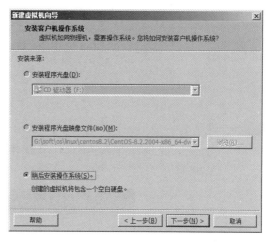

图 2-2

步骤 03 单击"下一步"按钮，在"安装哪种操作系统"下选择"Linux"和"Ubuntu 64位"，如图2-3所示。

步骤 04 单击"下一步"按钮，此时出现"命名虚拟机"对话框，设置虚拟机名称为"Ubuntu20.04"，位置可以选一个磁盘空闲空间较多的磁盘，这里选择的的是"g:\vm\Ubuntu20.04"，然后单击"下一步"按钮，出现"指定磁盘容量"对话框，保持默认20G，再多一些也可以，其他保持默认，继续单击"下一步"，此时出现"已准备好创建虚拟机"对话框，这一步只是让我们看一下前面设置的配置列表。直接单击"完成"按钮即可。此时VMware主界面上可以看到一个名为"Ubuntu20.04"的虚拟机，如图2-4所示。

步骤 05 单击"编辑虚拟机设置"按钮，此时出现"虚拟机设置"对话框，在硬件列表中选中"CD/DVD（IDE）"，右边选中"使用ISO镜像文件"，并单击"浏览"按钮，选择下载的ubuntu-20.04.1-desktop-amd64.iso文件，如图2-5所示。

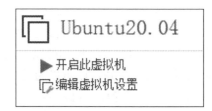

图 2-3   图 2-4

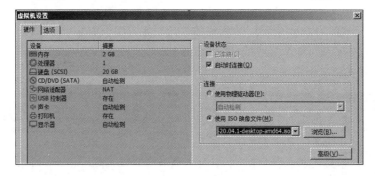

图 2-5

步骤 06 这里虚拟机Ubuntu使用的内存是2GB。接着单击下方"确定"按钮，关闭"虚拟机设置"
对话框。此时回到了主界面，单击"开启此虚拟机"，出现Ubuntu20.04的安装界面，如
图2-6所示。

图 2-6

步骤 07 在界面左边选择语言为"中文（简体）"，然后在界面右边单击"安装Ubuntu"按钮。
安装过程很简单，保持默认即可，这里不再赘述。另外要注意的是，安装时需要主机保
持联网，因为有很多软件需要下载。

稍等片刻，虚拟机Ubuntu20.04安装完毕，下面我们需要对其进行一些设置，使其使用起来更加方便。

2.1.2　开启 root 账户

我们在安装Ubuntu的时候会新建一个普通用户，该用户权限有限。开发者一般需要root账户，这样操作和配置起来比较方便。Ubuntu默认是不开启root账户的，所以需要手动打开，步骤如下：

步骤 01 设置root用户密码。

先以普通账户登录Ubuntu，在桌面上右击选择"在终端中打开"打开终端模拟器，并输入命令：

```
sudo passwd root
```

然后输入设置的密码，输入两次，这样就完成了设置root用户密码了。为了好记，我们把密码设置为123456。

步骤 02 修改 50-ubuntu.conf。

执行 sudo gedit /usr/share/lightdm/lightdm.conf.d/50-ubuntu.conf 把配置改为如下所示：

```
[Seat:*]
user-session=ubuntu
greeter-show-manual-login=true
all-guest=false
```

保存后关闭编辑器。

步骤 03 修改 gdm-autologin 和 gdm-password。

执行 sudo gedit /etc/pam.d/gdm-autologin，然后注释 auth required pam_succeed_if.so user != root quiet_success 这一行（第三行左右），修改后如下所示：

```
#%PAM-1.0
auth    requisite       pam_nologin.so
#auth   required        pam_succeed_if.so user != root quiet_success
```

保存后关闭编辑器。

再执行 sudo vim /etc/pam.d/gdm-password 注释 auth required pam_succeed_if.so user != root quiet_success 这一行（第三行左右），修改后如下所示：

```
#%PAM-1.0
auth    requisite       pam_nologin.so
#auth   required        pam_succeed_if.so user != root quiet_success
```

保存后关闭编辑器。

步骤 04 修改/root/.profile文件。

执行 sudo vim/root/.profile，将文件末尾的 mesg n 2> /dev/null || true 这一行修改成：

```
tty -s&&mesg n || true
```

步骤 05 修改/etc/gdm3/custom.conf。

如果要每次自动登录到root账户,可以做这一步,否则不需要。执行 sudo /etc/gdm3/custom.conf,修改后如下所示:

```
# Enabling automatic login
AutomaticLoginEnable = true
AutomaticLogin = root
# Enabling timed login
TimedLoginEnable = true
TimedLogin = root
TimedLoginDelay = 5
```

步骤 06 重启系统使其生效。

如果做了步骤(5),则重启会自动登录到root账户,否则会提示输入root账户密码。

2.1.3 关闭防火墙

为了以后联网方便,最好一开始就把防火墙关闭,输入命令如下:

```
root@tom-virtual-machine:~/桌面# sudo ufw disable
防火墙在系统启动时自动禁用
root@tom-virtual-machine:~/桌面# sudo ufw status
状态:不活动
```

其中ufw disable表示关闭防火墙,而且系统启动时会自动关闭。ufw status是查询当前防火墙是否在运行,不活动表示不在运行。如果以后要开启防火墙,则输入sudo ufw enable即可。

2.1.4 安装网络工具包

安装网络工具包,在命令行输入如下命令:

```
apt install net-tools
```

待安装完成,再输入ifconfig,可以查询到当前IP:

```
root@tom-virtual-machine:~/桌面# ifconfig
ens33: flags=4163<UP,BROADCAST,RUNNING,MULTICAST>  mtu 1500
        inet 192.168.11.129  netmask 255.255.255.0  broadcast 192.168.11.255
        inet6 fe80::9114:9321:9e11:c73d  prefixlen 64  scopeid 0x20<link>
        ether 00:0c:29:1f:a1:18  txqueuelen 1000  (以太网)
        RX packets 7505  bytes 10980041 (10.9 MB)
        RX errors 0  dropped 0  overruns 0  frame 0
        TX packets 1985  bytes 148476 (148.4 KB)
        TX errors 0  dropped 0  overruns 0  carrier 0  collisions 0
```

可以看到,网卡ens33的IP地址是192.168.11.129,这是系统自动分配(DHCP方式)的,并且当前和宿主机采用的网络连接模式NAT方式,这也是刚刚安装好系统默认的方式。只要宿主机Windows能上网,则虚拟机也是可以上网的。

2.1.5　启用 SSH

使用Linux一般不会在Linux自带的图形界面上操作，而是在Windows下通过Windows的终端工具（比如SecureCRT等）连接到Linux，然后使用命令操作Linux，这是因为Linux所处的机器通常不配置显示器，也可能位于远程，我们只通过网络和远程Linux相连接。Windows上的终端工具一般通过SSH协议和远程Linux相连，该协议可以保证网络上传输数据的机密性。

Secure Shell（SSH）是用于客户端和服务器之间安全连接的网络协议。服务器与客户端之间的每次交互均被加密。启用SSH将允许读者远程连接到系统并执行管理任务。读者还可以通过scp和sftp安全地传输文件。启用SSH后，我们可以在Windows上用一些终端软件比如SecureCRT远程命令操作Linux，也可以用文件传输工具比如SecureFX在Windows和Linux之间相互传文件。

Ubuntu默认是不安装SSH的，因此我们要手动安装并启用。

安装并配置SSH的具体步骤如下：

步骤01 安装SSH服务器。

在 Ubuntu 20.04 的终端命令下输入命令如下：

```
apt install openssh-server
```

稍等片刻，安装完成。

步骤02 修改配置文件。

在命令行下输入如下命令：

```
gedit /etc/ssh/sshd_config
```

此时将打开SSH服务器配置文件sshd_config，我们搜索定位PermitRootLogin，把下列3行：

```
#LoginGraceTime 2m
#PermitRootLogin prohibit-password
#StrictModes yes
```

改为：

```
LoginGraceTime 2m
PermitRootLogin yes
StrictModes yes
```

然后保存并退出编辑器gedit。

步骤03 重启SSH，使配置生效。

在命令行下输入如下命令：

```
service ssh restart
```

再用命令systemctl status ssh查看是否在运行：

```
oot@tom-virtual-machine:~/桌面# systemctl status ssh
● ssh.service - OpenBSD Secure Shell server
    Loaded: loaded (/lib/systemd/system/ssh.service; enabled; vendor preset:
e>
```

```
    Active: active (running) since Thu 2020-12-03 21:12:39 CST; 55min ago
      Docs: man:sshd(8)
            man:sshd_config(5)
```

可以发现现在的状态是active (running)，说明SSH服务器程序正在运行。稍后可以去Windows下用Windows终端工具连接虚拟机Ubuntu，下面我们来拍摄快照，保存好前面做的工作。

2.1.6 拍摄快照

VMware快照功能，可以把当前虚拟机的状态保存下来，万一以后虚拟机操作系统出错了，可以恢复到拍摄快照时候的系统状态。选择VMware主菜单"虚拟机"|"快照"|"拍摄快照"，然后出现"拍摄快照"对话框，如图2-7所示。

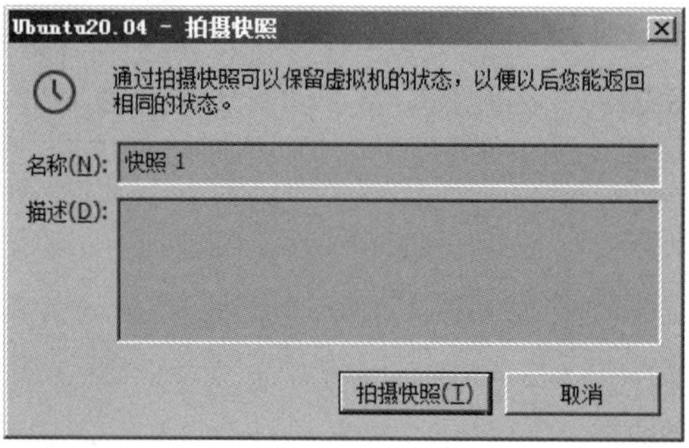

图 2-7

我们可以添加一些描述，比如刚刚装好之类的，然后单击"拍摄快照"按钮，此时正式制作快照，并在VMware左下角任务栏上会有百分比进度显示，在达到100%之前不要对VMware进行操作。待进度条显示100%，表示快照制作完毕。

2.1.7 连接虚拟机 Linux

虚拟机Linux准备好后，要在物理机器上的Windows操作系统（简称宿主机）上连接VMware中的虚拟机Linux（简称虚拟机），以便传送文件和远程控制编译运行。基本上，两个系统能相互ping通就算连接成功了。下面简单介绍VMware的三种网络模式，以便连接失败的时候可以尝试修复。

VMware虚拟机网络模式的意思就是虚拟机操作系统和宿主机操作系统之间的网络拓扑关系，通常有三种方式：桥接模式、主机模式、NAT（Network Adderss Translation，网络地址转换）模式。这三种网络模式都通过一台虚拟交换机和主机通信。默认情况下，桥接模式下使用的虚拟交换机是VMnet0，主机模式下使用的虚拟交换机为VMnet1，NAT模式下使用的虚拟交换机为VMnet8。如果需要查看、修改或添加其他虚拟交换机，可以打开VMware，然后选择主菜单"编辑"｜"虚拟网络编辑器"，此时会出现"虚拟网络编辑器"对话框，如图2-8所示。

默认情况下，VMware也会为宿主机操作系统（笔者这里是Windows 7）安装两块虚拟网卡，分别是"VMware Virtual Ethernet Adapter for VMnet1"和"VMware Virtual Ethernet Adapter for VMnet8"，前者用来连接虚拟交换机VMnet1，后者用来连接VMnet8。我们可以在宿主机Windows 7系统的"控制面板\网络和Internet\网络连接"下看到这两块网卡。如图2-9所示。

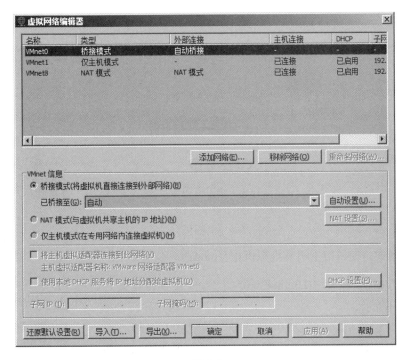

图 2-8

图 2-9

　　虚拟交换机VMnet0在宿主机系统里没有虚拟网卡去连接，因为VMnet0这个虚拟交换机所建立的网络模式是桥接网络（桥接模式中的虚拟机操作系统相当于是宿主机所在的网络中一台独立主机），所以主机直接用物理网卡去连接VMnet0。

　　值得注意的是，这三种虚拟交换机都是默认就有的，我们也可以添加更多的虚拟交换机（在图2-8中的"添加网络"按钮便是起这样的功能），如果添加的虚拟交换机的网络模式是主机模式或NAT模式，那VMware也会自动为主机系统添加相应的虚拟网卡。本书在开发程序的时候一般是桥接模式连接的，如果要在虚拟机中上网，则可以使用NAT模式。接下来我们具体阐述如何在这两种模式下相互ping通，主机模式不常用，一般了解即可。

1．桥接模式

　　桥接（或称网桥）模式是指宿主机操作系统的物理网卡和虚拟机操作系统的网卡通过VMnet0虚拟交换机进行桥接，物理网卡和虚拟网卡在拓扑图上处于同等地位。网桥模式使用VMnet0这个虚拟交换机。桥接模式下的网络拓扑如图2-10所示。

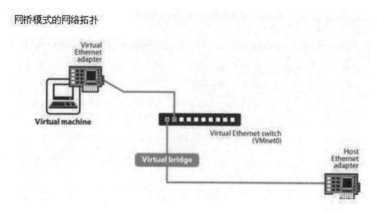

图 2-10

设置桥接模式，使得宿主机和虚拟机相互ping通。过程如下：

（1）打开VMware，单击Ubuntu20.04的"编辑虚拟机设置"按钮，如图2-11所示。

要注意此时虚拟机Ubuntu20.04必须处于关机状态，即"编辑虚拟机设置"上面的文字是"开启此虚拟机"，说明虚拟机是关机状态。通常，对虚拟机进行设置最好是在虚拟机的关机状态，比如更改内存大小等。不过，如果只是配置网卡信息，也可以在开启虚拟机后再进行设置。

图 2-11

（2）单击"编辑虚拟机设置"按钮后，弹出"虚拟机设置"对话框，在该对话框中，我们在左边选中"网络适配器"，在右边选中"桥接模式"单选按钮，并对"复制物理网络连接状态"复选框打勾，如图2-12所示。

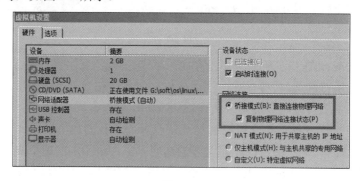

图 2-12

然后单击"确定"按钮，开启此虚拟机，以root身份登录Ubuntu。

（3）设置了桥接模式后，VMware的虚拟机操作系统就像是局域网中的一台独立的主机，相当于物理局域网中的一台主机。它可以访问网内任何一台机器。在桥接模式下，VMware的虚拟机操作系统的IP地址、子网掩码可以手动设置，而且还要和宿主机器处于同一网段，这样虚拟系统才能和宿主机器进行通信，如果要连接互联网，还需要设置DNS地址。当然，更方便的方法是从DHCP服务器处获得IP、DNS地址（家庭路由器通常包含DHCP服务器，所以可以从它那里自动获取IP和DNS等信息）。

在桌面上右击，然后在快捷菜单中选择"在终端中打开"来打开终端窗口，然后在终端窗口（下面简称终端）中输入查看网卡信息的命令ifconfig，如图2-13所示。

```
root@tom-virtual-machine: ~/桌面                    Q  ≡
root@tom-virtual-machine:~/桌面# ifconfig
ens33: flags=4163<UP,BROADCAST,RUNNING,MULTICAST>  mtu 1500
        inet 192.168.0.118  netmask 255.255.255.0  broadcast 192.168.0.255
        inet6 fe80::9114:9321:9e11:c73d  prefixlen 64  scopeid 0x20<link>
        ether 00:0c:29:1f:a1:18  txqueuelen 1000  (以太网)
        RX packets 1568  bytes 1443794 (1.4 MB)
        RX errors 0  dropped 79  overruns 0  frame 0
        TX packets 1249  bytes 125961 (125.9 KB)
        TX errors 0  dropped 0  overruns 0  carrier 0  collisions 0
```

图 2-13

其中ens33是当前虚拟机Linux中的一块网卡名称，我们可以看到它已经有一个IP地址192.168.0.118（注意：由于是从路由器上动态分配而得到的IP地址，读者系统的IP地址不一定是这个，完全根据读者的路由器而定），这个IP地址是由笔者宿主机Windows 7的一块上网网卡所连接的路由器动态分配而来，说明路由器分配的网段是192.168.0，这个网段是在路由器中设置好的。我们可以到宿主机Windows 7下看看当前上网网卡的IP地址，打开Windows 7命令行窗口，输入ipconfig命令，如图2-14所示。

可以看到，这个上网网卡的IP地址是192.168.0.162，这个IP也是路由器分配的，而且和虚拟机Linux中的网卡是处于同一网段。为了证明IP地址是动态分配的，我们可以打开Windows 7下该网卡的属性窗口，如图2-15所示。

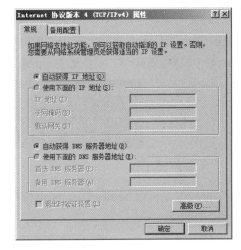

```
C:\Users\Administrator>ipconfig

Windows IP 配置

以太网适配器 本地连接:

   连接特定的 DNS 后缀 . . . . . . . :
   本地链接 IPv6 地址 . . . . . . . : fe80::dc18:8aab:8
   IPv4 地址 . . . . . . . . . . . : 192.168.0.162
   子网掩码  . . . . . . . . . . . : 255.255.255.0
   默认网关  . . . . . . . . . . . : 192.168.0.1
```

图 2-14　　　　　　　　　　　　　　　　　　　图 2-15

那如何证明虚拟机Linux网卡的IP是动态分配的呢？我们可以到Ubuntu下去看看它的网卡配置文件，单击Ubuntu桌面左下角出的9个小白点的图标，弹出一个"设置"图标，单击"设置"图标，出现"设置"对话框，在对话框左上方选择"网络"，右边单击"有线"旁边的"设置"图标，如图2-16所示。

图 2-16

此时出现“有线”对话框，选择IPv4，可以看到当前IPv4方式是“自动（DHCP）”，如图2-17所示。

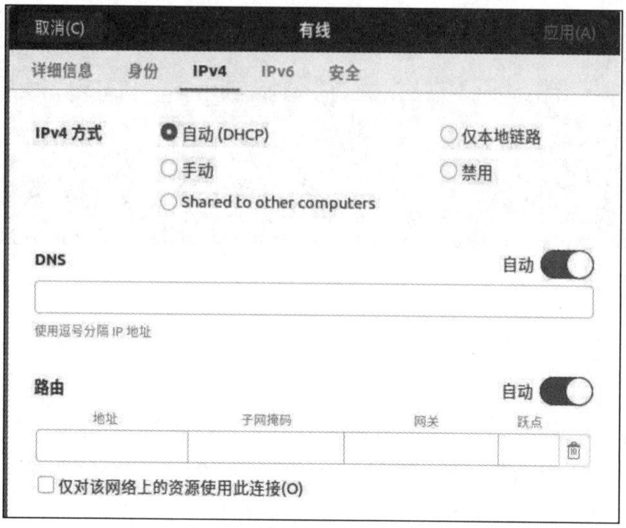

图 2-17

如果要设置静态IP，可以选择“手动”，并设置IP。虚拟机Linux和宿主机Windows 7都通过DHCP方式从路由器那里得到了IP地址，我们可以让它们相互ping一下。先从虚拟机Linux中ping宿主机Windows 7，可以发现能ping通（注意Windows 7的防火墙要先关闭），如图2-18所示。

```
root@tom-virtual-machine:/etc/netplan# ping 192.168.0.162
PING 192.168.0.162 (192.168.0.162) 56(84) bytes of data.
64 bytes from 192.168.0.162: icmp_seq=1 ttl=64 time=0.174 ms
64 bytes from 192.168.0.162: icmp_seq=2 ttl=64 time=0.122 ms
64 bytes from 192.168.0.162: icmp_seq=3 ttl=64 time=0.144 ms
```

图 2-18

再从宿主机Windows 7中ping虚拟机Linux，也可以ping通（注意Ubuntu的防火墙要先关闭），如图2-19所示。

```
C:\Users\Administrator>ping 192.168.0.118

正在 Ping 192.168.0.118 具有 32 字节的数据:
来自 192.168.0.118 的回复: 字节=32 时间<1ms TTL=64
来自 192.168.0.118 的回复: 字节=32 时间<1ms TTL=64
来自 192.168.0.118 的回复: 字节=32 时间<1ms TTL=64
来自 192.168.0.118 的回复: 字节=32 时间<1ms TTL=64
```

图 2-19

至此，桥接模式的DHCP方式下，宿主机和虚拟机能相互ping通了，而且现在在虚拟机Ubuntu下是可以上网的（前提是宿主机也能上网），比如我们用火狐浏览器打开网页，如图2-20所示。

下面，我们再来看一下静态方式下的相互ping通，静态方式的网络环境比较单纯，并且是手动设置IP地址，这样可以和读者的IP地址保持完全一致，读者学习起来比较方便。所以，本书很多网络场景都会用到桥接模式的静态方式。

图 2-20

首先设置宿主机Windows 7的IP地址为120.4.2.200，再设置虚拟机Ubuntu的IP地址为120.4.2.8，如图2-21所示。

单击右上角"应用"按钮后重启即生效，然后就能相互ping通了，如图2-22所示。

图 2-21

图 2-22

至此，桥接模式下的静态方式相通ping成功。如果想要重新恢复DHCP动态方式，则只需在图2-21中选择IPv4方式为"自动（DHCP）"，并单击右上角"应用"按钮，然后在终端窗口用命令重启网络服务即可，命令如下：

```
root@tom-virtual-machine:~/桌面# nmcli networking off
root@tom-virtual-machine:~/桌面# nmcli networking on
```

然后再查看IP地址，可以发现IP地址变了，如图2-23所示。

```
root@tom-virtual-machine:~/桌面# ifconfig
ens33: flags=4163<UP,BROADCAST,RUNNING,MULTICAST>  mtu 1500
        inet 192.168.0.118  netmask 255.255.255.0  broadcast 192.168.0.255
        inet6 fe80::9114:9321:9e11:c73d  prefixlen 64  scopeid 0x20<link>
        ether 00:0c:29:1f:a1:18  txqueuelen 1000  (以太网)
```

图 2-23

桥接模式的动态方式，不影响主机上网，故在虚拟机Linux中也可以上网。

2. 主机模式

VMware的Host-Only（仅主机模式）就是主机模式。默认情况下物理主机和虚拟机都连在虚拟交换机VMnet1上，VMware为主机创建的虚拟网卡是VMware Virtual Ethernet Adapter for VMnet1，主机通过该虚拟网卡和VMnet1相连。主机模式将虚拟机与外网隔开，使得虚拟机成为一个独立的系统，只与主机相互通信。当然主机模式下也可以让虚拟机连接互联网，方法是可以将主机网卡共享给VMware Network Adapter for VMnet1网卡，从而达到虚拟机联网的目的。但一般主机模式都是为了和物理主机的网络隔开，仅让虚拟机和主机通信。因为用得不多，这里不再展开。

3. NAT 模式

如果虚拟机Linux要上网，则NAT模式最方便。NAT模式也是VMware创建虚拟机的默认网络连接模式。使用NAT模式网络连接时，VMware会在宿主机上建立单独的专用网络，用以在主机和虚拟机之间相互通信。虚拟机向外部网络发送的请求数据将被"包裹"，都会交由NAT网络适配器加上"特殊标记"并以主机的名义转发出去。外部网络返回的响应数据将被拆"包裹"，也是先由主机接收，然后交由NAT网络适配器根据"特殊标记"进行识别并转发给对应的虚拟机，因此，虚拟机在外部网络中不必具有自己的IP地址。从外部网络来看，虚拟机和主机共享一个IP地址，默认情况下，外部网络终端也无法访问到虚拟机。

此外，在一台宿主机上只允许有一个NAT模式的虚拟网络。因此，同一台宿主机上的多个采用NAT模式网络连接的虚拟机也是可以相互访问的。

设置虚拟机NAT模式过程如下：

（1）编辑虚拟机设置，使得网卡的网络连接模式为NAT模式，如图2-24所示，然后单击"确定"按钮。

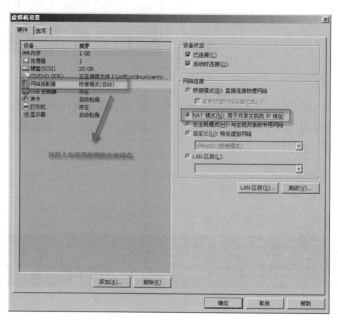

图 2-24

（2）编辑网卡配置文件，设置以DHCP方式获取IP地址，即修改ifcfg-ens33文件中的字段
BOOTPROTO为dhcp即可。命令如下：

```
[root@localhost ~]# cd /etc/sysconfig/network-scripts/
[root@localhost network-scripts]# ls
ifcfg-ens33
[root@localhost network-scripts]# gedit ifcfg-ens33
[root@localhost network-scripts]# vi ifcfg-ens33
```

编辑网卡配置文件ifcfg-ens33内容如下：

```
TYPE=Ethernet
PROXY_METHOD=none
BROWSER_ONLY=no
BOOTPROTO=dhcp
DEFROUTE=yes
IPV4_FAILURE_FATAL=no
IPV6INIT=yes
IPV6_AUTOCONF=yes
IPV6_DEFROUTE=yes
IPV6_FAILURE_FATAL=no
IPV6_ADDR_GEN_MODE=stable-privacy
NAME=ens33
UUID=e816b1b3-1bb9-459b-a641-09d0285377f6
DEVICE=ens33
ONBOOT=yes
```

保存并退出。接着再重启网络服务，以生效刚才的配置：

```
[root@localhost network-scripts]# nmcli c reload
[root@localhost network-scripts]# nmcli c up ens33
```

连接已成功激活（D-Bus，活动路径：/org/freedesktop/NetworkManager/ActiveConnection/4）。
此时查看网卡ens的IP地址，发现已经是新的IP地址了，如图2-25所示。

图 2-25

可以看到网卡ens33的IP地址变为192.168.11.128了，值得注意的是，由于是dhcp动态分配IP
地址，也有可能不是这个IP地址。是192.168.11的网段是因为VMware为VMnet8默认分配的网段
就是192.168.11网段，我们可以单击菜单"编辑" | "虚拟网络编辑器"看到，如图2-26所示。

当然我们也可以改成其他网段，只要对图2-26中的192.168.11.0重新编辑即可。这里就先不改了，保持默认。已经知道虚拟机Linux中的IP地址了，那宿主机Windows 7的IP地址是多少呢？只要查看"控制面板\网络和Internet\网络连接"下的"VMware Network Adapter VMnet8"这块虚拟网卡的IP地址即可，其IP地址也是自动分配的，如图2-27所示。

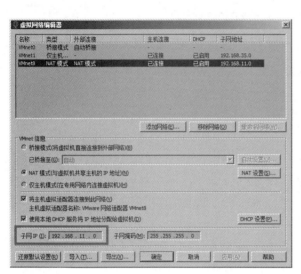

图 2-26

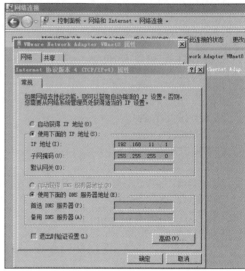

图 2-27

192.168.11.1也是VMware自动分配的。此时，就可以和宿主机相互ping通（如果ping Windows没有通，可能是因为Windows中的防火墙开着，可以把它关闭），如图2-28所示。

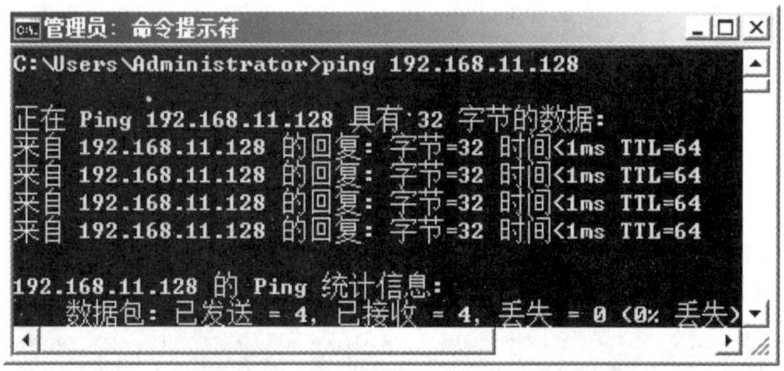

```
管理员：命令提示符                                              _ □ x
C:\Users\Administrator>ping 192.168.11.128

正在 Ping 192.168.11.128 具有 32 字节的数据：
来自 192.168.11.128 的回复：字节=32 时间<1ms TTL=64
来自 192.168.11.128 的回复：字节=32 时间<1ms TTL=64
来自 192.168.11.128 的回复：字节=32 时间<1ms TTL=64
来自 192.168.11.128 的回复：字节=32 时间<1ms TTL=64

192.168.11.128 的 Ping 统计信息：
    数据包：已发送 = 4，已接收 = 4，丢失 = 0 <0% 丢失>
```

图 2-28

在虚拟机Linux下也可以ping通Windows 7，如图2-29所示。

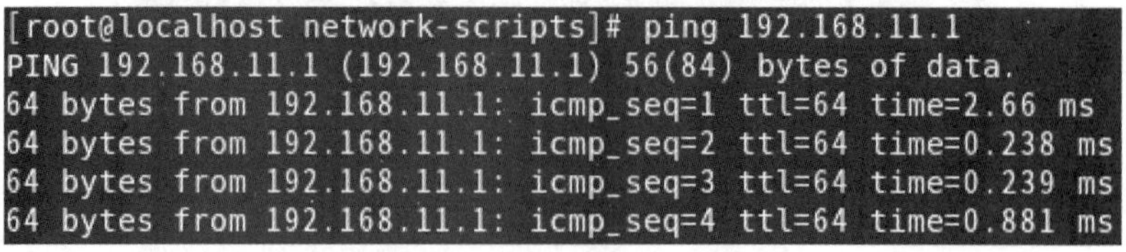

```
[root@localhost network-scripts]# ping 192.168.11.1
PING 192.168.11.1 (192.168.11.1) 56(84) bytes of data.
64 bytes from 192.168.11.1: icmp_seq=1 ttl=64 time=2.66 ms
64 bytes from 192.168.11.1: icmp_seq=2 ttl=64 time=0.238 ms
64 bytes from 192.168.11.1: icmp_seq=3 ttl=64 time=0.239 ms
64 bytes from 192.168.11.1: icmp_seq=4 ttl=64 time=0.881 ms
```

图 2-29

最后，在确保宿主机Windows 7能上网的情况下，虚拟机Linux也可以上网浏览网页了，如图2-30所示。

图 2-30

在虚拟机Linux下上网是非常重要的，因为以后安装软件时，很多需要在线安装。

4. 通过终端工具连接 Linux 虚拟机

安装完毕虚拟机的Linux操作系统后，我们就要开始使用它了。通常都是在Windows下通过终端工具（比如SecureCRT或SmarTTY）来操作Linux。这里我们使用SecureCRT（下面简称CRT）这个终端工具来连接Linux，然后在CRT窗口下以命令行的方式使用Linux。该工具既可以通过安全加密的网络连接方式（SSH）来连接Linux，也可以通过串口的方式来连接Linux，前者需要知道Linux的IP地址，后者需要知道串口号。除此以外，还能通过Telnet等方式，大家可以在实践中慢慢体会。

虽然CRT的操作界面是命令行方式，但它比Linux自带的字符界面还是更方便，比如CRT可以打开多个终端窗口，可以使用鼠标等。SecureCRT软件是Windows下的软件，可以在网上免费下载。建议使用比较新的版本，笔者使用的版本是64位的SecureCRT8.5和SecureFX8.5，其中SecureCRT表示终端工具本身，SecureFX表示配套的用于相互传输文件的工具。我们通过一个例子来说明如何连接虚拟机Linux，网络模式采用桥接模式，假设虚拟机Linux的IP地址为192.168.11.129。其他模式也类似，只是要连接的虚拟机Linux的IP地址不同而已。使用SecureCRT连接虚拟机Linux的步骤如下：

步骤01 打开SecureCRT8.5或以上版本，在左侧Session Manager工具栏上选择第三个按钮，这个按钮表示New Session，即创建一个新的连接，如图2-31所示。

图 2-31

此时出现"New Session Wizard"对话框，如图2-32所示。

在该对话框上，选中SecureCRT protocol：SSH2，然后单击"下一步"按钮，出现向导的第二个对话框。

步骤02 在该对话框出现的向导对话框上输入Hostname为192.168.11.129，Username为root。这个IP地址就是我们前面安装的虚拟机Linux的IP地址，root是Linux的超级用户账户。输入完毕后如图2-33所示。再单击"下一步"按钮，出现向导的第三个对话框。

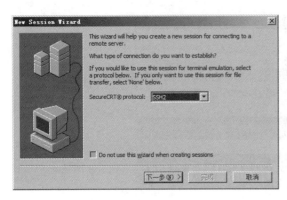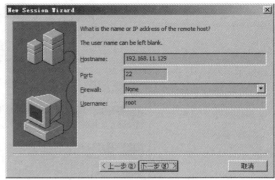

图 2-32   图 2-33

步骤 03 在该对话框上保持默认即可，即保持SecureFX协议为SFTP，这个SecureFX是宿主机和虚拟机之间传输文件的软件，采用的协议可以是SFTP（安全的FTP传输协议）、FTP、SCP等，如图2-34所示。

再单击"下一步"按钮，出现向导的最后一对话框，该对话框上可以重命名会话的名称，也可以保持默认，即用IP作为会话名称，这里保持默认，如图2-35所示。

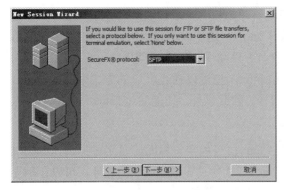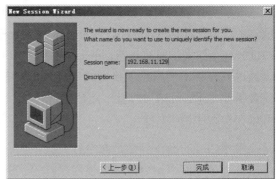

图 2-34   图 2-35

最后单击"完成"按钮。此时可以看到左侧的Session Manager中，出现了我们刚才建立的新的会话，如图2-36所示。

双击"192.168.11.129"开始连接，但出现报错，如图2-37所示。

图 2-36

图 2-37

前面我们讲到SecureCRT是安全保密的连接，需要安全算法，Ubuntu20.04的SSH所要求的安全算法，SecureCRT默认没有支持，所以报错了。我们可以在SecureCRT主界面上选择菜单"Options/Session Options..."，打开Session Options对话框，在该对话框的左边选择SSH2，然后在右边的"Key exchange"多选框下勾选最后几个算法，即确保全部算法都勾选上，如图2-38所示。

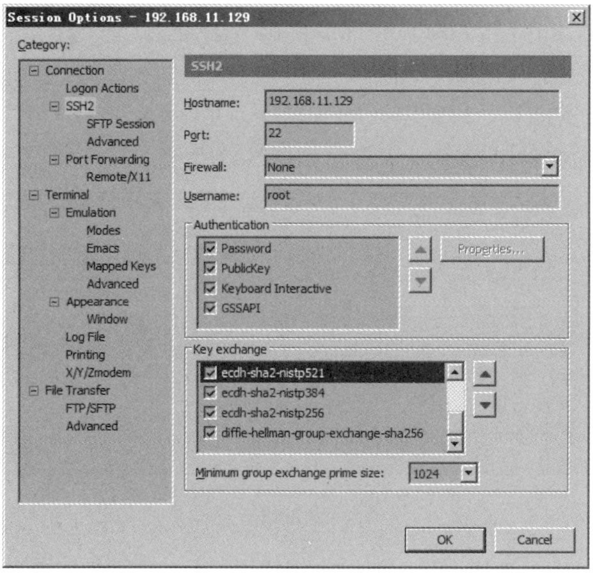

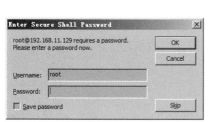

图 2-38

最后单击"OK"按钮关闭该对话框。接着回到SecureCRT主界面，并再次双击左边Session Manager中的"192.168.11.129"，尝试再次连接，这次成功了，出现登录框，如图2-39所示。

输入root的Password为123456，并勾选"Save password"，这样不用每次都输入密码，输入完毕后，单击"OK"按钮，出现Linux命令提示符，如图2-40所示。

图 2-39 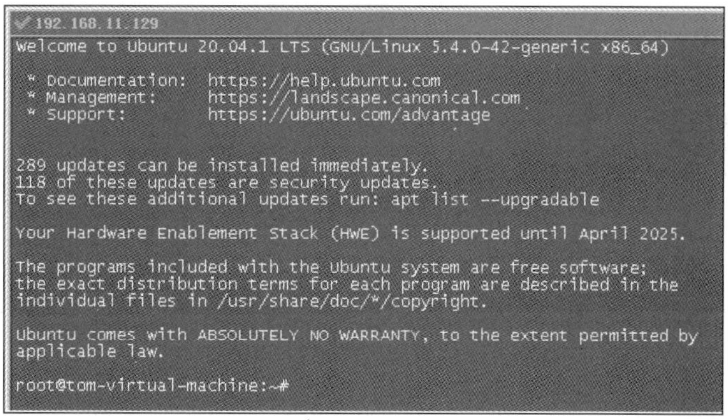　　　　　　　　　　　　　　　　　图 2-40

这样，在NAT模式下SecureCRT连接虚拟机Linux成功，以后可以通过命令来使用Linux了。如果是桥接模式，只要把前面的步骤的目的IP地址改下即可，这里不再赘述。

2.1.8　和虚拟机互传文件

有时在Windows下编辑代码，然后传文件到Linux下去编译运行，即需要在宿主机Windows和虚拟机Linux之间传送文件。把文件从Windows传到Linux的方式很多，既有命令行的sz/rz，也有FTP客户端、SecureCRT自带的SecureFX等图形化的工具，读者可以根据习惯和实际情况选择合适的工具。本书使用的是命令行工具SecureFX。

首先我们用SecureCRT连接到Linux，然后单击右上角工具栏的"SecureFX"按钮，如图2-41所示。

单击图2-41中框选的图标，启动SecureFX程序，并自动打开Windows和Linux的文件浏览窗口，界面如图2-42所示。

图 2-41

图 2-42

在图2-42中，左边是本地Windows的文件浏览窗口，右边是IP地址为120.4.2.80的虚拟机Linux的文件浏览窗口，如果需要把Windows中的某个文件上传到Linux，只需要在左边选中该文件，然后拖放到右边Linux窗口中，从Linux下载文件到Windows也是这样的操作，非常简单。

2.2 搭建 Linux 下 C/C++开发环境

由于我们安装Ubuntu时自带了图形界面，所以也可以直接在Ubuntu下用其自带的编辑器，如gedit来编辑源代码文件，然后在命令行下进行编译，这种方法对编写小规模程序十分方便。本节的内容比较简单，主要目的是用来测试各种编译工具是否能正确工作，所以希望读者能认真学习本节例题。在开始讲解第一个范例之前，我们先检查下编译工具是否准备好，默认情况下，Ubuntu不会自动安装gcc或g++，所以我们先要在线安装。确保虚拟机Ubuntu能连上Internet，然后在命令行下输入以下命令进行在线安装：

```
apt-get install build-essential
```

稍等片刻，便会把gcc/g++/gdb等安装在Ubuntu上。下面就可以开启我们第一个C程序了，程序代码很简单，主要目的是用来测试我们的环境是否支持编译C语言。

【例2.1】 第一个C程序。

（1）在Ubuntu下打开终端窗口，然后在命令行下输入命令gedit来打开文本编辑器，接着在编辑器中输入如下代码：

```
#include <stdio.h>
void main()
{
    printf("Hello world\n");
}
```

　　然后保存文件到某个路径（比如/root/ex，ex是自己建立的文件夹），文件名是test.c，并关闭gedit编辑器。

　　（2）在终端窗口的命令行下进入test.c所在路径，并输入编译命令：

```
gcc test.c -o test
```

　　其中选项-o表示生成目标文件，也就是可执行程序，这里是test。此时会在同一路径下生成一个test程序，我们可以运行它：

```
./test
Hello world
```

　　至此，我们第一个C程序编译运行成功，这说明C语言开发环境搭建起来了。如果要调试，可以使用gdb命令，这里不再赘述。关于该命令的使用，大家可以参考清华大学出版社出版的《Linux C与C++一线开发实践》，另外本书也详述了Linux下用图形开发工具进行C语言开发的过程，这里不再赘述。本节的小程序是为了验证我们的编译环境是否正常，如果这个小程序能跑起来了，说明Linux下的编译环境已经没有问题，以后到Windows下开发如果发现有问题，至少可以排除掉Linux本身的原因。

2.3　搭建 Windows 下 Linux C/C++开发环境

2.3.1　Windows 下非集成式的 Linux C/C++开发环境

　　由于很多程序员习惯使用Windows，因此我们这里采取在Windows下开发Linux程序的方式。基本步骤就是先在Windows用自己熟悉的编辑器写源代码，然后通过网络连接到Linux，把源代码文件（c或cpp文件）上传到远程Linux主机，在Linux主机上对源代码进行编译、调试和运行，当然编译和调试所输入的命令也可以在终端工具（比如SecureCRT）里完成，这样从编辑到编译、调试运行都可以在Windows下操作了，注意是操作（命令），真正的编译、调试运行工作实际都是在Linux主机上完成的。

　　Windows下的编辑器很多，大家可以根据自己的习惯来选择使用。常用的编辑器有VS Code、Source Insight（简称SI）、UltraEdit（简称UE），它们小巧且功能多，具有语法高亮、函数列表显示等编写代码所需的常用功能，对付普通的小程序开发绰绰有余。但笔者推荐大家使用VS Code，因为它免费且功能更强大，而后两者是要收费的。

　　用编辑器写完源代码后，就可以通过网络上传到Linux主机或虚拟机Linux，把文件从Windows传到Linux的方式也很多，既有命令行的sz/rz，也有FTP客户端、SecureFX等图形化的工具，大家可以根据习惯和实际情况选择合适的工具。如果使用VS Code，可以自动上传到Linux主机，非常方便。本书后面对于非集成式的开发，用的编辑器都是VS Code。

　　把源代码文件上传到Linux下后，就可以进行编译了，编译的工具可以使用gcc或g++，两者都可以编译C/C++文件。编译过程中如果需要调试，可以使用命令行的调试工具gdb，后面会详细阐述。下面介绍一个在Windows下开发Linux程序的过程。关于gcc、g++和gdb的详细用法这里就不再赘述了，其详细用法可以参考《Linux C与C++一线开发实践》。

【例2.2】 第一个VS Code开发的Linux C++程序。

（1）到官网https://code.visualstudio.com/下载VS Code，然后安装。

（2）如果是第一次使用VS Code，先安装2个和C/C++编程有关的插件，单击左方竖条工具栏上"Extensions"图标或者直接按快捷键Ctrl+Shift+X切换到Extensions页，该页主要是用来搜索和安装（扩展）插件的，在左上搜索框中搜索"C++"，然后安装两个C/C++插件，如图2-43所示。

分别单击"Install"按钮开始安装，安装完毕后，代码的语法就高亮了，也有函数定义跳转功能了。接着再安装一个插件，该插件能实现在VS Code中上传文件到远程Linux主机上，这样就不必切换软件窗口了。搜索"sftp"，安装第一个，如图2-44所示。

图 2-43

图 2-44

单击"Install"按钮，重启VS Code。

（3）在Windows本地新建一个存放源代码文件的文件夹，比如E:\ex\test\。打开VS Code，单击菜单"File" | "New Folder"，此时将在左边显示Explorer视图，在视图的右上方单击"New File"图标，如图2-45所示。

图 2-45

然后下方会出现一行编辑框，用于输入新建文件的文件名，输入"test.cpp"，然后按Enter键，此时会在VS Code中间出现一个编辑框，输入代码如下：

```
#include <iostream>
using namespace std;
int main(int argc, char *argv[])
{
    char sz[] = "Hello, World!";
    cout << sz << endl;
    return 0;
}
```

如果前面2个C/C++插件安装正确的话，可以看到代码的颜色是丰富多彩的，这就是语法高亮。如果把鼠标停留在某个变量、函数或对象上（比如cout），还会出现更加完整的定义说明。

另外，如果不准备新建文件，而是要添加已经存在的文件，可以把文件放到当前目录下，然后在VS Code中的Explorer视图就能马上看到了。

（4）上传源文件到虚拟机Linux。我们用SecureCRT自带的文件传输工具SecureFX把test.cpp上传到虚拟机Linux的某个目录下。SecureFX的用法前面已经介绍过了，这里不再赘述。这是手动上传方式，有点烦琐。在VS Code，我们可以下载插件sftp，实现在VS Code中就能同步本地文件和服务器端文件。使用sftp插件前，我们需要进行一些简单设置，告诉sftp，我们远程的Linux主机的IP地址、用户名和口令等信息。我们按快捷键Ctrl+Shift+P后，会进入VS Code的命令输入模式，然后可以在上方"Search settings"框中输入sftp:config命令，会在当前文件夹（这里是E:\ex\test\）生成一个.vscode文件夹，里面有一个sftp.json文件，我们需要在这个文件中配置远程服务器地址，VS Code会自动打开这个文件，输入内容如下：

```
{
    "name": "My Server",
    "host": "192.168.11.129",
    "protocol": "sftp",
    "port": 22,
    "username": "root",
    "password": "123456",
    "remotePath": "/root/ex/3.2/",
    "uploadOnSave": true
}
```

输入完毕，按快捷键Alt+F+S保存。其中，/root/ex/3.2/是虚拟机Ubuntu上的一个路径（可以不必预先建立，VS Code会自动建立），我们上传的文件将会存放到该路径下。host表示远程Linux主机的IP地址或域名，注意这个IP地址必须要和Windows主机的IP地址相互ping通；protocol表示使用的传输协议，用SFTP，即安全的FTP协议；username表示远程Linux主机的用户名；password表示远程Linux主机的用户名对应的口令；remotePath表示远程文件夹地址，默认是根目录/；uploadOnSave表示本地更新文件保存会自动同步到远程文件（不会同步重命名文件和删除文件）。另外，如果源码在本地其他路径，也可以通过context设置本地文件夹地址，默认为VS Code工作区根目录。

在Explorer空白处右击，选择快捷菜单"Sync Local" | "Remote"，如果没有问题，可以在Output视图上看到如图2-46所示的提示。

图 2-46

这说明上传成功了，另外，如果Output视图没有出现，可以单击左下方状态栏上的小图标"SFTP"，如图2-47所示。

图 2-47

此时如果到虚拟机Ubuntu上查看，可以发现/root/ex/3.2/下有一个test.cpp了：

```
root@tom-virtual-machine:~/ex/3.2# ls
test.cpp
```

（5）编译源文件。现在源文件已经在Linux的某个目录下（本例是/root/ex/3.2/）了，我们可以在命令行下对其进行编译了。Linux下编译C++源程序通常有两种命令，一种是g++，另外一种是gcc，它们都是根据源文件的后缀名来判断是C程序还是C++程序。编译也是在SecureCRT的窗口下用命令进行，打开SecureCRT，连接远程Linux，然后定位到源文件所在的文件夹，并输入g++编译命令：

```
root@tom-virtual-machine:~/ex/3.2# g++ test.cpp -o test
root@tom-virtual-machine:~/ex/3.2# ls
test  test.cpp
root@tom-virtual-machine:~/ex/3.2# ./test
Hello, World!
```

-o表示输出，它后面的test表示最终输出的可执行程序名字是test。

如果要用gcc来编译，gcc是编译C语言的，默认情况下，如果直接编译C++程序，会报错，我们可以通过增加参数-lstdc++来编译，结果如下：

```
root@tom-virtual-machine:~/ex/3.2# gcc -o test test.cpp -lstdc++
root@tom-virtual-machine:~/ex/3.2# ls
test  test.cpp
root@tom-virtual-machine:~/ex/3.2# ./test
Hello, World!
```

其中-o表示输出，它后面的test表示最终输出的可执行程序名字是test；-l表示要连接到某个库，stdc++表示C++标准库，因此-lstdc++表示链接到标准C++库。

前面我们上传文件是通过右击菜单来实现，还是有点烦琐。现在我们在VS Code中打开test.cpp，稍微修改点代码，比如sz的定义改成：char sz[] = "Hello, World!--------"，然后保存（按快捷键Alt+F+S）test.cpp，此时VS Code会自动上传到远程Linux上，Output视图里也会有新的提示，如图2-48所示。

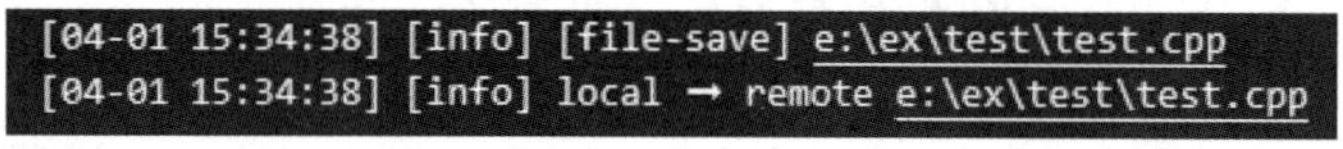

```
[04-01 15:34:38] [info] [file-save] e:\ex\test\test.cpp
[04-01 15:34:38] [info] local → remote e:\ex\test\test.cpp
```

图 2-48

其中，file-save表示文件保存，local->remote表示上传到远程主机。读者只要保存源码文件，VS Code就自动上传。此时再到编译，可以发现结果变了：

```
root@tom-virtual-machine:~/ex/3.2# gcc -o test test.cpp -lstdc++
root@tom-virtual-machine:~/ex/3.2# ./test
Hello, World!--------
```

顺便提一句，代码后退的快捷键是Alt+←。

2.3.2 Windows 下集成式的 Linux C/C++开发环境

所谓集成式，简单来讲就是代码编辑、编译、调试都在一个软件（窗口）中做完，不需要在不同的窗口之间切换来切换去，更不需要从一个系统（Windows）手动传文件到另外一个系统（Linux）中，传文件也可以让同一个软件来完成。这样的开发软件（环境）称为集成开发环境（Integrated Development Environment，IDE）。

Windows下也有能支持Linux开发的IDE，在Visual C++ 2017上全面支持Linux的开发。Visual C++ 2017简称VC2017，是当前Windows平台上最主流的集成化可视化开发软件，功能非常强大。其界面和使用不再赘述，建议读者参考清华大学出版社出版的《Visual C++ 2017 从入门到精通》。

在VC2017中，可以编译、调试和运行Linux可执行程序，也可以生成Linux静态库（即.a库）和动态库（也称共享库，即.so库）。但前提是在安装VC2017的时候要勾选支持Linux开发的组件，默认是不勾选的。打开VS2017的安装程序，在"工作负载"页面的右下角处勾选"使用C++的Linux开发"复选框，如图2-49所示。

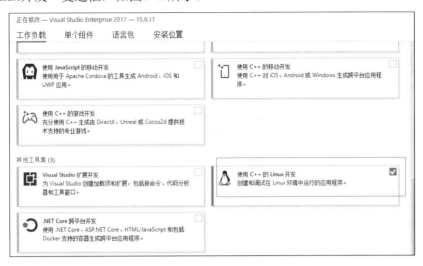

图 2-49

然后再继续安装VC2017。安装完毕后，新建工程的时候就可以看到有一个Linux工程选项了。下面我们通过一个例子来生成可执行程序。

【例2.3】　第一个VC++开发的Linux可执行程序。

（1）打开VC2017，单击菜单"文件"｜"新建"｜"项目"或者直接按快捷键Ctrl+Shift+N来打开新建项目对话框，在新建项目对话框上，左边展开"Visual C++"｜"跨平台"，并选中"Linux"节点，此时右边出现项目类型，选中"控制台应用程序（Linux）"，并在对话框下方输入项目名称（比如test）和项目路径（比如e:\ex\），如图2-50所示。

图 2-50

然后单击"确定"按钮，这样一个Linux项目就建好了。可以看到一个main.cpp已经建立好了，内容如下：

```
#include <cstdio>

int main()
{
    printf("hello from test!\n");
    return 0;
}
```

（2）打开虚拟机Ubuntu20.04，并使用桥接模式静态IP方式，虚拟机Ubuntu的IP地址为120.4.2.8，宿主机Windows 7的IP地址是120.4.2.200，保持相互ping通。

（3）设置连接。单击VC的菜单"工具" | "选项"来打开选项对话框，在该对话框的左下方展开"跨平台"，并选中"连接管理器"节点，在右边单击"添加"按钮，然后在出现的"连接到远程系统"对话框中，输入虚拟机Ubuntu20.04的IP地址、root密码等信息，如图2-51所示。

图 2-51

单击"连接"按钮，此时将下载一些开发所需要的文件，如图2-52所示。

图 2-52

稍等片刻，列表框内出现另一个主机名为120.4.2.8的SSH连接，如图2-53所示。

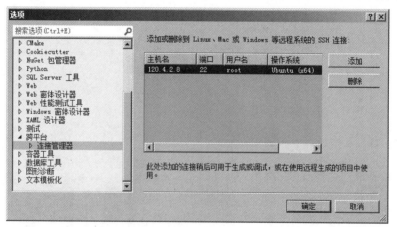

图 2-53

这说明添加连接成功，单击"确定"按钮。

（4）编译运行，按F7键生成程序，如果没有错误，将在"输出"窗口中输出编译结果，如图2-54所示。

此时可以单击VC工具栏上的绿色三角形箭头图标，准备运行，如图2-55所示。

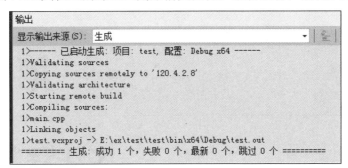

图 2-54

此时将开始进行调试运行，稍等片刻运行完毕，现在我们可以单击菜单的"调试"|"Linux
控制台"命令来打开"Linux控制台窗口"，并且可以看到运行结果了，如图2-56所示。

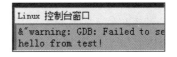

图 2-55　　　　　　　　　　　　　　　　　　　　　　　　图 2-56

这就说明，我们的Linux程序运行成功了。因为是第一个VC2017开发的Linux应用程序，
所以讲述得比较详细，后面将直接打开VC2017，新建一个Linux项目。

到目前为止，Linux开发环境已经建立起来了。由于在Windows下集成开发Linux C/C++最
方便，因此笔者采用该方式的开发环境。

第 3 章

多线程基本编程

首先请记住一句话，多线程的编程功力直接决定着服务器性能的优异。

在这个多核时代，如何充分利用每个CPU内核是一个绕不开的话题，从需要为成千上万的用户同时提供服务的服务器端应用程序，到需要同时打开十几个页面并且每个页面都有几十、上百个链接的Web浏览器应用程序；从保持着几太（T）甚或几拍（P）的数据的数据库系统，到手机上的一个有良好用户响应能力的App，为了充分利用每个CPU内核，都会想到是否可以使用多线程技术。这里所说的"充分利用"包含了两个层面的意思，一个是使用到所有的内核，另一个是内核不空闲，不让某个内核长时间处于空闲状态。在C++98的时代，C++标准并没有包含多线程的支持，人们只能直接调用操作系统提供的SDK API来编写多线程程序，不同的操作系统提供的SDK API以及线程控制能力不尽相同。到了C++11，终于在标准之中加入了正式的多线程的支持，由此我们可以使用标准形式的类来创建与执行线程，也使得我们可以使用标准形式的锁、原子操作、线程本地存储（TLS）等来进行复杂的各种模式的多线程编程，而且C++11还提供了一些高级概念，比如promise/future、packaged_task、async等简化某些模式的多线程编程。

多线程可以让我们的应用程序拥有更加出色的性能，但是，如果没有用好，多线程又比较容易出错且难以查找错误所在。作为一名C++程序员，掌握好多线程并发开发技术，是学习的重中之重。而且为了能在实践工作中承接旧代码系统的维护工作，学习C++11之前的多线程开发技术也是必不可少的，而以后开发新功能，C++11将是大势所趋。其实很多原理都是类似的，相信大家学的时候会感受到这一点。

3.1　使用多线程的好处

多线程编程技术作为现代软件开发的流行技术，正确地使用它将会带来巨大的优势。

（1）响应速度更灵敏

在单线程软件中，如果软件中有多个任务，比如读写文件、更新用户界面、网络连接、打印文档等，若按照先后次序执行，即先完成前面的任务才能执行后面的任务，如果某个任务执行的时间较长,比如读写一个大文件,那么用户界面无法及时更新,使得用户体验感很不好。为了解这个问题,人们提出了多线程编程技术。在采用多线程编程技术的程序中,多个任务由不同的线程去执行,不同线程各自占用一段CPU时间,即使线程任务还没完成,也会让出CPU时间给其他线程去执行。这样从用户角度看,好像几个任务是同时进行的,至少界面上能得到及时更新了,大大改善了用户对软件的体验,提高了软件的响应速度和友好度。

（2）运行效率更高

随着多核处理器日益普及,单线程程序愈发成为性能瓶颈。比如电脑有2个CPU内核,单线程软件同一时刻只能让一个线程在一个CPU内核上运行,另外一个内核就可能空闲在那里,无法发挥性能。如果软件设计了2个线程,则同一时刻可以让这两个线程在不同的CPU内核上同时运行,运行效率增加一倍。

（3）通信更高效

对于同一进程的线程来说,它们共享该进程的地址空间,可以访问相同的数据。通过数据共享方式使得线程之间的通信比进程之间的通信更高效和方便。

（4）开销更小

创建线程、线程切换等操作所带来的系统开销比进程的类似操作所需开销要小得多。由于线程共享进程资源,所以创建线程时不需要再为其分配内存空间等资源,因此创建时间也更小。比如在Solaris2操作系统上,创建进程的时间大约是创建线程的30倍。线程作为基本执行单元,当从同一个进程的某个线程切换到另一个线程时,需要载入的信息比进程之间切换要少,所以切换速度更快,比如Solaris2操作系统中线程的切换速度比进程切换大约快5倍。

3.2　多线程编程的基本概念

3.2.1　操作系统和多线程

要在应用程序中实现多线程,必须要有操作系统的支持。Linux 32位或64位操作系统对应用程序提供了多线程支持,所以Windows NT/2000/XP/7/8/10是一个多线程操作系统。根据进程与线程的支持情况,可以把操作系统大致分为如下几类:

（1）单进程、单线程,MS-DOS大致是这种操作系统。

（2）多进程、单线程,多数UNIX（及类UNIX的Linux）是这种操作系统。

（3）多进程、多线程,Win32（Windows NT/2000/XP/7/8/10等）、Solaris 2.x和OS/2都是这种操作系统。

（4）单进程、多线程,VxWorks是这种操作系统。

具体到Linux C++的开发环境,它提供了一套POSIX API函数来管理线程,用户既可以直接使用这些POSIX API函数,也可以使用C++自带的线程类。作为一名Linux C++开发者,这两者都应该会使用,因为Linux C++程序中,这两种方式都有可能会出现。

3.2.2 线程的基本概念

现代操作系统大多支持多线程概念，每个进程中至少有一个线程，所以即使没有使用多线程编程技术，进程也含有一个主线程。也可以说，CPU中执行的是线程，线程是程序的最小执行单位，是操作系统分配CPU时间的最小实体。一个进程的执行是从主线程开始的，如果需要可以在程序的任何地方开辟新的线程，其他线程都是由主线程创建。一个进程正在运行，也可以说是一个进程中的某个线程正在运行。一个进程的所有线程共享该进程的公共资源，比如虚拟地址空间、全局变量等。每个线程也可以拥有自己私有的资源，如堆栈、在堆栈中定义的静态变量和动态变量、CPU寄存器的状态等。

线程总是在某个进程环境中创建，并且会在这个进程内部销毁。线程和进程的关系是：线程是属于进程的，线程运行在进程空间内，同一进程所产生的线程共享同一内存空间，当进程退出时该进程所产生的线程都会被强制退出并清除。线程可与属于同一进程的其他线程共享进程所拥有的全部资源，但是其本身基本不拥有系统资源，只拥有一点在运行中必不可少的信息（如程序计数器、一组寄存器和线程栈，线程栈用于维护线程在执行代码时所需要的所有的函数参数和局部变量）。

相对于进程来说，线程所占用资源更少，比如创建进程，系统要为它分配很大的私有空间，占用的资源较多；而对多线程程序来说，由于多个线程共享一个进程地址空间，所以占用资源较少。此外，进程间切换时，需要交换整个地址空间；而线程之间切换时只是切换线程的上下文环境，因此效率更高。在操作系统中引入线程带来的主要好处是：

（1）在进程内创建、终止线程比创建、终止进程要快。

（2）同一进程内的线程间切换比进程间的切换要快，尤其是用户级线程间的切换。

（3）每个进程具有独立的地址空间，而该进程内的所有线程共享该地址空间，因此线程可以解决父子进程模型中子进程必须复制父进程地址空间的问题。

（4）线程对解决客户/服务器模型非常有效。

虽然多线程给应用开发带来了不少好处，但并不是所有情况下都适合使用多线程，要具体问题具体分析，通常在下列情况下可以考虑使用多线程：

（1）应用程序中的各任务相对独立。

（2）某些任务耗时较多。

（3）各任务有不同的优先级。

（4）一些实时系统应用。

需要注意的是，一个进程中的所有线程共享它们父进程的变量，但同时每个线程可以拥有自己的变量。

3.2.3 线程的状态

一个线程从创建到结束，是一个生命周期，它总是处于下面4个状态中的一个：

（1）就绪态

线程能够运行的条件已经满足，只是在等待处理器的调度（处理器要根据调度策略来把就绪态的线程调度到处理器中运行）。处于就绪态的原因可能是线程刚刚被创建（刚创建的线程不一定马上运行，一般先处于就绪态），也可能刚刚从阻塞状态中恢复，或者被其他线程抢占而处于就绪态。

（2）运行态

运行态表示线程正在处理器中运行，正占用着处理器。

（3）阻塞态

由于在等待处理器之外的其他条件而无法运行的状态叫作阻塞态。这里的其他条件包括I/O操作、互斥锁的释放、条件变量的改变等。

（4）终止态

终止态就是线程的线程函数运行结束或被其他线程取消后处于的状态。处于终止态的线程虽然已经结束了，但其所占资源还没有被回收，而且还可以被重新复活。应该避免让线程长时间处于这种状态。线程处于终止态后应该及时进行资源回收。

3.2.4　线程函数

线程函数就是线程创建后进入运行态后要执行的函数。执行线程，实际上就是执行线程函数。这个函数是我们自定义的，然后在创建线程函数时把函数名作为参数传入线程创建的函数。

同理，中断线程的执行，就是中断线程函数的执行，以后再恢复线程的时候，就会在前面线程函数暂停的地方开始继续执行下面的代码。结束线程也就不再运行线程函数。线程函数可以是一个全局函数或类的静态函数，比如在POSIX线程库中，它通常这样声明：

```
void *ThreadProc (void *arg);
```

其中参数arg指向要传给线程的数据，这个参数是在创建线程的时候作为参数传入线程创建函数中的。函数的返回值应该表示线程函数运行的结果：成功还是失败。注意函数名ThreadProc可以是自定义的函数名，这个函数是用户自己先定义好，然后系统来调用的函数。

3.2.5　线程标识

句柄是用来标识线程对象的，而线程本身用ID来标识。在创建线程的时候，系统会为线程分配一个唯一的ID作为线程的标识，这个ID从线程创建开始存在，一直伴随着线程的结束才消失。线程结束后该ID就自动不存在，不需要去显式清除。通常线程创建成功后会返回一个线程ID。

3.2.6　C++多线程开发的两种方式

在Linux C++开发环境中，通常有两种方式来开发多线程程序，一种是利用POSIX多线程API函数来开发多线程程序，另外一种是利用C++自带线程类来开发多线程程序。这两种方式各有利弊，前一种方法比较传统，后一种方式比较新，是C++11推出的方式。C++程序员也要熟悉POSIX多线程开发,因为在C++11之前,C++使用多线程一般都是利用POSIX多线程API,或者把POSIX多线程API封装成类,然后再在公司内部供大家使用,所以一些老项目都是和POSIX多线程库相关的。这也使得我们必须要熟悉它,因为很可能进入公司后会要求维护以前的程序代码。而C++自带线程类很可能在以后开发新的项目时会用到。

3.3 利用 POSIX 多线程 API 函数进行多线程开发

在用POSIX多线程API函数进行开发之前,我们首先要熟悉这些API函数。常见的与线程有关的基本API函数见表3-1。

表 3-1 常见的与线程有关的基本 API 函数

API 函数	含 义
pthread_create	创建线程
pthread_exit	线程终止自身执行
pthread_join	等待一个线程的结束
pthread_self	获取线程ID
pthread_cancel	取消另一个线程
pthread_exit	在线程函数中调用来退出线程函数
pthread_kill	向线程发送一个信号

使用这些API函数,需要包含头文件pthread.h,并且在编译的时候需要加上库pthread,表示包含多线程库文件。

3.3.1 线程的创建

POSIX API中,创建线程的函数是pthread_create,该函数声明如下:

```
int pthread_create(pthread_t *pid, const pthread_attr_t *attr,void
*(*start_routine)(void *),void *arg);
```

其中参数pid是一个指针,指向创建成功后的线程的ID;pthread_t其实就是unsigned long int;attr是指向线程属性结构pthread_attr_t的指针,如果为NULL则使用默认属性;start_routine指向线程函数的地址,线程函数就是线程创建后要执行的函数;arg指向传给线程函数的参数,如果成功,函数返回0。

CreateThread创建完子线程后,主线程会继续执行CreateThread后面的代码,这就可能会出现创建的子线程还没执行完主线程就结束了的情况,比如控制台程序,主线程结束就意味着进程结束了。在这种情况下,我们就需要让主线程等待,待子线程全部运行结束后再继续执行主线程。还有一种情况,主线程为了统计各个子线程的工作结果而需要等待子线程结束完毕后再继续执行,此时主线程就要等待了。POSIX提供了函数pthread_join来等待子线程结束,即子线程的线程函数执行完毕后,pthread_join才返回,因此pthread_join是个阻塞函数。函数pthread_join会让主线程挂起(即休眠,让出CPU),直到子线程都退出,同时pthread_join能让子线程所占资源得到释放。子线程退出后，主线程会接收到系统的信号，从休眠中恢复。函数pthread_join声明如下：

```
int pthread_join(pthread_t pid, void **value_ptr);
```

其中参数pid是所等待线程的ID；value_ptr通常可设为NULL，如果不为NULL，则pthread_join复制一份线程退出值到一个内存区域，并让*value_ptr指向该内存区域，因此pthread_join还有一个重要功能就是能获得子线程的返回值（这一点后面会看到）。如果函数成功，返回0，否则返回错误码。

接下来介绍几个简单的例子，创建线程。

【例3.1】　创建一个简单的线程，不传参数。

（1）打开UE，新建一个test.cpp文件，在test.cpp中输入代码如下：

```cpp
#include <pthread.h>
#include <stdio.h>
#include <unistd.h> //sleep

void *thfunc(void *arg) //线程函数
{
    printf("in thfunc\n");
  return (void *)0;
}
int main(int argc, char *argv [])
 {
    pthread_t tidp;
    int ret;

    ret = pthread_create(&tidp, NULL, thfunc, NULL); //创建线程
    if (ret)
    {
        printf("pthread_create failed:%d\n", ret);
        return -1;
    }

    sleep(1); //main线程挂起1秒钟，为了让子线程有机会执行
    printf("in main:thread is created\n");

    return 0;
}
```

（2）上传test.cpp到Linux，在终端下输入命令：g++ -o test test.cpp -lpthread，其中pthread是线程库的名字，然后运行test，运行结果如下：

```
[root@localhost test]# g++ -o test test.cpp -lpthread
[root@localhost test]# ./test
in thfunc
in main:thread is created
[root@localhost test]#
```

在这个例子中，首先创建一个线程，线程函数在打印一行字符串后结束，而主线程在创建子线程后，会等待一秒钟，避免因为主线程的过早结束而导致进程结束。如果没有等待函数sleep，则可能子线程的线程函数还没来得及执行，主线程就结束了，这样导致子线程的线程都没有机会执行，因为主线程已经结束，整个应用程序已经退出了。

【例3.2】 创建一个线程，并传入整型参数。

（1）打开SI，新建一个test.cpp文件，在test.cpp中输入代码如下：

```cpp
#include <pthread.h>
#include <stdio.h>

void *thfunc(void *arg)
{
    int *pn = (int*)(arg);                          //获取参数的地址
    int n = *pn;

    printf("in thfunc:n=%d\n", n);
    return (void *)0;
}
int main(int argc, char *argv [])
{
    pthread_t tidp;
    int ret, n=110;

    ret = pthread_create(&tidp, NULL, thfunc, &n);  //创建线程并传递n的地址
    if (ret)
    {
        printf("pthread_create failed:%d\n", ret);
        return -1;
    }

    pthread_join(tidp,NULL);                         //等待子线程结束
    printf("in main:thread is created\n");

    return 0;
}
```

（2）上传test.cpp到Linux，在终端下输入命令：g++ -o test test.cpp -lpthread，其中pthread是线程库的名字，然后运行test，运行结果如下：

```
[root@localhost test]# g++ -o test test.cpp -lpthread
[root@localhost test]# ./test
in thfunc:n=110
in main:thread is created
[root@localhost test]#
```

这个例子和例3.1有两点不同，一是创建线程的时候，把一个整型变量的地址作为参数传给线程函数；二是等待子线程结束没有用sleep函数，而是用pthread_join。sleep只是等待一个固定的时间，有可能在这个固定的时间内，子线程早已经结束，或者子线程运行的时间大于这

个固定时间，因此用它来等待子线程结束并不精确；而用函数pthread_join则会一直等到子线程结束后才会执行该函数后面的代码，我们可以看到它的第一个参数是子线程的ID。

【例3.3】　创建一个线程，并传递字符串作为参数。

（1）打开SI，新建一个test.cpp文件，在test.cpp中输入代码如下：

```cpp
#include <pthread.h>
#include <stdio.h>

void *thfunc(void *arg)
{
    char *str;
    str = (char *)arg;                      //得到传进来的字符串
    printf("in thfunc:str=%s\n", str);      //打印字符串
    return (void *)0;
}
int main(int argc, char *argv [])
{
    pthread_t tidp;
    int ret;
    const char *str = "hello world";

    ret = pthread_create(&tidp, NULL, thfunc, (void *)str);//创建线程并传递str
    if (ret)
    {
        printf("pthread_create failed:%d\n", ret);
        return -1;
    }
    pthread_join(tidp, NULL);                               //等待子线程结束
    printf("in main:thread is created\n");

    return 0;
}
```

（2）上传test.cpp到Linux，在终端下输入命令：g++ -o test test.cpp -lpthread，其中pthread是线程库的名字，然后运行test，运行结果如下：

```
[root@localhost test]# g++ -o test test.cpp -lpthread
[root@localhost test]# ./test
in thfunc:n=110,str=hello world
in main:thread is created
[root@localhost test]#
```

【例3.4】　创建一个线程，并传递结构体作为参数。

（1）打开SI，新建一个test.cpp文件，在test.cpp中输入代码如下：

```cpp
#include <pthread.h>
#include <stdio.h>

typedef struct  //定义结构体的类型
```

```
{
    int n;
    char *str;
}MYSTRUCT;
void *thfunc(void *arg)
{
    MYSTRUCT *p = (MYSTRUCT*)arg;
    printf("in thfunc:n=%d,str=%s\n", p->n,p->str);     //打印结构体的内容
    return (void *)0;
}
int main(int argc, char *argv [])
{
    pthread_t tidp;
    int ret;
    MYSTRUCT mystruct;                                   //定义结构体
    //初始化结构体
    mystruct.n = 110;
    mystruct.str = "hello world";

    ret = pthread_create(&tidp, NULL, thfunc, (void *)&mystruct); //创建线程
并传递结构体地址
    if (ret)
    {
        printf("pthread_create failed:%d\n", ret);
        return -1;
    }
    pthread_join(tidp, NULL);                            //等待子线程结束
    printf("in main:thread is created\n");

    return 0;
}
```

（2）上传test.cpp到Linux，在终端下输入命令：g++ -o test test.cpp -lpthread，其中pthread是线程库的名字，然后运行test，运行结果如下：

```
-bash-4.2# g++ -o test test.cpp -lpthread
-bash-4.2# ./test
in thfunc:n=110,str=hello world
in main:thread is created
-bash-4.2#
```

【例3.5】 创建一个线程，共享进程数据。

（1）打开UE，新建一个test.cpp文件，在test.cpp中输入代码如下：

```
#include <pthread.h>
#include <stdio.h>

int gn = 10; //定义一个全局变量，将会在主线程和子线程中用到
void *thfunc(void *arg)
{
    gn++;      //递增1
```

```
    printf("in thfunc:gn=%d,\n", gn);      //打印全局变量gn值
    return (void *)0;
}

int main(int argc, char *argv [])
{
    pthread_t tidp;
    int ret;

    ret = pthread_create(&tidp, NULL, thfunc, NULL);
    if (ret)
    {
        printf("pthread_create failed:%d\n", ret);
        return -1;
    }
    pthread_join(tidp, NULL);             //等待子线程结束
    gn++;                                 //子线程结束后，gn再递增1
    printf("in main:gn=%d\n", gn);        //再次打印全局变量gn值

    return 0;
}
```

（2）上传test.cpp到Linux，在终端下输入命令：g++ -o test test.cpp -lpthread，其中pthread 是线程库的名字，然后运行test，运行结果如下：

```
-bash-4.2# g++ -o test test.cpp -lpthread
-bash-4.2# ./test
in thfunc:gn=11,
in main:gn=12
-bash-4.2#
```

从此例中可以看到，全局变量gn首先在子线程中递增1，等子线程结束后，再在主线程中 递增1。两个线程都对同一个全局变量进行了访问。

3.3.2　线程的属性

POSIX标准规定线程具有多个属性。线程的主要属性包括：分离状态（Detached State）、 调度策略和参数（Scheduling Policy and Parameters）、作用域（Scope）、栈尺寸（Stack Size）、 栈地址（Stack Address）、优先级（Priority）等。Linux为线程属性定义一个联合体pthread_attr_t， 注意是联合体而不是结构体，定义的地方在/usr/include/bits/ pthreadtypes.h中，定义如下：

```
union pthread_attr_t
{
  char __size[__SIZEOF_PTHREAD_ATTR_T];
  long int __align;
};
```

从这个定义中可以看出，属性值都是存放在数组__size中的，不方便存取。但Linux中有一 组专门用于存取属性值的函数。如果要获取线程的属性，首先要用函数pthread_getattr_np来获取 属性结构体值，再用相应的函数来获得某个属性具体值。函数pthread_getattr_np声明如下：

```
int pthread_getattr_np(pthread_t thread, pthread_attr_t *attr);
```

其中参数thread是线程ID，attr返回线程属性结构体的内容。如果函数成功，返回0，否则返回错误码。注意，使用该函数需要在pthread.h前定义宏_GNU_SOURCE，代码如下：

```
#define _GNU_SOURCE            /* See feature_test_macros(7) */
#include <pthread.h>
```

并且，当函数pthread_getattr_np获得的属性结构体变量不再需要的时候，应该用函数pthread_attr_destroy进行销毁。

我们前面用pthread_create创建线程时，属性结构体指针参数用了NULL，此时创建的线程具有默认属性，即为非分离、大小为1MB的堆栈，与父进程具有同样级别的优先级。如果要创建非默认属性的线程，可以在创建线程之前用函数pthread_attr_init来初始化一个线程属性结构体，再调用相应API函数来设置相应的属性，接着把属性结构体的指针作为参数传入pthread_create。函数pthread_attr_init声明如下：

```
int pthread_attr_init(pthread_attr_t *attr);
```

其中参数attr为指向线程属性结构体的指针。如果函数成功，返回0，否则返回一个错误码。

需要注意的是，使用pthread_attr_init初始化线程属性，使用完（即传入pthread_create）后需要使用pthread_attr_destroy进行销毁，从而释放相关资源。函数pthread_attr_destroy声明如下：

```
int pthread_attr_destroy(pthread_attr_t *attr);
```

其中参数attr为指向线程属性结构体的指针，如果函数成功，返回0，否则返回一个错误码。

除了创建时指定属性外，我们也可以通过一些API函数来改变已经创建了线程的默认属性。通过函数pthread_getattr_np可以获取线程的属性，该函数可以获取某个正在运行的线程的属性，函数声明如下：

```
int pthread_getattr_np(pthread_t thread, pthread_attr_t *attr);
```

其中参数thread用于获取属性的线程ID，attr用于返回得到的属性。如果函数成功，返回0，否则返回错误码。

下面我们通过例子来演示该函数的使用方法。

1. 分离状态

分离状态是线程的一个很重要的属性。POSIX线程的分离状态决定一个线程以什么样的方式终止。要注意和前面线程状态的区别，前面所说的线程的状态是不同操作系统上的线程都有的状态（它是线程当前活动状态的说明），而这里所说的分离状态是POSIX标准下的属性所特有的，它用于表明该线程以何种方式终止。默认的分离状态是可连接，即创建线程时如果使用默认属性，则分离状态属性就是可连接，因此，默认属性下创建的线程是可连接线程。

POSIX下的线程要么是分离状态的，要么是非分离状态的（也称可连接的，joinable）。前者用宏PTHREAD_CREATE_DETACHED表示，后者用宏PTHREAD_CREATE_JOINABLEB表示。默认情况下创建的线程是可连接的，一个可连接的线程可以被其他线程收回资源和取消，并且它不会主动释放资源（比如栈空间），必须等待其他线程来回收其资源，因此我们要在主线程使用函数pthread_join，该函数是个阻塞函数，当它返回时，所等待的线程的资源也就被释放了。再次强调，如果是可连接线程，当线程函数自己返回结束时或调用pthread_exit结束时都不会释放线程所占用的堆栈和线程描述符（总计8KB多），必须调用pthread_join且返回后，这些资源才会被释放。这对于父进程长时间运行的线程来说，其结果会是灾难性的。因为父进程不退出并且没有调用pthread_join，则这些可连接线程的资源就一直不会释放，相当于变成僵尸线程了，僵尸线程越来越多，以后再想创建新线程将变得没有资源可用。如果不用pthread_join，即使父进程先于可连接子线程退出，也不会泄露资源。如果父进程先于子线程退出，那么它将被init进程所收养，这个时候init进程就是它的父进程，它将调用wait系列函数为其回收资源，因此不会泄露资源。总之，一个可连接的线程所占用的内存仅当有线程对其执行pthread_join后才会释放，因此为了避免内存泄漏，可连接的线程在终止时，要么已被设为DETACHED（可分离），要么使用pthread_join来回收资源。另外，一个线程不能被多个线程等待，否则第一个接收到信号的线程成功返回，其余调用pthread_join的线程将得到错误代码ESRCH。

了解了可连接线程，我们来看可分离的线程，这种线程运行结束时，其资源将立刻被系统回收。可以这样理解，这种线程能独立（分离）出去，可以自生自灭，父线程不用管它了。将一个线程设置为可分离状态有两种方式，一种是调用函数pthread_detach，它可以将线程转换为可分离线程；另一种是在创建线程时就将它设置为可分离状态，基本过程是首先初始化一个线程属性的结构体变量（通过函数pthread_attr_init），然后将其设置为可分离状态（通过函数pthread_attr_setdetachstate），最后将该结构体变量的地址作为参数传入线程创建函数pthread_create，这样所创建出来的线程就直接处于可分离状态。

函数pthread_attr_setdetachstate用来设置线程的分离状态属性，声明如下：

```
int pthread_attr_setdetachstate(pthread_attr_t * attr, int detachstate);
```

其中参数attr是要设置的属性结构体；detachstate是要设置的分离状态值，可以取值PTHREAD_CREATE_DETACHED或PTHREAD_CREATE_JOINABLE。如果函数成功，返回0，否则返回非零错误码。

【例3.6】　创建一个可分离线程。

（1）打开UE，新建一个test.cpp文件，在test.cpp中输入代码如下：

```cpp
#include <iostream>
#include <pthread.h>

using namespace std;

void *thfunc(void *arg)
{
    cout<<("sub thread is running\n");
    return NULL;
}

int main(int argc, char *argv[])
{
    pthread_t thread_id;
    pthread_attr_t thread_attr;
```

```
struct sched_param thread_param;
size_t stack_size;
int res;

res = pthread_attr_init(&thread_attr);
if (res)
    cout<<"pthread_attr_init failed:"<<res<<endl;

res = pthread_attr_setdetachstate( &thread_attr,PTHREAD_CREATE_DETACHED);
if (res)
    cout<<"pthread_attr_setdetachstate failed:"<<res<<endl;

res = pthread_create(  &thread_id,   &thread_attr, thfunc,
    NULL);
if (res )
    cout<<"pthread_create failed:"<<res<<endl;
cout<<"main thread will exit\n"<<endl;

sleep(1);
return 0;
}
```

（2）上传test.cpp到Linux，在终端下输入命令：g++ -o test test.cpp -lpthread，其中pthread是线程库的名字，然后运行test，运行结果如下：

```
[root@localhost test]# g++ -o test test.cpp -lpthread
[root@localhost test]# ./test
main thread will exit

sub thread is running
[root@localhost test]#
```

在上面代码中，我们首先初始化了一个线程属性结构体，然后设置其分离状态为PTHREAD_CREATE_DETACHED，并用这个属性结构体作为参数传入线程创建函数中。这样创建出来的线程就是可分离线程。这意味着，该线程结束时，它所占用的任何资源都可以立刻被系统回收。程序的最后我们让主线程挂起1秒，让子线程有机会执行。因为如果主线程很早就退出，将会导致整个进程很早退出，子线程就没机会执行了。

如果子线程执行的时间长，则sleep的设置比较麻烦。有一种机制不用sleep函数即可让子线程完整执行。对于可连接线程，主线程可以用pthread_join函数等待子线程结束。而对于可分离线程，并没有这样的函数，但可以采用这样的方法：先让主线程退出而进程不退出，一直等到子线程退出了，进程才退出，即在主线程中调用函数pthread_exit，在主线程如果调用了pthread_exit，那么此时终止的只是主线程，而进程的资源会为由主线程创建的其他线程保持打开的状态，直到其他线程都终止。值得注意的是，如果在非主线程（即其他子线程）中调用pthread_exit则不会有这样的效果，只会退出当前子线程。下面不用sleep函数，重新改写例3.6。

【例3.7】 创建一个可分离线程，且主线程先退出。

（1）打开UE，新建一个test.cpp文件，在test.cpp中输入代码如下：

```cpp
#include <iostream>
#include <pthread.h>

using namespace std;

void *thfunc(void *arg)
{
    cout<<("sub thread is running\n");
    return NULL;
}

int main(int argc, char *argv[])
{
    pthread_t thread_id;
    pthread_attr_t thread_attr;
    struct sched_param thread_param;
    size_t stack_size;
    int res;

    res = pthread_attr_init(&thread_attr);   //初始化线程结构体
    if (res)
        cout<<"pthread_attr_init failed:"<<res<<endl;

    res = pthread_attr_setdetachstate( &thread_attr,PTHREAD_CREATE_DETACHED);
//设置分离状态
    if (res)
        cout<<"pthread_attr_setdetachstate failed:"<<res<<endl;

    res = pthread_create(   &thread_id,    &thread_attr, thfunc,    //创建一个
可分离线程
        NULL);
    if (res )
        cout<<"pthread_create failed:"<<res<<endl;
    cout<<"main thread will exit\n"<<endl;

    pthread_exit(NULL);     //主线程退出,但进程不会此刻退出,下面的语句不会再执行
    cout << "main thread has  exited,this line will not run\n" << endl;
//此句不会执行
    return 0;
}
```

（2）上传test.cpp到Linux，在终端下输入命令：g++ -o test test.cpp -lpthread，其中pthread是线程库的名字，然后运行test，运行结果如下：

```
[root@localhost test]# g++ -o test test.cpp -lpthread
[root@localhost test]# ./test
main thread will exit

sub thread is running
[root@localhost test]#
```

正如我们预料的那样，主线程中调用了函数pthread_exit将退出主线程，但进程并不会在此刻退出，而是要等到子线程结束后才退出。因为是分离线程，它结束的时候，所占用的资源会立刻被系统回收。而如果是一个可连接线程，则必须在创建它的线程中调用pthread_join来

等待可连接线程的结束并释放该线程所占的资源。因此上面代码中，如果我们创建的是可连接线程，则函数main中不能调用pthread_exit预先退出。

除了直接创建可分离线程外，还能把一个可连接线程转换为可分离线程。这有个好处，就是我们把线程的分离状态转为可分离后，它自己退出或调用pthread_exit后就可以由系统回收其资源。转换方法是调用函数pthread_detach，该函数可以把一个可连接线程转变为一个可分离的线程，声明如下：

```
int pthread_detach(pthread_t thread);
```

其中参数thread是要设置为分离状态的线程的ID。如果函数成功，返回0，否则返回一个错误码，比如错误码EINVAL表示目标线程不是一个可连接的线程，ESRCH表示该ID的线程没有找到。要注意的是，如果一个线程已经被其他线程连接了，则pthread_detach不会产生作用，并且该线程继续处于可连接状态。同时，如果一个线程成功进行了pthread_detach后，则无法被连接。

下面我们来看一个例子，首先创建一个可连接线程，然后获取其分离状态，再把它转换为可分离线程来获取其分离状态属性。获取分离状态的函数是pthread_attr_getdetachstate，该函数声明如下：

```
int pthread_attr_getdetachstate(pthread_attr_t *attr, int *detachstate);
```

其中参数attr为属性结构体指针，detachstate返回分离状态。如果函数成功，返回0，否则返回错误码。

【例3.8】 获取线程的分离状态属性。

（1）打开UE，新建一个test.cpp文件，在test.cpp中输入代码如下：

```
#ifndef _GNU_SOURCE
#define _GNU_SOURCE        /* To get pthread_getattr_np() declaration */
#endif
#include <pthread.h>
#include <stdio.h>
#include <stdlib.h>
#include <unistd.h>
#include <errno.h>

#define handle_error_en(en, msg) \        //输出自定义的错误信息
        do { errno = en; perror(msg); exit(EXIT_FAILURE); } while (0)

static void * thread_start(void *arg)
{
    int i,s;
    pthread_attr_t gattr;                                    //定义线程属性结构体

    s = pthread_getattr_np(pthread_self(), &gattr);     //获取当前线程属性结构值，
该函数前面讲过了
    if (s != 0)
        handle_error_en(s, "pthread_getattr_np");           //打印错误信息

    printf("Thread's detachstate attributes:\n");
```

```
    s = pthread_attr_getdetachstate(&gattr, &i); //从属性结构值中获取分离状态属性
    if (s)
        handle_error_en(s, "pthread_attr_getdetachstate");
    printf("Detach state        = %s\n",                    //打印当前分离状态属性
        (i == PTHREAD_CREATE_DETACHED) ? "PTHREAD_CREATE_DETACHED" :
        (i == PTHREAD_CREATE_JOINABLE) ? "PTHREAD_CREATE_JOINABLE" :
        "???");

    pthread_attr_destroy(&gattr);
}

int main(int argc, char *argv[])
{
    pthread_t thr;
    int s;

    s = pthread_create(&thr, NULL, &thread_start, NULL);    //创建线程
    if (s != 0)
    {
        handle_error_en(s, "pthread_create");
         return 0;
    }

    pthread_join(thr, NULL);                                //等待子线程结束
    return 0;
}
```

（2）上传test.cpp到Linux，在终端下输入命令：g++ -o test test.cpp -lpthread，其中pthread是线程库的名字，然后运行test，运行结果如下：

```
[root@localhost Debug]# ./test
Thread's detachstate attributes:
Detach state        = PTHREAD_CREATE_JOINABLE
```

从运行结果可见，默认创建的线程就是一个可连接线程，即其分离状态属性是可连接的。下面我们再看一个例子，把一个可连接线程转换成可分离线程，并查看其前后的分离状态属性。

【例3.9】　把可连接线程转为可分离线程。

（1）打开UE，新建一个test.cpp文件，在test.cpp中输入代码如下：

```
#ifndef _GNU_SOURCE
#define _GNU_SOURCE    /* To get pthread_getattr_np() declaration */
#endif
#include <pthread.h>
#include <stdio.h>
#include <stdlib.h>
#include <unistd.h>
#include <errno.h>

static void * thread_start(void *arg)
{
    int i,s;
    pthread_attr_t gattr;
```

```
    s = pthread_getattr_np(pthread_self(), &gattr);
    if (s != 0)
      printf("pthread_getattr_np failed\n");

    s = pthread_attr_getdetachstate(&gattr, &i);
    if (s)
      printf( "pthread_attr_getdetachstate failed");
    printf("Detach state        = %s\n",
      (i == PTHREAD_CREATE_DETACHED) ? "PTHREAD_CREATE_DETACHED" :
      (i == PTHREAD_CREATE_JOINABLE) ? "PTHREAD_CREATE_JOINABLE" :
      "???");

    pthread_detach(pthread_self());  //转换线程为可分离线程

    s = pthread_getattr_np(pthread_self(), &gattr);
    if (s != 0)
      printf("pthread_getattr_np failed\n");
    s = pthread_attr_getdetachstate(&gattr, &i);
    if (s)
      printf(" pthread_attr_getdetachstate failed");
    printf("after pthread_detach,\nDetach state        = %s\n",
      (i == PTHREAD_CREATE_DETACHED) ? "PTHREAD_CREATE_DETACHED" :
      (i == PTHREAD_CREATE_JOINABLE) ? "PTHREAD_CREATE_JOINABLE" :
      "???");

    pthread_attr_destroy(&gattr);   //销毁属性
}
int main(int argc, char *argv[])
{
    pthread_t thread_id;
    int s;
    s = pthread_create(&thread_id, NULL, &thread_start, NULL);
    if (s != 0)
    {
        printf("pthread_create failed\n");
        return 0;
    }
    pthread_exit(NULL);//主线程退出，但进程并不马上结束
}
```

（2）上传test.cpp到Linux，在终端下输入命令：g++ -o test test.cpp -lpthread，其中pthread是线程库的名字，然后运行test，运行结果如下：

```
[root@localhost Debug]# ./test
Detach state        = PTHREAD_CREATE_JOINABLE
after pthread_detach,
Detach state        = PTHREAD_CREATE_DETACHED
```

2. 栈尺寸

栈尺寸是线程的一个重要属性。这对于在线程函数中开设栈上的内存空间非常重要。如局部变量、函数参数、返回地址等都存放在栈空间里，而动态分配的内存（比如用malloc）或

全局变量等都属于堆空间。在线程函数中开设局部变量（尤其数组）要注意不要超过默认栈尺寸大小。获取线程栈尺寸属性的函数是pthread_attr_getstacksize，声明如下：

```
int pthread_attr_getstacksize(pthread_attr_t *attr, size_t *stacksize);
```

其中参数attr指向属性结构体，stacksize用于获得栈尺寸（单位是字节），它指向size_t类型的变量。如果函数成功，返回0，否则返回错误码。

【例3.10】 获得线程默认栈尺寸大小和最小尺寸。

（1）打开UE，新建一个test.cpp文件，在test.cpp中输入代码如下：

```
#ifndef _GNU_SOURCE
#define _GNU_SOURCE     /* To get pthread_getattr_np() declaration */
#endif
#include <pthread.h>
#include <stdio.h>
#include <stdlib.h>
#include <unistd.h>
#include <errno.h>
#include <limits.h>
static void * thread_start(void *arg)
{
    int i,res;
    size_t stack_size;
    pthread_attr_t gattr;

    res = pthread_getattr_np(pthread_self(), &gattr);
    if (res)
        printf("pthread_getattr_np failed\n");

    res = pthread_attr_getstacksize(&gattr, &stack_size);
    if (res)
        printf("pthread_getattr_np failed\n");

    printf("Default stack size is %u byte; minimum is %u byte\n", stack_size,
PTHREAD_STACK_MIN);

    pthread_attr_destroy(&gattr);
}

int main(int argc, char *argv[])
{
    pthread_t thread_id;
    int s;
    s = pthread_create(&thread_id, NULL, &thread_start, NULL);
    if (s != 0)
    {
        printf("pthread_create failed\n");
        return 0;
    }
    pthread_join(thread_id, NULL);    //等待子线程结束
}
```

（2）上传test.cpp到Linux，在终端下输入命令：g++ -o test test.cpp -lpthread，其中pthread是线程库的名字，然后运行test，运行结果如下：

```
[root@localhost Debug]# ./test
Default stack size is 8392704 byte; minimum is 16384 byte
```

3. 调度策略

调度策略也是线程的一个重要属性。某个线程肯定有一种策略来调度它。进程中有了多个线程后，就要管理这些线程如何去占用CPU，这就是线程调度。线程调度通常由操作系统来安排，不同的操作系统其调度方法（或称调度策略）不同，比如有的操作系统采用轮询法来调度。在理解线程调度之前，先要了解实时与非实时。实时就是指操作系统对一些中断等的响应时效性非常高，非实时则正好相反。目前像VxWorks属于实时操作系统（Real-time Operating System，RTOS），而Windows和Linux则属于非实时操作系统，也叫分时操作系统（Time-sharing Operating System，TSOS）。响应实时的表现主要是抢占，抢占是通过优先级来控制的，优先级高的任务最先占用CPU。

Linux虽然是个非实时操作系统，但其线程也有实时和分时之分，具体的调度策略可以分为3种：SCHED_OTHER（分时调度策略）、SCHED_FIFO（先来先服务调度策略）、SCHED_RR（实时的分时调度策略）。我们创建线程的时候可以指定其调度策略。默认的调度策略是SCHED_OTHER。SCHED_FIFO和SCHED_RR只用于实时线程。

（1）SCHED_OTHER

SCHED_OTHER表示分时调度策略（也可称作轮转策略），是一种非实时调度策略，系统会为每个线程分配一段运行时间，称为时间片。该调度策略是不支持优先级的，如果我们去获取该调度策略下的最高和最低优先级，可以发现都是0。该调度策略有点像在售楼处选房，对每个选房人都预先给定相同的一段时间，前面的人在选房，他不出来，后一个人是不能进去选房的，而且不能强行赶他出来（即不支持优先级，没有VIP特权之说）。

（2）SCHED_FIFO

SCHED_FIFO表示先来先服务调度策略，是一种实时调度策略，支持优先级抢占（真实支持优先级，因此可以算一种实时调度策略）。在SCHED_FIFO策略下，CPU让一个先来的线程执行完再调度下一个线程，顺序就是按照创建线程的先后。线程一旦占用CPU则一直运行，直到有更高优先级任务到达或自己放弃CPU。如果有和正在运行的线程具有同样优先级的线程已经就绪，则必须等待正在运行的线程主动放弃后才可以运行这个就绪的线程。在SCHED_FIFO策略下，可设置的优先级的范围是1～99。

（3）SHCED_RR

SHCED_RR表示时间片轮转（轮询）调度策略，但支持优先级抢占，因此也是一种实时调度策略。SHCED_RR策略下，CPU会分配给每个线程一个特定的时间片，当线程的时间片用完，系统将重新分配时间片，并将线程置于实时线程就绪队列的尾部，这样保证了所有具有相同优先级的线程能够被公平地调度。

下面我们来看个例子，获取这3种调度策略下可设置的最低和最高优先级。主要使用的函数是sched_get_priority_min和sched_get_priority_max，这两个函数都在sched.h中声明，其声明如下：

```
int sched_get_priority_min(int policy);
int sched_get_priority_max(int policy);
```

该函数获取实时线程可设置的最低和最高优先级值。其中参数policy为调度策略，可以取值为SCHED_FIFO、SCHED_RR或SCHED_OTHER。函数返回可设置的最低和最高优先级。对于SCHED_OTHER，由于是分时策略，因此返回0；另外两个策略，返回最低优先级是1，最高优先级是99。

【例3.11】 获取线程3种调度策略下可设置的最低和最高优先级。

（1）打开UE，新建一个test.cpp文件，在test.cpp中输入代码如下：

```
#include <stdio.h>
#include <unistd.h>
#include <sched.h>
main()
{
    printf("Valid priority range for SCHED_OTHER: %d - %d\n",
        sched_get_priority_min(SCHED_OTHER),  //获取SCHED_OTHER的可设置的最低优
先级
        sched_get_priority_max(SCHED_OTHER)); //获取SCHED_OTHER的可设置的最高优
先级
    printf("Valid priority range for SCHED_FIFO: %d - %d\n",
        sched_get_priority_min(SCHED_FIFO), //获取SCHED_ FIFO的可设置的最低优先级
        sched_get_priority_max(SCHED_FIFO)); //获取SCHED_ FIFO的可设置的最高优先
级
    printf("Valid priority range for SCHED_RR: %d - %d\n",
        sched_get_priority_min(SCHED_RR), //获取SCHED_ RR的可设置的最低优先级
        sched_get_priority_max(SCHED_RR)); //获取SCHED_ RR的可设置的最高优先级
}
```

（2）上传test.cpp到Linux，在终端下输入命令：g++ -o test test.cpp -lpthread，其中pthread是线程库的名字，然后运行test，运行结果如下：

```
[root@localhost Debug]# ./test
Valid priority range for SCHED_OTHER: 0 - 0
Valid priority range for SCHED_FIFO: 1 - 99
Valid priority range for SCHED_RR: 1 - 99
```

对于SCHED_FIFO和SHCED_RR调度策略，由于支持优先级抢占，因此具有高优先级的可运行的（就绪状态下的）线程总是先运行。并且，一个正在运行的线程在未完成其时间片时，如果出现一个更高优先级的线程就绪，正在运行的这个线程就可能在未完成其时间片前被抢占，甚至一个线程会在未开始其时间片前就被抢占了，而要等待下一次被选择运行。当Linux系统进行切换线程的时候，将执行一个上下文转换的操作，即保存正在运行的线程的相关状态，装载另一个线程的状态，开始新线程的执行。

需要说明的是，虽然Linux支持实时调度策略（比如SCHED_FIFO和SCHED_RR），但它

依旧属于非实时操作系统，这是因为实时操作系统对响应时间有着非常严格的要求，而Linux作为一个通用操作系统达不到这一要求（通用操作系统要求能支持一些较差的硬件，从硬件角度来看达不到实时要求），此外Linux的线程优先级是动态的，也就是说即使高优先级线程还没有完成，低优先级的线程还是会得到一定的时间片。USA的宇宙飞船常用的操作系统VxWorks就是一个RTOS（实时操作系统）。

3.3.3 线程的结束

线程安全退出是编写多线程程序时的一个重要部分。Linux下，线程的结束通常有以下几种方法：

（1）在线程函数中调用函数pthread_exit。

（2）线程所属的进程结束了，比如进程调用了exit。

（3）线程函数执行结束后（return）返回了。

（4）线程被同一进程中的其他线程通知结束或取消。

和Windows下的线程退出函数ExitThread不同，方法（1）中的pthread_exit不会导致C++对象被析构，所以可以放心使用；方法（2）最好不用，因为线程函数如果有C++对象，则C++对象不会被销毁；方法（3）推荐使用，线程函数执行到return后结束，是最安全的方式，应该尽量将线程设计成这样的形式，即想让线程终止运行时，它们就能够return（返回）；方法（4）通常用于其他线程要求目标线程结束运行的情况，比如目标线程正执行一个耗时的复杂科学计算，但用户等不及了想中途停止它，此时就可以向目标线程发送取消信号。其实，方法（1）和（3）属于线程自己主动终止；方法（2）和（4）属于被动结束，就是自己并不想结束，但外部线程希望自己终止。

一般情况下，进程中各个线程的运行是相互独立的，线程的终止并不会相互通知，也不会影响其他的线程。对于可连接线程，它终止后所占用的资源并不会随着线程的终止而归还系统，而是仍为线程所在的进程持有，可以调用函数pthread_join来同步并释放资源。

1. 线程主动结束

线程主动结束，一般就是在线程函数中使用return语句或调用函数pthread_exit。函数pthread_exit声明如下：

```
void pthread_exit(void *retval);
```

其中参数retval就是线程退出的时候返回给主线程的值。注意线程函数的返回类型是void*；在主线程中调用pthread_exit(NULL);的时候，将结束主线程，但进程并不会立即退出。

下面来看个线程主动结束的例子。

【例3.12】 线程终止并得到线程的退出码。

（1）打开UE，新建一个test.cpp文件，在test.cpp中输入代码如下：

```
#include <pthread.h>
#include <stdio.h>
#include <string.h>
```

```cpp
#include <unistd.h>
#include <errno.h>

#define PTHREAD_NUM    2

void *thrfunc1(void *arg)                  //第一个线程函数
{
    static int count = 1;                  //这里需要是静态变量
    pthread_exit((void*)(&count));         //通过pthread_exit结束线程
}
void *thrfunc2(void *arg)
{
    static int count = 2;
    return (void *)(&count);               //线程函数返回
}

int main(int argc, char *argv[])
{
    pthread_t pid[PTHREAD_NUM];            //定义两个线程ID
    int retPid;
    int *pRet1;                            //注意这里是指针
    int * pRet2;

    if ((retPid = pthread_create(&pid[0], NULL, thrfunc1, NULL)) != 0) //创
建第1个线程
    {
        perror("create pid first failed");
        return -1;
    }
    if ((retPid = pthread_create(&pid[1], NULL, thrfunc2, NULL)) != 0) //创
建第2个线程
    {
        perror("create pid second failed");
        return -1;
    }

    if (pid[0] != 0)
    {
        pthread_join(pid[0], (void**)& pRet1);  //注意pthread_join的第二个参数的
用法
        printf("get thread 0 exitcode: %d\n", * pRet1);       //打印线程返回值
    }
    if (pid[1] != 0)
    {
        pthread_join(pid[1], (void**)& pRet2);
        printf("get thread 1 exitcode: %d\n", * pRet2);       //打印线程返回值
    }
    return 0;
}
```

（2）上传test.cpp到Linux，在终端下输入命令：g++ -o test test.cpp -lpthread，其中pthread
是线程库的名字，然后运行test，运行结果如下：

```
[root@localhost Debug]# ./test
get thread 0 exitcode: 1
get thread 1 exitcode: 2
```

从这个例子可以看到，线程返回值有两种方式，一种是调用函数pthread_exit，另一种是直接return。这个例子中，用了不少强制转换，首先看函数thrfunc1中的最后一句pthread_exit((void*)(&count));，我们知道函数pthread_exit的参数的类型为void *，因此只能通过指针的形式出去，故先把整型变量count转换为整型指针，即&count，那么&count为int*类型，这个时候再与void*匹配，需要进行强制转换，也就是代码中的(void*)(&count);。函数thrfunc2中的return这个关键字进行返回值的时候，同样也是需要进行强制类型的转换，线程函数的返回类型是void*，那么对于count这个整型变量来说，必须转换为void型的指针类型（即void*），因此有 (void*)((int*)&count);。

对于接收返回值的函数pthread_join来说，有两个作用，其一就是等待线程结束，其二就是获取线程结束时的返回值。pthread_join的第二个参数类型是void**二级指针，那我们就把整型指针pRet1的地址，即int**类型赋给它，再显式地转为void**即可。

再要注意一点，返回整数数值的时候使用到了static这个关键字，这是因为必须确定返回值的地址是不变的。如果不用static，则对于count变量而言，在内存上来讲，属于在栈区开辟的变量，那么在调用结束的时候，必然是释放内存空间的，就没办法找到count所代表内容的地址空间。这就是为什么很多人在看到swap交换函数的时候，写成swap(int,int)是没有办法进行交换的，所以，如果我们需要修改传过来的参数的话，必须要使用这个参数的地址，或者是一个变量本身是不变的内存地址空间，才可以进行修改，否则，修改失败或者返回值是随机值。而把返回值定义成静态变量，这样线程结束，其存储单元依然存在，这样做在主线程中可以通过指针引用到它的值，并打印出来。若用静态变量，结果必将不同。读者可以试着返回一个字符串，这样就比返回一个整数更加简单明了。

2. 线程被动结束

某个线程在执行一项耗时的计算任务时，用户可能没耐心等待，希望结束该线程。此时线程就要被动地结束了。一种方法是可以在同进程的另外一个线程中通过函数pthread_kill发送信号给要结束的线程，目标线程收到信号后再退出；另外一种方法是在同进程的其他线程中通过函数pthread_cancel来取消目标线程的执行。我们先来看看pthread_kill，向线程发送信号的函数是pthread_kill，注意它不是杀死（kill）线程，是向线程发信号，因此线程之间交流信息可以用这个函数，要注意的是接收信号的线程必须先用函数sigaction注册该信号的处理函数。函数pthread_kill声明如下：

```
int pthread_kill(pthread_t threadId, int signal);
```

其中参数threadId是接收信号的线程ID；signal是信号，通常是一个大于0的值，如果等于0，则用来探测线程是否存在。如果函数成功，返回0，否则返回错误码，如ESRCH表示线程不存在，EINVAL表示信号不合法。

向指定ID的线程发送signal信号，如果线程代码内不做处理，则按照信号默认的行为影响整个进程，也就是说，如果给一个线程发送了SIGQUIT，但线程却没有实现signal处理函数，则整个进程退出。所以，如果int sig的参数不是0，则一定要实现线程的信号处理函数，否则就会影响整个进程。

【例3.13】　向线程发送请求结束信号。

（1）打开UE，新建一个test.cpp文件，在test.cpp中输入代码如下：

```cpp
#include <iostream>
#include <pthread.h>
#include <signal.h>
#include <unistd.h>                      //sleep
using namespace std;

static void on_signal_term(int sig)      //信号处理函数
{
    cout << "sub thread will exit" << endl;
    pthread_exit(NULL);
}
void *thfunc(void *arg)
{
     signal(SIGQUIT, on_signal_term);    //注册信号处理函数

    int tm = 50;
    while (true)                         //死循环，模拟一个长时间计算任务
    {
        cout << "thrfunc--left:"<<tm<<" s--" <<endl;
        sleep(1);
        tm--;                            //每过一秒，tm就减1
    }

    return (void *)0;
}

int main(int argc, char *argv[])
{
    pthread_t    pid;
    int res;

    res = pthread_create(&pid, NULL, thfunc, NULL);  //创建子线程
    sleep(5);                                        //让出CPU 5秒，让子线程执行
    pthread_kill(pid, SIGQUIT);//5秒结束后，开始向子线程发送SIGQUIT信号，通知其结束
    pthread_join(pid, NULL);                         //等待子线程结束
     cout << "sub thread has completed,main thread will exit\n";
    return 0;
}
```

（2）上传test.cpp到Linux，在终端下输入命令：g++ -o test test.cpp -lpthread，其中pthread是线程库的名字，然后运行test，运行结果如下：

```
[root@localhost cpp98]# ./test
thrfunc--left:50 s--
thrfunc--left:49 s--
thrfunc--left:48 s--
```

```
thrfunc--left:47 s--
thrfunc--left:46 s--
sub thread will exit
sub thread has completed,main thread will exit
```

可以看到，子线程在执行的时候，主线程等了5秒后就开始向其发送信号SIGQUIT。在子线程中已经注册了SIGQUIT的处理函数on_signal_term。如果不注册信号SIGQUIT的处理函数，则将调用默认处理，即结束线程所属的进程。读者可以试试把signal(SIGQUIT, on_signal_term);注释掉，再运行一下可以发现子线程在运行5秒后，整个进程结束了。pthread_kill(pid, SIGQUIT);后面的语句不会再执行。

pthread_kill还有一种常见的应用，即判断线程是否还存活，方法是发送信号0，这是一个保留信号，然后判断其返回值，根据返回值就可以知道目标线程是否还存活着。

【例3.14】 判断线程是否已经结束。

（1）打开UE，新建一个test.cpp文件，在test.cpp中输入代码如下：

```
#include <iostream>
#include <pthread.h>
#include <signal.h>
#include <unistd.h>            //sleep
#include "errno.h"             //for ESRCH
using namespace std;

void *thfunc(void *arg)        //线程函数
{
    int tm = 50;
    while (1)                  //如果要线程停止，这里可以改为tm>48或其他
    {
        cout << "thrfunc--left:"<<tm<<" s--" <<endl;
        sleep(1);
        tm--;
    }
    return (void *)0;
}

int main(int argc, char *argv[])
{
    pthread_t    pid;
    int res;

    res = pthread_create(&pid, NULL, thfunc, NULL); //创建线程
    sleep(5);
    int kill_rc = pthread_kill(pid, 0);              //发送信号0，探测线程是否存活
//打印探测结果
    if (kill_rc == ESRCH)
        cout<<"the specified thread did not exists or already quit\n";
    else if (kill_rc == EINVAL)
        cout<<"signal is invalid\n";
    else
        cout<<"the specified thread is alive\n";
```

```
    return 0;
}
```

（2）上传test.cpp到Linux，在终端下输入命令：g++ -o test test.cpp -lpthread，其中pthread是线程库的名字，然后运行test，运行结果如下：

```
[root@localhost cpp98]# g++ -o test test.cpp -lpthread
[root@localhost cpp98]# ./test
thrfunc--left:50 s--
thrfunc--left:49 s--
thrfunc--left:48 s--
thrfunc--left:47 s--
thrfunc--left:46 s--
the specified thread is alive
```

上面例子中主线程休眠5秒后，探测子线程是否存活，结果是活着，因为子线程一直在死循环。如果要让探测结果为子线程不存在了，可以把死循环改为一个可以跳出循环的条件，比如while(tm>48)。

除了通过函数pthread_kill发送信号来通知线程结束外，还可以通过函数pthread_cancel来取消某个线程的执行，所谓取消某个线程的执行，也是发送取消请求，请求其终止运行。要注意，就算发送成功也不一定意味着线程停止运行了。函数pthread_cancel声明如下：

```
int pthread_cancel(pthread_t thread);
```

其中参数thread表示要被取消线程（目标线程）的线程ID。如果发送取消请求成功则函数返回0，否则返回错误码。发送取消请求成功并不意味着目标线程立即停止运行，即系统并不会马上关闭被取消的线程，只有在被取消的线程下次调用一些系统函数或C库函数（比如printf），或者调用函数pthread_testcancel（让内核去检测是否需要取消当前线程）时，才会真正结束线程。这种在线程执行过程中，检测是否有未响应取消信号的地方，叫取消点。常见的取消点在有printf、pthread_testcancel、read/write、sleep等函数调用的地方。如果被取消线程成功停止运行，将自动返回常数PTHREAD_CANCELED（这个值是–1），可以通过pthread_join获得这个退出值。

函数pthread_testcancel让内核去检测是否需要取消当前线程，声明如下：

```
void pthread_testcancel(void);
```

pthread_testcancel函数可以在线程的死循环中让系统（内核）有机会去检查是否有取消请求过来，如果不调用pthread_testcancel，则函数pthread_cancel取消不了目标线程。我们可以来看下面两个例子，第一个例子不调用函数pthread_testcancel，则无法取消目标线程；第二个例子调用了函数pthread_testcancel，取消成功了，即取消请求不但发送成功了，而且目标线程停止运行了。

【例3.15】　取消线程失败。

（1）打开UE，新建一个test.cpp文件，在test.cpp中输入代码如下：

```
#include<stdio.h>
#include<stdlib.h>
```

```
#include <pthread.h>
#include <unistd.h> //sleep
void *thfunc(void *arg)
{
    int i = 1;
    printf("thread start-------- \n");
    while (1)   //死循环
        i++;

    return (void *)0;
}
int main()
{
    void *ret = NULL;
    int iret = 0;
    pthread_t tid;
    pthread_create(&tid, NULL, thfunc, NULL);   //创建线程
    sleep(1);
        //发送取消线程的请求
    pthread_join(tid, &ret);                          //等待线程结束
    if (ret == PTHREAD_CANCELED)                      //判断是否成功取消线程
        printf("thread has stopped,and exit code: %d\n", ret);  //打印下返回值,
应该是-1
    else
        printf("some error occured");

    return 0;
}
```

（2）上传test.cpp到Linux，在终端下输入命令：g++ -o test test.cpp -lpthread，其中pthread是线程库的名字，然后运行test，运行结果如下：

```
[root@localhost cpp98]# ./test
thread start--------
^C
[root@localhost cpp98]#
```

从运行结果可以看到，程序打印thread start--------后就没反应了，只能按快捷键Ctrl+C来停止进程，这说明在主线程中虽然发送取消请求了，但并没有让子线程停止运行，因为如果停止运行，pthread_join是会返回并打印其后面的语句的。下面我们来改进这个程序，在while循环中加一个函数pthread_testcancel。

【例3.16】 取消线程成功。

（1）打开UE，新建一个test.cpp文件，在test.cpp中输入代码如下：

```
#include<stdio.h>
#include<stdlib.h>
#include <pthread.h>
#include <unistd.h> //sleep
void *thfunc(void *arg)
```

```
{
    int i = 1;
    printf("thread start-------- \n");
while (1)
    {
        i++;
        pthread_testcancel();                        //让系统测试取消请求
    }
    return (void *)0;
}
int main()
{
    void *ret = NULL;
    int iret = 0;
    pthread_t tid;
    pthread_create(&tid, NULL, thfunc, NULL);    //创建线程
    sleep(1);

    pthread_cancel(tid);                         //发送取消线程的请求
    pthread_join(tid, &ret);                     //等待线程结束
    if (ret == PTHREAD_CANCELED)                 //判断是否成功取消线程
        printf("thread has stopped,and exit code: %d\n", ret);   //打印下返回值,
应该是-1
    else
        printf("some error occured");

    return 0;
}
```

（2）上传test.cpp到Linux，在终端下输入命令：g++ -o test test.cpp -lpthread，其中pthread是线程库的名字，然后运行test，运行结果如下：

```
[root@localhost cpp98]# g++ -o test test.cpp -lpthread
[root@localhost cpp98]# ./test
thread start--------
thread has stopped,and exit code: -1
```

可以看到，这个例子取消线程成功，目标线程停止运行，pthread_join返回，并且得到的线程返回值正是 PTHREAD_CANCELED。原因是在 while 死循环中添加了函数 pthread_testcancel，让系统每次循环都去检查下有没有取消请求。如果不用pthread_testcancel，则可以在while循环中用sleep函数来代替，但这样会影响while的速度，在实际开发中，可以根据具体项目具体分析。

3.3.4　线程退出时的清理机会

主动结束可以认为是线程正常终止，这种方式是可预见的；被动结束是其他线程要求其结束，这种退出方式是不可预见的，是一种异常终止。不论是可预见的线程终止还是异常终止，都会存在资源释放的问题。在不考虑因运行出错而退出的前提下，如何保证线程终止时能顺利地释放掉自己所占用的资源，特别是锁资源，就是一个必须考虑的问题。最经常出现的情形是

资源独占锁的使用：线程为了访问临界资源而为其加上锁，但在访问过程中被外界取消，如果取消成功了，则该临界资源将永远处于锁定状态得不到释放。外界取消操作是不可预见的，因此的确需要一个机制来简化用于资源释放的编程，也就是需要一个在线程退出时执行清理的机会。关于锁后面会讲到，这里只需要知道谁上了锁，谁就要负责解锁，否则会引起程序死锁。我们来看一个场景。

比如线程1执行这样一段代码：

```
void *thread1(void *arg)
{
pthread_mutex_lock(&mutex);  //上锁
//调用某个阻塞函数，比如套接字的accept，该函数等待客户连接
sock = accept(...);
pthread_mutex_unlock(&mutex);
}
```

在这个例子中，如果线程1执行accept时，线程会阻塞（也就是等在那里，有客户端连接的时候才返回，或者出现其他故障），在线程1等待时，线程2想关掉线程1，于是调用pthread_cancel或者类似函数，请求线程1立即退出。这时候线程1仍然在accept等待中，当它收到线程2的cancel信号后，就会从accept中退出，终止线程，但注意这个时候线程1还没有执行解锁函数pthread_mutex_unlock(&mutex);，即锁资源没有释放，造成其他线程的死锁问题，也就是其他在等待这个锁资源的线程将永远等不到了。所以必须在线程接收到cancel后用一种方法来保证异常退出（也就是线程没达到终点）时可以做清理工作（主要是解锁方面）。

POSIX线程库提供了函数pthread_cleanup_push和pthread_cleanup_pop，让线程退出时可以做一些清理工作。这两个函数采用先入后出的栈结构管理，前者会把一个函数压入清理函数栈，后者用来弹出栈顶的清理函数，并根据参数来决定是否执行清理函数。多次调用函数pthread_cleanup_push将把当前在栈顶的清理函数往下压，弹出清理函数时，在栈顶的清理函数先被弹出。综上所述，栈的特点是，先进后出。函数pthread_cleanup_push声明如下：

```
void pthread_cleanup_push(void (*routine)(void *), void *arg);
```

其中参数routine是一个函数指针，arg是该函数的参数。由pthread_cleanup_push压栈的清理函数在下面三种情况下会执行：

（1）线程主动结束时，比如return或调用pthread_exit时。

（2）调用函数pthread_cleanup_pop，且其参数为非0时。

（3）线程被其他线程取消时，也就是有其他线程对该线程调用pthread_cancel函数。

函数pthread_cleanup_pop声明如下：

```
void pthread_cleanup_pop(int execute);
```

其中参数execute用来决定在弹出栈顶清理函数的同时，是否执行清理函数，取0时表示不执行清理函数，非0时则执行清理函数。需要注意的是，函数pthread_cleanup_pop与pthread_cleanup_push必须成对出现在同一个函数中，否则就是语法错误。

了解了这两个函数，我们把上面可能会引起死锁的线程1的代码这样改写：

```
void *thread1(void *arg)
{
pthread_cleanup_push(clean_func,...)      //压栈一个清理函数 clean_func
pthread_mutex_lock(&mutex);               //上锁
//调用某个阻塞函数，比如套接字的accept，该函数等待客户连接
sock = accept(...);

pthread_mutex_unlock(&mutex);             //解锁
pthread_cleanup_pop(0);                   //弹出清理函数，但不执行，因为参数是0
return NULL;
}
```

在上面的代码中，如果accept被其他线程取消后线程退出，会自动调用函数clean_func，在这个函数中可以释放锁资源。如果accept没有被取消，那么线程继续执行，当执行到pthread_mutex_unlock(&mutex);时，表示线程正确地释放资源了，再执行到pthread_cleanup_pop(0);会把前面压栈的清理函数clean_func弹出栈，并且不会去执行它（因为参数是0）。现在的流程就安全了。

【例3.17】　线程主动结束时调用清理函数。

（1）打开UE，新建一个test.cpp文件，在test.cpp中输入代码如下：

```
#include <stdio.h>
#include <stdlib.h>
#include <pthread.h>
#include <string.h>                              //strerror

void mycleanfunc(void *arg)                      //清理函数
{
    printf("mycleanfunc:%d\n", *((int *)arg));   //打印传进来的不同参数
}
void *thfrunc1(void *arg)
{
    int m=1;
    printf("thfrunc1 comes \n");
    pthread_cleanup_push(mycleanfunc, &m);       //把清理函数压栈
    return (void *)0;                            //退出线程
    pthread_cleanup_pop(0);     //把清理函数出栈，这句不会执行，但必须有，否则编译不过
}

void *thfrunc2(void *arg)
{
    int m = 2;
    printf("thfrunc2 comes \n");
    pthread_cleanup_push(mycleanfunc, &m);       //把清理函数压栈
    pthread_exit(0);                             //退出线程
    pthread_cleanup_pop(0); //把清理函数出栈，这句不会执行，但必须有，否则编译不过
}

int main(void)
{
```

```
        pthread_t pid1,pid2;
        int res;
        res = pthread_create(&pid1, NULL, thfrunc1, NULL); //创建线程1
        if (res)
        {
            printf("pthread_create failed: %d\n", strerror(res));
            exit(1);
        }
        pthread_join(pid1, NULL);                           //等待线程1结束

        res = pthread_create(&pid2, NULL, thfrunc2, NULL); //创建线程2
        if (res)
        {
            printf("pthread_create failed: %d\n", strerror(res));
            exit(1);
        }
        pthread_join(pid2, NULL);                           //等待线程2结束

        printf("main over\n");
        return 0;
    }
```

（2）上传test.cpp到Linux，在终端下输入命令：g++ -o test test.cpp -lpthread，其中pthread是线程库的名字，然后运行test，运行结果如下：

```
[root@localhost cpp98]# g++ -o test test.cpp -lpthread
[root@localhost cpp98]# ./test
thfrunc1 comes
mycleanfunc:1
thfrunc2 comes
mycleanfunc:2
main over
```

从此例中可以看到，无论return或pthread_exit都会引起清理函数的执行。值得注意的是，pthread_cleanup_pop必须和pthread_cleanup_push成对出现在同一个函数中，否则编译不过，读者可以把pthread_cleanup_pop注释掉后再编译试试。这个例子是线程主动调用清理函数，下面我们再看由pthread_cleanup_pop执行清理函数的情况。

【例3.18】 pthread_cleanup_pop调用清理函数。

（1）打开UE，新建一个test.cpp文件，在test.cpp中输入代码如下：

```
#include <stdio.h>
#include <stdlib.h>
#include <pthread.h>
#include <string.h> //strerror

void mycleanfunc(void *arg)                         //清理函数
{
    printf("mycleanfunc:%d\n", *((int *)arg));
}
```

```
void *thfrunc1(void *arg)                            //线程函数
{
    int m=1,n=2;
    printf("thfrunc1 comes \n");
    pthread_cleanup_push(mycleanfunc, &m);           //把清理函数压栈
    pthread_cleanup_push(mycleanfunc, &n);           //再压一个清理函数压栈
    pthread_cleanup_pop(1);                          //出栈清理函数，并执行
    pthread_exit(0);                                 //退出线程
    pthread_cleanup_pop(0);                          //不会执行，仅仅为了成对
}

int main(void)
{
    pthread_t pid1 ;
    int res;
    res = pthread_create(&pid1, NULL, thfrunc1, NULL);      //创建线程
    if (res)
    {
        printf("pthread_create failed: %d\n", strerror(res));
        exit(1);
    }
    pthread_join(pid1, NULL);                               //等待线程结束

    printf("main over\n");
    return 0;
}
```

（2）上传test.cpp到Linux，在终端下输入命令：g++ -o test test.cpp -lpthread，其中pthread是线程库的名字，然后运行test，运行结果如下：

```
[root@localhost cpp98]# g++ -o test test.cpp -lpthread
[root@localhost cpp98]# ./test
thfrunc1 comes
mycleanfunc:2
mycleanfunc:1
main over
```

从此例中可以看出，我们连续压了两次清理函数入栈，第一次压栈的清理函数就到栈底，第二次压栈的清理函数就到了栈顶，出栈的时候应该是第二次压栈的清理函数先执行，因此pthread_cleanup_pop(1);执行的是传n进去的清理函数，输出的整数值是2。pthread_exit退出线程时，引发执行的清理函数是传m进去的清理函数，输出的整数值是1。下面介绍最后一种情况，线程被取消时引发清理函数。

【例3.19】　取消线程时引发清理函数。

（1）打开UE，新建一个test.cpp文件，在test.cpp中输入代码如下：

```
#include<stdio.h>
#include<stdlib.h>
#include <pthread.h>
#include <unistd.h> //sleep
```

```
void mycleanfunc(void *arg)                              //清理函数
{
    printf("mycleanfunc:%d\n", *((int *)arg));
}

void *thfunc(void *arg)
{
    int i = 1;
    printf("thread start-------- \n");
    pthread_cleanup_push(mycleanfunc, &i);        //把清理函数压栈
    while (1)
    {
        i++;
        printf("i=%d\n", i);
    }
    printf("this line will not run\n");              //这句不会调用
    pthread_cleanup_pop(0);                          //仅仅为了成对调用

    return (void *)0;
}
int main()
{
    void *ret = NULL;
    int iret = 0;
    pthread_t tid;
    pthread_create(&tid, NULL, thfunc, NULL); //创建线程
    sleep(1);                                      //等待片刻，让子线程开始while循环

    pthread_cancel(tid);                           //发送取消线程的请求
    pthread_join(tid, &ret);                       //等待线程结束
    if (ret == PTHREAD_CANCELED)                   //判断是否成功取消线程
        printf("thread has stopped,and exit code: %d\n", ret);  //打印下返回值，
应该是-1
    else
        printf("some error occured");

    return 0;
}
```

（2）上传test.cpp到Linux，在终端下输入命令：g++ -o test test.cpp -lpthread，其中pthread是线程库的名字，然后运行test，运行结果如下：

```
[root@localhost cpp98]# g++ -o test test.cpp -lpthread
[root@localhost cpp98]# ./test
i=2
i=3
i=4
...
i=24383
i=24384
```

```
i=24385
i=24386
i=24387
i=24388
i=24389i=24389
mycleanfunc:24389
thread has stopped,and exit code: -1
```

从这个例子可以看出，子线程在循环打印i的值，直到被取消。由于循环里有系统调用printf，因此取消成功时，将会执行清理函数，在清理函数中打印的i值，将是执行很多次i++后的i值，这是因为我们压栈清理函数的时候，传给清理函数的是i的地址，而执行清理函数的时候，i的值已经变了，因此打印的是最新的i值。

3.4 C++11 中的线程类

前面介绍的线程是利用了POSIX线程库，这是传统C/C++程序员使用线程的方式，而C++11提供了语言层面使用线程的方式。

C++11新标准中引入了5个头文件来支持多线程编程，分别是atomic、thread、mutex、condition_variable和future。

- atomic：该头文件主要声明了两个类，std::atomic和std::atomic_flag，另外还声明了一套C风格的原子类型和与C兼容的原子操作的函数。
- thread：该头文件主要声明了类std::thread，另外std::this_thread命名空间也在该头文件中。
- mutex：该头文件主要声明了与互斥锁（mutex）相关的类，包括std::mutex系列类、std::lock_guard、std::unique_lock，以及其他的类型和函数。
- condition_variable：该头文件主要声明了与条件变量相关的类，包括std::condition_variable和std::condition_variable_any。
- future：该头文件主要声明了std::promise和std::package_task两个Provider类，以及std::future和std::shared_future两个Future类，另外还有一些与之相关的类型和函数，std::async函数就声明在该头文件中。

显然，类std::thread是非常重要的类，下面我们来概览下这个类的成员，类std::thread的常用成员函数如表3-2所示。

表 3-2　类 std::thread 的常用成员函数

成员函数	说明（public 访问方式）
thread	构造函数，有4种构造函数
get_id	获得线程ID
joinable	判断线程对象是否可连接的
join	等待线程结束，该函数是阻塞函数
native_handle	用于获得与操作系统相关的原生线程句柄（需要本地库支持）

（续表）

成员函数	说明（public 访问方式）
swap	线程交换
detach	分离线程

3.4.1 线程的创建

在C++11中，创建线程的方式是用类std::thread的构造函数，std::thread 在 #include<thread>头文件中声明，因此使用std::thread时需要包含头文件thread，即#include <thread>。std::thread的构造函数有三种形式：不带参数的默认构造函数、初始化构造函数、移动构造函数。

虽然类thread的初始化可以提供丰富且方便的形式，但其实现的底层依然是创建一个pthread线程并运行之，有些实现甚至是直接调用pthread_create来创建的。

1. 默认构造函数

默认构造函数是不带有参数的，声明如下：

```
thread();
```

刚定义默认构造函数的thread对象，其线程是不会马上运行的。

【例3.20】 批量创建线程。

（1）打开UE，新建一个test.cpp文件，在test.cpp中输入代码如下：

```
#include <stdio.h>
#include <stdlib.h>

#include <chrono>          //std::chrono::seconds
#include <iostream>        //std::cout
#include <thread>          //std::thread, std::this_thread::sleep_for
using namespace std;
void thfunc(int n)         //线程函数
{
    std::cout << "thfunc:" << n << endl;
}

int main(int argc, const char *argv[])
{
    std::thread threads[5];          //批量定义5个thread对象，但此时并不会执行线程
    std::cout << "create 5 threads...\n";
    for (int i = 0; i < 5; i++)
        threads[i] = std::thread(thfunc, i + 1); //这里开始执行线程函数thfunc

    for (auto& t : threads)                      //等待每个线程结束
        t.join();

    std::cout << "All threads joined.\n";

    return EXIT_SUCCESS;
}
```

（2）上传test.cpp到Linux，在终端下输入命令：g++ -o test test.cpp -lpthread -std=c++11，其中pthread是线程库的名字，然后运行test，运行结果如下：

```
[root@localhost test]# g++ -o test test.cpp -lpthread -std=c++11
[root@localhost test]# ./test
create 5 threads...
thfunc:5
thfunc:1
thfunc:2
thfunc:3
thfunc:4
All threads joined.
```

此例定义了5个线程对象，刚定义的时候并不会执行线程，而是用另外初始化构造函数的返回值赋给它们。创建的线程都是可连接线程，所以要用函数join来等待它们结束。多次执行这个程序，可以发现它们打印的次序并不每次都一样，这个与CPU的调度有关。

2. 初始化构造函数

这里所说的初始化构造函数，是指把线程函数的指针和线程函数的参数（如果有的话）都传入到线程类的构造函数中。这种形式最常用，由于传入了线程函数，因此在定义线程对象的时候，就会开始执行线程函数，如果线程函数需要参数，可以在构造函数中传入。初始化构造函数的形式如下：

```
template <class Fn, class... Args>
explicit thread (Fn&& fn, Args&&... args);
```

其中fn是线程函数指针，args是可选的，是要传入线程函数的参数。线程对象定义后，主线程会继续执行后面的代码，这就可能会出现创建的子线程还没执行完，主线程就结束了的情况，比如控制台程序，主线程结束就意味着进程就结束了。在这种情况下，我们就需要让主线程等待，待子线程全部运行结束后再继续执行主线程。还有一种情况，主线程为了统计各个子线程的工作的结果而需要等待子线程结束完毕后再继续执行，此时主线程就要等待了。类thread提供了成员函数join来等待子线程结束，即子线程的线程函数执行完毕后，join才返回，因此join是个阻塞函数。函数join会让主线程挂起，直到子线程都退出，同时join能让子线程所占资源得到释放。子线程退出后，主线程会接收到系统的信号，从休眠中恢复。这一过程和POSIX类似，只是函数形式不同而已。成员函数join声明如下：

```
void join();
```

值得注意的是，这样创建的线程是可连接线程，因此thread对象必须在销毁时调用join函数，或者将其设置为可分离的。

下面我们来看通过初始化构造函数来创建线程的例子。

【例3.21】　创建一个线程，不传参数。

（1）打开UE，新建一个test.cpp文件，在test.cpp中输入代码如下：

```
#include <iostream>
#include <thread>
```

```
#include <unistd.h>              //sleep
using namespace std;             //使用命名空间std

void thfunc()                    //子线程的线程函数
{
    cout << "i am c++11 thread func" << endl;
}

int main(int argc, char *argv[])
{
    thread t(thfunc);            //定义线程对象，并把线程函数指针传入
    sleep(1);                    //主线程挂起1秒钟，为了让子线程有机会执行

    return 0;
}
```

（2）上传test.cpp到Linux，在终端下输入命令：g++ -o test test.cpp -lpthread -std=c++11，其中pthread是线程库的名字，然后运行test，运行结果如下：

```
[root@localhost ch08-2]# g++ -o test test.cpp -lpthread -std=c++11
[root@localhost ch08-2]# ./test
i am c++11 thread func
```

值得注意的是，编译C++11代码的时候，要加上编译命令函数-std=c++11。在这个例子中，首先定义一个线程对象，定义对象后马上会执行传入构造函数的线程函数，线程函数在打印一行字符串后结束，而主线程在创建子线程后会等待一秒后再结束，这样不至于因为主线程的过早结束而导致进程结束，进程结束子线程就没有机会执行了。如果没有等待函数sleep，则可能子线程的线程函数还没来得及执行，主线程就结束了，这样导致子线程的线程都没有机会执行，因为主线程已经结束，整个应用程序已经退出了。

【例3.22】 创建一个线程，并传入整型参数。

（1）打开UE，新建一个test.cpp文件，在test.cpp中输入代码如下：

```
#include <iostream>
#include <thread>
using namespace std;

void thfunc(int n)                       //线程函数
{
    cout << "thfunc: " << n << "\n";     //这里的n是1
}

int main(int argc, char *argv[])
{
    thread t(thfunc,1);                  //定义线程对象t，并传入线程函数指针和线程函数参数
    t.join();                            //等待线程对象t结束

    return 0;
}
```

（2）上传test.cpp到Linux，在终端下输入命令：g++ -o test test.cpp -lpthread -std=c++11，其中pthread是线程库的名字，然后运行test，运行结果如下：

```
[root@localhost test]# g++ -o test test.cpp -lpthread -std=c++11
[root@localhost test]# ./test
thfunc: 1
```

这个例子和例3.21有两点不同，一是创建线程时，把一个整数作为参数传给构造函数；另外一点是等待子线程结束没有用函数sleep，而是用函数join。函数sleep只是等待一个固定的时间，有可能在这个固定的时间内子线程早已经结束，或者子线程运行的时间大于这个固定时间，因此用它来等待子线程结束并不准确，而用函数join则会一直等到子线程结束后才会执行该函数后面的代码。

【例3.23】 创建一个线程，并传递字符串作为参数。

（1）打开UE，新建一个test.cpp文件，在test.cpp中输入代码如下：

```cpp
#include <iostream>
#include <thread>
using namespace std;

void thfunc(char *s)                    //线程函数
{
    cout << "thfunc: " <<s << "\n";     //这里s就是boy and girl
}

int main(int argc, char *argv[])
{
    char s[] = "boy and girl";          //定义一个字符串
    thread t(thfunc,s);                 //定义线程对象，并传入字符串s
    t.join();                           //等待t执行结束

    return 0;
}
```

（2）上传test.cpp到Linux，在终端下输入命令：g++ -o test test.cpp -lpthread -std=c++11，其中pthread是线程库的名字，然后运行test，运行结果如下：

```
[root@localhost test]# g++ -o test test.cpp -lpthread -std=c++11
[root@localhost test]# ./test
thfunc: boy and girl
```

【例3.24】 创建一个线程，并传递结构体作为参数。

（1）打开UE，新建一个test.cpp文件，在test.cpp中输入代码如下：

```cpp
#include <iostream>
#include <thread>
using namespace std;

typedef struct                    //定义结构体的类型
{
```

```
    int n;
    const char *str;              //注意这里要有const，否则会有警告
}MYSTRUCT;

void thfunc(void *arg)             //线程函数
{
    MYSTRUCT *p = (MYSTRUCT*)arg;
cout << "in thfunc:n=" << p->n<<",str="<< p->str <<endl; //打印结构体的内容
}

int main(int argc, char *argv[])
{
    MYSTRUCT mystruct;            //定义结构体
    //初始化结构体
    mystruct.n = 110;
    mystruct.str = "hello world";

    thread t(thfunc, &mystruct);      //定义线程对象t，并传入结构体变量的地址
    t.join();                         //等待线程对象t结束

    return 0;
}
```

（2）上传test.cpp到Linux，在终端下输入命令：g++ -o test test.cpp -lpthread -std=c++11，其中pthread是线程库的名字，然后运行test，运行结果如下：

```
[root@localhost test]# g++ -o test test.cpp -lpthread -std=c++11
[root@localhost test]# ./test
in thfunc:n=110,str=hello world
```

通过结构体我们把多个值传给了线程函数。现在不用结构体作为载体，直接把多个值通过构造函数来传给线程函数，其中有一个参数是指针，可以在线程中修改其值。

【例3.25】　创建一个线程，传多个参数给线程函数。

（1）打开UE，新建一个test.cpp文件，在test.cpp中输入代码如下：

```
#include <iostream>
#include <thread>
using namespace std;

void thfunc(int n,int m,int *pk,char s[])          //线程函数
{
    cout << "in thfunc:n=" <<n<<",m="<<m<<",k="<<* pk <<"\nstr="<<s<<endl;
    *pk = 5000;                                //修改* pk
}

int main(int argc, char *argv[])
{
    int n = 110,m=200,k=5;
    char str[] = "hello world";

    thread t(thfunc, n,m,&k,str);                    //定义线程对象t，并传入多个参数
```

```
    t.join();                                  //等待线程对象t结束
    cout << "k=" << k << endl;                  //此时打印应该是5000

    return 0;
}
```

（2）上传test.cpp到Linux，在终端下输入命令：g++ -o test test.cpp -lpthread -std=c++11，其中pthread是线程库的名字，然后运行test，运行结果如下：

```
[root@localhost test]# g++ -o test test.cpp -lpthread -std=c++11
[root@localhost test]# ./test
in thfunc:n=110,m=200,k=5
str=hello world
k=5000
```

这个例子中，我们传入了多个参数给构造函数，这样线程函数也要准备好同样多的形参，并且其中一个是整型地址（&k），我们在线程中修改了它所指变量的内容，等子线程结束后，再在主线程中打印k，发现它的值变了。

前面提到，默认创建的线程都是可连接线程，可连接线程需要调用函数join来等待其结束并释放资源。除了join方式来等待结束外，还可以把可连接线程进行分离，即调用成员函数detach，变成可分离线程后，线程结束后就可以被系统自动回收资源了。而且主线程并不需要等待子线程结束，主线程可以自己先结束。将线程进行分离的成员函数是detach，声明如下：

```
void detach();
```

【例3.26】　把可连接线程转为分离线程（C++11和POSIX结合使用）。

（1）打开SI，新建一个test.cpp文件，在test.cpp中输入代码如下：

```
#include <iostream>
#include <thread>
using namespace std;
void thfunc(int n,int m,int *k,char s[])        //线程函数
{
    cout << "in thfunc:n=" <<n<<",m="<<m<<",k="<<*k<<"\nstr="<<s<<endl;
    *k = 5000;
}

int main(int argc, char *argv[])
{
    int n = 110,m=200,k=5;
    char str[] = "hello world";

    thread t(thfunc, n,m,&k,str);    //定义线程对象
    t.detach();                      //分离线程

    cout << "k=" << k << endl;        //这里输出3
    pthread_exit(NULL);               //主线程结束，但进程并不会结束，下面一句不会执行

    cout << "this line will not run"<< endl;    //这一句不会执行
    return 0;
}
```

（2）上传test.cpp到Linux，在终端下输入命令：g++ -o test test.cpp -lpthread -std=c++11，其中pthread是线程库的名字，然后运行test，运行结果如下：

```
[root@localhost test]# ./test
k=5
in thfunc:n=110,m=200,k=5
str=hello world
```

在这个例子中，我们调用detach来分离线程，这样主线程可以不用等子线程结束而可以自己先结束了。为了展示效果，我们在主线程中调用了pthread_exit(NULL)来结束主线程，前面提到过，在主线程中调用pthread_exit(NULL);的时候，将结束主线程，但进程并不会立即退出，而要等所有的线程全部结束后进程才会结束，所以我们能看到子线程函数打印的内容。主线程中会先打印k，这是因为打印k的时候线程还没有切换。从这个例子可以看出，C++11可以和POSIX结合使用。

3. 移动（move）构造函数

通过移动构造函数的方式来创建线程是C++11创建线程的另一种常用方式。它通过向构造函数thread中传入一个C++对象来创建线程。这种形式的构造函数定义如下：

```
thread (thread&& x);
```

调用成功之后，x不代表任何thread对象。

【例3.27】 通过移动构造函数来启动线程。

（1）打开UE，新建一个test.cpp文件，在test.cpp中输入代码如下：

```
#include <iostream>
#include <thread>

using namespace std;

void fun(int & n)                                        //线程函数
{
    cout << "fun: " << n << "\n";
    n += 20;
    this_thread::sleep_for(chrono::milliseconds(10));    //等待10毫秒
}
int main()
{
    int n = 0;

    cout << "n=" << n << '\n';
    n = 10;
    thread t1(fun, ref(n));          //ref(n)是取n的引用
        thread t2(move(t1));         //t2执行fun, t1不是thread对象
        t2.join();                   //等待t2执行完毕
    cout << "n=" << n << '\n';
    return 0;
}
```

（2）上传test.cpp到Linux，在终端下输入命令：g++ -o test test.cpp -lpthread -std=c++11，其中pthread是线程库的名字，然后运行test，运行结果如下：

```
[root@localhost test]# g++ -o test test.cpp -lpthread -std=c++11
[root@localhost test]# ./test
n=0
fun: 10
n=30
```

从这个例子可以看出，t1并不会执行，执行的是t2，因为t1的线程函数移动给t2了。

3.4.2　线程的标识符

线程的标识符（ID）可以用来唯一标识某个thread对象所对应的线程，这样可以用来区别不同的线程。两个标识符相同的thread对象，它们代表的线程是同一个线程，或者代表这两个对象还都还没有线程。两个标识符不同的thread对象，表示它们代表着不同的线程，或者一个thread对象已经有线程了，另外一个还没有。

类thread提供了成员函数get_id()来获取线程ID，该函数声明如下：

```
thread::id get_id()
```

其中ID是线程标识符的类型，它是类thread的成员，用来唯一表示某个线程。

有时候，为了查看两个thread对象的ID是否相同，可以在调试的时候把ID打印出来，它们数值虽然没有含义，但却可以比较是否相同。

【例3.28】　线程比较。

（1）打开UE，新建一个test.cpp文件，在test.cpp中输入代码如下：

```
#include <iostream>        //std::cout
#include <thread>          //std::thread, std::thread::id,
std::this_thread::get_id
using namespace std;

thread::id main_thread_id = this_thread::get_id();     //获取主线程ID

void is_main_thread()
{
    if (main_thread_id == this_thread::get_id())    //判断是否和主线程ID相同
        std::cout << "This is the main thread.\n";
    else
        std::cout << "This is not the main thread.\n";
}

int main()
{
    is_main_thread();           //is_main_thread作为主线程的普通函数调用
    thread th(is_main_thread);  //is_main_thread作为线程函数使用
    th.join();                  //等待th结束
    return 0;
}
```

（2）上传test.cpp到Linux，在终端下输入命令：g++ -o test test.cpp -lpthread -std=c++11，其中pthread是线程库的名字，然后运行test，运行结果如下：

```
[root@localhost test]# ./test
This is the main thread.
This is not the main thread.
```

此例中，is_main_thread第一次使用时是作为主线程中的普通函数，得到的ID肯定和main_thread_id相同。第二次是作为一个子线程的线程函数，此时得到的ID是子线程的ID，和main_thread_id就不同了。this_thread是一个命名空间，用来表示当前线程，主要作用是集合了一些函数来访问当前线程。

3.4.3 当前线程 this_thread

在实际线程开发中，经常需要访问当前线程。C++11提供了一个命名空间this_thread来引用当前线程，该命名空间集合了4个有用的函数，get_id、yield、sleep_until、sleep_for。函数get_id和类thread的成员函数get_id作用相同，都可用来获取线程ID。

1. 让出 CPU 时间

调用函数yield的线程将让出自己的CPU时间片，以便其他线程有机会运行，声明如下：

```
void yield();
```

调用该函数的线程放弃执行，回到就绪态。我们通过一个例子来说明该函数的作用。这个例子要实现这样一个功能：创建10个线程，每个线程中让一个变量从1累加到一百万，谁先完成就打印谁的编号，以此排名。为了公平起见，创建线程时，先不让它们占用CPU时间，直到主线程改变全局变量值，各个子线程才一起开始累加。

【例3.29】 线程赛跑排名次。

（1）打开UE，新建一个test.cpp文件，在test.cpp中输入代码如下：

```
#include <iostream>                 //std::cout
#include <thread>                   //std::thread, std::this_thread::yield
#include <atomic>                   //std::atomic
using namespace std;

atomic<bool> ready(false);          //定义全局变量

void thfunc(int id)
{
    while (!ready)                          //一直等待，直到主线程中重置全局变量ready
        this_thread::yield();               //让出自己的CPU时间片

    for (volatile int i = 0; i < 1000000; ++i)     //开始累加到一百万
    {}
     cout << id<<",";//累加完毕后，打印本线程的序号，这样最终输出的是排名，先完成先打印
}

int main()
{
```

```
    thread threads[10];                              //定义10个线程对象
     cout << "race of 10 threads that count to 1 million:\n";
    for (int i = 0; i < 10; ++i)
        threads[i] = thread(thfunc, i); //启动线程,把i当作参数传入线程函数,用于标
记线程的序号
    ready = true;                                    //重置全局变量
    for (auto& th : threads) th.join();              //等待10个线程全部结束
     cout << '\n';

    return 0;
}
```

（2）上传test.cpp到Linux，在终端下输入命令：g++ -o test test.cpp -lpthread -std=c++11，其中pthread是线程库的名字，然后运行test，运行结果如下：

```
[root@localhost test]# g++ -o test test.cpp -lpthread -std=c++11
[root@localhost test]# ./test
race of 10 threads that count to 1 million:
9,4,5,0,1,2,6,7,8,3,
```

多次运行此例，可发现每次结果是不同的。线程刚启动时，一直while循环让出自己的CPU时间，这就是函数yield 的作用，this_thread在子线程中使用，就代表这个子线程一旦跳出while，就开始累加，直到一百万，最后输出序号，全部序号输出后，得到先跑完一百万的排名。atomic用来定义在全局变量ready上的操作都是原子操作，原子操作（后面章节会讲到）表示在多个线程访问同一个全局资源的时候，能够确保所有其他的线程都不在同一时间内访问相同的资源。也就是它确保了在同一时刻只有唯一的线程对这个资源进行访问。这有点类似互斥对象对共享资源的访问的保护，但是原子操作更加接近底层，因而效率更高。

2. 线程暂停一段时间

命名空间this_thread还有2个函数sleep_until、sleep_for，它们用来阻塞线程，暂停执行一段时间。函数sleep_until声明如下：

```
template <class Clock, class Duration>
void sleep_until (const chrono::time_point<Clock,Duration>& abs_time);
```

其中参数abs_time表示函数阻塞线程到abs_time这个时间点，到了这个时间点后再继续执行。

函数sleep_for的功能与函数sleep_until类似，只是它是挂起线程一段时间，时间长度由参数决定，声明如下：

```
template <class Rep, class Period>
void sleep_for (const chrono::duration<Rep,Period>& rel_time);
```

其中参数rel_time表示线程挂起的时间段，在这段时间内线程暂停执行。

下面我们来看两个小例子来加深对这两个函数的理解。

【例3.30】　暂停线程到下一分钟。

（1）打开UE，新建一个test.cpp文件，在test.cpp中输入代码如下：

```cpp
#include <iostream>           //std::cout
#include <thread>             //std::this_thread::sleep_until
#include <chrono>             //std::chrono::system_clock
#include <ctime>              //std::time_t, std::tm, std::localtime, std::mktime
#include <time.h>
#include <stddef.h>
using namespace std;

void getNowTime()                              //获取并打印当前时间
{
    timespec time;
    struct  tm nowTime;
    clock_gettime(CLOCK_REALTIME, &time);     //获取相对于1970到现在的秒数

    localtime_r(&time.tv_sec, &nowTime);
    char current[1024];
    printf(
        "%04d-%02d-%02d %02d:%02d:%02d\n",
        nowTime.tm_year + 1900,
        nowTime.tm_mon+1,
        nowTime.tm_mday,
        nowTime.tm_hour,
        nowTime.tm_min,
        nowTime.tm_sec);
}

int main()
{
    using std::chrono::system_clock;
    std::time_t tt = system_clock::to_time_t(system_clock::now());
    struct std::tm * ptm = std::localtime(&tt);
    getNowTime();                    //打印当前时间
    cout << "Waiting for the next minute to begin...\n";
    ++ptm->tm_min;                   //累加一分钟
    ptm->tm_sec = 0;                 //秒数置0
    this_thread::sleep_until(system_clock::from_time_t(mktime(ptm))); //暂停
执行到下一个整分时间
    getNowTime();                    //打印当前时间

    return 0;
}
```

（2）上传test.cpp到Linux，在终端下输入命令：g++ -o test test.cpp -lpthread -std=c++11，其中pthread是线程库的名字，然后运行test，运行结果如下：

```
[root@localhost test]# g++ -o test test.cpp -lpthread -std=c++11
[root@localhost test]# ./test
2017-10-05 13:02:31
Waiting for the next minute to begin...
2017-10-05 13:03:00
```

在此例中，主线程从sleep_until处开始挂起，然后到了下一个整分时间（分钟加1，秒钟为0）的时候再继续执行。

【例3.31】　暂停线程5秒。

（1）打开UE，新建一个test.cpp文件，在test.cpp中输入代码如下：

```
#include <iostream>        //std::cout, std::endl
#include <thread>          //std::this_thread::sleep_for
#include <chrono>          //std::chrono::seconds

int main()
{
    std::cout << "countdown:\n";
    for (int i = 5; i > 0; --i)
    {
        std::cout << i << std::endl;
        std::this_thread::sleep_for(std::chrono::seconds(1));  //暂停一秒
    }
    std::cout << "Lift off!\n";

    return 0;
}
```

（2）上传test.cpp到Linux，在终端下输入命令：g++ -o test test.cpp -lpthread -std=c++11，其中pthread是线程库的名字，然后运行test，运行结果如下：

```
[root@localhost test]# g++ -o test test.cpp -lpthread -std=c++11
[root@localhost test]# ./test
countdown:
5
4
3
2
1
Lift off!
```

在多线程编程中，线程间是相互独立而又相互依赖的，所有的线程都是并发、并行且是异步执行的。多线程编程提供了一种新型的模块化编程思想和方法。这种方法能清晰地表达各种独立事件的相互关系，但是多线程编程也带来了一定的复杂度：并发和异步机制带来了线程间资源竞争的无序性。因此我们需要引入同步机制来消除这种复杂度和实现线程间数据共享，以一致的顺序执行一组操作。而如何使用同步机制来消除因线程并发、并行和异步执行而带来的复杂度是多线程编程中最核心的问题。

3.5　线　程　同　步

多个线程可能在同一时间对同一共享资源进行操作，其结果是某个线程无法获得资源，或者会导致资源的破坏。为保证共享资源的稳定性，需要采用线程同步机制来调整多个线程的执行顺序，比如用一把"锁"，一旦某个线程获得了锁的拥有权，可保证只有它（拥有锁的线程）才能对共享资源进行操作。同样，利用这把锁，其他线程可一直处于等待状态，直到锁没有被任何线程拥有为止。

异步是当一个调用或请求发给被调用者时，调用者不用等待其结果的返回而继续当前的处理。实现异步机制的方式有多线程、中断和消息等，也就是说多线程是实现异步的一种方式。C++11对异步非常支持。

3.5.1 同步的基本概念

并发和异步机制带来了线程间资源竞争的无序性。因此需要引入同步机制来消除这种复杂度，以实现线程间正确有序地共享数据，以一致的顺序执行一组操作。

线程同步是多线程编程中重要的概念，其基本意思是同步各个线程对资源（比如全局变量、文件）的访问。如果不对资源访问进行线程同步，则会产生资源访问冲突的问题。对于多线程程序，访问冲突的问题是很普遍的，解决的办法是引入锁（比如互斥锁、读写锁等），获得锁的线程可以完成"读-修改-写"的操作，然后释放锁给其他线程，没有获得锁的线程只能等待而不能访问共享数据，这样"读-修改-写"三步操作组成一个原子操作，要么都执行，要么都不执行，不会执行到中间被打断，也不会在其他处理器上并行做这个操作。比如，一个线程正在读取一个全局变量，虽然读取全局变量的这个语句在C/C++中是一条语句，但在CPU指令处理这个过程的时候，需要用多条指令来处理这个读取变量的过程，如果这一系列指令被另外一个线程打断了，就是说CPU还没执行完全部读取变量的所有指令而去执行另外一个线程了，而另外一个线程却要对这个全局变量进行修改，这样修改完后又返回原先的线程，继续执行读取变量的指令，此时变量的值已经改变了，这样第一个线程的执行结果就不是预料的结果了。

我们来看一个对于多线程访问共享变量造成竞争的例子，假设增量操作分为以下三个步骤：

（1）从内存单元读入寄存器。
（2）在寄存器中进行变量值的增加。
（3）把新的值写回内存单元。

那么当两个线程对同一个变量做增量操作时就可能出现如图3-1所示的情况。

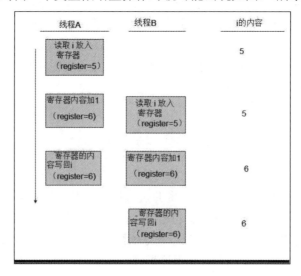

图 3-1

　　i的初始值为5，如果两个线程在串行操作下，分别做了对i进行加1，i的值应该是7了。但上图的两个线程执行后的i值是6。因为B线程并没有等A线程做完i+1后开始执行，而是A线程刚把i从内存读入寄存器后就开始执行了，所以B线程是在i=5的时候开始执行的，这样A执行的结果是6，B执行的结果也是6。因此像这种没有做同步情况，多个线程对全局变量进行累加，最终结果是小于或等于它们串行操作结果的。

【例3.32】　不用线程同步的多线程累加。

（1）打开UE，新建一个test.cpp文件，在test.cpp中输入代码如下：

```cpp
#include <stdio.h>
#include <unistd.h>
#include <pthread.h>
#include <sys/time.h>
#include <string.h>
#include <cstdlib>

int gcn = 0;                          //定义一个全局变量，用于累加

void *thread_1(void *arg) {           //第一个线程
    int j;
    for (j = 0; j < 10000000; j++) {  //开始累加
        gcn++;
    }
    pthread_exit((void *)0);
}

void *thread_2(void *arg) {           //第二个线程
    int j;
    for (j = 0; j < 10000000; j++) {  //开始累加
        gcn++;
    }
    pthread_exit((void *)0);
}
int main(void)
{
    int j,err;
    pthread_t th1, th2;

    for (j = 0; j < 10; j++)          //做10次
    {
        err = pthread_create(&th1, NULL, thread_1, (void *)0); //创建第一个线程
        if (err != 0) {
            printf("create new thread error:%s\n", strerror(err));
            exit(0);
        }
        err = pthread_create(&th2, NULL, thread_2, (void *)0); //创建第二个线程
        if (err != 0) {
            printf("create new thread error:%s\n", strerror(err));
            exit(0);
```

```
        }
        err = pthread_join(th1, NULL);        //等待第一个线程结束
        if (err != 0) {
            printf("wait thread done error:%s\n", strerror(err));
            exit(1);
        }
        err = pthread_join(th2, NULL);        //等待第二个线程结束
        if (err != 0) {
            printf("wait thread done error:%s\n", strerror(err));
            exit(1);
        }
        printf("gcn=%d\n", gcn);
        gcn = 0;
    }

    return 0;
}
```

（2）上传test.cpp到Linux，在终端下输入命令：g++ -o test test.cpp -lpthread，其中pthread
是线程库的名字，然后运行test，运行结果如下：

```
[root@localhost cpp98]# ./test
gcn=17945938
gcn=20000000
gcn=20000000
gcn=20000000
gcn=20000000
gcn=20000000
gcn=20000000
gcn=15315061
gcn=20000000
gcn=16248825
```

从结果可以看到，有几次没有达到20000000。

上面的例子是一个语句被打断的情况，有时候还会有一个事务不能打断的情况。比如，
一个事务需要多条语句完成，并且不可打断。如果打断的话，其他需要这个事务结果的线程，
则可能会得到非预料的结果。下面我们再看个例子，伙计在卖商品，每卖出50元的货物就要收
50元的钱，老板每隔一秒钟就要去清点店里的货物和金钱的总和。我们可以创建2个线程，一
个代表伙计在卖货收钱这个事务，另外一个线程模拟老板在验证总和的操作。简单来说，就是
一个线程对全局变量进行写操作，另外一个线程对全局变量进行读操作。

【例3.33】　　不用线程同步的卖货程序。

（1）打开UE，新建一个test.cpp文件，在test.cpp中输入代码如下：

```
#include <stdio.h>
#include <unistd.h>
#include <pthread.h>
```

```cpp
int a = 200;                                    //代表价值200元的货物
int b = 100;                                    //代表现在有100元现金

void* ThreadA(void*)                            //模拟伙计卖货收钱
{
    while (1)
    {
        a -= 50;                                //卖出价值50元的货物
        b += 50;                                //收回50元钱
    }
}

void* ThreadB(void*)                            //模拟老板对账
{
    while (1)
    {
        printf("%d\n", a + b);                  //打印当前货物和现金的总和
        sleep(1);                               //隔一秒
    }
}

int main()
{
    pthread_t tida, tidb;

    pthread_create(&tida, NULL, ThreadA, NULL);     //创建伙计卖货线程
    pthread_create(&tidb, NULL, ThreadB, NULL);     //创建老板对账线程
    pthread_join(tida, NULL);                        //等待线程结束
    pthread_join(tidb, NULL);                        //等待线程结束
    return 1;
}
```

（2）上传test.cpp到Linux，在终端下输入命令：g++ -o test test.cpp -lpthread，其中pthread是线程库的名字，然后运行test，运行结果如下：

```
[root@localhost cpp98]# ./test
300
250
250
300
250
300
250
^C
[root@localhost cpp98]#
```

程序在按快捷键Ctrl+C后停止。在这个例子中，线程B每隔一秒就检查一下当前货物和现金的总和是否为300，以此来判断伙计是否私吞钱款。伙计虽然没有私吞，但还是出现了总和为250的情况。原因是伙计在卖出货物和收货款之间被老板的对账线程打断了。下面我们用互斥锁来帮伙计证明清白。

3.5.2 临界资源和临界区

在讲述互斥锁之前，我们首先要了解临界资源和临界区（Critical Section）的概念。所谓临界资源，是指一次仅允许一个线程使用的共享资源。对于临界资源，各线程应该互斥对其访问。每个线程中访问临界资源的那段代码称为临界区，又称临界段。因为临界资源要求每个线程互斥对其访问，所以每次只准许一个线程进入临界区，进入后其他进程不允许再进入，直到临界区中的线程退出。我们可以用线程同步机制来互斥地进入临界区。

一般来讲，线程进入临界区需要遵循下列原则：

（1）如果有若干线程要求进入空闲的临界区，一次仅允许一个线程进入。

（2）任何时候，处于临界区内的线程不可多于一个。如已有线程进入临界区，则其他所有试图进入临界区的进程必须等待。

（3）进入临界区的线程要在有限时间内退出，以便其他线程能及时进入临界区。

（4）如果进程不能进入临界区，则应让出CPU（即阻塞），避免进程出现"忙等"现象。

3.6 基于 POSIX 进行线程同步

POSIX提供了三种方式进行线程同步，即互斥锁、读写锁和条件变量。

3.6.1 互斥锁

1. 互斥锁的概念

互斥锁（也可称互斥锁）是线程同步的一种机制，用来保护多线程的共享资源。同一时刻，只允许一个线程对临界区进行访问。互斥锁的工作流程：初始化一个互斥锁，在进入临界区之前把互斥锁加锁（防止其他线程进入临界区），退出临界区的时候把互斥锁解锁（让别的线程有机会进入临界区），最后不用互斥锁的时候就销毁它。POSIX库中用类型pthread_mutex_t来定义一个互斥锁，pthread_mutex_t是一个联合体类型，定义在pthreadtypes.h中，定义如下：

```
/* Data structures for mutex handling.  The structure of the attribute
   type is not exposed on purpose.  */
typedef union
{
  struct __pthread_mutex_s
  {
    int __lock;
    unsigned int __count;
    int __owner;
#ifdef __x86_64__
    unsigned int __nusers;
#endif
    /* KIND must stay at this position in the structure to maintain
       binary compatibility.  */
```

```
    int __kind;
#ifdef __x86_64__
    int __spins;
    __pthread_list_t __list;
# define __PTHREAD_MUTEX_HAVE_PREV    1
#else
    unsigned int __nusers;
    __extension__ union
     {
      int __spins;
      __pthread_slist_t __list;
     };
#endif
  } __data;
  char __size[__SIZEOF_PTHREAD_MUTEX_T];
  long int __align;
} pthread_mutex_t;
```

我们不需要去深究这个类型，只用了解即可。注意使用的时候不需要包含pthreadtypes.h，只需要包含文件pthread.h即可，因为pthread.h会包含文件pthreadtypes.h。

我们可以定义一个互斥变量：

```
pthread_mutex_t mutex;
```

2. 互斥锁的初始化

用于初始化互斥锁的函数是pthread_mutex_init（这种初始化方式叫函数初始化），声明如下：

```
int pthread_mutex_init(pthread_mutex_t *restrict mutex,const
pthread_mutexattr_t *restrict attr);
```

其中参数mutex是指向pthread_mutex_t变量的指针；attr是指向pthread_mutexattr_t的指针，表示互斥锁的属性，如果赋值NULL，则使用默认的互斥锁属性，该参数通常使用NULL。如果函数成功，返回0，否则返回错误码。

注 意

关键字restrict只用于限定指针，该关键字用于告知编译器，所有修改该指针所指向内容的操作全部都是基于该指针的，即不存在其他进行修改操作的途径。这样做的好处是帮助编译器进行更好的代码优化，生成更有效率的汇编代码。

使 用 函 数 pthread_mutex_init 初 始 化 互 斥 锁 属 于 动 态 方 式 ， 还 可 以 用 宏 PTHREAD_MUTEX_INITIALIZER的静态方式来初始化互斥锁（这种方式叫常量初始化），这个宏定义在pthread.h中，定义如下：

```
# define PTHREAD_MUTEX_INITIALIZER \
  { { 0, 0, 0, 0, 0, { 0 } } }
```

它用一些初始化值来初始化一个互斥锁。用PTHREAD_MUTEX_INITIALIZER初始化一个互斥锁，代码如下：

```
pthread_mutex_t  mutex = PTHREAD_MUTEX_INITIALIZER;
```

注意，如果mutex是指针，则不能用这种静态方式，代码如下：

```
pthread_mutex_t  * pmutex = (pthread_mutex_t *)malloc(sizeof(pthread_mutex_t));
pmutex = PTHREAD_MUTEX_INITIALIZER;  //这样是错误的
```

因为PTHREAD_MUTEX_INITIALIZER相当于一组常量，它只能对pthread_mutex_t的变量进行赋值，而不能对指针赋值，即使这个指针已经分配了内存空间。如果要对指针进行初始化，可以用函数pthread_mutex_init，代码如下：

```
pthread_mutex_t  *pmutex = (pthread_mutex_t *)malloc(sizeof(pthread_mutex_t));
pthread_mutex_init(pmutex, NULL);  //这个写法是正确的，动态初始化一个互斥锁
```

或者可以先定义变量，再调用初始化函数进行初始化，代码如下：

```
pthread_mutex_t  mutex;
pthread_mutex_init(&mutex, NULL);
```

注意，静态初始化的互斥锁是不需要销毁的，而动态初始化的互斥锁是需要销毁的。

3. 互斥锁的上锁和解锁

初始化成功后一个互斥锁，我们就把它用于上锁和解锁了，上锁是为了防止其他线程进入临界区，解锁则允许其他线程进入临界区。用于上锁的函数是pthread_mutex_lock或pthread_mutex_trylock，前者声明如下：

```
int pthread_mutex_lock(pthread_mutex_t *mutex);
```

其中参数mutex是指向pthread_mutex_t变量的指针，它是已经成功初始化过的。函数成功时返回0，否则返回错误码。值得注意的是，如果调用该函数时，互斥锁已经被其他线程上锁了，则调用该函数的线程将阻塞（即让出CPU，避免进程出现"忙等"现象）。

另外一个上锁函数pthread_mutex_trylock在调用时，如果互斥锁已经上锁了，则并不阻塞，而是立即返回，并且函数返回EBUSY，函数声明如下：

```
int pthread_mutex_trylock(pthread_mutex_t *mutex);
```

其中参数mutex是指向pthread_mutex_t变量的指针，它是已经成功初始化过的。函数执行成功时返回0，否则返回错误码。

当线程退出临界区后，要对互斥锁进行解锁，解锁的函数是pthread_mutex_unlock，声明如下：

```
int pthread_mutex_unlock(pthread_mutex_t *mutex);
```

其中参数mutex是指向pthread_mutex_t变量的指针，它应该是已上锁的互斥锁。函数执行成功时返回0，否则返回错误码。要注意的是pthread_mutex_unlock要和pthread_mutex_lock成对使用。

4. 互斥锁的销毁

当互斥锁用完后，最终要销毁，用于销毁互斥锁的函数是pthread_mutex_destroy，声明如下：

```
int pthread_mutex_destroy(pthread_mutex_t *mutex);
```

其中参数mutex是指向pthread_mutex_t变量的指针，它是已初始化的互斥锁。函数成功时返回0，否则返回错误码。

关于互斥锁的基本函数介绍完了，下面我们通过例子来加深理解。

【例3.34】 用互斥锁的多线程累加。

（1）打开UE，新建一个test.cpp文件，在test.cpp中输入代码如下：

```cpp
#include <stdio.h>
#include <unistd.h>
#include <pthread.h>
#include <sys/time.h>
#include <string.h>
#include <cstdlib>

int gcn = 0;

pthread_mutex_t mutex;

void *thread_1(void *arg) {
    int j;
    for (j = 0; j < 10000000; j++) {
        pthread_mutex_lock(&mutex);
        gcn++;
        pthread_mutex_unlock(&mutex);
    }
    pthread_exit((void *)0);
}

void *thread_2(void *arg) {
    int j;
    for (j = 0; j < 10000000; j++) {
        pthread_mutex_lock(&mutex);
        gcn++;
        pthread_mutex_unlock(&mutex);            //解锁
    }
    pthread_exit((void *)0);
}
int main(void)
{
    int j,err;
    pthread_t th1, th2;

    pthread_mutex_init(&mutex, NULL);            //初始化互斥锁
    for (j = 0; j < 10; j++)
    {
        err = pthread_create(&th1, NULL, thread_1, (void *)0);
        if (err != 0) {
            printf("create new thread error:%s\n", strerror(err));
            exit(0);
        }
```

```
        err = pthread_create(&th2, NULL, thread_2, (void *)0);
        if (err != 0) {
            printf("create new thread error:%s\n", strerror(err));
            exit(0);
        }

        err = pthread_join(th1, NULL);
        if (err != 0) {
            printf("wait thread done error:%s\n", strerror(err));
            exit(1);
        }
        err = pthread_join(th2, NULL);
        if (err != 0) {
            printf("wait thread done error:%s\n", strerror(err));
            exit(1);
        }
        printf("gcn=%d\n", gcn);
        gcn = 0;
    }
    pthread_mutex_destroy(&mutex);                 //销毁互斥锁

    return 0;
}
```

（2）上传test.cpp到Linux，在终端下输入命令：g++ -o test test.cpp -lpthread，其中pthread是线程库的名字，然后运行test，运行结果如下：

```
[root@localhost cpp98]# ./test
gcn=20000000
gcn=20000000
gcn=20000000
gcn=20000000
gcn=20000000
gcn=20000000
gcn=20000000
gcn=20000000
gcn=20000000
gcn=20000000
```

正如我们所料，加了互斥锁来同步线程后，每次都能得到正确的结果了。

【例3.35】 用互斥锁进行同步的销售程序。

（1）打开UE，新建一个test.cpp文件，在test.cpp中输入代码如下：

```
#include <stdio.h>
#include <unistd.h>
#include <pthread.h>

int a = 200;                                   //当前货物价值
int b = 100;                                   //当前现金

pthread_mutex_t lock;                          //定义一个全局的互斥锁

void* ThreadA(void*)                           //伙计卖货线程
```

```
{
    while (1)
    {
        pthread_mutex_lock(&lock);              //上锁
        a -= 50;                                //卖出价值50元的货物
        b += 50;                                //收回50元钱
        pthread_mutex_unlock(&lock);            //解锁
    }
}

void* ThreadB(void*)                            //老板对账线程
{
    while (1)
    {
        pthread_mutex_lock(&lock);              //上锁
        printf("%d\n", a + b);
        pthread_mutex_unlock(&lock);            //解锁
        sleep(1);
    }
}

int main()
{
    pthread_t tida, tidb;
    pthread_mutex_init(&lock, NULL);            //初始化互斥锁
    pthread_create(&tida, NULL, ThreadA, NULL); //创建伙计卖货线程
    pthread_create(&tidb, NULL, ThreadB, NULL); //创建老板对账线程
    pthread_join(tida, NULL);
    pthread_join(tidb, NULL);

    pthread_mutex_destroy(&lock);               //销毁互斥锁

    return 1;
}
```

（2）上传test.cpp到Linux，在终端下输入命令：g++ -o test test.cpp -lpthread，其中pthread
是线程库的名字，然后运行test，运行结果如下：

```
[root@localhost cpp98]# g++ -o test test.cpp -lpthread
[root@localhost cpp98]# ./test
300
300
300
300
300
300
^C
[root@localhost cpp98]#
```

加了互斥锁同步后可以发现，老板每次对账输出的结果都是300了。这是因为伙计卖货收
钱的过程没有被打断，账面就能对上了。

3.6.2 读写锁

1. 读写锁的概念

前面我们讲述了通过互斥锁来同步线程访问临界资源的方法。回想一下前面介绍的互斥锁，它只有两个状态，要么是加锁状态，要么是不加锁状态。假如现在一个线程a只是想读取一个共享变量i，因为不确定是否会有线程去写它，所以我们还是要对它进行加锁。但是这时候又有一个线程b试图读取共享变量i，可是发现i被锁住了，那么b不得不等到a释放了锁后才能获得锁并读取i的值，但是两个读取操作即使是同时发生也并不会像写操作那样造成竞争，因为它们不修改变量的值。所以我们期望如果是多个线程试图读取共享变量的值的话，那么它们应该可以立刻获取因为读而加的锁，而不需要等待前一个线程释放。读写锁解决了上面的问题。它提供了比互斥锁更好的并行性。因为以读模式加锁后当又有多个线程仅仅是试图再以读模式加锁时，并不会造成这些线程阻塞在等待锁的释放上。

读写锁是多线程同步的另一种机制。在一些程序中存在读操作和写操作的问题，也就是说，对某些资源的访问会存在两种情况，一种是访问方式是独占的，这种操作称作写操作；另一种情况就是访问方式是可以共享的，就是说可以有多个线程同时去访问某个资源，这种操作称作读操作。这个问题模型是从对文件的读写操作中引申出来的。把对资源的访问细分为读和写两种操作模式，这样可以大大增加并发效率。读写锁比起互斥锁具有更高的适用性和并行性。但要注意的是，这里只是说并行效率比互斥锁高，并不是速度上一定比互斥锁快，读写锁更复杂，系统开销更大。并发性好对于用户体验非常重要，假设使用互斥锁需要0.5秒，使用读写锁需要0.8秒，在类似学生管理系统这类软件中，可能90%的操作都是查询操作，那么假如现在突然来了20个查询请求，如果使用的是互斥锁，则最后的那个查询请求被满足需要10秒后，用户体验不好。而使用读写锁，因为读锁能够多次获得，所以这20个请求，每个请求都在1秒左右得到响应，用户体验好得多。

读写锁有几个重要特点需要记住：

（1）如果一个线程用读锁锁定了临界区，那么其他线程也可以用读锁来进入临界区，这样就可以有多个线程并行操作。但这个时候，如果再进行写锁加锁就会发生阻塞，写锁请求阻塞后，后面如果继续有读锁请求，这些后来的读锁都会被阻塞。这样避免了读锁长期占用资源，也避免了写锁饥饿。

（2）如果一个线程用写锁锁住了临界区，那么其他线程不管是读锁还是写锁都会发生阻塞。

POSIX库中用类型pthread_rwlock_t来定义一个读写锁，pthread_rwlock_t是一个联合体类型，定义在pthreadtypes.h中，定义如下：

```
typedef union
{
# ifdef __x86_64__
  struct
  {
    int __lock;
```

```
    unsigned int __nr_readers;
    unsigned int __readers_wakeup;
    unsigned int __writer_wakeup;
    unsigned int __nr_readers_queued;
    unsigned int __nr_writers_queued;
    int __writer;
    int __shared;
    unsigned long int __pad1;
    unsigned long int __pad2;
    /* FLAGS must stay at this position in the structure to maintain
       binary compatibility.  */
    unsigned int __flags;
# define __PTHREAD_RWLOCK_INT_FLAGS_SHARED    1
  } __data;
# else
  struct
  {
    int __lock;
    unsigned int __nr_readers;
    unsigned int __readers_wakeup;
    unsigned int __writer_wakeup;
    unsigned int __nr_readers_queued;
    unsigned int __nr_writers_queued;
    /* FLAGS must stay at this position in the structure to maintain
       binary compatibility.  */
    unsigned char __flags;
    unsigned char __shared;
    unsigned char __pad1;
    unsigned char __pad2;
    int __writer;
  } __data;
# endif
  char __size[__SIZEOF_PTHREAD_RWLOCK_T];
  long int __align;
} pthread_rwlock_t;
```

我们不需要去深究这个类型,只要了解即可。注意使用的时候不需要包含pthreadtypes.h,只需要包含文件pthread.h即可,因为pthread.h会包含文件pthreadtypes.h。

我们可以这样定义一个读写锁:

```
pthread_rwlock_t rwlock;
```

2. 读写锁的初始化

读写锁有2种初始化方式,常量初始化和函数初始化。常量初始化通过宏PTHREAD_RWLOCK_INITIALIZER来给一个读写锁变量赋值,比如:

```
pthread_rwlock_t rwlock = PTHREAD_RWLOCK_INITIALIZER;
```

同互斥锁一样,这种方式属于静态初始化方式,不能对一个读写锁指针进行初始化,比如下面代码是错误的:

```
pthread_rwlock_t *prwlock = (pthread_rwlock_t *)malloc(sizeof
(pthread_rwlock_t));
prwlock = PTHREAD_RWLOCK_INITIALIZER; //这样是错误的
```

函数初始化方式属于动态初始化方式，它通过函数pthread_rwlock_init进行，该函数声明如下：

```
int pthread_rwlock_init(pthread_rwlock_t *restrict rwlock,const
pthread_rwlockattr_t *restrict attr);
```

其中参数rwlock是指向pthread_rwlock_t类型变量的指针，表示一个读写锁；attr是指向pthread_rwlockattr_t类型变量的指针，表示读写锁的属性，如果该参数为NULL，则使用默认的读写锁属性。如果函数执行成功则返回0，否则返回错误码。

静态初始化的读写锁是不需要销毁的，而动态初始化的读写锁是需要销毁的，销毁函数我们会在后面讲到。

我们对如下条件变量进行初始化：

```
pthread_rwlock_t *prwlock = (pthread_rwlock_t *)malloc(sizeof
(pthread_rwlock_t));
pthread_rwlock_init (prwlock,NULL);
```

或者：

```
pthread_rwlock_t rwlock;
pthread_rwlock_init (&rwlock,NULL);
```

3. 读写锁的上锁和解锁

读写锁的上锁可分为读模式下的上锁和写模式下的上锁。读模式下的上锁函数有pthread_rwlock_rdlock和pthread_rwlock_tryrdlock。前者声明如下：

```
int pthread_rwlock_rdlock(pthread_rwlock_t *rwlock);
```

其中参数rwlock是指向pthread_rwlock_t变量的指针，它是已经成功初始化过。函数成功时返回0，否则返回错误码。值得注意的是，如果调用该函数时，读写锁已经被其他线程在写模式下上锁了或者有个线程在写模式下等待该锁，则调用该函数的线程将阻塞；如果其他线程在读模式下已经上锁，则可以获得该锁，进入临界区。

另外一个读模式下的上锁函数pthread_rwlock_tryrdlock在调用时，如果读写锁已经上锁了，则并不阻塞，而是立即返回，并且函数返回EBUSY，函数声明如下：

```
int pthread_rwlock_tryrdlock(pthread_rwlock_t *rwlock);
```

其中参数rwlock是指向pthread_rwlock_t变量的指针，它是已经成功初始化过。函数执行成功时返回0，否则返回错误码。

相对于读模式下的上锁，写模式下的读写锁也有两个上锁函数pthread_rwlock_wrlock和pthread_rwlock_trywrlock，前者声明如下：

```
int pthread_rwlock_wrlock(pthread_rwlock_t *rwlock);
```

其中参数rwlock是指向pthread_rwlock_t变量的指针，它是已经成功初始化过。函数执行成功时返回0，否则返回错误码。值得注意的是，如果调用该函数时，读写锁已经被其他线程上锁了（无论是读模式还是写模式），则调用该函数的线程将阻塞。

函数pthread_rwlock_trywrlock和pthread_rwlock_wrlock类似，唯一区别是读写锁不可用时不会阻塞，而是返回一个错误值EBUSY，该函数声明如下：

```
int pthread_rwlock_trywrlock(pthread_rwlock_t *rwlock);
```

其中参数rwlock是指向pthread_rwlock_t变量的指针，它是已经成功初始化过。函数执行成功时返回0，否则返回错误码。

除了上述上锁函数外，还有两个不常用的上锁函数 pthread_rwlock_timedrdlock 和 pthread_rwlock_timedwrlock，它们可以设定在规定的时间内等待读写锁，如果等不到就返回 ETIMEDOUT，这两个函数声明如下：

```
int pthread_rwlock_timedrdlock(pthread_rwlock_t *restrict rwlock, const
struct timespec *restrict abs_timeout);
int pthread_rwlock_timedwrlock(pthread_rwlock_t *restrict rwlock, const
struct timespec *restrict abs_timeout);
```

它们不常用，所以这里不再赘述。

当线程退出临界区后，要对读写锁进行解锁，解锁的函数是pthread_rwlock_unlock，声明如下：

```
int pthread_rwlock_unlock(pthread_rwlock_t *rwlock);
```

其中参数rwlock是指向pthread_rwlock_t变量的指针，它是已上锁的读写锁。函数执行成功时返回0，否则返回错误码。要注意的是该函数要与上锁函数成对使用。

4. 读写锁的销毁

当读写锁用完后，最终要销毁，用于销毁读写锁的函数是pthread_rwlock_destroy，声明如下：

```
int pthread_rwlock_destroy(pthread_rwlock_t *rwlock);
```

其中参数rwlock是指向pthread_rwlock_t变量的指针，它是已初始化的读写锁。函数执行成功时返回0，否则返回错误码。

关于读写锁的基本函数介绍完了，下面我们通过例子来加深理解。

【例3.36】 互斥锁和读写锁的速度相比较。

（1）打开UE，新建一个test.cpp文件，在test.cpp中输入代码如下：

```
#include <stdio.h>
#include <unistd.h>
#include <pthread.h>
#include <sys/time.h>
#include <string.h>
#include <cstdlib>

int gcn = 0;
```

```
pthread_mutex_t mutex;
pthread_rwlock_t rwlock;

void *thread_1(void *arg) {
    int j;
    volatile int a;
    for (j = 0; j < 10000000; j++) {
        pthread_mutex_lock(&mutex);            //上锁
        a = gcn;                               //只读全局变量gcn
        pthread_mutex_unlock(&mutex);          //解锁
    }
    pthread_exit((void *)0);
}

void *thread_2(void *arg) {
    int j;
    volatile int b;
    for (j = 0; j < 10000000; j++) {
        pthread_mutex_lock(&mutex);            //上锁
        b = gcn;                               //只读全局变量gcn
        pthread_mutex_unlock(&mutex);          //解锁
    }
    pthread_exit((void *)0);
}

void *thread_3(void *arg) {
    int j;
    volatile int a;
    for (j = 0; j < 10000000; j++) {
        pthread_rwlock_rdlock(&rwlock);        //上锁
        a = gcn;                               //只读全局变量gcn
        pthread_rwlock_unlock(&rwlock);        //解锁
    }
    pthread_exit((void *)0);
}

void *thread_4(void *arg) {
    int j;
    volatile int b;
    for (j = 0; j < 10000000; j++) {
        pthread_rwlock_rdlock(&rwlock);        //上锁
        b = gcn;                               //只读全局变量gcn
        pthread_rwlock_unlock(&rwlock);        //解锁
    }
    pthread_exit((void *)0);
}


int mutextVer(void)
{
    int j,err;
    pthread_t th1, th2;
```

```
    struct  timeval start;
    clock_t t1, t2;
    struct  timeval end;

    pthread_mutex_init(&mutex, NULL);           //初始化互斥锁

    gettimeofday(&start, NULL);

        err = pthread_create(&th1, NULL, thread_1, (void *)0);
        if (err != 0) {
            printf("create new thread error:%s\n", strerror(err));
            exit(0);
        }
        err = pthread_create(&th2, NULL, thread_2, (void *)0);
        if (err != 0) {
            printf("create new thread error:%s\n", strerror(err));
            exit(0);
        }

        err = pthread_join(th1, NULL);
        if (err != 0) {
            printf("wait thread done error:%s\n", strerror(err));
            exit(1);
        }
        err = pthread_join(th2, NULL);
        if (err != 0) {
            printf("wait thread done error:%s\n", strerror(err));
            exit(1);
        }

    gettimeofday(&end, NULL);

    pthread_mutex_destroy(&mutex);           //销毁互斥锁

    long long total_time = (end.tv_sec - start.tv_sec) * 1000000 + (end.tv_usec
- start.tv_usec);

    total_time /= 1000; //get the run time by millisecond
    printf("total mutex time is %lld ms\n", total_time);

    return 0;
}

int rdlockVer(void)
{
    int j, err;
    pthread_t th1, th2;

    struct  timeval start;
    clock_t t1, t2;
    struct  timeval end;

    pthread_rwlock_init(&rwlock, NULL);           //初始化读写锁
```

```
        gettimeofday(&start, NULL);

        err = pthread_create(&th1, NULL, thread_3, (void *)0);
        if (err != 0) {
            printf("create new thread error:%s\n", strerror(err));
            exit(0);
        }
        err = pthread_create(&th2, NULL, thread_4, (void *)0);
        if (err != 0) {
            printf("create new thread error:%s\n", strerror(err));
            exit(0);
        }

        err = pthread_join(th1, NULL);
        if (err != 0) {
            printf("wait thread done error:%s\n", strerror(err));
            exit(1);
        }
        err = pthread_join(th2, NULL);
        if (err != 0) {
            printf("wait thread done error:%s\n", strerror(err));
            exit(1);
        }

    gettimeofday(&end, NULL);

    pthread_rwlock_destroy(&rwlock);          //销毁读写锁

    long long total_time = (end.tv_sec - start.tv_sec) * 1000000 + (end.tv_usec
- start.tv_usec);
    total_time /= 1000; //get the run time by millisecond
    printf("total rwlock time is %lld ms\n", total_time);

    return 0;
}

int main()
{
    mutextVer();
    rdlockVer();

    return 0;
}
```

（2）上传test.cpp到Linux，在终端下输入命令：g++ -o test test.cpp -lpthread，其中pthread 是线程库的名字，然后运行test，运行结果如下：

```
[root@localhost cpp98]# g++ -o test test.cpp -lpthread
[root@localhost cpp98]# ./test
total mutex time is 439 ms
total rwlock time is 836 ms
```

从这个例子中可以看出，即使都是读情况下，读写锁依然比互斥锁速度慢。虽然读写锁速度上可能不如互斥锁，但并发性好，并发性对于用户体验非常重要。对于并发性要求高的地方，应该优先考虑读写锁。

3.6.3　条件变量

1. 条件变量的概念

线程间的同步有这样一种情况：线程A需要等某个条件成立才能继续往下执行，如果这个条件不成立，线程A就阻塞等待，而线程B在执行过程中使这个条件成立了，就唤醒线程A继续执行。在POSIX线程库中，同步机制之一的条件变量（Condition Variable）就是用在这种场合，它可以让一个线程因等待"条件变量的条件"而挂起，另外一个线程在条件成立后向挂起的线程发送条件成立的信号。这两种行为都是通过条件变量相关的函数实现的。

为了防止线程间竞争，使用条件变量时，需要联合互斥锁一起使用。条件变量常用在多线程之间关于共享数据状态变化的通信中，当一个线程的行为依赖于另外一个线程对共享数据状态的改变时，就可以使用条件变量来同步它们。

我们首先来看个经典问题，即生产者消费者（Producer-Consumer）问题。生产者－消费者问题也称作有界缓冲区（Bounded Buffer）问题，两个线程共享一个公共的固定大小的缓冲区，其中一个是生产者，用于将数据放入缓冲区，如此反复；另外一个是消费者，用于从缓冲区中取出数据，如此反复。问题出现在当缓冲区已经满了，而此时生产者还想向其中放入一个新的数据项的情形，其解决方法是让生产者此时进行休眠，等待消费者从缓冲区中取走一个或者多个数据后再去唤醒它。同样地，当缓冲区已经空了，而消费者还想去取数据，此时也可以让消费者进行休眠，等待生产者放入一个或者多个数据时再唤醒它。但是在实现时会有一个死锁情况存在。为了跟踪缓冲区中的消息数目，需要一个全局变量count。如果缓冲区最多存放N个数据，则生产者的代码会首先检查count是否达到N，如果是，则生产者休眠；否则，生产者向缓冲区中放入一个数据，并增加count的值。消费者的代码也与此类似，首先检测count是否为0，如果是，则休眠；否则，从缓冲区中取出消息并递减count的值。同时，每个线程也需要检查是否需要唤醒另一个线程。伪代码可能如下：

```
pthread_mutex_t mutex;    //定义一个互斥锁，用于让生产线程和消费线程对缓冲区进行互斥访问
#define N 100                          //缓冲区大小
int count = 0;                         //跟踪缓冲区的记录数

/* 生产者线程 */
void procedure(void)
{
    int item;                          //缓冲区中的数据项

    while(true)                        //无限循环
    {
        item = produce_item();         //产生下一个数据项
        if (count == N)                //如果缓冲区满了，进行休眠
        {
            sleep();
        }
        pthread_mutex_lock(&mutex);    //上锁
```

```
            insert_item(item);              //将新数据项放入缓冲区
            count = count + 1;              //计数器加 1
            pthread_mutex_unlock(&mutex);   //解锁

            if (count == 1)                 //表明插入之前为空
            {                               //消费者等待
                 wakeup(consumer);          //唤醒消费者
            }
      }
}

/* 消费者线程 */
void consumer(void)
{
    int item;                              //缓冲区中的数据项

    while(true)                            //无限循环
    {
        if (count == 0)                    //如果缓冲区为空, 进入休眠
        {
            sleep();
        }
        pthread_mutex_lock(&mutex);        //上锁
        item = remove_item();              //从缓冲区中取出一个数据项
        count = count - 1;                 //计数器减 1
        pthread_mutex_unlock(&mutex);      //解锁
        if (count == N -1)                 //缓冲区有空槽
        {                                  //唤醒生产者
             wakeup(producer);
        }
    }
}
```

    当缓冲区为空时，消费线程刚刚读取count的值为0，准备开始休眠了，而此时调度程序决定暂停消费线程并启动执行生产线程。生产者向缓冲区中加入一个数据项，count加1。现在count的值变成了1。它推断刚才count为0，所以此时消费者一定在休眠，于是生产者开始调用wakeup(consumer)来唤醒消费者。但是，此时消费者在实际上并没有休眠，所以wakeup信号就丢失了。当消费者下次运行时，它将进入休眠（因为它已经判断过count是0了），于是开始休眠。而生产者下次运行的时候，count会继续递增，并且不会唤醒消费者了（生产者认为消费者醒着），所以迟早会填满缓冲区，然后生产者也休眠，这样两个线程就都永远地休眠下去了。产生这个问题的关键是消费者从解锁到休眠这段代码有可能被打断，而条件变量的重要功能是把释放互斥锁到休眠当作了一个原子操作，不容打断。

    POSIX库中用类型pthread_cond_t来定义一个条件变量，比如定义一个条件变量：

```
#include <pthread.h>
pthread_cond_t cond;
```

2. 条件变量的初始化

条件变量有2种初始化方式，常量初始化和函数初始化。常量初始化通过宏PTHREAD_RWLOCK_INITIALIZER来给一个读写锁变量赋值，代码如下：

```
pthread_cond_t cond = PTHREAD_COND_INITIALIER;
```

这种方式属于静态初始化方式，不能对一个读写锁指针进行初始化，比如下面的代码是错误的：

```
pthread_cond_t *pcond = (pthread_cond_t *)malloc(sizeof(pthread_cond_t));
pcond = PTHREAD_COND_INITIALIER;  //这样是错误的
```

函数初始化方式属于动态初始化方式，它通过函数pthread_cond_init进行，该函数声明如下：

```
int pthread_cond_init(pthread_cond_t *cond,pthread_condattr_t *cond_attr);
```

其中参数cond是指向pthread_cond_t变量的指针；attr是指向pthread_condattr_t变量的指针，表示条件变量的属性，如果赋值NULL，则使用默认的条件变量属性，该参数通常使用NULL。如果函数执行成功则返回0，否则返回错误码。

静态初始化的条件变量是不需要销毁的，而动态初始化的条件变量是需要销毁的，销毁函数我们会在后面讲到。

比如我们对如下条件变量进行了初始化：

```
pthread_cond_t *pcond = (pthread_cond_t *)malloc(sizeof(pthread_cond_t));
pthread_cond_init(pcond,NULL);
```

或者：

```
pthread_cond_t  cond;
pthread_cond_init(&cond,NULL);
```

下面的代码演示了一个条件变量的静态初始化过程：

```
#include <pthread.h>
#include "errors.h"

typedef struct my_struct_tag {
    pthread_mutex_t    mutex;    /* 对变量访问进行保护 */
    pthread_cond_t     cond;     /* 变量值发生改变会发生信号*/
    int                value;    /* 被互斥锁保护的变量 */
} my_struct_t;

my_struct_t data = {
    PTHREAD_MUTEX_INITIALIZER, PTHREAD_COND_INITIALIZER, 0};

int main (int argc, char *argv[])
{
    return 0;
}
```

上面代码初始化的效果和用函数pthread_mutex_init与pthread_cond_init（属性都使用默认）进行初始化的效果是一样的。

3. 等待条件变量

函数pthread_cond_wait和pthread_cond_timedwait用于等待条件变量，并且将线程阻塞在一个条件变量上。函数pthread_cond_wait声明如下：

```
int pthread_cond_wait(pthread_cond_t *restrict cond,pthread_mutex_t *restrict
mutex);
```

其中参数cond指向pthread_cond_t类型变量的指针，表示一个已经初始化的条件变量；参数mutex指向一个互斥锁变量的指针，用于同步线程对共享资源的访问。如果函数执行成功则返回0，出错则返回错误编号。

再次强调，为了防止因多个线程同时请求函数pthread_cond_wait而形成的竞争条件，条件变量必须和一个互斥锁联合使用。如果条件不满足，调用pthread_cond_wait会发生下列原子操作：线程将互斥锁解锁、线程被条件变量cond阻塞。这是一个原子操作，不会被打断。被阻塞的线程可以在以后某个时间通过其他线程执行函数pthread_cond_signal或pthread_cond_broadcast来唤醒。线程被唤醒后，如果条件还不满足，该线程将继续阻塞在这里，等待被下一次唤醒。这个过程可以用while循环语句来实现，代码如下：

```
Lock (mutex)

while (condition is false) {
        Cond_wait(cond, mutex, timeout)
}

DoSomething()

Unlock (mutex)
```

使用while循环还有一个原因，阻塞在条件变量上的线程被唤醒有可能不是因为条件满足，而是由于虚假唤醒（Spurious Wakeups）。虚假唤醒在POSIX标准里默认是允许的，所以wait返回只是代表共享数据有可能被改变，因此必须要重新判断。

在多核处理器下，pthread_cond_signal可能会激活多于一个线程（阻塞在条件变量上的线程）。结果是，当一个线程调用pthread_cond_signal()后，多个调用pthread_cond_wait()或pthread_cond_timedwait()的线程返回。

当函数等到条件变量时，将对互斥锁上锁并唤醒本线程，这也是一个原子操作。由于pthread_cond_wait需要释放锁，因此当调用 pthread_cond_wait的时候，互斥锁必须已经被调用线程锁定。由于收到信号时要对互斥锁上锁，因此等到信号时，除了信号来到外，互斥锁也应该已经解锁了，只有两个条件都满足了，该函数才会返回。

函数pthread_cond_timedwait是计时等待条件变量，声明如下：

```
int pthread_cond_timedwait(pthread_cond_t *restrict cond,
    pthread_mutex_t *restrict mutex,const struct timespec *restrict abstime);
```

其中参数cond指向pthread_cond_t类型变量的指针，表示一个已经初始化的条件变量；参数mutex指向一个互斥锁变量的指针，用于同步线程对共享资源的访问；参数abstime指向结构体timespec变量，表示等待的时间，如果等于或超过这个时间，则返回ETIME。结构体timespec定义如下：

```
typedef struct timespec{
     time_t tv_sec;          //秒
     long tv_nsex;           //纳秒
}timespec_t;
```

这里的秒和纳秒数是自1970年1月1号00:00:00开始计时，到现在所经历的时间。如果函数执行成功则返回0，出错则返回错误编号。

4. 唤醒等待条件变量的线程

pthread_cond_signal用于唤醒一个等待条件变量的线程，该函数声明如下：

```
int pthread_cond_signal(pthread_cond_t *cond);
```

其中参数cond指向pthread_cond_t类型变量的指针，表示一个已经阻塞线程的条件变量，如果函数执行成功则返回0，出错则返回错误编号。

pthread_cond_signal只唤醒一个等待该条件变量的线程，另一个函数pthread_cond_broadcast将唤醒所有等待该条件变量的线程，该函数声明如下：

```
int pthread_cond_broadcast(pthread_cond_t *cond);
```

其中参数cond指向pthread_cond_t类型变量的指针，表示一个已经阻塞线程的条件变量，如果函数执行成功则返回0，出错则返回错误编号。

5. 条件变量的销毁

当不再使用条件变量的时候，应该把它销毁，用于销毁条件变量的函数是pthread_cond_destroy，声明如下：

```
int pthread_cond_destroy(pthread_cond_t *cond);
```

其中参数cond指向pthread_cond_t类型变量的指针，表示一个不再使用的条件变量，如果函数执行成功则返回0，出错则返回错误编号。

关于条件变量的基本函数介绍完了，下面我们通过例子来加深理解。

【例3.37】　找出1到20中能整除3的整数。

（1）打开UE，新建一个test.cpp文件，在test.cpp中输入代码如下：

```
#include <pthread.h>
#include <stdio.h>
#include <stdlib.h>
#include <unistd.h>

pthread_mutex_t mutex = PTHREAD_MUTEX_INITIALIZER;/*初始化互斥锁*/
pthread_cond_t cond = PTHREAD_COND_INITIALIZER;/*初始化条件变量*/

void *thread1(void *);
void *thread2(void *);

int i = 1;
int main(void)
{
```

```
    pthread_t t_a;
    pthread_t t_b;

    pthread_create(&t_a, NULL, thread2, (void *)NULL);  //创建线程t_a
    pthread_create(&t_b, NULL, thread1, (void *)NULL);  //创建线程t_b
    pthread_join(t_b, NULL);/*等待进程t_b结束*/
    pthread_mutex_destroy(&mutex);
    pthread_cond_destroy(&cond);
    exit(0);
}

void *thread1(void *junk)
{
    for (i = 1; i <= 20; i++)
    {
        pthread_mutex_lock(&mutex);         //锁住互斥锁
        if (i % 3 == 0)
            pthread_cond_signal(&cond);     //唤醒等待条件变量cond的线程
        else
            printf("thead1:%d\n", i);       //打印不能整除3的i
        pthread_mutex_unlock(&mutex);       //解锁互斥锁

        sleep(1);
    }

}

void *thread2(void *junk)
{
    while (i < 20)
    {
        pthread_mutex_lock(&mutex);

        if (i % 3 != 0)
            pthread_cond_wait(&cond, &mutex);          //等待条件变量
        printf("------------thread2:%d\n", i);         //打印能整除3的i
        pthread_mutex_unlock(&mutex);

        sleep(1);
        i++;
    }

}
```

（2）上传test.cpp到Linux，在终端下输入命令：g++ -o test test.cpp -lpthread，其中pthread是线程库的名字，然后运行test，运行结果如下：

```
[root@localhost cpp98]# g++ -o test test.cpp -lpthread
[root@localhost cpp98]# ./test
thead1:1
thead1:2
```

```
------------thread2:3
thead1:5
------------thread2:6
thead1:8
------------thread2:9
thead1:10
------------thread2:12
thead1:13
------------thread2:15
thead1:16
------------thread2:18
thead1:19
```

在此例中，线程1在累加i过程中，如果发现i能整除3，就唤醒等待条件变量cond的线程；线程2在循环中，如果i不能整除3，则阻塞线程，等待条件变量。要注意的是，由于pthread_cond_wait需要释放锁，因此当调用pthread_cond_wait的时候，互斥锁必须已经被调用线程锁定，所以线程2中pthread_cond_wait函数前会先加锁pthread_mutex_lock(&mutex);。此外，pthread_cond_wait收到条件变量信号时，要对互斥锁加锁，因此在线程1中pthread_cond_signal的后面要解锁后，才会让线程2中的pthread_cond_wait返回，并执行它后面的语句。并且pthread_cond_wait可以对互斥锁上锁，当用完i的时候，还要对互斥锁解锁，这样可以让线程1继续进行。当线程1打印了一个非整除3的i后，就休眠了，此时将切换到线程2的执行，线程发现i不能整除3，就阻塞。

3.7 C++11/14 中的线程同步

在C++11/14中，经常通过互斥锁来进行线程同步。同POSIX线程库一样，C++11也提供了互斥锁来同步线程对共享资源的访问，而且是语言级别上的支持。互斥锁是线程同步的一种机制，用来保护多线程的共享资源。同一时刻，只允许一个线程对临界区进行访问。互斥锁的工作流程：初始化一个互斥锁，在进入临界区之前把互斥锁加锁（防止其他线程进入临界区），退出临界区时把互斥锁解锁（让别的线程有机会进入临界区），最后不用互斥锁的时候就销毁它。

C++11中与互斥锁相关的类（包括锁类型）和函数都声明在头文件 <mutex>中，所以如果需要使用互斥锁相关的类，就必须包含头文件<mutex>。C++11中的互斥锁有4种，并对应着4种不同的类：

（1）基本互斥锁，对应的类为std::mutex。
（2）递归互斥锁，对应的类为std::recursive_mutex。
（3）定时互斥锁，对应的类为std::time_mutex。
（4）定时递归互斥锁，对应的类为std::time_mutex。

既然是互斥锁，则必然有上锁和解锁操作，这些类里面都有上锁的成员函数lock、try_lock以及解锁的成员函数unlock。

3.7.1 基本互斥锁 std::mutex

类std::mutex是最基本的互斥锁，用来同步线程对临界资源的互斥访问。它的成员函数如表3-3所示。

表 3-3 类 std::mutex 的成员函数

成员函数	说　　明
mutex	构造函数
lock	互斥锁上锁
try_lock	如果互斥锁没有上锁，则上锁
native_handle	得到本地互斥锁句柄

函数lock用来对一个互斥锁上锁，如果互斥锁当前没有被上锁，则当前线程（即调用线程，调用该函数的线程）可以成功对互斥锁上锁，即当前线程拥有互斥锁，直到当前线程调用解锁函数unlock。如果互斥锁已经被其他线程上锁了，则当前线程挂起，直到互斥锁被其他线程解锁。如果互斥锁已经被当前线程上锁了，则再次调用该函数时将死锁，若需要递归上锁，可以调用成员函数recursive_mutex。该函数声明如下：

```
void lock();
```

函数unlock用来对一个互斥锁解锁，释放调用线程对其拥有的所有权。如果有其他线程因为要对互斥锁上锁而阻塞，则互斥锁被调用线程解锁后，阻塞的其他线程就可以继续往下执行，即能对互斥锁上锁。如果互斥锁当前没有被调用线程上锁，则调用线程调用unlock后将产生不可预知的结果。函数unlock声明如下：

```
void unlock();
```

lock和unlock都要被调用线程配对使用。

【例3.38】 多线程统计计数器到10万。

（1）打开UE，新建一个test.cpp文件，在test.cpp中输入代码如下：

```
#include <iostream>              //std::cout
#include <thread>               //std::thread
#include <mutex>                //std::mutex

volatile int counter(0);         //定义一个全局变量，当作计数器用于累加
std::mutex mtx;                  //用于保护计数器的互斥锁

void thrfunc()
{
    for (int i = 0; i < 10000; ++i)
    {
        mtx.lock();              //互斥锁上锁
        ++counter;               //计数器累加
        mtx.unlock();            //互斥锁解锁
    }
```

```
}

int main(int argc, const char* argv[])
{
    std::thread threads[10];

    for (int i = 0; i < 10; ++i)
        threads[i] = std::thread(thrfunc);    //启动10个线程

    for (auto& th : threads) th.join();       //等待10个线程结束
    std::cout <<"count to "<< counter << " successfully \n";

    return 0;
}
```

（2）上传test.cpp到Linux，在终端下输入命令：g++ -o test test.cpp -lpthread -std=c++11，其中pthread是线程库的名字，然后运行test，运行结果如下：

```
[root@localhost test]# g++ -o test test.cpp -lpthread -std=c++11
[root@localhost test]# ./test
count to 100000 successfully
```

3.7.2 定时互斥锁 std::time_mutex

类std:: time_mutex是定时互斥锁，和基本互斥锁类似，用来同步线程对临界资源的互斥访问，区别是多了个定时功能。它的成员函数如表3-4所示。

表 3-4 类 std:: time_mutex 的成员函数

成员函数	说　　明
mutex	构造函数
lock	互斥锁上锁
try_lock	如果互斥锁没有上锁，则努力上锁，但不阻塞
try_lock_for	如果互斥锁没有上锁，则努力一段时间上锁，这段时间内阻塞，过了这段时间就退出
try_lock_until	努力上锁，直到某个时间点，时间点到达之前将一直阻塞
native_handle	得到本地互斥锁句柄

函数try_lock尝试锁住互斥锁，如果互斥锁被其他线程占有，则当前线程也不会被阻塞，线程调用该函数会出现下面3种情况：

（1）如果当前互斥锁没有被其他线程占有，则该线程锁住互斥锁，直到该线程调用unlock释放互斥锁。

（2）如果当前互斥锁被其他线程锁住，则当前调用线程返回false，而并不会被阻塞掉。

（3）如果当前互斥锁被当前调用线程锁住，则会产生死锁。该函数声明如下：

```
bool try_lock(); //注意有个下划线
```

如果函数成功上锁则返回true，否则返回false。该函数不会阻塞，不能上锁时将立即返回false。

【例3.39】 用非阻塞上锁版本改写例3.38。

（1）打开UE，新建一个test.cpp文件，在test.cpp中输入代码如下：

```cpp
#include <iostream>               //std::cout
#include <thread>                 //std::thread
#include <mutex>                  //std::mutex

volatile int counter(0);          //定义一个全局变量，当作计数器用于累加
std::mutex mtx;                   //用于保护计数器的互斥锁

void thrfunc()
{
    for (int i = 0; i < 10000; ++i)
    {
        if (mtx.try_lock())       //互斥锁上锁
        {
            ++counter;            //计数器累加
            mtx.unlock();         //互斥锁解锁
        }
        else std::cout << "try_lock false\n"  ;
    }
}

int main(int argc, const char* argv[])
{
    std::thread threads[10];

    for (int i = 0; i < 10; ++i)
        threads[i] = std::thread(thrfunc);       //启动10个线程

    for (auto& th : threads) th.join();          //等待10个线程结束
    std::cout << "count to " << counter << " successfully \n";

    return 0;
}
```

（2）上传test.cpp到Linux，在终端下输入命令：g++ -o test test.cpp -lpthread -std=c++11，其中pthread是线程库的名字，然后运行test，运行结果如下：

```
[root@localhost test]# g++ -o test test.cpp -lpthread -std=c++11
[root@localhost test]# ./test
count to 100000 successfully
```

从例3.38和例3.39可以看出，当临界区的代码很短时，比如只有counter++时，lock和try_lock效果一样。

3.8　线　程　池

3.8.1　线程池的定义

这里的池是形象的说法。线程池就是有一堆已经创建好了的线程，初始它们都处于空闲等待状态，当有新的任务需要处理的时候，就从这堆线程中（这堆线程比喻为线程池）里面取一个空闲等待的线程来处理该任务，当任务处理完毕后就再次把该线程放回池中（一般就是将线程状态置为空闲），以供后面的任务继续使用。当池子里的线程全都处于忙碌状态时，线程池中没有可用的空闲等待线程，此时，根据需要选择创建一个新的线程并置入池中，或者通知任务当前线程池里所有线程都在忙，需等待片刻再试。这个过程如图3-2所示。

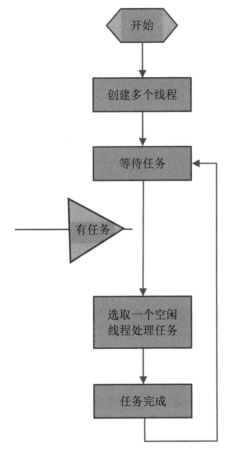

图 3-2

3.8.2　使用线程池的原因

线程的创建和销毁相对于进程的创建和销毁来说是轻量级的（即开销没有进程那么大），但是当我们的任务需要进行大量线程的创建和销毁操作时，这些开销合在一起就比较大了。比如，当设计一个压力性能测试框架时，需要连续产生大量的并发操作。线程池在这种场合是非常适用的。线程池的好处就在于线程复用，某个线程在处理完一个任务后，可以继续处理下一个任务，而不用销毁后再创建，这样可以避免无谓的开销，因此线程池尤其适用于连续产生大量并发任务的场合。

3.8.3 基于 POSIX 实现线程池

在了解了线程池的基本概念后，下面我们用传统C++方式（也就是基于POSIX）来实现一个基本的线程池，该线程池虽然简单，但能体现线程池的基本工作原理。线程池的实现千变万化，有时候要根据实际应用场合来定制，但原理都是一样的。现在我们从简单的、基本的线程池开始实践，为以后工作中设计复杂高效的线程池做准备。

【例3.40】 C++实现一个简单的线程池。

（1）打开UE并输入代码如下：

```cpp
#ifndef  __THREAD_POOL_H
#define  __THREAD_POOL_H


#include <vector>
#include <string>
#include <pthread.h>

using namespace std;

/*执行任务的类：设置任务数据并执行*/
class CTask {
protected:
    string m_strTaskName;               //任务的名称
    void* m_ptrData;                    //要执行的任务的具体数据

public:
    CTask() = default;
    CTask(string &taskName)
      : m_strTaskName(taskName)
      , m_ptrData(NULL) {}
    virtual int Run() = 0;
    void setData(void* data);           //设置任务数据

    virtual ~CTask() {}

};

/*线程池管理类*/
class CThreadPool {
private:
    static vector<CTask*> m_vecTaskList;        //任务列表
    static bool shutdown;                       //线程退出标志
    int m_iThreadNum;                           //线程池中启动的线程数
    pthread_t *pthread_id;
```

```
    static pthread_mutex_t m_pthreadMutex;          //线程同步锁
    static pthread_cond_t m_pthreadCond;            //线程同步条件变量

protected:
    static void* ThreadFunc(void *threadData);      //新线程的线程回调函数
    static int MoveToIdle(pthread_t tid);    //线程执行结束后，把自己放入空闲线程中
    static int MoveToBusy(pthread_t tid);           //移入到忙碌线程中去
    int Create();                                   //创建线程池中的线程

public:
    CThreadPool(int threadNum);
    int AddTask(CTask *task);                       //把任务添加到任务队列中
    int StopAll();                                  //使线程池中的所有线程退出
    int getTaskSize();                              //获取当前任务队列中的任务数
};


#endif
```

（2）保存代码为头文件thread_pool.h，再新建一个thread_pool.cpp文件，并输入代码如下：

```
#include "thread_pool.h"
#include <cstdio>

void CTask::setData(void* data) {
    m_ptrData = data;
}

//静态成员初始化
vector<CTask*> CThreadPool::m_vecTaskList;
bool CThreadPool::shutdown = false;
pthread_mutex_t CThreadPool::m_pthreadMutex = PTHREAD_MUTEX_INITIALIZER;
pthread_cond_t CThreadPool::m_pthreadCond = PTHREAD_COND_INITIALIZER;

//线程管理类构造函数
CThreadPool::CThreadPool(int threadNum) {
    this->m_iThreadNum = threadNum;
    printf("I will create %d threads.\n", threadNum);
    Create();
}

//线程回调函数
void* CThreadPool::ThreadFunc(void* threadData) {
    pthread_t tid = pthread_self();
    while (1)
    {
        pthread_mutex_lock(&m_pthreadMutex);
        //如果队列为空，等待新任务进入任务队列
        while (m_vecTaskList.size() == 0 && !shutdown)
            pthread_cond_wait(&m_pthreadCond, &m_pthreadMutex);

        //关闭线程
        if (shutdown)
        {
```

```
            pthread_mutex_unlock(&m_pthreadMutex);
            printf("[tid: %lu]\texit\n", pthread_self());
            pthread_exit(NULL);
        }

        printf("[tid: %lu]\trun: ", tid);
        vector<CTask*>::iterator iter = m_vecTaskList.begin();
        //取出一个任务并处理之
        CTask* task = *iter;
        if (iter != m_vecTaskList.end())
        {
            task = *iter;
            m_vecTaskList.erase(iter);
        }

        pthread_mutex_unlock(&m_pthreadMutex);

        task->Run();      //执行任务
        printf("[tid: %lu]\tidle\n", tid);

    }

    return (void*)0;
}

//往任务队列里添加任务并发出线程同步信号
int CThreadPool::AddTask(CTask *task) {
    pthread_mutex_lock(&m_pthreadMutex);
    m_vecTaskList.push_back(task);
    pthread_mutex_unlock(&m_pthreadMutex);
    pthread_cond_signal(&m_pthreadCond);

    return 0;
}

//创建线程
int CThreadPool::Create() {
    pthread_id = new pthread_t[m_iThreadNum];
    for (int i = 0; i < m_iThreadNum; i++)
        pthread_create(&pthread_id[i], NULL, ThreadFunc, NULL);

    return 0;
}

//停止所有线程
int CThreadPool::StopAll() {
    //避免重复调用
    if (shutdown)
        return -1;
    printf("Now I will end all threads!\n\n");

    //唤醒所有等待进程，线程池也要销毁了
    shutdown = true;
```

```
        pthread_cond_broadcast(&m_pthreadCond);

        //清除僵尸线程
        for (int i = 0; i < m_iThreadNum; i++)
            pthread_join(pthread_id[i], NULL);

        delete[] pthread_id;
        pthread_id = NULL;

        //销毁互斥锁和条件变量
        pthread_mutex_destroy(&m_pthreadMutex);
        pthread_cond_destroy(&m_pthreadCond);

        return 0;
    }

    //获取当前队列中的任务数
    int CThreadPool::getTaskSize() {
        return m_vecTaskList.size();
    }
```

（3）再新建一个main.cpp，输入代码如下：

```
#include "thread_pool.h"
#include <cstdio>
#include <stdlib.h>
#include <unistd.h>

class CMyTask : public CTask {
public:
    CMyTask() = default;
    int Run() {
        printf("%s\n", (char*)m_ptrData);
        int x = rand() % 4 + 1;
        sleep(x);
        return 0;
    }
    ~CMyTask() {}
};

int main() {
    CMyTask taskObj;
    char szTmp[] = "hello!";
    taskObj.setData((void*)szTmp);
    CThreadPool threadpool(5);          //线程池大小为5

    for (int i = 0; i < 10; i++)
        threadpool.AddTask(&taskObj);

    while (1) {
        printf("There are still %d tasks need to handle\n",
threadpool.getTaskSize());
        //任务队列已没有任务了
        if (threadpool.getTaskSize() == 0) {
            //清除线程池
```

```
                if (threadpool.StopAll() == -1) {
                    printf("Thread pool clear, exit.\n");
                    exit(0);
                }
            }
        sleep(2);
        printf("2 seconds later...\n");
    }
    return 0;
}
```

（4）把这3个文件上传到Linux，在命令行下编译运行：

```
[root@localhost test]# g++ thread_pool.cpp test.cpp -o test -lpthread
[root@localhost test]# ./test
I will create 5 threads.
There are still 10 tasks need to handle
[tid: 139992529053440]  run: hello!
[tid: 139992520660736]  run: hello!
[tid: 139992512268032]  run: hello!
[tid: 139992503875328]  run: hello!
[tid: 139992495482624]  run: hello!
2 seconds later...
There are still 5 tasks need to handle
[tid: 139992512268032]  idle
[tid: 139992512268032]  run: hello!
[tid: 139992495482624]  idle
[tid: 139992495482624]  run: hello!
[tid: 139992520660736]  idle
[tid: 139992520660736]  run: hello!
[tid: 139992529053440]  idle
[tid: 139992529053440]  run: hello!
[tid: 139992503875328]  idle
[tid: 139992503875328]  run: hello!
2 seconds later...
There are still 0 tasks need to handle
Now I will end all threads!

[tid: 139992520660736]  idle
[tid: 139992520660736]  exit
[tid: 139992495482624]  idle
[tid: 139992495482624]  exit
[tid: 139992512268032]  idle
[tid: 139992512268032]  exit
[tid: 139992529053440]  idle
[tid: 139992529053440]  exit
[tid: 139992503875328]  idle
[tid: 139992503875328]  exit
2 seconds later...
There are still 0 tasks need to handle
Thread pool clear, exit.
```

至此，基于POSIX实现的线程池成功了。

3.8.4　基于 C++11 实现线程池

由于C++11在网络编程中应用广泛，基于C++11的线程池也是一个必须要学习的主题，我们后面的开发FTP服务器就是采用C++11线程池。线程池其实就是管理任务和多个线程的一套机制，一个简单明了的线程池对外只需要提供初始化线程池和向线程池分配任务这2个接口，初始化线程池接口在程序启动时调用，而分配任务的接口则在程序中有特定任务产生时调用，将该特定任务分配到线程池中去执行。

【例3.41】　C++11实现线程池。

（1）实现线程类。在Windows下用编辑器新建一个文本文件，并输入代码如下：

```
#pragma once

#include <list>
#include <mutex>
class XTask;
struct event_base;
class XThread
{
public:
    void Start();              //启动线程
    void Main();               //线程入口函数
    void Activate(int arg);    //线程激活
    void AddTack(XTask *);     //添加任务，一个线程可以同时处理多个任务，共用一个
event_base
    XThread();                 //构造函数
    ~XThread();                //析构函数
    int id = 0;                //线程编号

private:
    event_base *base = 0;           //为了方便管理所有线程，根据需要实现
    std::list<XTask*> tasks;        //任务链表
    std::mutex tasks_mutex;         //在任务链表中添加和删除任务时需要用信号进行互斥
};
```

我们定义了一个类XThread，这个类表示一个线程，里面包含成员函数实现了启动线程、线程入口函数、线程激活、添加任务等功能。保存该文件为**XThread.h**。然后再新建一个文本文件来实现该类，代码如下：

```
//...头文件部分，为了节省篇幅，这里就不列出，详见源码

//启动线程，但不一定执行任务，因为可能现在还没有任务
void XThread::Start() {
    testout(id << " thread At Start()");
    thread th(&XThread::Main, this);    //线程一旦被创建就开始执行了
    th.detach();                        //将本线程从调用线程中分离出来，同意本线程独立运行
}

//线程启动时做的事情
void XThread::Main() {
```

```
    cout << id << " thread::Main() begin" << endl;
    //线程启动时做的事情
    //...
    cout << id << " thread::Main() end" << endl;
}

//激活线程，通常是有任务了就要激活线程
void XThread::Activate(int arg) {
    testout(id << " thread At Activate()");
    //从任务列表中获取任务，并初始化
    XTask *t = NULL;
    tasks_mutex.lock();            //上锁
    if (tasks.empty()) {            //如果任务列表为空，则返回
        tasks_mutex.unlock();
        return;
    }
    t = tasks.front();
    tasks.pop_front();            //弹出任务
    tasks_mutex.unlock();            //解锁
    t->Init(arg);
}
//添加任务
void XThread::AddTack(XTask *t) {
    if (!t) return;
    t->base = this->base;
    tasks_mutex.lock();            //添加任务也要上锁
    tasks.push_back(t);            //添加任务
    tasks_mutex.unlock();            //解锁
}
XThread::XThread() {            //构造函数
}
XThread::~XThread() {            //析构函数
}
```

保存该文件为XThread.cpp，在这个文件中，我们实现了类XThread的成员函数。

（2）实现线程池类。实现了线程类后，就可以开始实现线程池类了，在Windows下用编辑器新建一个文本文件，并输入代码如下：

```
#pragma once
#include <vector>

class XThread;
class XTask;
class XThreadPool
{
public:
    //单例模式
    static XThreadPool *Get() {
        static XThreadPool p;
        return &p;
    }
    void Init(int threadCount);            //初始化所有线程
```

```
//分发任务给线程
void Dispatch(XTask*,int arg);   //arg是任务所带的参数，可以自己重新实现，弄成更
加复杂的形式
private:
    int threadCount;                        //统计线程数量
    int lastThread = -1;
    std::vector<XThread *> threads;         //所有线程的向量
    XThreadPool() {};
};
```

线程池类主要提供2个函数接口，一个是初始化所有线程，另外一个是分发任务给线程。保存该文件为XThreadPool.h。然后再新建一个文本文件来实现类XThreadPool，输入代码如下：

```
//为了节省篇幅，头文件不列出

//分配任务到线程池
void XThreadPool::Dispatch(XTask *task,int arg) {
    testout("main thread At XThreadPoll::dispathch()");

    if (!task) return;
    int tid = (lastThread + 1) % threadCount;   //这里简单地累加得到新的线程ID
    lastThread = tid;
    XThread *t = threads[tid];                   //得到最新线程的指针

    t->AddTack(task);                            //添加任务
    t->Activate(arg);                            //激活线程
}

//初始化线程池
void XThreadPool::Init(int threadCount) {
    testout("main thread At XThreadPoll::Init()");
    this->threadCount = threadCount;
    this->lastThread = -1;
    for (int i = 0; i < threadCount; i++) {
        cout << "Create thread" << i << endl;
        XThread *t = new XThread();//实例化线程类，这里构造函数XThread并不做事情
        t->id = i;
        t->Start();                    //启动线程
        threads.push_back(t);          //添加到线程向量中
        this_thread::sleep_for(chrono::milliseconds(10));
    }
}
```

保存文件为XThreadPool.cpp，该文件实现了线程池类的成员函数。

（3）实现任务类。线程池准备好后，下面准备任务类，有任务才能让线程池里的线程工作。新建文本文件，输入代码如下：

```
#pragma once
class XTask
{
public:
    //一客户端一个base
```

```
struct event_base *base = 0;
int thread_id = 0;                    //线程池ID
//初始化任务
virtual bool Init(int arg) = 0;        //具体如何初始化，就要根据具体的任务而重载
};
```

保存文件为XTask.h。这是个描述任务的基类，比较简单，虚函数Init是需要子类来实现的，也就是说，具体做什么任务，需要子类来实现。下面实现任务子类，新建文本文件，输入代码如下：

```
#include "mytask.h"
bool CMyTask::Init(int arg)    //这里模拟一个任务，就是两个循环，最后打印
{
    long long i=0,c=0;
    while(c<10000000)
    {
        while(i<1000000000)
            i++;
        c++;
    }
    printf("%d---------%d--------\n",arg,c);
}
```

这里设计的任务比较简单，就是两个循环累加，以此来模拟一段耗时的工作，循环结束后再把任务传进来的参数arg打印出来。限于篇幅，头文件mytask.h这里不再列出，该头文件中定义了CMyTask。至此，代码基本实现完毕，下面就要开始编译运行了。

（4）准备编译。因为存在多个cpp文件，用命令比较麻烦，所以这里用了一个makefile文件，只需在命令行下执行make命令，就能生成可执行文件了。限于篇幅，makefile内容不再列出，可以直接参考源码工程。我们把所有cpp文件、头文件和makefile文件上传到Linux中的某个目录下，然后在该目录下执行make命令，就可以生成可执行文件threadPool，然后再执行./threadPool，得到运行结果如下：

```
Create thread0
0 thread::Main() begin
0 thread::Main() end
Create thread1
1 thread::Main() begin
1 thread::Main() end
Create thread2
2 thread::Main() begin
2 thread::Main() end
Create thread3
3 thread::Main() begin
3 thread::Main() end
Create thread4
4 thread::Main() begin
4 thread::Main() end
Create thread5
5 thread::Main() begin
5 thread::Main() end
```

```
Create thread6
6 thread::Main() begin
6 thread::Main() end
Create thread7
7 thread::Main() begin
7 thread::Main() end
Create thread8
8 thread::Main() begin
8 thread::Main() end
Create thread9
9 thread::Main() begin
9 thread::Main() end
0---------10000000--------
1---------10000000--------
2---------10000000--------
3---------10000000--------
4---------10000000--------
5---------10000000--------
6---------10000000--------
7---------10000000--------
8---------10000000--------
9---------10000000--------
```

可以看出，一开始生成了 10 个线程，这 10 个线程组成了线程池，然后单独执行各自的耗时任务，最终全部完成。这个例子比较简单，后面我们会把线程池和 FTP 服务器开发结合起来。

第 4 章

TCP 服务器编程

Linux网络编程常见的应用主要基于套接字（socket，也称套接口）API，套接字API是Linux提供的一组网络编程接口。通过它，开发人员既可以在传输层之上进行网络编程，也可以跨越传输层直接对网络层进行开发。套接字API已经是开发Linux网络应用程序的必须要掌握的内容。套接字编程可以分为TCP套接字编程、UDP套接字编程和原始套接字编程，将在后面章节分别进行介绍。

4.1　套接字的基本概念

套接字是TCP/IP网络编程中的基本操作单元，可以看作是不同主机的进程之间相互通信的端点。套接字是应用层与TCP/IP协议族通信的中间软件抽象层，是一组接口，它把复杂的TCP/IP协议族隐藏在套接字接口后面。某个主机上的某个进程通过该进程中定义的套接字可以与其他主机上同样定义了套接字的进程建立通信，传输数据。

socket起源于UNIX，在UNIX一切皆文件的思想下，socket是一种"打开—读/写—关闭"模式的实现，服务器和客户端各自维护一个"文件"，在建立连接后，可以向自己文件写入内容供对方读取或者读取对方内容，通信结束时关闭文件。当然这只是一个大体路线，实际编程还有不少细节需要考虑。

无论在Windows平台还是Linux平台，都对套接字实现了自己的一套编程接口。Windows下的socket实现叫Windows socket。Linux下的实现有两套：一套是伯克利套接字（Berkeley sockets），起源于Berkeley UNIX，接口简单，应用广泛，已经成为Linux网络编程事实上的标准；另一套实现是传输层接口（Transport Layer Interface，TLI），它是System V系统上的网络编程API，所以这套编程接口更多的是在UNIX上使用。

简单介绍下SystemV和BSD（Berkeley Software Distribution），SystemV的鼻祖正是1969年AT&T开发的UNIX，随着1993年Novell收购AT&T后开放了UNIX的商标，SystemV的风格也逐渐成为UNIX厂商的标准。BSD的鼻祖是加州大学伯克利分校在1975年开发的BSDUNIX，后来被开源组织发展为现在的*BSD操作系统。这里需要说明的是，Linux不能称为"标准的UNIX"

而只被称为"UNIX Like"的原因有一部分就是来自它的操作风格介乎两者之间（SystemV和BSD），而且厂商为了照顾不同的用户，各Linux发行版本的操作风格之间也不尽相同。本书讲述的Linux网络编程，都是基于Berkeley sockets API。

　　socket是在应用层和传输层之间的一个抽象层，它把TCP/IP层复杂的操作抽象为几个简单的接口，供应用层调用已实现进程在网络中通信。它在TCP/IP中的地位如图4-1所示。

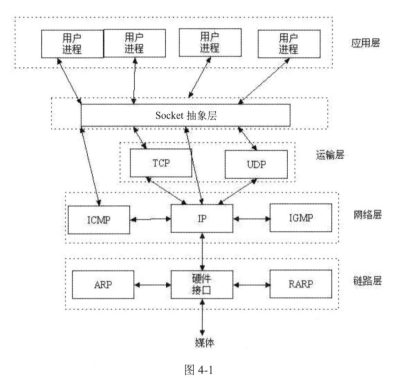

图 4-1

　　由图4-1可以看出，socket编程接口其实就是用户进程（应用层）和传输层之间的编程接口。

4.2　网络程序的架构

　　网络程序通常有两种架构，一种是B/S（Browser/Server，浏览器/服务器）架构，比如我们使用火狐浏览器浏览Web网站，火狐浏览器就是一个Browser，网站上运行的Web就是一个服务器。这种架构的优点是用户只需要在自己电脑上安装一个网页浏览器就可以了，主要工作逻辑都在服务器上完成，减轻了用户端的升级和维护的工作量。另外一种架构是C/S（Client/Server，客户机/服务器）架构，这种架构要在服务器端和客户端分部安装不同的软件，并且不同的应用，客户端也要安装不同的客户机软件，有时候客户端的软件安装或升级比较复杂，维护起来成本较大。但此种架构的优点是可以较充分地利用两端的硬件能力，较为合理地分配任务。值得注意的是，客户机和服务器实际指两个不同的进程，服务器是提供服务的进程，客户机是请求服务和接受服务的进程，它们通常位于不同的主机上（也可以是同一主机上的两个进程），这些主机有网络连接，服务器端提供服务并对来自客户端进程的请求做出响应。比如我们常用的QQ，我们自己电脑上的QQ程序就是一个客户端，而在腾讯公司内部还有服务器端器程序。

基于套接字的网络编程中，通常使用C/S架构。一个简单的客户机和服务器之间的通信过程如下：

（1）客户机向服务器提出一个请求。
（2）服务器收到客户机的请求，进行分析处理。
（3）服务器将处理的结果返回给客户机。

通常，一个服务器可以向多个客户机提供服务。因此对服务器来说，还需要考虑如何有效地处理多个客户机的请求。

4.3　IP 地址的格式转换

IP地址转换是指将点分十进制形式的字符串IP地址与二进制IP地址相互转换。比如，"192.168.1.100"就是一个点分十进制形式的字符串IP地址。IP地址转换可以通过inet_aton、inet_addr和inet_ntoa这三个函数完成，这三个地址转换函数都只能处理IPv4地址，而不能处理IPv6地址。使用这些函数需要包含头文件<arpa/inet.h>，绝对路径是在/usr/include/arpa/下。

函数inet_addr将点分十进制IP地址转换为二进制地址，它返回的结果是网络字节序，该函数声明如下：

```
in_addr_t inet_addr (const char *__cp);
```

其中参数cp指向点分十进制形式的字符串IP地址，如"172.16.2.6"。如果函数执行成功，则返回二进制形式的IP地址，类型是32位无符号整型（in_addr_t就是uint32），失败则返回−1。通常失败的情况是参数cp所指的字符串IP地址不合法，比如，"300.1000.1.1"（超过255了）。需要注意的是，这个函数的返回值在大、小端序机器上是不同的，例如输入一个"192.168.0.1"的字符串，在内存中的排列（字节从低到高）为0xC0,0xA8,0x00,0x4A，那么在小端序机器上，返回的数字就是0x4a00a8c0，而在大端序机器上则是0xc0a8004a。同样inet_pton inet_ntop也存在这个问题。

下面我们再看看将结构体in_addr类型的IP地址转换为点分字符串IP地址的函数inet_ntoa，注意这里说的是结构体in_addr类型，即inet_ntoa函数的参数类型是struct in_addr，函数inet_ntoa声明如下：

```
char *inet_ntoa (struct in_addr __in);
```

其中_in存放struct in_addr类型的IP地址。如函数成功返回字符串指针，此指针指向了转换后的点分十进制IP地址。

如果想要把inet_addr的结果再通过函数inet_ntoa转换为字符串形式，则要将inet_addr返回的in_addr_t类型转换为struct in_addr类型，代码如下：

```
struct in_addr ia;
in_addr_t dwIP = inet_addr("172.16.2.6");
ia.s_addr = dwIP;
printf("real_ip=%s\n", inet_ntoa(ia));
```

s_addr就是in_addr_t类型，因此可以把dwIP直接赋值给ia.s_addr，然后再把ia传入inet_ntoa中。

【例4.1】　IP地址的字符串和二进制的互转。

（1）打开VC2017，新建一个Linux控制台工程，工程名是test。

（2）在main.cpp中输入代码如下：

```
#include <cstdio>
#include <arpa/inet.h>
int main()
{
    struct in_addr ia;

    in_addr_t dwIP = inet_addr("172.16.2.6");
    ia.s_addr = dwIP;
    printf("ia.s_addr=0x%x\n", ia.s_addr);
    printf("real_ip=%s\n", inet_ntoa(ia));
    return 0;
}
```

（3）IP地址172.16.2.6通过函数inet_addr转为二进制并存于ia.s_addr中，然后以十六进制形式打印出来，接着通过函数inet_ntoa转换为点阵的字符串形式并输出。

（4）保存工程并运行，运行结果如下：

```
ia.s_addr=0x60210ac
real_ip=172.16.2.6
```

4.4　套接字的类型

在Windows系统下，有三种类型的套接字：

（1）流套接字（SOCK_STREAM）

流套接字用于提供面向连接的、可靠的数据传输服务。该服务将保证数据能够实现无差错、无重复发送，并按顺序接收。流套接字之所以能够实现可靠的数据服务，原因在于其使用了传输控制协议即TCP。

（2）数据报套接字（SOCK_DGRAM）

数据报套接字提供了一种无连接的服务。该服务并不能保证数据传输的可靠性，数据有可能在传输过程中丢失或出现数据重复，且无法保证顺序地接收到数据。数据报套接字使用UDP进行数据的传输。由于数据报套接字不能保证数据传输的可靠性，对于有可能出现的数据丢失情况，需要在程序中做相应的处理。

（3）原始套接字（SOCK_RAW）

原始套接字允许对较低层次的协议直接访问，比如IP、ICMP，它常用于检验新的协议实现，或者访问现有服务中配置的新设备，因为原始套接字可以自如地控制Linux下的多种协议，能够对网络底层的传输机制进行控制，所以可以应用原始套接字来操纵网络层和传输层应用。比如，我们可以通过原始套接字来接收发向本机的ICMP、IGMP协议包，或者接收TCP/IP栈不能够处理的IP包，也可以用来发送一些自定义报头或自定义协议的IP包。网络监听技术经常会用到原始套接字。

原始套接字与标准套接字（标准套接字包括流套接字和数据报套接字）的区别在于：原始套接字可以读写内核没有处理的IP数据报，而流套接字只能读取TCP的数据，数据报套接字只能读取UDP的数据。

4.5　套接字地址

一个套接字代表通信的一端，每端都有一个套接字地址，这个socket地址包含了IP地址和端口信息。有了IP地址，就能从网络中识别对方主机；有了端口信息，就能识别对方主机上的进程。

socket地址可以分为通用socket地址和专用socket地址。前者会出现在一些socket API函数中（比如bind函数、connect函数等），通用地址原本用来表示大多数网络地址，但现在一般不用，因为现在很多网络协议都定义了自己的专用网络地址；专用网络地址主要是为了方便使用而提出来的，两者通常可以相互转换。

4.5.1　通用 socket 地址

通用socket地址就是一个结构体，名字是sockaddr，它同样定义在socket.h中，该结构体声明如下：

```
struct sockaddr {
    sa_family_t    sa_family;     /* address family, AF_xxx   */
    char        sa_data[14];      /* 14 bytes of protocol address   */
};
```

其中sa_pfamily是无符号短整型变量，用来存放地址族（或协议族）类型，常用取值如下：

- PF_UNIX：UNIX本地域协议族。
- PF_INET：IPv4协议族。
- PF_INET6：IPv6协议族。
- AF_UNIX：UNIX本地域地址族。
- AF_INET：IPv4地址族。
- AF_INET6：IPv6地址族。

sa_data用来存放具体的地址数据，即IP地址数据和端口数据。

由于sa_data只有14字节，随着时代的发展，一些新的协议被提出来，比如IPv6，它的地址长度不够14字节，不同协议族的具体地址长度见表4-1。

表 4-1　不同协议族的具体地址长度

协　议　族	地址的含义和长度
PF_INET	32位IPv4地址和16位端口号，共6字节
PF_INET6	128位IPv6地址、16位端口号、32位流标识和32位范围ID，共26字节
PF_UNIX	文件全路径名，最大长度可达108字节

由于sa_data太小，容纳不下地址数据，故Linux定义了新的通用的地址存储结构，代码如下：

```
/*
 * The definition uses anonymous union and struct in order to control the
 * default alignment.
 */
struct __kernel_sockaddr_storage {
    union {
        struct {
            __kernel_sa_family_t   ss_family; /* address family */
            /* Following field(s) are implementation specific */
            char __data[_K_SS_MAXSIZE - sizeof(unsigned short)];
                /* space to achieve desired size, */
                /* _SS_MAXSIZE value minus size of ss_family */
        };
        void *__align; /* implementation specific desired alignment */
    };
};
```

该结构体在/usr/src/linux-headers-5.8.0-38-generic/include/uapi/linux/ socket.h中定义，另外在/usr/src/linux-headers-5.8.0-38-generic/include/linux/ socket.h中定义了sockaddr_storage：

```
#define sockaddr_storage __kernel_sockaddr_storage
```

这个结构体存储的地址就大了，而且是内存对齐的。

4.5.2　专用 socket 地址

上面两个通用地址结构把IP地址、端口等数据全都放到一个char数组中，使用起来不方便。为此，Linux为不同的协议族定义了不同的socket地址结构体，这些不同的socket地址被称为专用socket地址。比如，IPv4有自己专用的socket地址，IPv6有自己专用的socket地址。

在/usr/include/netinet/in.h中，IPv4的socket地址定义了下面的结构体：

```
/* Structure describing an Internet socket address.  */
struct sockaddr_in
  {
    __SOCKADDR_COMMON (sin_);
    in_port_t sin_port;             /* Port number.  */
    struct in_addr sin_addr;        /* Internet address.  */
```

```
    /* Pad to size of `struct sockaddr'. */
    unsigned char sin_zero[sizeof (struct sockaddr)
            - __SOCKADDR_COMMON_SIZE
            - sizeof (in_port_t)
            - sizeof (struct in_addr)];
  };
```

其中，类型struct in_addr也在in.h中定义如下：

```
/* Internet address. */
typedef uint32_t in_addr_t;
struct in_addr
  {
    in_addr_t s_addr;
  };
```

本质上就是个uint32_t，定义如下：

在/usr/include/netinet/in.h中，来看下IPv6的socket地址专用结构体：

```
struct sockaddr_in6
  {
    __SOCKADDR_COMMON (sin6_);
    in_port_t sin6_port;          /* Transport layer port # */
    uint32_t sin6_flowinfo;       /* IPv6 flow information */
    struct in6_addr sin6_addr;    /* IPv6 address */
    uint32_t sin6_scope_id;       /* IPv6 scope-id */
  };
```

其中类型in6_addr在in.h中定义如下：

```
/* IPv6 address */
struct in6_addr
  {
    union
      {
    uint8_t  __u6_addr8[16];
    uint16_t __u6_addr16[8];
    uint32_t __u6_addr32[4];
      } __in6_u;
```

这些专用的socket地址结构体显然比通用的socket地址结构体更清楚，它把各个信息用不同的字段来表示。但要注意的是，socket API函数使用的是通用地址结构，因此我们在具体使用的时候，最终要把专用地址结构转换为通用地址结构，不过可以强制转换。

4.5.3 获取套接字地址

一个套接字绑定了地址，就可以通过函数来获取它的套接字地址了。套接字通信需要在本地和远程两端建立套接字,这样获取套接字地址可以分为获取本地套接字地址和获取远程套接字地址。其中获取本地套接字地址的函数是getsockname，这个函数在下面两种情况下可以获得本地套接字地址：

（1）本地套接字通过bind函数获取地址（bind函数下一节会讲到）。

（2）本地套接字没有绑定地址，但通过connect函数和远程建立了连接，此时内核会分配一个地址给本地套接字。

getsockname函数声明如下：

```
#include<sys/socket.h>
int getsockname(int sockfd, struct sockaddr *localaddr, socklen_t *addrlen);
```

其中参数sockfd是套接字描述符；localaddr为指向存放本地套接字地址的结构体指针；addrlen是localaddr所指结构体的大小，socklen_t必须要和当前机器的int类型具有一致的字节长度，此类型是为了跨平台而存在的。如果函数调用成功，则返回0；如果调用出错，则返回–1。值得注意的是，addrlen是输入输出参数，所以必须要初始化赋值为sizeof(struct sockaddr_in)。

如果要获取通信对端的socket地址，可以使用函数getpeername，该函数声明如下：

```
int getpeername(int sockfd, struct sockaddr *peeraddr, socklen_t *addrlen);
```

其中参数sockfd是套接字描述符；peeraddr为指向存放对端套接字地址的结构体指针；addrlen是peeraddr所指结构体的大小。如果函数调用成功，则返回0；如果调用出错，则返回–1。

【例4.2】　绑定后获取本地套接字地址。

（1）打开VC2017，新建一个控制台工程test，在test.cpp中输入代码如下：

```
#include <cstdio>
#include<sys/socket.h>
#include <arpa/inet.h>
#include<string.h>
#include <errno.h>

int main()
{
    int sfp;
    struct sockaddr_in s_add;
    unsigned short portnum = 10051;
    struct sockaddr_in serv = { 0 };
    char on = 1;
    int serv_len = sizeof(serv);
    int err;
    sfp = socket(AF_INET, SOCK_STREAM, 0);
    if (-1 == sfp)
    {
        printf("socket fail ! \r\n");
        return -1;
    }
    printf("socket ok !\n");
    //打印没绑定前的地址
    printf("ip=%s,port=%d\n", inet_ntoa(serv.sin_addr),
ntohs(serv.sin_port));
    //允许地址立即重用
    setsockopt(sfp, SOL_SOCKET, SO_REUSEADDR, &on, sizeof(on));
```

```
        memset(&s_add, 0, sizeof(struct sockaddr_in));
        s_add.sin_family = AF_INET;
        s_add.sin_addr.s_addr = inet_addr("192.168.0.118"); //这个IP地址必须是本机
上有的
        s_add.sin_port = htons(portnum);

        if (-1 == bind(sfp, (struct sockaddr *)(&s_add), sizeof(struct sockaddr)))
//绑定
        {
            printf("bind fail:%d!\r\n", errno);
            return -1;
        }
        printf("bind ok !\n");
        //获取本地套接字地址，serv_len是输入输出参数，输入时serv_len=sizeof(serv);
        getsockname(sfp, (struct sockaddr *)&serv, (socklen_t*)&serv_len);
        //打印套接字地址里的IP地址和端口值
        printf("ip=%s,port=%d\n", inet_ntoa(serv.sin_addr),
ntohs(serv.sin_port));
        return 0;
    }
```

在该代码中，我们首先创建了套接字，获取它的地址信息，然后绑定了IP地址和端口号，获取套接字地址。待运行后可以看到没有绑定前获取到的都是0，绑定后就可以正确获取到了。再次注意，serv_len传入函数getsockname前必须要初始化赋值为sizeof(struct sockaddr_in)。

（2）保存工程并运行，运行结果如下：

```
socket ok !
ip=0.0.0.0,port=0
bind ok !
ip=192.168.0.118,port=10051
```

需要注意的是，192.168.0.118必须是Linux主机上存在的IP地址，否则程序会返回错误。读者可以修改一个并不存在的IP地址（比如192.168.0.117，该地址不是笔者Linux的IP）后编译运行，应该会出现下面的结果：

```
socket ok !
ip=0.0.0.0,port=0
bind fail:99!
```

4.6　主机字节序和网络字节序

字节序，就是一个数据的某个字节在内存地址中存放的顺序。主机字节序就是在主机内部，数据在内存中的存储顺序。不同的CPU的字节序是不同的，即该数据的低位字节可以从内存低地址开始存放，也可以从高地址开始存放。因此，主机字节序通常可以分为两种模式：小端字节序（Little Endian）和大端字节序（Big Endian）。

有大、小端模式之分的原因是，在计算机系统中是以字节为单位的，一个地址单元（存储单元）对应着一个字节，即一个存储单元存放一个字节数据。但是在C语言中除了8bit的char型之外，还有16bit的short型、32bit的long型（要看具体的编译器），另外，对于位数大于8位的处理器，例如16位或者32位的处理器，由于寄存器宽度大于一个字节，那么必然存在着一个如何安排多个字节的问题。因此就导致了大端存储模式和小端存储模式。例如一个16bit的short型x，在内存中的地址为0x0010，x的值为0x1122，那么0x11为高字节，0x22为低字节。对于大端模式，就将0x11放在低地址中，即0x0010中，0x22放在高地址中，即0x0011中；小端模式，则刚好相反。我们常用的X86结构是小端模式，而KEIL C51则为大端模式。很多的ARM、DSP都为小端模式。有些ARM处理器还可以由硬件来选择是大端模式还是小端模式。

（1）小端字节序

小端字节序就是数据的低字节存于内存低地址，高字节存于内存高地址。比如一个long型数据0x12345678，采用小端字节序的话，它在内存中的存放情况是这样的：

```
0x0029f458    0x78      //低内存地址存放低字节数据
0x0029f459    0x56
0x0029f45a    0x34
0x0029f45b    0x12      //高内存地址存放高字节数据
```

（2）大端字节序

大端字节序就是数据的高字节存于内存低地址，低字节存于内存高地址。比如一个long型数据0x12345678，采用大端字节序的话，它在内存中的存放情况是这样的：

```
0x0029f458    0x12                      //低内存地址存放高字节数据
0x0029f459    0x34
0x0029f45a    0x56
0x0029f45b    0x79                      //高内存地址存放低字节数据
```

以下4个函数可以将主机字节序和网络字节序相互转换：

```
#include <arpa/inet.h>
uint32_t htonl(uint32_t hostlong);
uint16_t htons(uint16_t hostshort);
uint32_t ntohl(uint32_t netlong);
uint16_t ntohs(uint16_t netshort);
```

函数htonl可以将一个uint32_t类型的主机字节序转为网络字节序（大端）。其中参数hostlong是要转为网络字节序的数据，函数返回网络字节序数据。ntohl则正好相反。

函数htons将一个uint16_t类型的主机字节序转为网络字节序（大端），参数hostshort是要转为网络字节序的数据，函数返回网络字节序数据。ntohs则正好相反。

我们可以用下面的例子来测试主机的字节序。

【例4.3】　测试主机的字节序。

（1）打开VC2017，新建一个Linux控制台工程，工程名是test。
（2）在main.cpp中输入代码如下：

```
#include <iostream>
using namespace std;
```

```
int main()
{
    int nNum = 0x12345678;
    char *p = (char*)&nNum;            //p指向存储nNum的内存的低地址
    //判断低地址是否存放的是数据高位
    if (*p == 0x12) cout << "This machine is big endian." << endl;
    else cout << "This machine is small endian." << endl;
    return 0;
}
```

首先定义nNum为int，数据长度为4字节，然后定义字符指针p指向nNum的地址。因为字符长度是1字节，所以赋字符指针p的值时，会取存放nNum的地址的最低字节出来，即p指向低地址。如果*p为0x78（0x78为数据的低位），则为小端；如果为*p为0x12（0x12为数据的高位），则为大端。

（3）保存工程并运行，运行结果如下：

```
This machine is small endian.
```

4.7　协议族和地址族

协议族就是不同协议的集合，在Linux中用宏来表示不同的协议族，这个宏的形式是以PF_开头，比如IPv4协议族为PF_INET，PF的意思是PROTOCOL FAMILY。在UNIX/Linux系统中，不同版本中这两者有微小差别，对于BSD是AF，对于POSIX是PF。理论上建立socket时是指定协议，应该用PF_xxxx，设置地址时应该用AF_xxxx。当然AF_INET和PF_INET的值是相同的，混用也不会有太大的问题。

在Ubuntu20.04下，/usr/include/x86_64-linux-gnu/bits/socket.h中定义了协议族的宏定义：

```
/* Address families.  */
#define AF_UNSPEC         PF_UNSPEC
#define AF_LOCAL          PF_LOCAL
#define AF_UNIX           PF_UNIX
#define AF_FILE           PF_FILE
#define AF_INET           PF_INET
#define AF_AX25           PF_AX25
#define AF_IPX            PF_IPX
#define AF_APPLETALK      PF_APPLETALK
#define AF_NETROM         PF_NETROM
#define AF_BRIDGE         PF_BRIDGE
#define AF_ATMPVC         PF_ATMPVC
#define AF_X25            PF_X25
#define AF_INET6          PF_INET6
#define AF_ROSE           PF_ROSE
#define AF_DECnet         PF_DECnet
#define AF_NETBEUI        PF_NETBEUI
#define AF_SECURITY       PF_SECURITY
```

```
#define AF_KEY          PF_KEY
#define AF_NETLINK      PF_NETLINK
#define AF_ROUTE        PF_ROUTE
#define AF_PACKET       PF_PACKET
#define AF_ASH          PF_ASH
#define AF_ECONET       PF_ECONET
#define AF_ATMSVC       PF_ATMSVC
#define AF_RDS          PF_RDS
#define AF_SNA          PF_SNA
#define AF_IRDA         PF_IRDA
#define AF_PPPOX        PF_PPPOX
#define AF_WANPIPE      PF_WANPIPE
#define AF_LLC          PF_LLC
#define AF_IB           PF_IB
#define AF_MPLS         PF_MPLS
#define AF_CAN          PF_CAN
#define AF_TIPC         PF_TIPC
#define AF_BLUETOOTH    PF_BLUETOOTH
#define AF_IUCV         PF_IUCV
#define AF_RXRPC        PF_RXRPC
#define AF_ISDN         PF_ISDN
#define AF_PHONET       PF_PHONET
#define AF_IEEE802154   PF_IEEE802154
#define AF_CAIF         PF_CAIF
#define AF_ALG          PF_ALG
#define AF_NFC          PF_NFC
#define AF_VSOCK        PF_VSOCK
#define AF_KCM          PF_KCM
#define AF_QIPCRTR      PF_QIPCRTR
#define AF_SMC          PF_SMC
#define AF_XDP          PF_XDP
#define AF_MAX          PF_MAX
```

可以看到，各个协议宏定义成了从AF_开头的宏，即地址族的宏定义。地址族就是一个协议族所使用的地址集合（不同的网络协议所使用的网络地址是不同的），它也是用宏来表示不同的地址族，这个宏的形式是以AF_开头，比如IP地址族为AF_INET，AF的意思是Address Family，在/usr/include/x86_64-linux-gnu/bits/socket.h中定义了不同地址族的宏定义：

```
/* Protocol families.  */
#define PF_UNSPEC       0   /* Unspecified.  */
#define PF_LOCAL        1   /* Local to host (pipes and file-domain).  */
#define PF_UNIX         PF_LOCAL /* POSIX name for PF_LOCAL.  */
#define PF_FILE         PF_LOCAL /* Another non-standard name for PF_LOCAL. */
#define PF_INET         2   /* IP protocol family.  */
#define PF_AX25         3   /* Amateur Radio AX.25.  */
#define PF_IPX          4   /* Novell Internet Protocol.  */
#define PF_APPLETALK    5   /* Appletalk DDP.  */
#define PF_NETROM       6   /* Amateur radio NetROM.  */
#define PF_BRIDGE       7   /* Multiprotocol bridge.  */
#define PF_ATMPVC       8   /* ATM PVCs.  */
#define PF_X25          9   /* Reserved for X.25 project.  */
```

```
#define PF_INET6        10      /* IP version 6.  */
#define PF_ROSE         11      /* Amateur Radio X.25 PLP.  */
#define PF_DECnet       12      /* Reserved for DECnet project.  */
#define PF_NETBEUI      13      /* Reserved for 802.2LLC project.  */
#define PF_SECURITY     14      /* Security callback pseudo AF.  */
#define PF_KEY          15      /* PF_KEY key management API.  */
#define PF_NETLINK      16
#define PF_ROUTE        PF_NETLINK /* Alias to emulate 4.4BSD.  */
#define PF_PACKET       17      /* Packet family.  */
#define PF_ASH          18      /* Ash.  */
#define PF_ECONET       19      /* Acorn Econet.  */
#define PF_ATMSVC       20      /* ATM SVCs.  */
#define PF_RDS          21      /* RDS sockets.  */
#define PF_SNA          22      /* Linux SNA Project */
#define PF_IRDA         23      /* IRDA sockets.  */
#define PF_PPPOX        24      /* PPPoX sockets.  */
#define PF_WANPIPE      25      /* Wanpipe API sockets.  */
#define PF_LLC          26      /* Linux LLC.  */
#define PF_IB           27      /* Native InfiniBand address.  */
#define PF_MPLS         28      /* MPLS.  */
#define PF_CAN          29      /* Controller Area Network.  */
#define PF_TIPC         30      /* TIPC sockets.  */
#define PF_BLUETOOTH    31      /* Bluetooth sockets.  */
#define PF_IUCV         32      /* IUCV sockets.  */
#define PF_RXRPC        33      /* RxRPC sockets.  */
#define PF_ISDN         34      /* mISDN sockets.  */
#define PF_PHONET       35      /* Phonet sockets.  */
#define PF_IEEE802154   36      /* IEEE 802.15.4 sockets.  */
#define PF_CAIF         37      /* CAIF sockets.  */
#define PF_ALG          38      /* Algorithm sockets.  */
#define PF_NFC          39      /* NFC sockets.  */
#define PF_VSOCK        40      /* vSockets.  */
#define PF_KCM          41      /* Kernel Connection Multiplexor.  */
#define PF_QIPCRTR      42      /* Qualcomm IPC Router.  */
#define PF_SMC          43      /* SMC sockets.  */
#define PF_XDP          44      /* XDP sockets.  */
#define PF_MAX          45      /* For now..  */
```

地址族和协议族的值其实是一样的，都是用来标识不同的一套协议。以前，UNIX有两种风格的系统（BSD系统和POSIX系统），对于BSD，一直用的是AF_；对于POSIX，一直用的是PF_。而Linux则都支持，一些应用软件稍加修改都可以在Linux上编译，其目的就是为了兼容。

BSD代表Berkeley Software Distribution，伯克利软件套件，是1970年代加州大学伯克利分校对贝尔实验室UNIX的进行一系列修改后的版本，它最终发展成一个完整的操作系统，有着自己的一套标准。现在有多个不同的BSD分支。今天，BSD并不特指任何一个BSD衍生版本，而是类UNIX操作系统中的一个分支的总称。典型的代表就是FreeBSD、NetBSD、OpenBSD等。

4.8　TCP 套接字编程的基本步骤

流式套接字编程针对的是TCP通信，即面向连接的通信，它分为服务器端和客户端两个部分，分别代表两个通信端点。下面介绍流式套接字编程的基本步骤。

服务器端编程的步骤：

（1）创建套接字（使用函数socket）。

（2）绑定套接字到一个IP地址和一个端口上（使用函数bind）。

（3）将套接字设置为监听模式等待连接请求（使用函数listen），这个套接字就是监听套接字了。

（4）请求到来后，接受连接请求，返回一个新的对应此次连接的套接字（accept）。

（5）用返回的新的套接字和客户端进行通信，即发送或接收数据（使用函数send或recv），通信结束就关闭这个新创建的套接字（使用函数closesocket）。

（6）监听套接字继续处于监听状态，等待其他客户端的连接请求。

（7）如果要退出服务器程序，则先关闭监听套接字（使用函数closesocket）。

客户端编程的步骤：

（1）创建套接字（使用函数socket）。

（2）向服务器发出连接请求（使用函数connect）。

（3）和服务器端进行通信，即发送或接收数据（使用函数send或recv）。

（4）如果要关闭客户端程序，则先关闭套接字（使用函数closesocket）。

4.9　TCP 套接字编程的相关函数

伯克利套接字（Berkeley sockets），也称为BSD socket。伯克利套接字的应用编程接口（API）是采用C语言的进程间通信的库，经常用于计算机网络间的通信。BSD socket的应用编程接口已经是网络套接字的抽象标准。大多数其他程序语言使用一种相似的编程接口，它最初是由加州伯克利大学为UNIX系统开发出来的。所有现代的操作系统都实现了伯克利套接字接口，因为它已经是连接互联网的标准接口了。由于伯克利套接字是全球第一个socket，大多数程序员很熟悉它，所以大量系统把伯克利套接字作为其主要的网络API。我们这里的TCP套接字编程的相关函数由BSD socket库提供。

4.9.1　BSD socket 的头文件

BSD socket规定了一些常用头文件用于声明一些定义和函数，主要的头文件如下：

（1）<sys/socket.h>：BSD socket核心函数和数据结构的声明。

（2）<netinet/in.h>：AF_INET和AF_INET6地址族和它们对应的协议族PF_INET和PF_INET6。在互联网编程中广泛使用，包括IP地址以及TCP和UDP端口号。

（3）<bits/socket.h>：协议族和地址族的宏定义。

（4）<arpa/inet.h>：和IP地址相关的一些函数。

（5）<netdb.h>：把协议名和主机名转化成数字的一些函数。

 不同的系统，名称和路径可能不同。在Ubuntu20.04下，文件sys/socket.h、bits/socket.h的绝对路径是在/usr/include/x86_64-linux-gnu/下。其他头文件都可以在/usr/include/下找到。

另外注意，使用套接字函数时，通常需要包含以下几个头文件：

```
#include <sys/types.h>
#include <sys/socket.h>
#include <netinet/in.h>
#include <arpa/inet.h>
#include <unistd.h>   //for close函数
```

4.9.2 socket 函数

socket函数用来创建一个套接字，并分配一些系统资源，声明如下：

```
int socket(int domain, int type, int protocol);
```

其中参数domain用于指定套接字所使用的协议族（即地址族），对于IPv4协议族，该参数取值为AF_INET（PF_INET）；对于IPv6协议族，该参数取值为AF_INET6，并且不仅仅局限于这两种协议族，我们可以在/usr/include/x86_64-linux-gnu/bits/socket.h中看到其他的协议族定义。参数type指定要创建的套接字类型，如果要创建流套接字类型，则取值为SOCK_STREAM；如果要创建数据报套接字类型，则取值为SOCK_DGRAM；如果要创建原始套接字协议，则取值为SOCK_RAW，在/usr/include/x86_64-linux-gnu/bits/socket_type.h中定义了套接字类型的枚举定义：

```
/* Types of sockets.  */
enum __socket_type
{
  SOCK_STREAM = 1,              /* Sequenced, reliable, connection-based
                                   byte streams.  */
#define SOCK_STREAM SOCK_STREAM
  SOCK_DGRAM = 2,               /* Connectionless, unreliable datagrams
                                   of fixed maximum length.  */
#define SOCK_DGRAM SOCK_DGRAM
  SOCK_RAW = 3,                 /* Raw protocol interface.  */
#define SOCK_RAW SOCK_RAW
  SOCK_RDM = 4,                 /* Reliably-delivered messages.  */
#define SOCK_RDM SOCK_RDM
  SOCK_SEQPACKET = 5,           /* Sequenced, reliable, connection-based,
                datagrams of fixed maximum length.  */
#define SOCK_SEQPACKET SOCK_SEQPACKET
```

```
SOCK_DCCP = 6,              /* Datagram Congestion Control Protocol. */
#define SOCK_DCCP SOCK_DCCP
SOCK_PACKET = 10,           /* Linux specific way of getting packets
                              at the dev level. For writing rarp and
                              other similar things on the user level. */
#define SOCK_PACKET SOCK_PACKET

/* Flags to be ORed into the type parameter of socket and socketpair and
   used for the flags parameter of paccept. */

SOCK_CLOEXEC = 02000000,  /* Atomically set close-on-exec flag for the
                             new descriptor(s). */
#define SOCK_CLOEXEC SOCK_CLOEXEC
SOCK_NONBLOCK = 00004000 /*Atomically mark descriptor(s) as non-blocking. */
#define SOCK_NONBLOCK SOCK_NONBLOCK
};
```

参数protocol指定应用程序所使用的通信协议，即协议族参数domain使用上层（传输层）协议，比如protocol取值为IPPROTO_TCP表示TCP协议；protocol取值为IPPROTO_UDP表示UDP协议，这个参数通常和前面两个参数都有关，如果该参数为0，则表示使用所选套接字类型对应的默认协议。如果协议族是AF_INET，套接字是SOCK_STREAM，那么系统默认使用的协议是TCP，而SOCK_DGRAM套接字默认使用的是UDP。一般而言，给定协议族和套接字类型，若只支持一种协议，那么取0即可；若给定协议族和套接字类型支持多种协议，那就要显式指定协议参数protocol了，这一章我们进行的是TCP编程，因此取IPPROTO_TCP或0即可。如果函数成功，返回一个int类型的描述符，该描述符可以用来引用新创建的套接字；如果失败则返回–1，此时可以通过函数errno来获取错误码。

默认情况下，socket函数创建的套接字都是阻塞（模式）套接字。

4.9.3　bind 函数

该函数让本地地址信息关联到一个套接字上，它既可以用于连接的（流式）套接字，也可以用于无连接的（数据报）套接字。当新建了一个socket以后，套接字数据结构中有一个默认的IP地址和默认的端口号，服务程序必须调用bind函数来给其绑定自己的IP地址和一个特定的端口号。客户程序一般不调用bind函数来为其socket绑定IP地址和端口号，而通常用默认的IP地址和端口号来与服务器程序通信。bind函数声明如下：

```
int bind(int sockfd, const struct sockaddr *addr, socklen_t addrlen);
```

其中参数sockfd标识一个待绑定的套接字描述符；addr为指向结构体sockaddr的指针，表示套接字地址，该结构体包含了IP地址和端口号；addrlen用来确定name的缓冲区长度；socklen_t相当于int。如果函数成功返回0，否则返回–1，此时可以通过函数errno来获取错误码。

关于套接字地址的结构体sockaddr的定义如下：

```
struct sockaddr {
    ushort   sa_family;          //协议族，在socket编程中只能是AF_INET
    char     sa_data[14];        //为套接字存储的目标IP地址和端口信息
};
```

这个结构体不够直观，所以人们又在/usr/include/netinet/in.h中定义了一个新的结构sockaddr_in：

```
/* Structure describing an Internet socket address.  */
struct sockaddr_in
  {
    __SOCKADDR_COMMON (sin_);        //协议族，在socket编程中只能是AF_INET
    in_port_t sin_port;              /*端口号（使用网络字节顺序）*/
    struct in_addr sin_addr;         /* IP地址，是个结构*/

    /*为了与sockaddr结构保持大小相同而保留的空字节，填充零即可*/
    unsigned char sin_zero[sizeof (struct sockaddr)
            - __SOCKADDR_COMMON_SIZE
            - sizeof (in_port_t)
            - sizeof (struct in_addr)];
  };

#define  __SOCKADDR_COMMON(sa_prefix) \
  sa_family_t sa_prefix##family
```

这两个结构长度是一样的，所以可以相互强制转换。

结构体in_addr用来存储一个IP地址，它的定义如下：

```
/* Internet address.  */
typedef uint32_t in_addr_t;
struct in_addr
  {
    in_addr_t s_addr;
  };
```

我们通常习惯用点数的形式表示IP地址，为此系统提供了函数inet_addr将IP地址从点数格式转换成网络字节格式。比如，假设本机IP为223.153.23.45，我们把它存储到in_addr中，代码如下：

```
sockaddr_in  in;
in_addr_t ip = inet_addr("223.153.23.45");
if(ip!= -1) //如果IP地址不合法，inet_addr将返回-1
    in.sin_addr.s_addr=ip;
```

另外，对套接字进行绑定时，要注意设置的IP地址是服务器真实存在的地址。比如服务器主机的IP地址是192.168.1.2，而我们却设置绑定到了192.168.1.3上，此时bind函数会返回错误，代码如下：

```
    int sfp;
    struct sockaddr_in s_add;
    unsigned short portnum = 10051;
    struct sockaddr_in serv = { 0 };
    char on = 1;
```

```
    int serv_len = sizeof(serv);
    int err;
    sfp = socket(AF_INET, SOCK_STREAM, 0);
    if (-1 == sfp)
    {
        printf("socket fail ! \r\n");
        return -1;
    }
    printf("socket ok !\n");
    //打印没绑定前的地址
    printf("ip=%s,port=%d\n", inet_ntoa(serv.sin_addr),
ntohs(serv.sin_port));
    //允许地址立即重用
    setsockopt(sfp, SOL_SOCKET, SO_REUSEADDR, &on, sizeof(on));
    memset(&s_add, 0, sizeof(struct sockaddr_in));
    s_add.sin_family = AF_INET;
    s_add.sin_addr.s_addr = inet_addr("192.168.1.3"); //这个IP地址必须是本机上
有的
    s_add.sin_port = htons(portnum);

    if (-1 == bind(sfp, (struct sockaddr *)(&s_add), sizeof(struct sockaddr)))
//绑定
    {
        printf("bind fail:%d!\r\n", errno);
        return -1;
    }
    printf("bind ok !\n");
```

这几行代码会打印：bind failed:99。通过查询错误码99得知，99所代表的含义是"Cannot assign requested address"，意思是不能分配所要求的地址，即IP地址无效。因此碰到这个错误码时，应该检查是否把IP地址写错了。

也可以不具体设置IP地址，而让系统去选一个可用的IP地址，代码如下：

```
in.sin_addr.s_addr = htonl(INADDR_ANY);
```

用htonl(INADDR_ANY);替换了inet_addr("192.168.1.3");，其中htonl是把主机字节序转为网络字节序，在网络上传输整型数据通常要转换为网络字节序。宏INADDR_ANY告诉系统选取一个任意可用的IP地址，该宏在in.h中定义如下：

```
/* Address to accept any incoming messages. */
#define  INADDR_ANY       ((in_addr_t) 0x00000000)
```

INADDR_ANY监听0.0.0.0地址，即socket只绑定端口让路由表决定传到哪个IP地址。其中INADDR_ANY是指定地址为0.0.0.0，这个地址事实上表示不确定地址、所有地址或任意地址。如果指定IP地址为通配地址（INADDR_ANY），那么内核将等到套接字已连接（TCP）或已在套接字上发出数据报时才选择一个本地IP地址。INADDR_ANY对于多个网卡比较方便，如果服务器有多个网卡，而其服务（不管是在UDP端口上监听，还是在TCP端口上监听），出于某种原因：可能是服务器操作系统随时增减IP地址，也有可能是为了省去确定服务器上有什么网络端口（网卡）的麻烦，可以在调用bind()的时候，告诉操作系统："我需要在yyyy端口上监听,所以发送到服务器的这个端口,不管是哪个网卡/IP地址接收到的数据,都是我处理的。"这时候,服务器则在0.0.0.0这个地址上进行监听。比如机器有三个IP地址：192.168.1.1、202.202.202.202、61.1.2.3,如果serv.sin_addr.s_addr=inet_addr("192.168.1.1");,监听100端口,这时其他机器只有连接192.168.1.1:100才能成功,连接202.202.202.202:100和61.1.2.3:100都会失败。如果serv.sin_addr.s_addr=htonl(INADDR_ANY);的话,无论连接哪个IP地址都可以连上,即只要是往这个端口发送的所有IP都能连上。

值得注意的是,使用bind函数的一个常见问题是得到错误码errno为98,98表示Address already in use,也就是端口被占用、未释放或者程序没有正常结束,此时可以直接用命令kill结束程序。

4.9.4　listen 函数

该函数用于服务器端的流套接字,让流套接字处于监听状态,监听客户端发来的建立连接的请求。该函数声明如下：

```
int listen(int sockfd, int backlog);
```

其中参数sockfd是一个流套接字描述符,处于监听状态的流套接字sockfd将维护一个客户连接请求队列；backlog表示连接请求队列所能容纳的客户连接请求的最大数量,或者说队列的最大长度。如果函数成功返回0,否则返回-1。

举个例子,如果backlog设置为5,当有6个客户端发来连接请求,那么前5个客户端连接会放在请求队列中,第6个客户端会收到错误。

4.9.5　accept 函数

accept函数用于服务程序从处于监听状态的流套接字的客户连接请求队列中取出排在最前的一个客户端请求,并且创建一个新的套接字来与客户套接字创建连接通道,如果连接成功,就返回新创建的套接字的描述符,以后就用新创建的套接字与客户套接字相互传输数据。该函数声明如下：

```
int accept(int sockfd, struct sockaddr *addr, socklen_t *addrlen);
```

其中参数sockfd为处于监听状态的流套接字描述符；addr返回新创建的套接字的地址结构；addrlen指向结构sockaddr的长度,表示新创建的套接字的地址结构的长度；socklen_t相当于int。如果函数成功,返回一个新的套接字的描述符,该套接字将与客户端套接字进行数据传输；如果失败则返回-1。

下面的代码演示了accept的使用：

```
struct sockaddr_in  NewSocketAddr;
int addrlen;
addrlen=sizeof(NewSocketAddr);
int NewServerSocket=accept(ListenSocket, (struct sockaddr *)&NewSocketAddr,
&addrlen);
```

4.9.6　connect 函数

connect函数在套接字上建立一个连接。它用在客户端，客户端程序使用connect函数请求与服务器的监听套接字建立连接。该函数声明如下：

```
int connect(int sockfd, const struct sockaddr *addr, socklen_t addrlen);
```

其中sockfd表示还未连接的套接字描述符；addr是对方套接字的地址信息；addrlen是name所指缓冲区的大小；socklen_t相当于int。如果函数成功返回0，否则返回–1。

对于一个阻塞套接字，该函数的返回值表示连接是否成功，如果连接不上通常要等较长时间才能返回，此时可以把套接字设为非阻塞方式，然后设置连接超时时间。对于非阻塞套接字，由于连接请求不会马上成功，因此函数会返回–1，但这并不意味着连接失败，errno变量返回一个EINRPOCESS值（意思是Operation now in progress，操作正在进行中），此时TCP的三次握手继续进行，之后可以用select函数检查这个连接是否建立成功。

4.9.7　send 函数

send函数用于在已建立连接的socket上发送数据，无论是客户端还是服务器应用程序都用send函数来向TCP连接的另一端发送数据。但在该函数内部，它只是把参数buf中的数据发送到套接字的发送缓冲区中，此时数据并不一定马上成功地被传到连接的另一端，发送数据到接收端是底层协议完成的。该函数只是把数据发送（或称复制）到套接字的发送缓冲区后就返回了。该函数声明如下：

```
ssize_t send(int sockfd, const void *buf, size_t len, int flags);
```

其中参数sockfd为发送端套接字的描述符；buf存放应用程序要发送的数据的缓冲区；len表示buf所指缓冲区的大小；flags一般设为0。如果函数拷贝数据成功，就返回实际拷贝的字节数（>0）；如果对方调用关闭函数来主动关闭连接则返回0；如果函数在拷贝数据时出现错误则返回–1。

send发送数据实际上是将数据（应用层buf中的数据）拷贝到套接字sockfd的缓冲区（内核中的sockfd对应的发送缓冲区）中，内核中的发送缓存中的数据由协议（TCP，UDP没有发送缓冲区）传输。send函数将buf中的数据成功拷贝到发送缓冲区后就返回了，如果协议后续发送数据到接收端出现网络错误的话，那么下一个socket函数就会返回–1（这是因为每一个除send外的socket函数，在执行的最开始总要先等待套接字的发送缓冲中的数据被协议传送完毕才能继续，如果在等待时出现网络错误，那么该socket函数就返回–1）。

send发送数据时，首先比较待发送的数据长度len和套接字sockfd的发送缓冲区的长度，如果待发送数据的长度len大于sockfd发送缓冲区的长度，则返回–1；如果待发送数据的长度len小于等于sockfd发送缓冲区的长度，则再检查协议是否正在发送sockfd的发送缓冲区的数据。

（1）如果正在发送，则等协议把发送缓冲区中的数据发送完毕后（阻塞的话等待数据的发送完毕，非阻塞的话立即返回，并将errno置为EAGAIN），将待发送的数据拷贝到sockfd的发送缓冲区中。

（2）如果没有发送数据，或发送缓冲区中没有数据，则比较sockfd的发送缓冲区的剩余空间和待发送数据的长度len，如果剩余空间大于待发送数据的长度len，则将buf里的数据拷贝到剩余空间里；如果剩余空间小于待发送数据的长度len，则待协议把sockfd的发送缓冲区中的数据发送后腾出空间（收到接收方的确认），再将待发送数据拷贝到发送缓冲区中。如果剩余空间小于待发送数据的长度len，阻塞socket会等待协议将发送缓冲区中的数据发送（缓冲区应该要收到接收方的确认之后，才能腾出空间），再拷贝待发送的数据并返回；非阻塞socket会尽力拷贝（能拷贝多少就拷贝多少），返回已拷贝字节的大小，如果缓冲区可用空间为0，则返回–1，并将errno置为EAGAIN（不确定）。

值得注意的是，TCP有发送缓冲区，数据发送是协议发送至发送缓冲区的内容；UDP没有发送缓冲区，UDP有数据要发送时，直接发送到网络上，不会缓存。接收端的sockfd缓冲区（内核的缓冲区）收到数据报后，就会返回ACK，不会等待recv到用户空间再返回。

另外，还有两个发送函数sendto和sendmsg也可以用来发送消息，区别是send只可用于基于连接的套接字；sendto和sendmsg既可用于无连接的套接字，也可用于基于连接的套接字。除非套接字设置为非阻塞模式，调用将会阻塞直到数据被发送完。

4.9.8　recv 函数

recv函数从连接的套接字或无连接的套接字上接收数据，该函数声明如下：

```
ssize_t recv(int sockfd, void *buf, size_t len, int flags);
```

其中参数sockfd为已连接或已绑定（针对无连接）的套接字的描述符；buf指向一个缓冲区，该缓冲区用来存放从套接字的接收缓冲区中拷贝的数据；len为buf所指缓冲区的大小；flags一般设为0。当函数成功返回收到的数据的字节数时，如果连接被优雅地关闭了（对方调用了close API来关闭连接）则函数返回0，如果发生错误则返回–1。此时可以用函数errno获取错误码，如果errno是EINTR、EWOULDBLOCK或EAGAIN时，则认为连接是正常的。

recv仅仅将接收到的数据（存储在内核的接受缓冲区）拷贝到buf（应用层用户的缓存区）中，真正接收数据是由协议完成的。recv会检查套接字句柄sockfd的接收缓冲区，如果接收缓冲区中没有数据或者协议正在接收数据，那么recv一直等待（阻塞socket将等待，非阻塞socket直接返回–1，errno置为EWOULDBLOCK），直到协议将数据接收完毕。当协议把数据接收完毕，recv函数就把sockfd的接收缓冲区中的数据拷贝到buf中，然后返回拷贝的字节数。（注意，协议接收到的数据的长度可能大于buf的长度，此时要调用几次recv函数才能把sockfd接收缓冲区中的数据拷贝完）。

如果消息太大，无法完整存放在所提供的缓冲区，根据不同的套接字，多余的字节会被丢弃。如果套接字上没有消息可以读取，除非套接字已被设置为非阻塞模式，否则接收调用会一直等待消息。

另外，函数recvfrom也可以从套接字上接收消息。对于recvfrom，可同时应用于面向连接的和无连接的套接字。recv一般只用在面向连接的套接字，我们TCP编程的时候用recv即可。

4.9.9 close 函数

该函数用于关闭一个套接字，声明如下：

```
#include <unistd.h>
int close(int fd);
```

其中参数fd为要关闭的套接字的描述符。如果函数成功返回0，否则返回–1。

4.10 简单的 TCP 套接字编程

TCP套接字编程可以分为阻塞套接字编程和非阻塞套接字编程，两种的使用方式不同。

当使用函数socket创建套接字时，默认都是阻塞模式的。阻塞模式是指套接字在执行操作时，调用函数在没有完成操作之前不会立即返回。这意味着当调用socket API不能立即完成时，线程处于等待状态，直到操作完成。常见的阻塞情况如下：

（1）接受连接函数

函数accept从请求连接队列中接受一个客户端连接。如果以阻塞套接字为参数调用这些函数，若请求队列为空则函数就会阻塞，线程进入睡眠状态。

（2）发送函数

函数send、sendto都是发送数据的函数。当用阻塞套接字作为参数调用这些函数时，如果套接字缓冲区没有可用空间，函数就会阻塞，线程进入睡眠状态，直到缓冲区有空间。

（3）接收函数

函数recv、recvfrom用来接收数据。当用阻塞套接字为参数调用这些函数时，如果此时套接字缓冲区没有数据可读，则函数阻塞，调用线程在数据到来前处于睡眠状态。

（4）连接函数

函数connect用于向对方发出连接请求。客户端以阻塞套接字为参数调用这些函数向服务器发出连接时，直到收到服务器的应答或超时才会返回。

使用阻塞模式的套接字开发网络程序比较简单，容易实现。当希望能够立即发送和接收数据，且处理的套接字数量较少时，使用阻塞套接字模式来开发网络程序比较合适。而它的不足之处是，在大量建立好的套接字线程之间进行通信时比较困难，当希望同时处理大量套接字时，将无从下手，扩展性差。

【例4.4】 一个简单的服务器客户端通信程序。

（1）打开VC2017，新建一个Linux控制台程序，工程名是server，我们把server工程作为服务器程序。

（2）打开main.cpp，在其中输入代码如下：

```cpp
#include <cstdio>
#include <sys/types.h>
#include <sys/socket.h>
#include <netinet/in.h>
#include <arpa/inet.h>
#include <string.h>
#include <unistd.h>
#include <errno.h>

int main()
{
    int serv_len,err;
    char on = 1;
    ////创建一个套接字，用于监听客户端的连接
    int sockSrv = socket(AF_INET, SOCK_STREAM, 0);
    //允许地址的立即重用
    setsockopt(sockSrv, SOL_SOCKET, SO_REUSEADDR, &on, sizeof(on));
    struct sockaddr_in serv,addrSrv;
    memset(&addrSrv, 0, sizeof(struct sockaddr_in));
    addrSrv.sin_addr.s_addr = inet_addr("192.168.0.118");
    addrSrv.sin_family = AF_INET;
    addrSrv.sin_port = htons(8000);      //使用端口8000

    if(-1==bind(sockSrv, (struct sockaddr *)&addrSrv, sizeof(struct
sockaddr)))                              //绑定
    {
        printf("bind fail:%d!\r\n", errno);
        return -1;
    }
    //获取本地套接字地址
    serv_len = sizeof(struct sockaddr_in);
    getsockname(sockSrv, (struct sockaddr *)&serv, (socklen_t*)&serv_len);
    //打印套接字地址里的IP地址和端口值，以便让客户端知道
    printf("server has started,ip=%s,port=%d\n", inet_ntoa(serv.sin_addr),
ntohs(serv.sin_port));

    listen(sockSrv, 5);                  //监听

    sockaddr_in addrClient;
    int len = sizeof(sockaddr_in);

    while (1)
    {
        printf("--------wait for client-----------\n");
        //从连接请求队列中取出排在最前的一个客户端请求，如果队列为空就阻塞
        int sockConn = accept(sockSrv, (struct sockaddr *)&addrClient,
(socklen_t*)&len);
        char sendBuf[100];
        sprintf(sendBuf, "Welcome client(%s) to Server!",
inet_ntoa(addrClient.sin_addr));                         //组成字符串
        send(sockConn, sendBuf, strlen(sendBuf) + 1, 0); //发送字符串给客户端
```

```
    char recvBuf[100];
    recv(sockConn, recvBuf, 100, 0);                    //接收客户端信息
    printf("Receive client's msg:%s\n", recvBuf);       //打印收到的客户端信息
    close(sockConn);                                    //关闭和客户端通信的套接字
    puts("continue to listen?(y/n)");
    char ch[2];
    scanf("%s", ch, 2);                                 //读控制台的两个字符，包括回车符
    if (ch[0] != 'y')                                   //如果不是y就退出循环
        break;
}
close(sockSrv);                                         //关闭监听套接字
return 0;
}
```

先新建一个监听套接字，然后在等待客户端的连接请求，阻塞在accept函数处，一旦有客户端连接请求来了，就返回一个新的套接字，这个套接字就和客户端进行通信，通信完毕就关掉这个套接字。而监听套接字根据用户输入继续监听或退出。在上面代码中，可指定主机一个可用的IP地址，这个IP地址必须是要真实存在的。如果让系统自己选择一个可用的IP地址绑定到套接字上，代码如下：

```
addrSrv.sin_addr.s_addr = htonl(INADDR_ANY);
```

（3）重新打开VC2017，新建一个Linux控制台工程，工程名为client。然后打开main.cpp，在其中输入代码如下：

```
#include <cstdio>
#include <sys/types.h>
#include <sys/socket.h>
#include <netinet/in.h>
#include <arpa/inet.h>
#include <string.h>
#include <unistd.h>
int main()
{
    int err;
    int sockClient = socket(AF_INET, SOCK_STREAM, 0);  //新建一个套接字
    char msg[] = "hi,server";                          //要发送给服务器端的消息
    sockaddr_in addrSrv;
    addrSrv.sin_addr.s_addr = inet_addr("192.168.0.118");  //服务器的IP地址
    addrSrv.sin_family = AF_INET;
    addrSrv.sin_port = htons(8000);                    //服务器的监听端口
    //向服务器发出连接请求
    err = connect(sockClient, (struct sockaddr *)&addrSrv, sizeof(struct
sockaddr));
    if (-1 == err)                                     //判断连接是否成功
    {
        printf("Failed to connect to the server.Please check whether the server
is started\n");
        return 0;
    }
    char recvBuf[100];
```

```
recv(sockClient, recvBuf, 100, 0);                    //接收来自服务器的信息
printf("receive server's msg:%s\n", recvBuf);         //打印收到的信息
send(sockClient, msg, strlen(msg) + 1, 0);            //向服务器发送信息
close(sockClient);                                    //关闭套接字
getchar();                                            //要用户输入字符才结束程序

return 0;
}
```

在此代码中，新建一个套接字，然后设置好服务器地址，开始连接。连接成功后，等待接收数据，接收到数据后就打印出来，并发送自己的msg数据。

（4）保存工程并运行，打开Linux控制台窗口，运行时先按F5键启动服务器程序，再按F5键启动客户端程序，服务器端器运行结果如下：

```
server has started,ip=192.168.0.118,port=8000
--------wait for client-----------
Receive client's msg:hi,server
continue to listen?(y/n)
y
--------wait for client-----------
```

客户端运行结果如下：

```
receive server's msg:Welcome client(192.168.0.118) to Server!
```

【例4.5】 统计套接字的连接超时时间。

（1）打开VC2017，新建一个Linux控制台工程test。

（2）在main.cpp中输入代码如下：

```
#include <cstdio>
#include <assert.h>
#include <sys/time.h>
#include <sys/types.h>
#include <sys/socket.h>
#include <netinet/in.h>
#include <arpa/inet.h>
#include <string.h>
#include <unistd.h>
#include <errno.h>

#define BUFFER_SIZE 512
//返回自系统开机以来的毫秒数（tick）
unsigned long GetTickCount()
{
    struct timeval tv;
    if (gettimeofday(&tv, NULL) != 0)
        return 0;

    return (tv.tv_sec * 1000) + (tv.tv_usec / 1000);
}
int main()
```

```
{
    char ip[] = "192.168.0.88";        //该IP地址是和本机同一网段的地址，但并不存在
    int err,port = 13334;
    struct sockaddr_in server_address;
    memset(&server_address, 0, sizeof(server_address));
    server_address.sin_family = AF_INET;
    in_addr_t dwIP = inet_addr(ip);
    server_address.sin_addr.s_addr = dwIP;
    server_address.sin_port = htons(port);

    int sock = socket(PF_INET, SOCK_STREAM, 0);
    assert(sock >= 0);
    long t1 = GetTickCount();
    int ret = connect(sock, (struct sockaddr*)&server_address,
sizeof(server_address));
    if (ret == -1)
    {
        long t2 = GetTickCount();
        printf("connect failed: %d\n", ret);
        printf("time used:%dms\n", t2 - t1);
        if (errno == EINPROGRESS)
        {
            printf("unblock mode ret code...\n");
        }
    }
    else printf("ret code is: %d\n", ret);
    close(sock);
    getchar();
    return 0;
}
```

在此代码中，首先定义了和本机IP同一子网的不真实存在的IP地址。如果不是同一子网，connect函数能很快判断出来这个IP地址不存在，所以超时时间较短。而如果是同一子网的假IP地址，则要等网关回复结果后，connect函数才知道是否能连通。如果计算机连上Internet，再设设置一个公网上的假IP，则超时时间更长，因为要等很多网关、路由器等信息回复后，connect函数才能知道是否可以连上。不过，现在我们用同一子网里的假IP地址做测试就够了。

（3）保存并运行，运行结果如下：

```
connect failed: -1
time used:3069ms
```

4.11　深入理解 TCP 编程

4.11.1　数据发送和接收涉及的缓冲区

在发送端，数据从调用send函数开始直到发送出去，主要涉及两个缓冲区：第一个是调用send函数时，程序员开辟的缓冲区，然后把这个缓冲区地址传给send函数，这个缓冲区通常称

为应用程序发送缓冲区（简称应用缓冲区）；第二个缓冲区是协议栈自己的缓冲区，用于保存send函数传给协议栈的待发送数据和已经发送出去但还没得到确认的数据，这个缓冲区通常称为TCP套接字发送缓冲区（因为处于内核协议栈，所以有时也简称内核缓冲区）。数据从调用send函数开始到发送出去，涉及两个主要写操作，第一个是把数据从应用程序缓冲区中拷贝到协议栈的套接字缓冲区，第二个是从套接字缓冲区发送到网络上去。

数据在接收过程中也涉及两个缓冲区，首先数据达到的是TCP套接字的接收缓冲区（也就是内核缓冲区），在这个缓冲区中保存了TCP协议从网络上接收到的与该套接字相关的数据。接着，数据写到应用缓冲区，也就是调用recv函数时由用户分配的缓冲区（简称应用缓冲区，这个缓冲区作为recv参数），这个缓冲区用于保存从TCP套接字的接收缓冲区收到并提交给应用程序的网络数据。和发送端一样，两个缓冲区也涉及两个层次的写操作：先从网络上接收数据保存到内核缓冲区（TCP套接字的接收缓冲区），再从内核缓冲区拷贝数据到应用缓冲区中。

4.11.2　TCP 数据传输的特点

（1）TCP是流协议，接收者收到的数据是一个个字节流，没有"消息边界"。

（2）应用层调用发送函数只是告诉内核需要发送这么多数据，但不是调用了发送函数，数据马上就发送出去了。发送者并不知道发送数据的真实情况。

（3）真正可以发送多少数据由内核协议栈根据当前网络状态而定。

（4）真正发送数据的时间点也是由内核协议栈根据当前网络状态而定。

（5）接收端在调用接收函数时并不知道接收函数会实际返回多少数据。

4.11.3　数据发送的六种情形

知道了TCP数据传输的特点，我们要进一步结合实际来了解发送数据时候可能会产生的六种情形。假设现在发送者调用了2次send函数，先后发送了数据A和数据B。我们站在应用层看，先调用send(A)，再调用send(B)，想当然地以为A先送出去，然后B再送出去，其实不一定如此。

（1）网络情况良好，A和B的长度没有受到发送窗口、拥塞窗口和TCP最大传输单元的影响。此时协议栈将A和B变成两个数据段发送到网络中。在网络中，如图4-2所示。

（2）发送A的时候网络状况不好，导致发送A被延迟了，此时协议栈将数据A和B合为一个数据段后再发送，并且合并后的长度并未超过窗口大小和最大传输单元。在网络中，如图4-3所示。

图 4-2　　　　　　　　　　　　　　　　　　　图 4-3

（3）A发送被延迟了，协议栈把A和B合为一个数据，但合并后数据长度超过了窗口大小或最大传输单元。此时协议栈会把合并后的数据进行切分，假如B的长度比A大得多，则切分的地方将发生在B处，即协议栈把B的部分数据进行切割，切割后的数据第二次发送。在网络中，如图4-4所示。

（4）A发送被延迟了，协议栈把A和B合为了一个数据，但合并后数据长度超过了窗口大小或最大传输单元。此时协议栈会把合并后的数据进行切分，如果A的长度比B大得多，则切分的地方将发生在A处，即协议栈把A的部分数据进行切割，切割后的部分A先发送，剩下的部分A和B一起合并发送。在网络中，如图4-5所示。

图 4-4　　　　　　　　　　　　　　　　　图 4-5

（5）接收方的接收窗口很小，内核协议栈会将发送缓冲区的数据按照接收方的接收窗口大小进行切分后再依次发送。在网络中，如图4-6所示。

（6）发送过程发生了错误，数据发送失败。

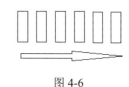

图 4-6

4.11.4　数据接收时的情形

现在我们来看接收数据时会碰到哪些情况。本次接收函数recv应用缓冲区足够大，它调用后，通常有以下几种情况：

1. 接收到本次达到接收端的全部数据

注意，这里的全部数据是指已经达到接收端的全部数据，而不是发送端发送的全部数据，即本地到达多少数据，接收端就接收本次全部数据。我们根据发送端的几种发送情况来推导达到接收端的可能情况：

对于发送端（1）的情况，如果到达接收端的全部数据是A，则接收端应用程序就全部收到了A。

对于发送端（2）的情况，如果到达接收端的全部数据是A和B，则接收端应用程序就全部收到了A和B。

对于发送端（3）的情况，如果到达接收端的全部数据是A和B1，则接收端应用程序就全部收到了A和B1。

对于发送端（4）和（5）的情况，如果到达接收端的全部数据是部分A，比如（4）中A1是部分A，（5）中开始的一个矩形条也是部分A，则接收端应用程序收到的是部分A。

2. 接收到达到接收端数据的部分

如果接收端的应用程序的接收缓冲区较小，就有可能只收到已达到接收端的全部数据中的部分数据。

综上所述，TCP网络内核如何发送数据与应用层调用send函数提交给TCP网络内核没有直接关系。我们也没法对接收数据的返回时机和接收到的数量进行预测，为此需要在编程中正确处理。另外，在使用TCP开发网络程序的时候，不要有"数据边界"的概念，TCP是一个流协议，没有数据边界的概念。这几点，在开发TCP网络程序时要多加注意。

3. 没有接收到数据

表明接收端接收的时候，数据还没有准备好。此时，应用程序将阻塞或recv返回一个"数据不可得"的错误码。通常这种情况发生在发送端出现（6）的那种情况，即发送过程发生了错误，数据发送失败。

通过对TCP发送和接收的分析，我们可以得出两个"无关"结论，这个"无关"也可理解为独立。

（1）应用程序调用send函数的次数和内核封装数据的个数是无关的。

（2）对于要发送的一定长度的数据而言，发送端调用send函数的次数和接收端调用recv函数的次数是无关的，是完全独立的。比如，发送端调用一次send函数，可能接收端会调用多次recv函数来接收。同样，接收端调用一次recv函数，也可能收到的是发送端多次调用send函数后发来的数据。

了解了接收会碰到的情况后，我们写程序时，就要合理地处理多种情况。首先，我们要能正确地处理接收函数recv的返回值。我们来看一下recv函数的调用形式：

```
char buf[SIZE];
int res = recv(s,buf,SIZE,0);
```

如果没有出现错误，recv返回接收的字节数，参数buf指向的缓冲区将包含接收的数据。如果连接已正常关闭，则返回值为零，即res为0。如果出现错误，将返回SOCKET_ERROR的值，并且可以通过调用函数WSAGetLastError来获得特定的错误代码。

4.11.5 一次请求响应的数据接收

一次请求响应的数据接收，就是接收端接收完全部数据后，接收就算结束，发送端就断开连接。我们可以通过连接是否关闭来判断数据接收是否结束。

对于单次数据接收（调用一次recv函数）来讲，recv返回的数据量是不可预测的，也就无法估计接收端在应用层开设的缓冲区是否大于发来的数据量大小，因此我们可以用一个循环的方式来接收。我们可以认为recv返回0就是发送方数据发送完毕了，然后正常关闭连接。其他情况，我们就要不停地接收数据，以免遗漏。我们来看个例子。当客户端连接服务器端成功后，服务器端先向客户端发一段信息，客户端接收后，再向服务器端发一段信息，最后客户端关闭连接。这一来一回相当于一次聊天。其实，以后开发更完善的点对点的聊天程序可以基于这个例子。这个例子主要是为了说明并演示清楚原理细节。

【例4.6】 一个稍完善的服务器客户端通信程序。

（1）打开VC2017，新建一个Linux控制台程序，工程名是server，我们把server工程作为服务器端程序。

（2）打开server.cpp，在其中输入代码如下：

```
//注意：为了节省篇幅，包含的头文件就不在文中写出，具体可以看源码
#define BUF_LEN 300
typedef struct sockaddr_in SOCKADDR_IN;
```

```
typedef struct sockaddr SOCKADDR;

int main()
{
    int err, i, iRes;
    char on = 1;
    int sockSrv = socket(AF_INET, SOCK_STREAM, 0); //创建一个套接字，用于监听客
户端的连接
    assert(sockSrv >= 0);
    //允许地址的立即重用
    setsockopt(sockSrv, SOL_SOCKET, SO_REUSEADDR, &on, sizeof(on));
    SOCKADDR_IN addrSrv;
    addrSrv.sin_addr.s_addr = inet_addr("192.168.0.118");
    addrSrv.sin_family = AF_INET;
    addrSrv.sin_port = htons(8000);                        //使用端口8000

    bind(sockSrv, (SOCKADDR*)&addrSrv, sizeof(SOCKADDR));  //绑定
    listen(sockSrv, 5);                                    //监听

    SOCKADDR_IN addrClient;
    int len = sizeof(SOCKADDR);

    while (1)
    {
        printf("--------wait for client-----------\n");
        //从连接请求队列中取出排在最前的一个客户端请求，如果队列为空就阻塞
        int sockConn = accept(sockSrv, (SOCKADDR*)&addrClient,
(socklen_t*)&len);
        char sendBuf[100] = "";
        for (i = 0; i < 10; i++)
        {
            sprintf(sendBuf, "N0.%d Welcome to the server. What is 1 + 1?(client
IP:%s)", i + 1, inet_ntoa(addrClient.sin_addr));         //组成字符串
            send(sockConn, sendBuf, strlen(sendBuf), 0);  //发送字符串给客户端
            memset(sendBuf, 0, sizeof(sendBuf));
        }

        //数据发送结束，调用shutdown()函数声明不再发送数据，此时客户端仍可以接收数据
        iRes = shutdown(sockConn, SHUT_WR);
        if (iRes == -1) {
            printf("shutdown failed with error: %d\n", errno);
            close(sockConn);
            return 1;
        }

        //发送结束，开始接收客户端发来的信息
        char recvBuf[BUF_LEN];
        //持续接收客户端数据，直到对方关闭连接
        do {
            iRes = recv(sockConn, recvBuf, BUF_LEN, 0);
            if (iRes > 0)
            {
                printf("Recv %d bytes.\n", iRes);
                for (i = 0; i < iRes; i++)
```

```
                    printf("%c", recvBuf[i]);
                printf("\n");
            }
            else if (iRes == 0)
                printf("The client has closed the connection.\n");
            else
            {
                printf("recv failed with error: %d\n", errno);
                close(sockConn);
                return 1;
            }
        } while (iRes > 0);
        close(sockConn);                    //关闭和客户端通信的套接字
        puts("Continue monitoring?(y/n)");
        char ch[2];
        scanf("%s", ch, 2);                 //读控制台的两个字符，包括回车符
        if (ch[0] != 'y')                   //如果不是y就退出循环
            break;
    }
    close(sockSrv);                         //关闭监听套接字
    return 0;
}
```

代码中标有详细注释。可以看到，服务器端在接收客户端数据的时候，用了循环结构。在发送的时候，也用了一个for循环，这是为了模拟多次发送。通过后面客户端代码可以看到，发送的次数和客户端接收的次数是没有关系的。值得注意的是，发送完毕后调用shutdown来关闭发送，这样客户端就不会阻塞在recv。下面建立客户端工程。

（3）打开另外一个VC2017，新建一个Linux控制台工程，工程名是client。打开client.cpp，输入代码如下：

```cpp
#include <cstdio>
#include <assert.h>
#include <sys/time.h>
#include <sys/types.h>
#include <sys/socket.h>
#include <netinet/in.h>
#include <arpa/inet.h>
#include <string.h>
#include <unistd.h>
#include <errno.h>

#define BUF_LEN 300
typedef struct sockaddr_in SOCKADDR_IN;
typedef struct sockaddr SOCKADDR;
int main()
{
    int err;
    long argp;
    char szMsg[] = "Hello, server, I have received your message.";
```

```
        int sockClient = socket(AF_INET, SOCK_STREAM, 0);          //新建一个套接字

    SOCKADDR_IN addrSrv;
    addrSrv.sin_addr.s_addr = inet_addr("192.168.0.118");   //服务器的IP地址
    addrSrv.sin_family = AF_INET;
    addrSrv.sin_port = htons(8000);                          //服务器的监听端口
    err = connect(sockClient, (SOCKADDR*)&addrSrv, sizeof(SOCKADDR)); //向服
务器发出连接请求
    if (-1 == err)                                           //判断连接是否成功
    {
        printf("Failed to connect to the server. Please check whether the server
is started\n");
        getchar();
        return 0;
    }
    char recvBuf[BUF_LEN];
    int i, cn = 1, iRes;
    do
    {
        iRes = recv(sockClient, recvBuf, BUF_LEN, 0);      //接收来自服务器的信息
        if (iRes > 0)
        {
            printf("\nRecv %d bytes:", iRes);
            for (i = 0; i < iRes; i++)
                printf("%c", recvBuf[i]);
            printf("\n");
        }
        else if (iRes == 0)                                 //对方关闭连接
            puts("\nThe server has closed the send connection.\n");
        else
        {
            printf("recv failed:%d\n", errno);
            close(sockClient);
            return 1;
        }
    } while (iRes > 0);
    //开始向客户端发送数据
    char sendBuf[100];
    for (i = 0; i < 10; i++)
    {
        sprintf(sendBuf, "N0.%d I'm the client,1+1=2\n", i + 1); //组成字符串
        send(sockClient, sendBuf, strlen(sendBuf) + 1, 0); //发送字符串给客户端
        memset(sendBuf, 0, sizeof(sendBuf));
    }
    puts("Sending data to the server is completed.");
    close(sockClient);                                       //关闭套接字
    getchar();
    return 0;
}
```

客户端接收也用了循环结构，这样能正确处理接收时的情况（根据recv的返回值）。数据

接收完毕后，多次调用send函数向服务器端发送数据，发送完毕后调用closesocket来关闭套接字，这样服务器端就不会阻塞在recv了。

（4）保存工程，先运行服务器端，再运行客户端，服务器端运行结果如图4-7所示。

可以看到服务器端一共接收了1次数据，一次性收到271个字节数据。客户端发来的数据都接收下来了。

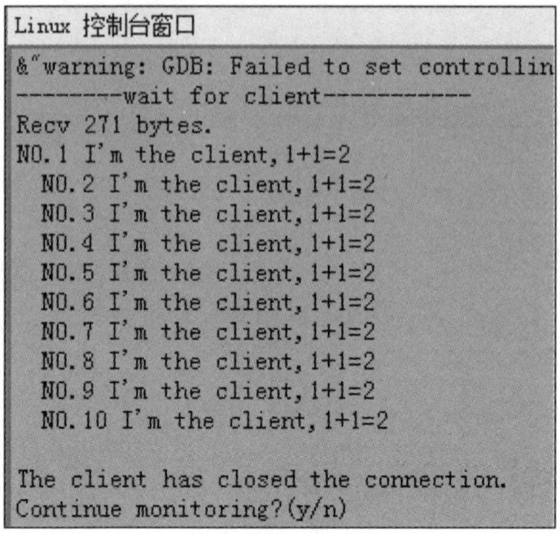

```
Linux 控制台窗口
&"warning: GDB: Failed to set controllin
---------wait for client-----------
Recv 271 bytes.
NO.1 I'm the client,1+1=2
  NO.2 I'm the client,1+1=2
  NO.3 I'm the client,1+1=2
  NO.4 I'm the client,1+1=2
  NO.5 I'm the client,1+1=2
  NO.6 I'm the client,1+1=2
  NO.7 I'm the client,1+1=2
  NO.8 I'm the client,1+1=2
  NO.9 I'm the client,1+1=2
  NO.10 I'm the client,1+1=2

The client has closed the connection.
Continue monitoring?(y/n)
```

图 4-7

客户端运行结果如下所示：

```
Recv 300 bytes:NO.1 Welcome to the server. What is 1 + 1=?(client
IP:192.168.0.118)
NO.2 Welcome to the server. What is 1 + 1=?(client IP:192.168.0.118)
NO.3 Welcome to the server. What is 1 + 1=?(client IP:192.168.0.118)
NO.4 Welcome to the server. What is 1 + 1=?(client IP:192.168.0.118)
NO.5 Welcome to the serv

Recv 300 bytes:er. What is 1 + 1=?(client IP:192.168.0.118)
NO.6 Welcome to the server. What is 1 + 1=?(client IP:192.168.0.118)
NO.7 Welcome to the server. What is 1 + 1=?(client IP:192.168.0.118)
NO.8 Welcome to the server. What is 1 + 1=?(client IP:192.168.0.118)
NO.9 Welcome to the server. What is 1 + 1=?(clie

Recv 91 bytes:nt IP:192.168.0.118)
NO.10 Welcome to the server. What is 1 + 1=?(client IP:192.168.0.118)
```

可以看到，客户端一共接收了3次数据，第一次收到了300字节数据，第二次收到了300字节数据，第三次收到了91字节数据，注意回车符号也算一个字符。服务器端发来的全部数据都接收下来了。

4.11.6 多次请求响应的数据接收

多次请求响应的数据接收，就是接收端要多轮接收全部数据，每轮接收又包含循环多次接收，一轮接收完毕后，连接不断开，而是等到多轮接收完毕后，才断开连接。在这种情况下，循环接收不能用recv返回值是否为0来判断连接是否结束，只能作为条件之一，还要增加一个条件，那就是本轮是否全部接收完应接收的数据了。

判断连接是否结束的方法是通信双方约定好发送数据的长度，这种方法也称定长数据的接收。比如发送方告诉接收方，要发送n字节的数据，发完就断开连接了。那么接收端就要等n字节数据全部接收完后，才能退出循环，表示接收完毕。下面看个例子，服务器给客户端发送约定好的固定长度（比如250字节）的数据后，并不断开连接，而是等待客户端的接收成功的确认信息。此时，客户端就不能根据连接是否断开来判断接收是否结束了（当然，连接是否断开也要进行判断，因为可能会有意外出现），而是要根据是否接收完250字节来判断了，接收完毕后，再向服务器端发送确认消息。

【例4.7】　接收定长数据。

（1）打开VC2017，新建一个Linux控制台工程，工程名是server，该工程是服务器端工程。

（2）打开main.cpp，输入代码如下：

```cpp
//注意：为了节省篇幅，包含的头文件就不在文中写出，具体可以看源码
#define BUF_LEN 300
typedef struct sockaddr_in SOCKADDR_IN;
typedef struct sockaddr SOCKADDR;

int main()
{
    int err, i, iRes;
    char on = 1;
    int sockSrv = socket(AF_INET, SOCK_STREAM, 0); //创建一个套接字，用于监听客
户端的连接
    assert(sockSrv >= 0);
    //允许地址的立即重用
    setsockopt(sockSrv, SOL_SOCKET, SO_REUSEADDR, &on, sizeof(on));

    SOCKADDR_IN addrSrv;
    addrSrv.sin_addr.s_addr = inet_addr("192.168.0.118");
    addrSrv.sin_family = AF_INET;
    addrSrv.sin_port = htons(8000);                      //使用端口8000

    bind(sockSrv, (SOCKADDR*)&addrSrv, sizeof(SOCKADDR)); //绑定
    listen(sockSrv, 5);                                  //监听

    SOCKADDR_IN addrClient;
    int cn = 0, len = sizeof(SOCKADDR);

    while (1)
    {
        printf("--------wait for client-----------\n");
        //从连接请求队列中取出排在最前的一个客户端请求，如果队列为空就阻塞
        int sockConn = accept(sockSrv, (SOCKADDR*)&addrClient, (socklen_t*)
&len);
        char sendBuf[111] = "";
        printf("--------client comes-----------\n");
        for (cn = 0; cn < 50; cn++)
        {
            memset(sendBuf, 'a', 111);
            if (cn == 49)
```

```
                sendBuf[110] = 'b';    //让最后一个字符为'b'，这样看起来清楚一点
            send(sockConn, sendBuf, 111, 0);                //发送字符串给客户端
        }
        //发送结束，开始接收客户端发来的信息
        char recvBuf[BUF_LEN];

        //持续接收客户端数据，直到对方关闭连接
        do {

            iRes = recv(sockConn, recvBuf, BUF_LEN, 0);
            if (iRes > 0)
            {
                printf("\nRecv %d bytes:", iRes);
                for (i = 0; i < iRes; i++)
                    printf("%c", recvBuf[i]);
                printf("\n");
            }
            else if (iRes == 0)
                printf("The client closes the connection.\n");
            else
            {
                printf("recv failed with error: %d\n", errno);
                close(sockConn);
                return 1;
            }

        } while (iRes > 0);

        close(sockConn);            //关闭和客户端通信的套接字
        puts("Continue monitoring?(y/n)");
        char ch[2];
        scanf("%s", ch, 2);         //读控制台的两个字符，包括回车符
        if (ch[0] != 'y')           //如果不是y就退出循环
            break;
    }
    close(sockSrv);                 //关闭监听套接字
    return 0;
}
```

在上面的代码中，我们先向客户端一共发送5550字节数据，每次发送111字节，一共发送50次。这个长度是和服务器端约定好的，发完固定的5550字节后，并不关闭连接，而是继续等待客户端的消息。但不要想当然地认为客户端每次都收到111字节。下面看客户端情况。

（3）新建一个控制台工程，工程名是client，它作为客户端，打开client.cpp，输入代码如下：

```
#include <cstdio>
#include <assert.h>
#include <sys/time.h>
#include <sys/types.h>
#include <sys/socket.h>
#include <netinet/in.h>
#include <arpa/inet.h>
```

```
#include <string.h>
#include <unistd.h>
#include <errno.h>

#define BUF_LEN 250
typedef struct sockaddr_in SOCKADDR_IN;
typedef struct sockaddr SOCKADDR;
int main()
{
    int err;
    u_long argp;
    char szMsg[] = "Hello, server, I have received your message.";
    int sockClient = socket(AF_INET, SOCK_STREAM, 0);        //新建一个套接字

    SOCKADDR_IN addrSrv;
    addrSrv.sin_addr.s_addr = inet_addr("192.168.0.118");    //服务器的IP地址
    addrSrv.sin_family = AF_INET;
    addrSrv.sin_port = htons(8000);                          //服务器的监听端口
    err = connect(sockClient, (SOCKADDR*)&addrSrv, sizeof(SOCKADDR)); //向服
务器发出连接请求
    if (-1 == err)                                           //判断连接是否成功
    {
        printf("Failed to connect to the server:%d\n",errno);
        getchar();
        return 0;
    }
    char recvBuf[BUF_LEN];                                   //BUF_LEN是250
    int i, cn = 1, iRes;
    int leftlen = 50 * 111;                                  //这个5550是通信双方约好的
    while (leftlen > BUF_LEN)
    {
//接收来自服务器的信息，每次最大只能接收BUF_LEN个数据，具体接收多少未知
        iRes = recv(sockClient, recvBuf, BUF_LEN, 0);
        if (iRes > 0)
        {
            printf("\nNo.%d:Recv %d bytes:", cn++, iRes);
            for (i = 0; i < iRes; i++)                       //打印本次接收到的数据
                printf("%c", recvBuf[i]);
            printf("\n");
        }
        else if (iRes == 0)                                  //对方关闭连接
            puts("\nThe server has closed the send connection.\n");
        else
        {
            printf("recv failed:%d\n", errno);
            close(sockClient);
            return -1;
        }
        leftlen = leftlen - iRes;
    }
    if (leftlen > 0)
    {
```

```
        iRes = recv(sockClient, recvBuf, leftlen, 0);
        if (iRes > 0)
        {
            printf("\nNo.%d:Recv %d bytes:", cn++, iRes);
            for (i = 0; i < iRes; i++)                //打印本次接收到的数据
                printf("%c", recvBuf[i]);
            printf("\n");
        }
        else if (iRes == 0)                            //对方关闭连接
            puts("\nThe server has closed the send connection.\n");
        else
        {
            printf("recv failed:%d\n", errno);
            close(sockClient);
            return -1;
        }
        leftlen = leftlen - iRes;
    }
    //开始向服务器端发送数据
    char sendBuf[100];
    sprintf(sendBuf, "Hi,Server,I've finished receiving the data."); //组成字
符串

    send(sockClient, sendBuf, strlen(sendBuf) + 1, 0);     //发送字符串给客户端
    memset(sendBuf, 0, sizeof(sendBuf));

    puts("Sending data to the server is completed");
    close(sockClient);                                     //关闭套接字
    getchar();
    return 0;
}
```

在这个代码中，我们定义了一个变量leftlen，用来表示还有多少数据没有接收，开始的时候是5550字节（和服务器端约定好的数字），以后每接收一部分，就减去已经接收到的数据。当leftlen小于BUF_LEN的时候，就跳出循环，让recv接收最后剩下的leftlen，这样正好全部接收完毕。

（4）保存工程。先运行服务器端，再运行客户端。服务器端运行结果如图4-8所示。

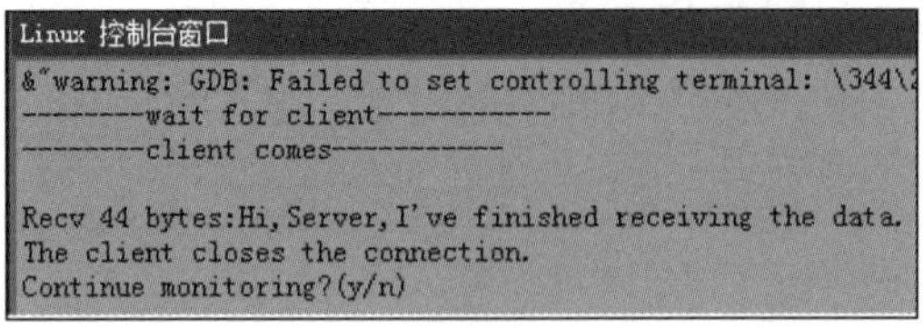

图 4-8

客户端运行结果截2张图，如图4-9所示为开始几次接收的情况，如图4-10所示为最后几次接收的情况。接收到的数据量一共是22×250+50=5550，正好和发送的数据量相等。

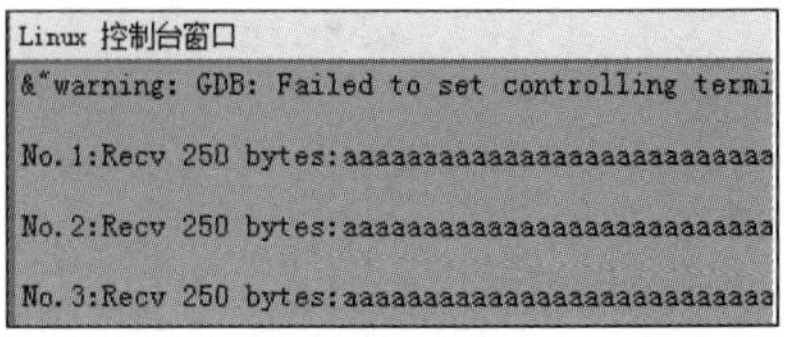

图 4-9

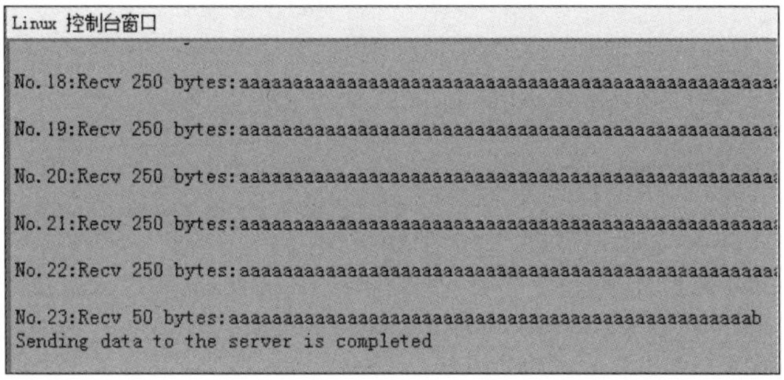

```
Linux 控制台窗口

No.18:Recv 250 bytes:aaaaaaaaaaaaaaaaaaaaaaaaaaaaaaaaaaaaaaaaaaaaaaaaaa
No.19:Recv 250 bytes:aaaaaaaaaaaaaaaaaaaaaaaaaaaaaaaaaaaaaaaaaaaaaaaaaa
No.20:Recv 250 bytes:aaaaaaaaaaaaaaaaaaaaaaaaaaaaaaaaaaaaaaaaaaaaaaaaaa
No.21:Recv 250 bytes:aaaaaaaaaaaaaaaaaaaaaaaaaaaaaaaaaaaaaaaaaaaaaaaaaa
No.22:Recv 250 bytes:aaaaaaaaaaaaaaaaaaaaaaaaaaaaaaaaaaaaaaaaaaaaaaaaaa
No.23:Recv 50 bytes:aaaaaaaaaaaaaaaaaaaaaaaaaaaaaaaaaaaaaaaaaaaaaaaaab
Sending data to the server is completed
```

图 4-10

2. 变长数据的接收

变长数据的接收，通常有两种方法来知道要接收多少数据。第一种方法是每个不同长度的数据报末尾跟一个结束标识符，接收端在接收的时候，一旦碰到结束标识符，就知道当前的数据报结束了。这种方法必须保证结束符的唯一性，而且结束符的判断方式是扫描每个字符。

第二种方法是在变长的消息体之前加一个固定长度的报头，报头里放一个字段，用来表示消息体的长度。接收的时候，先接收报头，然后解析得到消息体长度，再根据这个长度来接收后面的消息体。

具体开发时，我们可以定义这样的结构体：

```
struct MyData
{
    int nLen;
    char data[0];
};
```

其中，nLen用来标识消息体的长度；data是一个数组名，但该数组没有元素，该数组的真实地址紧随结构体MyData之后，而这个地址就是结构体后面数据的地址（如果给这个结构体分配的内容大于这个结构体实际大小，后面多余的部分就是这个data的内容）。这种声明方法可以巧妙地实现C语言里的数组扩展。

实际使用时，代码如下：

```
struct MyData *p = (struct MyData *)malloc(sizeof(struct MyData )+strlen(str))
```

这样就可以通过p->data来操作这个str。在这里先举一个例子，让读者熟悉data[0]的用法。

【例4.8】　结构体中data[0]的用法。

（1）新建一个控制台工程，工程名是test。

（2）在main.cpp中输入代码如下：

```
#include <cstdio>
#include <iostream>
#include<string.h>
using namespace std;
struct MyData
{
    int nLen;
```

```
    char data[0];
};
int main()
{
    int nLen = 10;
    char str[10] = "123456789";//别忘记还有一个'\0'，所以是10个字符

    cout << "Size of MyData: " << sizeof(MyData) << endl;
    MyData *myData = (MyData*)malloc(sizeof(MyData) + 10);
    memcpy(myData->data, str, 10);
    cout << "myData's Data is: " << myData->data << endl;
    cout << "Size of MyData: " << sizeof(MyData) << endl;
    free(myData);
    getchar();

    return 0;
}
```

在这个代码中，首先打印了结构体MyData的大小，结果是4，因为字段是nLen，是int型，占4字节，由此可见，data[0]并不占据实际存储空间。然后分配长度为（sizeof(MyData) + 10）的空间，10就是为data数组申请的空间大小。最后把字符数组str的内容复制到myData->data中，并把内容打印出来。

（3）保存工程并运行，运行结果如下：

```
Size of MyData: 4
myData's Data is: 123456789
Size of MyData: 4
```

由这个例子可知，data的地址是紧随结构体之后的。相信通过这个例子，读者就对结构体中data[0]用法有所了解了。下面把它运用到网络程序中。

【例4.9】 接收变长数据。

（1）新建一个控制台工程，工程名是server，该工程是服务器端工程。

（2）打开main.cpp，输入代码如下：

```
//注意：为了节省篇幅，包含的头文件就不在文中写出，具体可以看源码
#define BUF_LEN 300
typedef struct sockaddr_in SOCKADDR_IN;
typedef struct sockaddr SOCKADDR;

ruct MyData
{
    int nLen;
    char data[0];
};

int main()
{
    int err, i, iRes;

    int sockSrv = socket(AF_INET, SOCK_STREAM, 0); //创建一个套接字，用于监听客户端的连接
```

```
SOCKADDR_IN addrSrv;
addrSrv.sin_addr.s_addr = inet_addr("192.168.0.118");
addrSrv.sin_family = AF_INET;
addrSrv.sin_port = htons(8000);                        //使用端口8000

bind(sockSrv, (SOCKADDR*)&addrSrv, sizeof(SOCKADDR));  //绑定
listen(sockSrv, 5);                                    //监听

SOCKADDR_IN addrClient;
int cn = 0, len = sizeof(SOCKADDR);
struct MyData *mydata;
while (1)
{
    printf("--------wait for client----------\n");
    //从连接请求队列中取出排在最前的一个客户端请求，如果队列为空就阻塞
    int sockConn = accept(sockSrv, (SOCKADDR*)&addrClient,
(socklen_t*)&len);
    printf("--------client comes----------\n");
    cn = 5550;    //总共要发送5550字节的消息体，这个长度是发送端设定的，没和接收端约
定好

    mydata = (MyData*)malloc(sizeof(MyData) + cn);
    mydata->nLen = htonl(cn);                          //整型数据要转为网络字节序
    memset(mydata->data, 'a', cn);
    mydata->data[cn - 1] = 'b';
    send(sockConn, (char*)mydata, sizeof(MyData) + cn, 0); //发送全部数据给
客户端

    free(mydata);

    //发送结束，开始接收客户端发来的信息
    char recvBuf[BUF_LEN];

    //持续接收客户端数据，直到对方关闭连接
    do {
        iRes = recv(sockConn, recvBuf, BUF_LEN, 0);
        if (iRes > 0)
        {
            printf("\nRecv %d bytes:", iRes);
            for (i = 0; i < iRes; i++)
                printf("%c", recvBuf[i]);
            printf("\n");
        }
        else if (iRes == 0)
            printf("\nThe client has closed the connection.\n");
        else
        {
            printf("recv failed with error: %d\n", errno);
            close(sockConn);
            return 1;
        }

    } while (iRes > 0);

    close(sockConn);                          //关闭和客户端通信的套接字
```

```
        puts("Continue monitoring?(y/n)");
        char ch[2];
        scanf("%s", ch, 2);                  //读控制台的两个字符, 包括回车符
        if (ch[0] != 'y')                    //如果不是y就退出循环
            break;
    }
    close(sockSrv);                          //关闭监听套接字
    return 0;
}
```

代码的总体架构和先前的例子类似, 也是共要发送5550字节的消息体 (注意是消息体, 实际发送了5550+4), 4是长度字段的字节数, 只不过这个长度是发送端设定的, 没和接收端约定好。所以我们定义了一个结构体, 结构体的头部整型字段nLen表示消息体的长度 (这里是5550)。由于采用了0数组, 所以分配的空间是连续的, 因此发送的时候, 可以用结构体地址作为参数代入send函数, 但注意长度是sizeof(MyData) + cn, 表示长度字段的长和消息体的长。

这样发送出去后, 接收端那里先接收4字节的长度字段, 知道了消息体长度, 准备好空间, 就可以按照固定长度的接收来进行了。具体看客户端代码。

（3）新建一个控制台工程, 工程名是client, 它作为客户端, 打开client.cpp, 输入代码如下:

```
#include <cstdio>
#include <assert.h>
#include <sys/time.h>
#include <sys/types.h>
#include <sys/socket.h>
#include <netinet/in.h>
#include <arpa/inet.h>
#include <string.h>
#include <unistd.h>
#include <errno.h>
#include <malloc.h>

#define BUF_LEN 250
typedef struct sockaddr_in SOCKADDR_IN;
typedef struct sockaddr SOCKADDR;


int main()
{
    int err;
    u_long argp;
    char szMsg[] = "Hello, server, I have received your message.";
    int sockClient = socket(AF_INET, SOCK_STREAM, 0);        //新建一个套接字
    SOCKADDR_IN addrSrv;
    addrSrv.sin_addr.s_addr = inet_addr("192.168.0.118");  //服务器的IP地址
    addrSrv.sin_family = AF_INET;
    addrSrv.sin_port = htons(8000);                          //服务器的监听端口
    err = connect(sockClient, (SOCKADDR*)&addrSrv, sizeof(SOCKADDR)); //向服
务器发出连接请求
    if (-1 == err)                                           //判断连接是否成功
```

```
    {
        printf("Failed to connect to the server:%d\n",errno);
        return 0;
    }
    char recvBuf[BUF_LEN];
    int i, cn = 1, iRes;

    int leftlen;
    unsigned char *pdata;

    iRes = recv(sockClient, (char*)&leftlen, sizeof(int), 0); //接收来自服务器
的信息

    leftlen = ntohl(leftlen);
    printf("Need to receive %d bytes data.\n", leftlen);
    while (leftlen > BUF_LEN)
    {
    //接收来自服务器的信息，每次最大只能接收BUF_LEN个数据，具体接收多少未知
        iRes = recv(sockClient, recvBuf, BUF_LEN, 0);
        if (iRes > 0)
        {
            printf("\nNo.%d:Recv %d bytes:", cn++, iRes);
            for (i = 0; i < iRes; i++)          //打印本次接收到的数据
                printf("%c", recvBuf[i]);
            printf("\n");
        }
        else if (iRes == 0)                 //对方关闭连接
            puts("\nThe server has closed the send connection.\n");
        else
        {
            printf("recv failed:%d\n", errno);
            close(sockClient);
            return -1;
        }
        leftlen = leftlen - iRes;
    }
    if (leftlen > 0)
    {
        iRes = recv(sockClient, recvBuf, leftlen, 0);
        if (iRes > 0)
        {
            printf("\nNo.%d:Recv %d bytes:", cn++, iRes);
            for (i = 0; i < iRes; i++)          //打印本次接收到的数据
                printf("%c", recvBuf[i]);
            printf("\n");
        }
        else if (iRes == 0)                 //对方关闭连接
            puts("\nThe server has closed the send connection.\n");
        else
        {
            printf("recv failed:%d\n", errno);
            close(sockClient);
```

```
        return -1;
    }
    leftlen = leftlen - iRes;
}

char sendBuf[100];
sprintf(sendBuf, "I'm the client. I've finished receiving the data.");
                                                    //组成字符串
send(sockClient, sendBuf, strlen(sendBuf) + 1, 0); //发送字符串给客户端
memset(sendBuf, 0, sizeof(sendBuf));

puts("Sending data to the server is completed");
close(sockClient);                                  //关闭套接字
getchar();
return 0;
}
```

本例中客户端代码和定长接收的例子中客户端代码类似，只不过多了开始先接收4字节的消息体长度值，然后分配这个空间的大小，后面的接收又和定长接收一样了。

有一点要注意，从recv函数接收的长度要转为主机字节序，代码如下：

```
leftlen = ntohl(leftlen);
```

这是因为服务器端程序是把长度转为网络字节序后再发送出去的。有些读者可能觉得这样多此一举，因为双方不转似乎也能得到正确的长度。这是因为这些读者是在本机或局域网环境下测试的，并没有经过路由器网络环境。故最好保持转的习惯，因为路由器和路由器之间都是网络字节序转发的。在编写网络程序遇到发送整型时，应该转为网络字节序再发送，接收时转为主机字节序再使用。

（4）保存工程。先运行服务器端，再运行客户端。服务器端运行结果如图4-11所示。

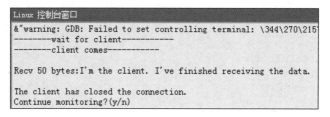

图 4-11

客户端运行结果如图4-12所示。

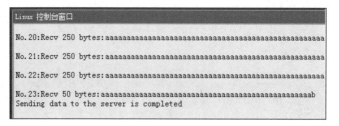

图 4-12

一共接收了22次250字节的数据和最后一次50字节的数据，加起来正好是5550字节数据。

4.12　I/O 控制命令

套接字的I/O控制主要用于设置套接字的工作模式（阻塞模式还是非阻塞模式），也可以用来获取与套接字相关的I/O操作的参数信息。

Linux提供了函数ioctl用来发送I/O控制命令，函数ioctl声明如下：

```
#include <sys/ioctl.h>
ioctl(int fd, int request, ...);
```

其中参数fd为要设置I/O模式的套接字的描述符；request表示发给套接字的I/O控制命令，通常取值如下：

- FIONBIO：表示设置或清除阻塞模式的命令，当arg作为输入参数取值为0时，套接字将设置为阻塞模式；当arg作为输入参数取值为非0时，套接字将设置为非阴塞模式。
- FIONREAD：用于确定套接字 s 自动读入数据量的命令，若 s 是流套接字（SOCET_STREAM）类型，则arg得到函数recv调用一次时可读入的数据量，它通常和套接字中排队的数据总量相同；若s是数据报套接字（SOCK_DGRAM），则arg返回套接字排队的第一个数据报的大小。
- FIOASYNC：表示设置或清除异步I/O的命令。

ioctl的第三个参数根据request确定，通常是命令参数，一般是输入、输出参数。如果函数成功返回0，否则返回−1，此时可以用函数errno获取错误码。

比如下面代码设置套接字为阻塞模式：

```
int iMode = 0;
ioctl (m_socket, FIONBIO, &iMode);
```

FIONBIO表示是否设置阻塞的命令，如果参数iMode传入的是0，则设置阻塞，否则设置为非阻塞。

又比如读取标准输入缓冲区中的字节数：

```
int num=0;
ioctl(0,FIONREAD,&num);
```

【例4.10】　设置阻塞套接字为非阻塞套接字。

（1）打开VC2017，新建一个Linux控制台工程test。
（2）在main.cpp中输入代码如下：

```
#include <cstdio>
#include <assert.h>
#include <sys/time.h>
#include <sys/types.h>
#include <sys/socket.h>
#include <netinet/in.h>
```

```c
#include <arpa/inet.h>
#include <string.h>
#include <unistd.h>
#include <errno.h>
#include <sys/ioctl.h>
//返回自系统开机以来的毫秒数（tick）
unsigned long GetTickCount()
{
    struct timeval tv;
    if (gettimeofday(&tv, NULL) != 0) return 0;
    return (tv.tv_sec * 1000) + (tv.tv_usec / 1000);
}
int main()
{
    int argp;
    int res;
    char ip[] = "192.168.0.88";        //该IP地址是和本机通一网段的地址，但并不存在
    int port = 13334;
    struct sockaddr_in server_address;
    memset(&server_address, 0, sizeof(server_address));
    server_address.sin_family = AF_INET;
    in_addr_t dwIP = inet_addr(ip);
    server_address.sin_addr.s_addr = dwIP;
    server_address.sin_port = htons(port);

    int sock = socket(PF_INET, SOCK_STREAM, 0);
    assert(sock >= 0);
    long t1 = GetTickCount();
    int ret = connect(sock, (struct sockaddr*)&server_address,
sizeof(server_address));
    printf("connect ret code is: %d\n", ret);
    if (ret == -1)
    {
        long t2 = GetTickCount();
        printf("time used:%dms\n", t2 - t1);
        printf("connect failed...\n");
        if (errno == EINPROGRESS)
            printf("unblock mode ret code...\n");
    }
    else    printf("ret code is: %d\n", ret);
    argp = 1;
    res = ioctl(sock, FIONBIO, &argp);
    if (-1 == res)
    {
        printf("Error at ioctlsocket(): %ld\n", errno);
        return -1;
    }
    puts("\nAfter setting non blocking mode:");
    memset(&server_address, 0, sizeof(server_address));
    server_address.sin_family = AF_INET;
    dwIP = inet_addr(ip);
```

```
    server_address.sin_addr.s_addr = dwIP;
    server_address.sin_port = htons(port);

    t1 = GetTickCount();

    ret = connect(sock, (struct sockaddr*)&server_address,
sizeof(server_address));
    printf("connect ret code is: %d\n", ret);
    if (ret == -1)
    {
        long t2 = GetTickCount();
        printf("time used:%dms\n", t2 - t1);
        if (errno == EINPROGRESS)
        {
            printf("unblock mode errno:%d\n", errno);
            //后续可以用select函数来判断连接是否成功
        }
    }
    else    printf("ret code is: %d\n", ret);
    close(sock);
    getchar();
    return 0;
}
```

在此代码中，首先创建一个套接字socket，刚开始默认是阻塞的，然后用connect函数去连接一个和本机在同一子网的不真实存在的IP地址，会发现用了3秒多的时间。接着用ioctl函数把套接字sock设置为非阻塞，再同样用connect函数去连接一个和本机在同一子网的不真实存在的IP地址，会发现connect立即返回了，这就说明设置套接字为非阻塞成功了。

如果socket为非阻塞模式，则调用函数connect后立即返回，如果连接不能马上建立成功（返回-1），则errno被设置为EINPROGRESS，此时TCP三次握手仍在继续。此时可以调用函数select（后面章节会讲到）检测非阻塞连接是否完成。select指定的超时时间可以比connect的超时时间短，因此可以防止连接线程长时间阻塞在connect处。这样的连接过程是比较友好的。

（3）保存工程并运行，运行结果如下：

```
connect ret code is: -1
time used:3068ms
connect failed...

After setting non blocking mode:
connect ret code is: -1
time used:0ms
unblock mode errno:115
```

可以看到，大概了等3秒多后，才提示连接失败了。

把套接字设为非阻塞模式后，很多socket API函数就会立即返回，但并不意味着操作已经完成，该函数所在的线程会继续运行。

4.13 套接字选项

4.13.1 基本概念

除了可以通过发送I/O控制命令来影响套接字的行为外，还可以设置套接字的选项来进一步对套接字进行控制，比如我们可以设置套接字的接收或发送缓冲区大小、指定是否允许套接字绑定到一个已经使用地地址、判断套接字是否支持广播、控制带外数据的处理、获取和设置超时参数等。当然除了设置选项外，还可以获取选项，选项的概念相当于属性。所以套接字选项也可说是套接字属性，选项就是用来描述套接字本身的属性特征的。

值得注意的是，有些选项（属性）只可获取，不可设置，而有些选项既可设置也可获取。

4.13.2 选项的级别

有一些选项都是针对一种特定的协议，意思就是这些选项都是某种套接字特有的。还有一些选项适用于所有类型的套接字，因此就有了选项级别（level）的概念，即选项的适用范围或适用对象，是适用所有类型套接字，还是适用某种类型套接字。常用的级别有如下几种：

- SOL_SOCKET：该级别的选项与套接字使用的具体协议无关，只作用于套接字本身。
- SOL_LRLMP：该级别的选项作用于IrDA协议，
- IPPROTO_IP：该级别的选项作用于IPv4协议，因此与IPv4协议的属性密切相关，比如获取和设置IPv4头部的特定字段。
- IPPROTO_IPV6：该级别的选项作用于IPv6协议，它有一些选项和IPPROTO_IP对应。
- IPPROTO_RM：该级别的选项作用于可靠的多播传输。
- IPPROTO_TCP：该级别的选项适用于流式套接字。
- IPPROTO_UDP：该级别的选项适用于数据报套接字。

这些都是宏定义，可以直接用在函数参数中。

通常，不同的级别选项值也不尽相同。下面我们来看一下级别为SOL_SOCKET的常用选项，如表4-2所示。

表 4-2 为 SOL_SOCKET 级别的常用选项

选 项	获取/设置/两者都可	描 述
SO_ACCEPTCONN	获取	表示套接字是否处于监听状态，如果为真则表示处于监听状态。这个选项只针对面向连接的协议
SO_BROADCAST	两者都可	表示该套接字能否传送广播消息，如果为真则允许。这个选项只针对支持广播的协议（如IPX、UDP/IPv4等）
SO_CONDITIONAL_ACCEPT	两者都可	表示到来的连接是否接受
SO_DEBUG	两者都可	表示是否允许输出调试信息，如果为真则允许

（续表）

选　　项	获取/设置/两者都可	描　　述
SO_DONTLINGER	两者都可	表示是否禁用SO_LINGER选项，如果为真，则禁用
SO_DONTROUTE	两者都可	表示是否禁用路由选择，如果为真，则禁用
SO_ERROR	获取	获取套接字的错误码
SO_GROUP_ID	获取	保留不用
SO_GROUP_PRIORITY	获取	保留不用
SO_KEEPALIVE	两者都可	对于一个套接字连接来说，是否能够保活（keepalive），如果为真表示能够保活
SO_LINGER	两者都可	设置或获取当前的拖延值，拖延值的意思就是在关闭套接字时，如果还有未发送的数据，则等待的时间值
SO_MAX_MSG_SIZE	获取	如果套接字是数据报套接字，则该选项表示消息的最大尺寸。如果套接字是流套接字则没意义
SO_OOBINLINE	两者都可	表示是否可以在常规数据流中接收带外数据，如果为真表示可以
SO_PROTOCOL_INFO	获取	获取绑定到套接字的协议信息
SO_RCVBUF	两者都可	获取或设置用于数据接收的缓冲区大小。这个缓冲区是系统内核缓冲区
SO_REUSEADDR	两者都可	表示是否允许套接字绑定到一个已经适用的地址
SO_SNDBUF	两者都可	获取或设置用于数据发送的缓冲区大小。这个缓冲区是系统内核缓冲区
SO_TYPE	获取	获取套接字的类型，比如是流套接字还是数据报套接字

再来看下级别IPPROTO_IP的常用选项，如表4-3所示。

表 4-3　IPPROTO_IP 级别的常用选项

选　　项	获取/设置/两者都可	描　　述
IP_OPTIONS	两者都可	获取或设置IP头部内的选项
IP_HDRINCL	两者都可	是否将IP头部与数据一起提交给Winsock函数
IP_TTL	两者都可	IP_TTL相关

4.13.3　获取套接字选项

Linux socket提供了API函数getsockopt来获取套接字的选项。函数getsockopt声明如下：

```
#include <sys/types.h>          /* See NOTES */
#include <sys/socket.h>
int getsockopt(int sockfd, int level, int optname, void *optval, socklen_t
*optlen);
```

其中参数sockfd是套接字描述符；level表示选项的级别，比如可以取值SOL_SOCKET、IPPROTO_IP、IPPROTO_TCP、IPPROTO_UDP等；optname表示要获取的选项名称；optval[out]指向存放接收到的选项内容的缓冲区，char*只是表示传入的是optval的地址，optval的具体类型要根据选项而定，具体可以参考上一节的表格；optlen[in,out]指向optval所指缓冲区的大小。如果函数执行成功返回0，否则返回−1，此时可用函数errno来获取错误码，常见的错误码如下：

- EBADF：参数sockfd不是有效的文件描述符。
- EFAULT：参数optlen太小或optval所指缓冲区非法。
- EINVAL：参数level未知或非法。
- ENOPROTOOPT：选项未知或不被指定的协议族所支持。
- ENOTSOCK：描述符不是一个套接字描述符。

【例4.11】　获取流套接字和数据报套接字接收和发送的（内核）缓冲区大小。

（1）打开VC2017，新建一个Linux控制台工程test。

（2）在main.cpp中输入代码如下：

```
//注：为节省篇幅，头文件可以参考源码工程
int main()
{
    int err,s = socket(AF_INET, SOCK_STREAM, IPPROTO_TCP); //创建流套接字
    if (s == -1) {
        printf("Error at socket()\n");
        return -1;
    }
    int su = socket(AF_INET, SOCK_DGRAM, IPPROTO_UDP);        //创建数据报套接字
    if (s == -1) {
        printf("Error at socket()\n");
        return -1;
    }

    int optVal;
    int optLen = sizeof(optVal);
    //获取流套接字接收缓冲区大小
    if (getsockopt(s, SOL_SOCKET, SO_RCVBUF, (char*)&optVal, (socklen_t *)
&optLen) == -1)
        printf("getsockopt failed:%d", errno);
    else
        printf("Size of stream socket receive buffer: %ld bytes\n", optVal);
    //获取流套接字发送缓冲区大小
    if (getsockopt(s, SOL_SOCKET, SO_SNDBUF, (char*)&optVal, (socklen_t *)
&optLen) == -1)
        printf("getsockopt failed:%d", errno);
    else
        printf("Size of streaming socket send buffer: %ld bytes\n", optVal);

    //获取数据报套接字接收缓冲区大小
    if (getsockopt(su, SOL_SOCKET, SO_RCVBUF, (char*)&optVal, (socklen_t *)
&optLen) == -1)
        printf("getsockopt failed:%d", errno);
    else
        printf("Size of datagram socket receive buffer: %ld bytes\n", optVal);
    //获取数据报套接字发送缓冲区大小
    if (getsockopt(su, SOL_SOCKET, SO_SNDBUF, (char*)&optVal, (socklen_t *)
&optLen) == -1)
        printf("getsockopt failed:%d", errno);
```

```
    else
        printf("Size of datagram socket send buffer:%ld bytes\n", optVal);
    getchar();
    return 0;
}
```

在此代码中，首先创建一个流套接字和数据报套接字，然后通过函数getsockopt来获取它们的接收和发送缓冲区大小，最后输出。注意，缓冲区大小的选项级别是SOL_SOCKET。在获取缓冲区大小时，optVal的类型可以定义为int，然后再把其指针传给getsockopt。

（3）保存工程并运行，运行结果如下：

```
Size of stream socket receive buffer: 131072 bytes
Size of streaming socket send buffer: 16384 bytes
Size of datagram socket receive buffer: 212992 bytes
Size of datagram socket send buffer:212992 bytes
```

【例4.12】 获取当前套接字类型。

（1）新建一个控制台工程test。

（2）在main.cpp中输入代码如下：

```
//注：为节省篇幅，头文件可以参考源码工程
int main()
{
    int err;
    int s = socket(AF_INET, SOCK_STREAM, IPPROTO_TCP); //创建流套接字
    if (s == -1) {
        printf("Error at socket()\n");
        return -1;
    }
    int su = socket(AF_INET, SOCK_DGRAM, IPPROTO_UDP); //创建数据报套接字
    if (s == -1) {
        printf("Error at socket()\n");
        return -1;
    }

    int optVal;
    int optLen = sizeof(optVal);
    //获取套接字s的类型
    if (getsockopt(s, SOL_SOCKET, SO_TYPE, (char*)&optVal, (socklen_t
*)&optLen) == -1)
        printf("getsockopt failed:%d", errno);
    else
    {
        if (SOCK_STREAM == optVal)                    //SOCK_STREAM宏定义值为1
            printf("The current socket is a stream socket.\n"); //当前套接字是
流套接字
        else if (SOCK_DGRAM == optVal)                //SOCK_ DGRAM宏定义值为2
            printf("The current socket is a datagram socket.\n");//当前套接字是
数据报套接字
    }
```

```
    //获取套接字su的类型
    if (getsockopt(su, SOL_SOCKET, SO_TYPE, (char*)&optVal, (socklen_t
*)&optLen) == -1)
        printf("getsockopt failed:%d", errno);
    else
    {
        if (SOCK_STREAM == optVal)                    //SOCK_STREAM宏定义值为1
            printf("The current socket is a stream socket.\n");
        else if (SOCK_DGRAM == optVal)                //SOCK_ DGRAM宏定义值为2
            printf("The current socket is a datagram socket.\n");
    }
    getchar();
    return 0;
}
```

在此代码中，先创建一个流套接字s和数据报套接字su，然后用函数getsockopt来获取套接字类型并输出。获取套接字类型的选项是SO_TYPE，因此我们把SO_TYPE传入函数getsockopt中。

（3）保存工程并运行，运行结果如下：

```
The current socket is a stream socket.
The current socket is a datagram socket.
```

【例4.13】 判断套接字是否处于监听状态。

（1）打开VC2017，新建一个Linux控制台工程test。

（2）在main.cpp中输入代码如下：

```
//注：为节省篇幅，头文件可以参考源码工程
typedef struct sockaddr SOCKADDR;
int main()
{
    int err;
    sockaddr_in service;
    char ip[] = "192.168.0.118";                      //本机IP
    char on = 1;
    int s = socket(AF_INET, SOCK_STREAM, IPPROTO_TCP); //创建一个流套接字
    if (s == -1) {
        printf("Error at socket()\n");
        getchar();
        return -1;
    }
    //允许地址的立即重用
    setsockopt(s, SOL_SOCKET, SO_REUSEADDR, &on, sizeof(on));
    service.sin_family = AF_INET;
    service.sin_addr.s_addr = inet_addr(ip);
    service.sin_port = htons(8000);
    if (bind(s, (SOCKADDR*)&service, sizeof(service)) == -1) //绑定套接字
    {
        printf("bind failed:%d\n",errno);
        getchar();
```

```
            return -1;
        }
        int optVal;
        int optLen = sizeof(optVal);
        //获取选项SO_ACCEPTCONN的值
        if (getsockopt(s, SOL_SOCKET, SO_ACCEPTCONN, (char*)&optVal,
(socklen_t*)&optLen) == -1)
            printf("getsockopt failed:%d",errno);
        else printf("Before listening, The value of SO_ACCEPTCONN:%d, The socket
is not listening\n", optVal);

        //开始监听
        if (listen(s, 100) == -1)
        {
            printf("listen failed:%d\n", errno);
            getchar();
            return -1;
        }
        //获取选项SO_ACCEPTCONN的值
        if (getsockopt(s, SOL_SOCKET, SO_ACCEPTCONN, (char*)&optVal,
(socklen_t*)&optLen) == -1)
        {
            printf("getsockopt failed:%d", errno);
            getchar();
            return -1;
        }
        else printf("After listening,The value of SO_ACCEPTCONN:%d, The socket is
listening\n", optVal);
        getchar();
        return 0;
    }
```

在此代码中，在调用监听函数listen前后分别获取选项SO_ACCEPTCONN的值，可以发现监听前，该选项值为0，监听后选项值为1，符合预期。

（3）保存工程并运行，运行结果如下：

```
Before listening, The value of SO_ACCEPTCONN:0, The socket is not listening
After listening,The value of SO_ACCEPTCONN:1, The socket is listening
```

4.13.4 设置套接字选项

Linux socket提供了API函数setsockopt来获取套接字的选项。函数setsockopt声明如下：

```
int setsockopt(int sockfd, int level, int optname, const void *optval, socklen_t
optlen);
```

其中参数sockfd是套接字描述符；level表示选项的级别，比如可以取值SOL_SOCKET、IPPROTO_IP、IPPROTO_TCP、IPPROTO_UDP等；optname表示要获取的选项名称；optval指向存放要设置的选项值的缓冲区，char*只是表示传入的是optval的地址，optval具体类型要根据选项而定；optlen指向optval所指缓冲区的大小。如果函数执行成功返回0，否则返回−1，此时可用函数errno来获得错误码，该错误码和getsockopt出错时的错误码类似,这里不再赘述。

【例4.14】 启用套接字的保活机制。

（1）打开VC2017，新建一个Linux控制台工程，工程名是test。

（2）在main.cpp中输入代码如下：

```cpp
#include <cstdio>
#include <assert.h>
#include <sys/time.h>
#include <sys/types.h>
#include <sys/socket.h>
#include <netinet/in.h>
#include <arpa/inet.h>
#include <string.h>
#include <unistd.h>
#include <errno.h>
#include <sys/ioctl.h>
typedef struct sockaddr SOCKADDR;
int main()
{
    int err;
    sockaddr_in service;
    char ip[] = "192.168.0.118";//本机IP地址
    char on = 1;

    int s = socket(AF_INET, SOCK_STREAM, IPPROTO_TCP); //创建一个流套接字
    if (s == -1) {
        printf("Error at socket()\n");
        getchar();
        return -1;
    }
    //允许地址的立即重用
    setsockopt(s, SOL_SOCKET, SO_REUSEADDR, &on, sizeof(on));
    service.sin_family = AF_INET;
    service.sin_addr.s_addr = inet_addr(ip);
    service.sin_port = htons(9900);
    if (bind(s, (SOCKADDR*)&service, sizeof(service)) == -1)    //绑定套接字
    {
        printf("bind failed\n");
        getchar();
        return -1;
    }



    int  optVal = 1;                                              //一定要初始化
    int optLen = sizeof(int);

    //获取选项SO_KEEPALIVE的值
    if (getsockopt(s, SOL_SOCKET, SO_KEEPALIVE, (char*)&optVal, (socklen_t *)
&optLen) == -1)
    {
        printf("getsockopt failed:%d", errno);
```

```
        getchar();
        return -1;
    }
    else printf("After listening,the value of SO_ACCEPTCONN:%d\n", optVal);

    optVal = 1;
    if (setsockopt(s, SOL_SOCKET, SO_KEEPALIVE, (char*)&optVal, optLen) != -1)
    {
        printf("Successful activation of keep alive mechanism.\n");//启用保活
机制成功
    }
    if (getsockopt(s, SOL_SOCKET, SO_KEEPALIVE, (char*)&optVal, (socklen_t
*)&optLen) == -1)
    {
        printf("getsockopt failed:%d", errno);
        getchar();
        return -1;
    }
    else printf("After setting,the value of SO_KEEPALIVE:%d\n", optVal);
    getchar();
    return 0;
}
```

值得注意的是，存放选项SO_KEEPALIVE的值的变量的类型是int，并且要初始化。

（3）保存工程并运行，运行结果如下：

```
After listening,the value of SO_ACCEPTCONN:0
Successful activation of keep alive mechanism.
After setting,the value of SO_KEEPALIVE:1
```

第 5 章

UDP 服务器编程

UDP套接字就是数据报套接字,是一种无连接的socket,对应于无连接的UDP应用。在使用TCP和使用UDP编写的应用程序之间存在一些本质差异,其原因在于这两个传输层之间的差别:UDP是无连接的不可靠的数据报协议,而TCP提供的是面向连接的可靠字节流。从资源的角度来看,相对来说UDP套接字开销较小,因为不需要维持网络连接,而且因为无需花费时间来连接,所以UDP套接字的速度也较快。

因为UDP提供的是不可靠服务,所以数据可能会丢失。如果数据非常重要,就需要小心编写UDP客户程序,以检查错误并在必要时重传。实际上,UDP套接字在局域网中是非常可靠的,但如果在可靠性较低的网络中使用UDP通信,只能靠程序设计者来解决可靠性问题。虽然UDP传输不可靠,但是效率很高,因为它不用像TCP那样建立连接和撤销连接,所以特别适合一些交易性的应用程序,交易性的程序通常是一来一往的两次数据报的交换,若采用TCP,每次传送一个短消息,都要建立连接和撤销连接,开销巨大。像常见的TFTP、DNS和SNMP等应用程序都采用的是UDP通信。

5.1 UDP 套接字编程的基本步骤

在UDP套接字程序中,客户不需要与服务器建立连接,可以直接使用sendto函数给服务器发送数据报。同样地,服务器不需要接受来自客户的连接,而可以直接调用recvfrom函数,等待来自某个客户的数据到达。如图5-1所示为客户与服务器使用UDP套接字进行通信的过程。

编写UDP套接字应用程序,通常遵循以下几个步骤:

服务器:

步骤 01　创建套接字描述符(socket)。

步骤 02　设置服务器的IP地址和端口号(需要转换为网络字节序的格式)。

步骤 03　将套接字描述符绑定到服务器地址(bind)。

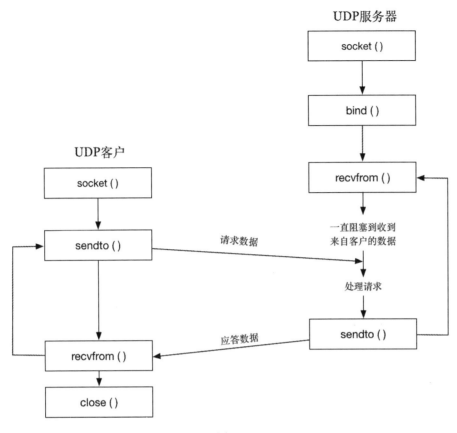

图 5-1

步骤 04 从套接字描述符读取来自客户端的请求并取得客户端的地址（recvfrom）。

步骤 05 向套接字描述符写入应答并发送给客户端（sendto）。

步骤 06 回到步骤（4）等待读取下一个来自客户端的请求。

客户端：

步骤 01 创建套接字描述符（socket）。

步骤 02 设置服务器的IP地址和端口号（需要转换为网络字节序的格式）。

步骤 03 向套接字描述符写入请求并发送给服务器（sendto）。

步骤 04 从套接字描述符读取来自服务器的应答（recvfrom）。

步骤 05 关闭套接字描述符（close）。

了解了套接字编程的基本步骤后，下面介绍常用的UDP套接字函数。

5.2 UDP 套接字编程的相关函数

UDP套接字创建函数socket()、地址绑定函数bind()与TCP套接字编程相同，具体请参考第4章，本章仅介绍消息传输函数sendto()与recvfrom()。

5.2.1 sendto 函数

sendto函数用于发送数据，它既可用于无连接的socket，也可以用于有连接的socket。对于有连接的socket，它和send等价。该函数声明如下：

```
#include <sys/types.h>
#include <sys/socket.h>
ssize_t sendto(int sockfd, const void *buf, size_t len, int flags, const struct
sockaddr *dest_addr, socklen_t addrlen);
```

其中参数sockfd为套接字描述符；buf为要发送的数据内容；len为buf的字节数；flags一般为0；dest_addr用来指定欲传送数据的对端网络地址，即目的网络地址；addrlen为dest_addr的字节数。如果函数执行成功，返回实际发送出去的数据字节数，否则返回–1，此时可以用函数errno获得错误码。

5.2.2 recvfrom 函数

该函数可以在一个连接的或无连接的套接字上接收数据，但通常用于一个无连接的套接字。函数声明如下：

```
ssize_t recvfrom(int sockfd, void *buf, size_t len, int flags,struct sockaddr
*src_addr, socklen_t *addrlen);
```

其中参数sockfd为已绑定的套接字描述符；buf指向存放接收数据的缓冲区；len为buf长度；flags通常设为0；src_addr指向数据来源的地址信息；addrlen为src_addr的字节数。如果函数执行成功返回收到数据的字节数，如果连接被优雅地关闭则返回0，其他情况返回–1，此时可以用函数errno获得错误码。

5.3 实战 UDP 套接字

了解了基本的UDP收发函数，我们就要进入实战环境。下面第一个例子是最简单的UDP程序，就是客户端发送信息给服务器端。另外注意：本章所有实例所在的虚拟机和宿主机之间的网络连接是"桥接模式（复制物理网络连接状态）"，并且虚拟机Ubuntu的IP地址由路由器动态分配，所以读者的虚拟机中的IP地址不一定和实例中虚拟机的IP地址相同，所以可能要在程序里改成读者自己的虚拟机IP地址。

【例5.1】 不带循环的UDP通信。

（1）打开VC2017，新建一个Linux控制台工程，工程名是client，这个client程序实现数据发送，作为客户端。

（2）在main.cpp中输入代码如下：

```
#include <cstdio>
#include <sys/time.h>
```

```c
#include <sys/types.h>
#include <sys/socket.h>
#include <netinet/in.h>
#include <arpa/inet.h>
#include <string.h>
#include <unistd.h>
#include <errno.h>
char wbuf[50];
int main()
{
    int sockfd,size,ret;
    char on = 1;
    struct sockaddr_in saddr;
    size = sizeof(struct sockaddr_in);
    memset(&saddr, 0, size);

    //设置服务器端的地址信息
    saddr.sin_family = AF_INET;
    saddr.sin_port = htons(9999);                   //注意这个是服务器端的端口
    saddr.sin_addr.s_addr = inet_addr("192.168.0.153");//这个IP地址是虚拟机的
IP地址

    sockfd = socket(AF_INET, SOCK_DGRAM, 0);        //创建UDP套接字
    if (sockfd < 0)
    {
        perror("failed socket");
        return -1;
    }
    //设置端口复用
    setsockopt(sockfd, SOL_SOCKET, SO_REUSEADDR, &on, sizeof(on));

    puts("please enter data:");
    scanf("%s", wbuf, sizeof(wbuf));                //输入要发送的信息
    ret = sendto(sockfd, wbuf, sizeof(wbuf), 0, (struct sockaddr*)&saddr,
        sizeof(struct sockaddr));                   //发送信息给服务器端
    if (ret < 0)
    perror("sendto failed");
    close(sockfd);
    getchar();
    return 0;
}
```

（3）先创建一个UDP套接字，然后设置服务器端的套接字地址，最后就可以调用发送函数sendto进行数据发送了，但要注意，这个工程要等服务器端运行后再运行。另外，代码中设置端口复用是为了程序退出后能马上重新运行，如果不设置会提示地址被占用了，要等一会才能重新运行。

另外再打开一个VC2017，并新建一个Linux工程srv，srv程序作为服务器端，它在等待客户端发来数据，一旦收到数据，就打印出来。在main.cpp中输入代码如下：

```cpp
#include <cstdio>
#include <sys/time.h>
#include <sys/types.h>
#include <sys/socket.h>
#include <netinet/in.h>
#include <arpa/inet.h>
#include <string.h>
#include <unistd.h>
#include <errno.h>
char rbuf[50];

int main()
{
    int sockfd, size,ret;
    char on = 1;
    struct sockaddr_in saddr;
    struct sockaddr_in raddr;

    //设置服务器端的地址信息,比如IP地址和端口号
    size = sizeof(struct sockaddr_in);
    memset(&saddr, 0, size);
    saddr.sin_family = AF_INET;
    saddr.sin_port = htons(9999);
    saddr.sin_addr.s_addr = inet_addr("192.168.0.153");        //虚拟机IP地址

    //创建UDP套接字
    sockfd = socket(AF_INET, SOCK_DGRAM, 0);
    if (sockfd < 0)
    {
        perror("socket failed");
        return -1;
    }
    //设置端口复用
    setsockopt(sockfd, SOL_SOCKET, SO_REUSEADDR, &on, sizeof(on));
    //把服务器端地址信息绑定到套接字上
    ret = bind(sockfd, (struct sockaddr*)&saddr, sizeof(struct sockaddr));
    if (ret < 0)
    {
        perror("sbind failed");
        return -1;
    }
    int val = sizeof(struct sockaddr);
    puts("waiting data");
    //阻塞等待客户端的消息
    ret = recvfrom(sockfd, rbuf, 50, 0, (struct sockaddr*)&raddr,
(socklen_t*)&val);
    if (ret < 0)
        perror("recvfrom failed");
    printf("recv data :%s\n", rbuf);                //打印收到的消息
    close(sockfd);                                  //关闭UDP套接字
    getchar();
```

```
    return 0;
}
```

在此代码中，首先创建UDP套接字，然后把本机的I地址和端口信息绑定到套接字上，就可以等待接收数据了。这里recvfrom是阻塞等待数据，一旦收到数据该函数才返回。注意，现在服务器端和客户端都是运行在虚拟机Ubuntu上，如果电脑配置高，也可以装2个虚拟机Ubuntu，一个虚拟机运行服务器端，另外一个虚拟机运行客户端。

（4）保存工程并运行，先运行服务器端rcv程序，再运行客户端client程序，运行方式既可以在VC中按F5键进行调试运行，也可以到虚拟机Ubuntu的命令行下直接敲命令运行（服务器端可执行程序所在的路径是：/root/projects/srv/bin/x64/Debug/。客户端可执行程序所在的路径是：/root/projects/client/bin/x64/Debug/）。运行后在client程序中输入数据并按Enter键，服务器端就接收到了，客户端运行结果如下：

```
please enter data:
sdff
```

服务器端运行结果如下：

```
waiting data
recv data :sdff
```

【例5.2】　带循环的UDP通信程序。

（1）打开VC2017，新建一个Linux控制台工程srv，srv程序相当于一个服务器端。

（2）在main.cpp中输入代码如下：

```
#include <sys/time.h>
#include <sys/types.h>
#include <sys/socket.h>
#include <netinet/in.h>
#include <arpa/inet.h>
#include <string.h>
#include <unistd.h>
#include <errno.h>
#include <stdio.h>
char rbuf[50];
int main()
{
    int sockfd, size, ret;
    char on = 1;
    struct sockaddr_in saddr;
    struct sockaddr_in raddr;

    //设置地址信息，IP信息
    size = sizeof(struct sockaddr_in);
    memset(&saddr, 0, size);
    saddr.sin_family = AF_INET;
    saddr.sin_port = htons(8888);
    saddr.sin_addr.s_addr = htonl(INADDR_ANY);   //准备在本机所有IP地址上等待接收
```

```
//创建UDP套接字
sockfd = socket(AF_INET, SOCK_DGRAM, 0);
if (sockfd < 0)
{
    puts("socket failed");
    return -1;
}


//设置端口复用
setsockopt(sockfd, SOL_SOCKET, SO_REUSEADDR, &on, sizeof(on));
//绑定地址信息，IP信息
ret = bind(sockfd, (struct sockaddr*)&saddr, sizeof(struct sockaddr));
if (ret < 0)
{
    puts("sbind failed");
    return -1;
}


int  val = sizeof(struct sockaddr);
while (1)  //循环接收客户端发来的消息
{
    puts("waiting data");
    ret = recvfrom(sockfd, rbuf, 50, 0, (struct sockaddr*)&raddr,(socklen_t*)
&val);
    if (ret < 0)
        perror("recvfrom failed");
    printf("recv data :%s\n", rbuf);
    memset(rbuf, 0, 50);
}
//关闭UDP套接字，这里不可达
close(sockfd);
getchar();
return 0;
}
```

在此代码中创建了一个UDP套接字，设置端口复用，绑定socket地址后就通过一个while循环等待客户端发来的消息。没有消息过来就在recvfrom函数上阻塞着，有消息就打印出来。

（3）再打开另外一个VC2017，然后新建一个Linux控制台工程client，输入客户端代码，打开main.cpp，输入代码如下：

```
#include <cstdio>
#include <sys/types.h>
#include <sys/socket.h>
#include <netinet/in.h>
#include <arpa/inet.h>
#include <string.h>
#include <unistd.h>
#include <errno.h>
char wbuf[50];
int main()
{
```

```
    int sockfd,size,ret;
    char on = 1;
    struct sockaddr_in saddr;
    size = sizeof(struct sockaddr_in);
    memset(&saddr, 0, size);
    //设置地址信息，IP信息
    saddr.sin_family = AF_INET;
    saddr.sin_port = htons(8888);
    saddr.sin_addr.s_addr = inet_addr("192.168.0.153");        //该IP地址为服务器
端所在的虚拟机IP地址

    sockfd = socket(AF_INET, SOCK_DGRAM, 0);                    //创建UDP套接字
    if (sockfd < 0)
    {
        perror("failed socket");
        return -1;
    }
    //设置端口复用
    setsockopt(sockfd, SOL_SOCKET, SO_REUSEADDR, &on, sizeof(on));
    //循环发送信息给服务器端
    while (1)
    {
        puts("please enter data:");
        scanf("%s", wbuf, sizeof(wbuf));
        ret = sendto(sockfd, wbuf, sizeof(wbuf), 0, (struct sockaddr*)&saddr,
            sizeof(struct sockaddr));
        if (ret < 0) perror("sendto failed");
        memset(wbuf, 0, sizeof(wbuf));
    }
    close(sockfd);
    getchar();
    return 0;
}
```

在此代码中，通过一个while循环等待用户输入信息，输入后就把信息发送出去。

（4）先运行服务器端，再运行客户端，客户端运行结果如下：

```
please enter data:
abc
please enter data:
def
please enter data:
```

此时服务器端程序可以接收到这2个信息了：

```
waiting data
recv data :abc
waiting data
recv data :def
waiting data
```

服务器端收到信息后，又继续等待。

5.4 UDP 丢包及无序问题

UDP是无连接的、面向消息的数据传输协议，与TCP相比，有两个缺点，一是数据报容易丢失，二是数据报无序。

丢包的原因通常是服务器端的socket接收缓存满了（UDP没有流量控制，因此发送速度比接收速度快，很容易出现这种情况），然后系统就会将后来收到的包丢弃，而且服务器收到包后，还要进行一些处理，而这段时间客户端发送的包没有去收，就会造成丢包。我们可以在服务器端单独开一个线程，去接收UDP数据，存放在一个应用缓冲区中，由另外的线程去处理收到的数据，尽量减少因为处理数据延时造成的丢包。但这个办法不能根本解决问题（只能改善），数据量大时候依然会有丢包的问题。还有方法就是让客户端发送慢点（比如增加sleep延时），但也只是权宜之计。

要实现数据的可靠传输，就必须在上层对数据丢包和乱序进行特殊处理，必须要有丢包重发机制和超时机制。

常见的可靠传输算法有模拟TCP和重发请求（ARQ）协议，它又可分为连续ARQ协议、选择重发ARQ协议、滑动窗口协议等。如果只是小规模程序，也可以自己实现丢包处理，原理基本上就是给数据进行分块，在每个数据报的头部添加一个唯一标识序号的ID值，当接收的报头部ID不是对应的ID号，则判定丢包，将丢包ID发回服务器端，服务器端接到丢包响应则重发丢失的数据报。

既然使用UDP，就要接受丢包的可能性，否则使用TCP。如果必须使用UDP，而丢包又是不能接受的，只能自己实现确认和重传，可以制定上层的协议，包括流控制、简单的超时和重传机制。

第 6 章

原始套接字编程

所谓原始套接字（Raw socket），是指在传输层下面使用的套接字。前面介绍了流式套接字和数据报套接字的编程方法，这两种套接字工作在传输层，主要为应用层的应用程序提供服务，并且在接收和发送时只能操作数据部分，而不能对IP首部或TCP和UDP首部进行操作，通常把流式套接字和数据报套接字称为标准套接字，开发应用层的程序用这两类套接字就够了。但是，如果我们想开发更底层的应用，比如发送一个自定义的IP报文、UDP报文、TCP报文、ICMP报文、捕获所有经过本机网卡的数据报、伪装本机IP地址、想要操作IP首部或传输层协议首部等，这两种套接字就无能为力了。这些功能我们需要另外一种套接字来实现，这种套接字叫作原始套接字，该套接字的功能更强大、更底层。原始套接字可以在链路层收发数据帧。在Linux下，在链路层上收发数据帧的另外通用做法是使用Linpcap这个开源库来实现。

原始套接字可以自动组装数据报（伪装本地IP地址和本地MAC），也可以接收本机网卡上所有的数据帧（数据报）。另外，必须在管理员权限下才能使用原始套接字。流式套接字只能收发TCP协议的数据，数据报套接字只能收发UDP协议的数据，原始套接字可以收发没经过内核协议栈的数据报。

原始套接字的编程和UDP的编程方法差不多，也是创建一个套接字后，通过这个套接字收发数据。重要区别是原始套接字更底层，可以自行封装数据报、制作网络嗅探工具、实现拒绝服务攻击、实现IP地址欺骗等。面向链路层的原始套接字用于在MAC层（二层）上收发原始数据帧，这样就允许用户在用户空间完成MAC上各个层次的实现。

6.1 原始套接字的强大功能

相对于标准套接字，原始套接字功能更强大，能让开发者实现更底层的功能。使用了标准套接字的应用程序，只能控制数据报的数据部分，即传输层和网络层头部以外的数据部分。传输层和网络层头部的数据由协议栈根据套接字创建时的参数决定，开发者是接触不到这两个头部数据的。而使用原始套接字的程序允许开发者自行组装数据报，也就是说，开发者不但可以控制传输层的头部，还能控制网络层的头部（IP数据报的头部），并且可以接收流经本机网卡的所有数据帧,这就大大增加了程序开发的灵活性,但也对程序的可靠性提出了更高的要求,毕竟原来是系统组包,现在好多字段都要自己来填充。值得注意的是,必须在管理员权限下才能使用原始套接字。

通常情况下所接触到的标准套接字为两类:

(1)流式套接字:一种面向连接的socket,针对面向连接的TCP服务应用。

(2)数据报套接字:一种无连接的socket,针对无连接的UDP服务应用。

而原始套接字与标准套接字的区别在于原始套接字直接"置根"于操作系统网络核心(Network Core),而标准套接字则"悬浮"于TCP和UDP的外围,如图6-1所示。

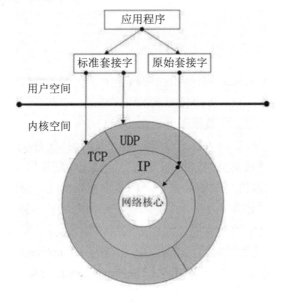

图 6-1

流式套接字只能收发TCP的数据,数据报套接字只能收发UDP的数据,即标准套接字只能收发传输层及以上的数据报,因为当IP层把数据传递给传输层时,下层的数据报头已经被丢掉了。而原始套接字功能大得多,可以对上至应用层的数据进行操作,也可以对下至链路层的数据进行操作。总之,原始套接字主要有以下几个常用功能:

(1)原始套接字可以收发ICMPv4、ICMPv6和IGMP数据报,只要在IP头部中预定义好网络层上的协议号,比如IPPROTO_ICMP、IPPROTO_ICMPV6和IPPROTO_IGMP(这些都是系统定义的宏,在ws2def.h中可以看到)等。

(2)可以对IP报头某些字段进行设置。不过这个功能需要设置套接字选项IP_HDRINCL。

(3)原始套接字可以收发内核不处理(或不认识)的IPv4数据报,原因可能是IP报头的协议号是自定义的,或是一个当前主机没有安装的网络协议,比如OSPF路由协议,该协议既不使用TCP也不使用UDP,其IP报头的协议号为89。如果当前主机没有安装该路由协议,那么内核就不认识也不处理了,此时我们可以通过原始套接字来收发该协议包。我们知道,IPv4报头中有一个8位长的协议字段,它通常用系统预定义的协议号来赋值,并且内核仅处理这几个系统预定义的协议号(见ws2def.h中的IPPROTO,也可见下一节)的数据报,比如协议号为

1（IPPROTO_ICMP）的ICMP数据报文、协议号为2（IPPROTO_IGMP）的IGMP报文、协议号为6（IPPROTO_TCP）的TCP报文、协议号为17（IPPROTO_UDP）的UDP报文等。除了预定义的协议号外，还可以自己定义协议号，并赋值给IPv4报头的协议字段，这样我们的程序就可以处理不经内核处理的IPv4数据报了。

（4）通过原始套接字可以让网卡处于混杂模式，从而能捕获流经网卡的所有数据报。这个功能对于制作网络嗅探器很有用。

6.2　创建原始套接字的方式

原始套接字可以接收本机网卡上的数据帧或者数据报，这对于监听网络的流量和分析是很有用的。有以下3种方式创建原始套接字：

（1）socket(AF_INET, SOCK_RAW, IPPROTO_TCP|IPPROTO_UDP|IPPROTO_ICMP)

这种方式可以发送接收IP数据报，从而可以分析TCP、UDP和ICMP，注意，ICMP报文是作为IP数据报的数据部分，然后加上IP首部组成IP数据报。

（2）socket(PF_PACKET, SOCK_RAW, htons（ETH_P_IP|ETH_P_ARP|ETH_P_ALL))

这种方式可以发送接收以太网数据帧，然后解析出链路层以上的协议报文，比如IP数据报、ARP数据报等。

（3）socket(AF_INET, SOCK_PACKET, htons（ETH_P_IP|ETH_P_ARP|ETH_P_ALL))

这种方式已经过时了，不要再用。在这里列出来，是为了大家维护老系统的时候，如果碰到这样的代码不至于惊讶。

6.3　原始套接字的基本编程步骤

原始套接字编程方式和前面的UDP编程方式类似，不需要预先建立连接。发送的基本编程步骤如下：

步骤01 定义相关报头，比如IP报头等。

步骤02 创建一个原始套接字。

步骤03 设置对端的IP地址，注意原始套接字通常不涉及端口号（端口号是传输层才有的概念）。

步骤04 组织IP数据报，即填充首部和数据部分。

步骤05 使用发送函数发送数据报。

步骤06 关闭释放套接字。

原始套接字接收的一般编程步骤如下：

步骤01 定义相关报头，比如IP报头等。

步骤 **02** 创建一个原始套接字。

步骤 **03** 把原始套接字绑定到本地的一个协议地址上。

步骤 **04** 使用接收函数接收数据报。

步骤 **05** 过滤数据报，即判断收到的数据报是否为所需要的数据报。

步骤 **06** 对数据报进行处理。

步骤 **07** 关闭释放套接字。

其中，所谓协议地址，对于常用的IPv4而言，就是32位的IPv4地址和16位的端口号的组合。需要再次强调的是，使用原始套接字的函数必须要求用户有管理员权限。请检查当前Linux登录用户是否具有管理员权限。

6.3.1 创建原始套接字函数 socket

创建原始套接字的函数是socket，只要传入特定的参数，就能创建出原始套接字。我们再来看下它的声明：

```
int socket(int domain, int type, int protocol);
```

其中参数domain用于指定套接字所使用的协议族，通常取AF_INET、AF_INET6或PF_PACKET，AF_INET和AF_INET6通常用来操作网络层数据（只不过一个是IPv4，一个是IPv6），PF_PACKET可以操作链路层上的数据；type表示套接字的类型，因为我们要创建原始套接字，所以type总是取值为SOCK_RAW；参数protocol用于指定原始套接字所使用的协议，由于原始套接字能使用的协议较多，因此该参数通常不为0，为0通常表示取该协议族所默认的协议，对于AF_INET来说（domain取AF_INET），默认的协议是TCP。该参数值会被填充到IP报头协议字段中，这个参数可以使用系统预定义的协议号，也可以使用自定义的协议号，在/usr/include/linux/in.h中预定义常见网络协议的协议号，部分内容如下：

```
/* Standard well-defined IP protocols.  */
enum {
  IPPROTO_IP = 0,               /* Dummy protocol for TCP       */
#define IPPROTO_IP             IPPROTO_IP
  IPPROTO_ICMP = 1,             /* Internet Control Message Protocol    */
#define IPPROTO_ICMP           IPPROTO_ICMP
  IPPROTO_IGMP = 2,             /* Internet Group Management Protocol   */
#define IPPROTO_IGMP           IPPROTO_IGMP
  IPPROTO_IPIP = 4,             /* IPIP tunnels (older KA9Q tunnels use 94) */
#define IPPROTO_IPIP           IPPROTO_IPIP
  IPPROTO_TCP = 6,              /* Transmission Control Protocol    */
#define IPPROTO_TCP            IPPROTO_TCP
  IPPROTO_EGP = 8,              /* Exterior Gateway Protocol        */
#define IPPROTO_EGP            IPPROTO_EGP
  IPPROTO_PUP = 12,             /* PUP protocol              */
#define IPPROTO_PUP            IPPROTO_PUP
  IPPROTO_UDP = 17,             /* User Datagram Protocol       */
...
```

我们需要原始套接字访问什么协议，就让参数protocol取上面的协议号，比如我们创建一个用于访问ICMP协议报文的原始套接字，代码如下：

```
int s = socket( AF_INET,  SOCK_RAW, IPPROTO_ICMP );
```

如果要创建一个用于访问IGMP协议报文的原始套接字，代码如下：

```
int s = socket( AF_INET,  SOCK_RAW, IPPROTO_IGMP );
```

如果要创建一个用于访问IPv4协议报文的原始套接字，代码如下：

```
int s = socket( AF_INET,  SOCK_RAW, IPPROTO_IP );
```

值得注意的是，对于原始套接字，参数protocol一般不能为0，这是因为取0后，所创建的原始套接字可以接收内核传递给原始套接字的任何类型的IP数据报，需要再次区分。另外，参数protocol不仅仅只取上面预定义的协议号，上面枚举的IPPROTO范围达到了0～255，因此protocol可取值的范围是0～255，而且系统没有全部用完，所以我们完全可以在0～255范围内定义自己的协议号，即利用原始套接字来实现自定义的上层协议。顺便科普一下，IANA组织负责管理协议号。另外，如果想完全构造包括IP头部在内的数据报，可以使用协议号IPPROTO_RAW。总之，socket函数的第一个参数使用PF_INET，第二个参数使用SOCK_RAW，则可以得到原始的IP数据报。

对于PF_PACKET来说（domain取PF_PACKET），protocol表示以太网协议号，可以取的值基本都在/usr/include/linux/if_ether.h中进行了定义，比如：ETH_P_ARP表示ARP报文、ETH_P_IP表示IP报文、ETH_P_ALL表示所有报文（谨慎使用）。例如准备要发送或接收链路层的ARP报，可以这样定义套接字：

```
int pf_packet = socket(PF_SOCKET, SOCK_RAW, htons(ETH_P_ARP));
```

然后就可以利用函数sendto和recefrom来读取和发送链路层的ARP数据报了。

值得注意的是，对于PF_PACKET来说，使用SOCK_RAW发送的数据必须包含链路层的协议头，接收到的数据报也包含链路层协议头。

如果函数socket成功，返回新建的套接字描述符，失败则返回-1，此时可以用函数erron来查看错误码。

最后，我们再来加强下区分：

- socket(AF_INET, SOCK_RAW, IPPROTO_TCP|IPPROTO_UDP|IPPROTO_ICMP)表示发送和接收IP数据报，通常不使用IPPROTO_IP，因为如果使用了IPPROTO_IP，系统根本就不知道该用什么协议。
- socket(PF_PACKET, SOCK_RAW, htons（ETH_P_IP|ETH_P_ARP|ETH_P_ALL）)表示发送和接收以太网数据帧（需要包含链路层协议头）。

6.3.2　接收函数 recvfrom

实际上在原始套接字被认为是无连接套接字，因此原始套接字的数据接收函数同UDP的接发数据函数一样，都是recvfrom，该函数声明如下：

```
ssize_t recvfrom(int sockfd, void *buf, size_t len, int flags,  struct sockaddr
*src_addr, socklen_t *addrlen);
```

其中参数sockfd是将要从其接收数据的原始套接字描述符；buf为存放消息接收后的缓冲区；len为buf所指缓冲区的字节大小；src_addr [out]是一个输出参数（注意，不是用来指定接收来源，如果要指定接收来源，要用bind函数进行套接字和物理层地址绑定），该参数用来获取对端地址，所以src_addr指向一个已经开辟好的缓冲区，如果不需要获得对端地址，那么就设为NULL，即不返回对端socket地址；addrlen [in,out]是一个输入、输出参数，作为输入参数，指向存放表示src_addr所指缓冲区的最大长度，作为输出参数，指向存放表示src_addr所指缓冲区的实际长度，如果src_addr取NULL，此时addrlen也要设为0。如果函数成功执行时，返回收到数据的字节数；如果另一端已优雅的关闭则返回0，失败则返回–1，此时可以用函数errno获取错误码。

当操作系统收到一个数据报后，系统对所有由进程创建的原始套接字进行匹配，所有匹配成功的原始套接字都会收到一份拷贝的数据报。

值得注意的是，对于AF_INET，recvfrom总是能接收到包括IP头在内的完整的数据报，不管原始套接字是否指定了IP_HDRINCL选项。而对于IPv6，recvfrom只能接收除了IPv6头部及扩展头部以外的数据，即无法通过原始套接字接收IPv6的头部数据。

该函数使用时和UDP基本相同，只不过套接字用的是原始套接字。对于AF_INET，创建原始套接字后，接收到的数据就会包含IP报头。

对于AF_INET，原始套接字接收到的数据总是包含IP首部在内的完整数据报。而对于AF_INET6，收到的数据则是去掉了IPv6首部和扩展首部的。

首先我们来看接收类型，协议栈把从网络接口（比如网卡）处收到的数据传递到应用程序的缓冲区中（就是recvfrom的第二个参数）经历了3次传递，它先把数据拷贝到原始套接字层，然后把数据拷贝到原始套接字的接收缓冲区，最后把数据从接收缓冲区拷贝到应用程序的缓冲区。在前两次拷贝中，不是所有从网卡处收到的数据都会拷贝过去，而是有条件、有选择的，第三次拷贝则通常是无条件拷贝。对于第一次拷贝，协议栈通常会把下列IP数据报进行拷贝：

（1）UDP分组或TCP分组。

（2）部分ICMP分组（注意是部分）。默认情况下，原始套接字抓不到ping包。

（3）所有IGMP分组。

（4）IP首部的协议字段不被协议栈认识的所有IP数据报。

（5）重组后的IP分片。

对于第二次拷贝，也是有条件的拷贝，协议栈会检查每个进程，并查看进程中所有已创建的套接字，看其是否符合条件，如果符合就把数据复制到原始套接字的接收缓冲区。具体条件如下：

（1）协议号是否匹配：协议栈检查收到的IP数据报的首部协议字段是否和socket的第三个参数相等，如果相等，就把数据报拷贝到原始套接字的接收缓冲区。

（2）目的IP地址是否匹配：如果接收端用bind函数把原始套接字绑定了接收端的某个IP地址，协议栈会检查数据报中的目的IP地址是否和该套接字所绑的IP地址相符，如果相符就把数据报拷贝到该套接字的接收缓冲区，如果不相符则不拷贝。如果接收端原始套接字绑定的是任意IP地址，即使用了INADDR_ANY，则也会拷贝数据。

6.3.3　发送函数 sendto

在原始套接字上发送数据报都被认为是无连接套接字上的数据报，因此发送函数同UDP的发送函数，都是用sendto。sendto声明如下：

```
ssize_t sendto(int sockfd, const void *buf, size_t len, int flags,
               const struct sockaddr *dest_addr, socklen_t addrlen);
```

其中参数sockfd为原始套接字描述符；msg为要发送的数据内容；len为buf的字节数；参数flags一般设0；参数dest_addr用来指定欲传送数据的对端网络地址；addrlen为dest_addr的字节数。如果函数成功，返回实际发送出去的数据字节数，否则返回–1。

6.4　AF_INET 方式捕获报文

在介绍了原始套接字的基本编程步骤和编程函数后，我们就可以进入实战环节来加深理解原始套接字的使用了,原始套接字最基本的应用就是捕获报文,这也是最需要掌握的。通常,在Linux下创建原始套接字有两种方式，一种方式是AF_INET，另外一种方式是PF_PACKET，前面一种比较简单。我们先来看几个典型的例子，希望读者多加练习。

【例6.1】　原始套接字捕获UDP报文。

（1）新建一个VC2017的Linux控制台工程，工程名是send，这个send作为发送端，是一个数据报套接字程序。

（2）打开main.cpp，输入代码如下：

```
#include <cstdio>
#include <sys/time.h>
#include <sys/types.h>
#include <sys/socket.h>
#include <netinet/in.h>
#include <arpa/inet.h>
#include <string.h>
#include <unistd.h>
#include <errno.h>
char wbuf[50];
int main()
{
    int sockfd, size,ret;
    char on = 1;
    struct sockaddr_in saddr;

    size = sizeof(struct sockaddr_in);
    memset(&saddr, 0, size);

    //设置服务器端的地址信息
    saddr.sin_family = AF_INET;
```

```
        saddr.sin_port = htons(9999);
        saddr.sin_addr.s_addr = inet_addr("192.168.0.118");//该IP地址为服务器端所在
的IP地址

        sockfd = socket(AF_INET, SOCK_DGRAM, 0);              //创建UDP套接字
        if (sockfd < 0)
        {
            perror("failed socket");
            return -1;
        }
        //设置端口复用，就是释放后，能马上再次使用
        setsockopt(sockfd, SOL_SOCKET, SO_REUSEADDR, &on, sizeof(on));
        //发送信息给服务器端
        puts("please enter data:");
        scanf("%s", wbuf, sizeof(wbuf));
        ret = sendto(sockfd, wbuf, sizeof(wbuf), 0, (struct sockaddr*)&saddr,
sizeof(struct sockaddr));
        if (ret < 0)
            perror("sendto failed");
        close(sockfd);
        getchar();
        return 0;
    }
```

在此代码中，首先设置了服务器端（接收端）的地址信息（IP地址和端口），端口其实不设置也没关系，因为我们的接收端是原始套接字，是在网络层上抓包的，端口信息对原始套接字来说没用，这里设置了端口信息（9999），目的是为了在接收端能把这个端口信息打印出来，让大家更深刻地理解UDP的一些字段，即端口信息是在传输层的字段。

（3）再打开一个新的VC2017，然后新建一个Linux控制台工程，工程名是rcver，这个工程作为服务器端（接收端）工程，它运行后将一直死循环等待客户端的数据，一旦收到数据就打印出源/目的IP地址和端口信息，以及发送端用户输入的文本。打开rcver.cpp,输入代码如下：

```
#include <cstdio>
#include <sys/time.h>
#include <sys/types.h>
#include <sys/socket.h>
#include <netinet/in.h>
#include <arpa/inet.h>
#include <string.h>
#include <unistd.h>
#include <errno.h>
char rbuf[500];
typedef struct _IP_HEADER                //IP头定义，共20字节
{
    char m_cVersionAndHeaderLen;         //版本信息(前4位)，头长度(后4位)
    char m_cTypeOfService;               //服务类型8位
    short m_sTotalLenOfPacket;           //数据报长度
    short m_sPacketID;                   //数据报标识
    short m_sSliceinfo;                  //分片使用
    char m_cTTL;                         //存活时间
```

```
    char m_cTypeOfProtocol;                 //协议类型
    short m_sCheckSum;                       //校验和
    unsigned int m_uiSourIp;                 //源IP地址
    unsigned int m_uiDestIp;                 //目的IP地址
}IP_HEADER, *PIP_HEADER;

typedef struct _UDP_HEADER                   //UDP首部定义，共8字节
{
    unsigned short m_usSourPort;             //源端口号16bit
    unsigned short m_usDestPort;             //目的端口号16bit
    unsigned short m_usLength;               //数据报长度16bit
    unsigned short m_usCheckSum;             //校验和16bit
}UDP_HEADER, *PUDP_HEADER;

int main()
{
    int sockfd,size,ret;
    char on = 1;
    struct sockaddr_in saddr;
    struct sockaddr_in raddr;

    IP_HEADER iph;
    UDP_HEADER udph;

    //设置地址信息，IP信息
    size = sizeof(struct sockaddr_in);
    memset(&saddr, 0, size);
    saddr.sin_family = AF_INET;
    saddr.sin_port = htons(8888);            //这里的端口无所谓
    saddr.sin_addr.s_addr = htonl(INADDR_ANY);
    //创建UDP套接字，该原始套接字使用UDP
    sockfd = socket(AF_INET, SOCK_RAW, IPPROTO_UDP);
    if (sockfd < 0)
    {
        perror("socket failed");
        return -1;
    }
    //设置端口复用
    setsockopt(sockfd, SOL_SOCKET, SO_REUSEADDR, &on, sizeof(on));
    //绑定地址信息，IP信息
    ret = bind(sockfd, (struct sockaddr*)&saddr, sizeof(struct sockaddr));
    if (ret < 0)
    {
        perror("sbind failed");
        return -1;
    }
    int  val = sizeof(struct sockaddr);
    //接收客户端发来的消息
    while (1)
    {
        puts("waiting data");
```

```
        ret = recvfrom(sockfd, rbuf, 500, 0, (struct sockaddr*)&raddr,
(socklen_t*)&val);
        if (ret < 0)
        {
            perror("recvfrom failed");
            return -1;
        }
        memcpy(&iph, rbuf, 20);              //把缓冲区前20字节拷贝到iph中
        memcpy(&udph, rbuf + 20, 8);         //把IP报头后的8字节拷贝到udph中

        int srcp = ntohs(udph.m_usSourPort);
        struct in_addr ias, iad;
        ias.s_addr = iph.m_uiSourIp;
        iad.s_addr = iph.m_uiDestIp;

        char dip[100];
        strcpy(dip, inet_ntoa(iad));
        printf("(sIp=%s,sPort=%d), \n(dIp=%s,dPort=%d)\n", inet_ntoa(ias),
ntohs(udph.m_usSourPort), dip, ntohs(udph.m_usDestPort));
        printf("recv data:%s\n", rbuf + 28);
    }
    close(sockfd);                          //关闭原始套接字
    getchar();
    return 0;
}
```

在此代码中，首先为结构体saddr设置了本地地址信息。然后创建一个原始套接字sockfd，并设置第三个参数为IPPROTO_UDP，表明这个原始套接字使用的UDP，能收到UDP数据报。接着把sockfd绑定到地址saddr上。再接着开启一个循环阻塞接收数据，一旦收到数据，就把缓冲区前20字节拷贝到iph中，因为数据报的IP报头占20字节，20字节后面的8字节是UDP头部，因此再把20字节后的8字节拷贝到udph中。IP首部字段获取后，就可以打印出源和目的IP地址了；UDP首部字段获取后，就可以打印出源和目的端口了。最后打印出UDP报头后的文本信息，它就是发送端用户输入的文本。

另外有一点要注意，接收端绑定IP地址时用了INADDR_ANY，这情况下，协议栈会把数据报拷贝给原始套接字，如果绑定的IP地址用了数据报的目的IP地址（192.168.0.118），即：

```
saddr.sin_addr.s_addr = inet_addr("192.168.0.118");
```

接收端也可以收到数据报，这里不再赘述。如果接收端绑定了一个虽然是本机的IP地址，但不是数据报的目的IP地址，则会收不到，我们可以在本例中体会到这一点。

（4）保存工程并设置rcver为启动项目，运行rcver，然后再把test工程设为启动项目并运行，运行结果如下：

```
please enter data:
abc
```

此时，接收端运行结果如下：

```
waiting data
(sIp=192.168.0.221,sPort=137),
(dIp=192.168.0.255,dPort=137)
recv data:��
waiting data
(sIp=192.168.0.118,sPort=40373),
(dIp=192.168.0.118,dPort=9999)
recv data:abc
waiting data
(sIp=192.168.0.186,sPort=68),
(dIp=255.255.255.255,dPort=67)
recv data:
waiting data
(sIp=192.168.0.1,sPort=67),
(dIp=255.255.255.255,dPort=68)
recv data:
waiting data
```

由于笔者的虚拟机Linux相当于局域网中的一台机器，因此还可以收到局域网上其他IP地址信息，这从接收端的运行结果可以看出。而本例的发送端和接收端都是在同一主机（19.168.0.118）上的，收到的数据abc就是本例发送端发出来的。另外，我们的原始套接字是用UDP，所以只收到UDP报文，其他报文不会接收，读者可以在其他主机上ping 192.168.0.118，可以发现rcver程序没有任何反映。从这个例子可以看出，要监听局域网上其他主机的UDP通信情况，是十分容易的。

再次强调下，对于IPv4，接收到的数据总是完整的数据报，而且是包含IP首部的。另外，默认情况下，虚拟机Ubuntu下的原始套接字程序是可以抓到宿主机Windows 7发来的ping包的，可以看下面这个例子。但要注意先把两端防火墙关闭，并能相互ping通。

【例6.2】　原始套接字捕获ping包。

（1）打开VC2017，新建一个Linux控制台工程，工程名rcver。
（2）在rcver.cpp中输入代码如下：

```
#include <cstdio>
#include <sys/time.h>
#include <sys/types.h>
#include <sys/socket.h>
#include <netinet/in.h>
#include <arpa/inet.h>
#include <string.h>
#include <unistd.h>
#include <errno.h>

char rbuf[500];
typedef struct _IP_HEADER                //IP头定义，共20字节
{
    char m_cVersionAndHeaderLen;         //版本信息(前4位)，头长度(后4位)
    char m_cTypeOfService;               //服务类型8位
    short m_sTotalLenOfPacket;           //数据报长度
```

```
    short m_sPacketID;                    //数据报标识
    short m_sSliceinfo;                   //分片使用
    char m_cTTL;                          //存活时间
    char m_cTypeOfProtocol;               //协议类型
    short m_sCheckSum;                    //校验和
    unsigned int m_uiSourIp;              //源IP地址
    unsigned int m_uiDestIp;              //目的IP地址
}IP_HEADER, *PIP_HEADER;

typedef struct _UDP_HEADER                //UDP头定义，共8字节
{
    unsigned short m_usSourPort;          //源端口号16bit
    unsigned short m_usDestPort;          //目的端口号16bit
    unsigned short m_usLength;            //数据报长度16bit
    unsigned short m_usCheckSum;          //校验和16bit
}UDP_HEADER, *PUDP_HEADER;

int main()
{
    int sockfd,size,ret;
    char on = 1;
    struct sockaddr_in saddr;
    struct sockaddr_in raddr;
    IP_HEADER iph;
    UDP_HEADER udph;
    //设置地址信息，IP信息
    size = sizeof(struct sockaddr_in);
    memset(&saddr, 0, size);
    saddr.sin_family = AF_INET;
    saddr.sin_port = htons(8888);
    //本机的IP地址，但和发送端设定的目的IP地址不同
    saddr.sin_addr.s_addr = inet_addr("192.168.0.153");
    //创建UDP的套接Linux，该原始套接字使用ICMP协议
    sockfd = socket(AF_INET, SOCK_RAW, IPPROTO_ICMP);
    if (sockfd < 0)
    {
        perror("socket failed");
        return -1;
    }
    //设置端口复用
    setsockopt(sockfd, SOL_SOCKET, SO_REUSEADDR, &on, sizeof(on));

    //绑定地址信息，IP信息
    ret = bind(sockfd, (struct sockaddr*)&saddr, sizeof(struct sockaddr));
    if (ret < 0)
    {
        perror("bind failed");
        getchar();
        return -1;
    }
```

```
    int   val = sizeof(struct sockaddr);
    //接收客户端发来的消息
    while (1)
    {
        puts("waiting data");
        ret = recvfrom(sockfd, rbuf, 500, 0, (struct sockaddr*)&raddr,
(socklen_t*)&val);
        if (ret < 0)
        {
            printf("recvfrom failed:%d", errno);
            return -1;
        }
        memcpy(&iph, rbuf, 20);
        memcpy(&udph, rbuf + 20, 8);

        int srcp = ntohs(udph.m_usSourPort);
        struct in_addr ias, iad;
        ias.s_addr = iph.m_uiSourIp;
        iad.s_addr = iph.m_uiDestIp;
        char strDip[50] = "";
        strcpy(strDip, inet_ntoa(iad));
        printf("(sIp=%s,sPort=%d), \n(dIp=%s,dPort=%d)\n", inet_ntoa(ias),
ntohs(udph.m_usSourPort), strDip, ntohs(udph.m_usDestPort));
        printf("recv data :%s\n", rbuf + 28);
    }
    close(sockfd);            //关闭原始套接字
    return 0;
}
```

在此代码中，我们新建了一个使用ICMP协议的原始套接字，然后在循环中等待监听，最后把监听到的数据的源地址和目的地址打印出来，要注意的是，不要在prinf中使用2个inet_ntoa。为证明会抓到ping命令过来的数据报，我们在同一网段下的宿主机Windows 7中使用ping命令来测试。

（3）笔者的rcver程序所在虚拟机Ubuntu的IP地址为192.168.0.153，而宿主机Windows 7的IP地址为192.168.0.165，现在我们先编译运行rcver，此时它将处于等待接收数据的状态。然后在宿主机Windows 7下ping 192.168.0.153，接着重新查看rcver程序，可以发现能收到ping包，代码如下：

```
waiting data
(sIp=192.168.0.165,sPort=2048),
(dIp=192.168.0.153,dPort=19737)
recv data :abcdefghijklmnopqrstuvwabcdefghi
waiting data
(sIp=192.168.0.165,sPort=2048),
(dIp=192.168.0.153,dPort=19736)
recv data :abcdefghijklmnopqrstuvwabcdefghi
waiting data
(sIp=192.168.0.165,sPort=2048),
(dIp=192.168.0.153,dPort=19735)
```

```
recv data :abcdefghijklmnopqrstuvwabcdefghi
waiting data
(sIp=192.168.0.165,sPort=2048),
(dIp=192.168.0.153,dPort=19734)
recv data :abcdefghijklmnopqrstuvwabcdefghi
waiting data
```

这就说明，默认情况下，使用ICMP协议的原始套接字能收到Windows自带的ping命令发来的数据报。

6.5 PF_PACKET 方式捕获报文

创建套接字时，除了让第一个参数使用AF_INET，还可以使用PF_PACKET，这样可以操作链路层的数据。为了简单入门，我们先用PF_PACKET来抓IP数据报。为了让抓取的数据报少一些，笔者设计了一个简单的网络环境。如果直接让虚拟机Ubuntu以桥接模式和宿主机相连，则相当于局域网中的一台独立主机，会收到很多数据报，比较乱，另外很有可能会无意中窥探到别人的隐私。因此，本节我们让虚拟机以"仅主机模式"和宿主机相连，这样简简单单就两台主机，一台虚拟机Ubuntu，一台宿主机Windows 7，则收到的数据报会少很多。

设计"仅主机模式"网络环境步骤如下：

步骤 **01** 打开Vmware workstation，单击主菜单"编辑" | "虚拟网络编辑器"，如图6-2所示。我们看到VMnet1是仅主机模式，并且IP网段是192.168.35.0，不同的电脑可能会不同，这里我们不需要去修改，主要是为了看IP网段。单击"确定"按钮关闭对话框。

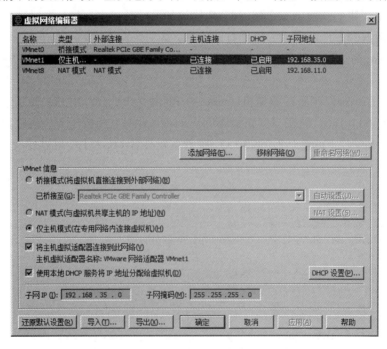

图 6-2

步骤 02 设置虚拟机Ubuntu的网络适配器为"仅主机模式"，如图6-3所示。单击"确定"按钮关闭该对话框。

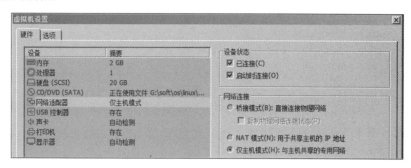

图 6-3

步骤 03 重启虚拟机 Ubuntu，然后在命令行下查看 IP 地址：

```
root@tom-virtual-machine:~/桌面# ifconfig
ens33: flags=4163<UP,BROADCAST,RUNNING,MULTICAST>  mtu 1500
       inet 192.168.35.128  netmask 255.255.255.0  broadcast 192.168.35.255
```

这个192.168.35.128就是系统自动分配的。

步骤 04 回到宿主机Windows 7上，进入"控制面板\网络和Internet\网络连接"，打开"VMware Virtual Ethernet Adapter for VMnet1"的属性对话框，设置其IP地址为192.168.35.2，如图6-4所示。单击"确定"按钮，关闭属性对话框。稍等片刻，打开命令提示符窗口，发现可以ping通虚拟机Ubuntu了，如图6-5所示。

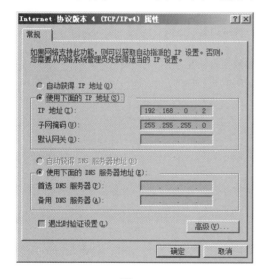

图 6-4

图 6-5

至此，我们的"仅主机模式"的网络实验环境搭建好了。下面开始实战，用PF_PACKET方式抓取ICMP和UDP报文。

【例6.3】 用PF_PACKET方式抓取ICMP报文和UDP报文。

（1）新建一个控制台工程rcver。

（2）在rcver.cpp中输入代码如下：

```c
#include <stdio.h>
#include <errno.h>
#include <netinet/in.h>
#include <arpa/inet.h>//for inet_ntoa
#include <sys/socket.h>
#include <sys/ioctl.h>
#include <linux/if_ether.h>
#include <net/if.h>
#include <unistd.h>//for close
#include <string.h>
typedef struct _IP_HEADER                 //IP头定义，共20字节
{
    char m_cVersionAndHeaderLen;          //版本信息(前4位)，头长度(后4位)
    char m_cTypeOfService;                //服务类型8位
    short m_sTotalLenOfPacket;            //数据报长度
    short m_sPacketID;                    //数据报标识
    short m_sSliceinfo;                   //分片使用
    char m_cTTL;                          //存活时间
    char m_cTypeOfProtocol;               //协议类型
    short m_sCheckSum;                    //校验和
    unsigned int m_uiSourIp;              //源IP地址
    unsigned int m_uiDestIp;              //目的IP地址
}IP_HEADER, *PIP_HEADER;

typedef struct _UDP_HEADER                //UDP头定义，共8字节
{
    unsigned short m_usSourPort;          //源端口号16bit
    unsigned short m_usDestPort;          //目的端口号16bit
    unsigned short m_usLength;            //数据报长度16bit
    unsigned short m_usCheckSum;          //校验和16bit
}UDP_HEADER, *PUDP_HEADER;

int main(int argc, char **argv) {
    int sock, n;
    char buffer[2048];
    unsigned char *iphead, *ethhead;

    struct sockaddr_in saddr;
    struct sockaddr_in raddr;
    IP_HEADER iph;
    UDP_HEADER udph;


    if ((sock = socket(PF_PACKET, SOCK_RAW,htons(ETH_P_IP))) < 0)
{ //htons(ETH_P_ALL)
        perror("socket");
        return -1;
    }
    long long cn = 1;
    while (1) {
        n = recvfrom(sock, buffer, 2048, 0, NULL, NULL);
```

```
        /* Check to see if the packet contains at least
         * complete Ethernet (14), IP (20) and TCP/UDP
         * (8) headers.
         */
        if (n < 42) {
            perror("recvfrom():");
            printf("Incomplete packet (errno is %d)\n",errno);
            close(sock);
            return -1;
        }

        ethhead = (unsigned char*)buffer;
        /*
        printf("Source MAC address: "
            "%02x:%02x:%02x:%02x:%02x:%02x\n",
            ethhead[0], ethhead[1], ethhead[2],
            ethhead[3], ethhead[4], ethhead[5]);
        printf("Destination MAC address: "
            "%02x:%02x:%02x:%02x:%02x:%02x\n",
            ethhead[6], ethhead[7], ethhead[8],
            ethhead[9], ethhead[10], ethhead[11]);
            */
        iphead = ethhead + 14; /* Skip Ethernet header */
        if (*iphead == 0x45) { /* Double check for IPv4
                            * and no options present */
                            //printf("Layer-4 protocol %d,", iphead[9]);
            memcpy(&iph, iphead, 20);
            if (iphead[12] == iphead[16] && iphead[13] == iphead[17] && iphead[14]
== iphead[18] && iphead[15] == iphead[19])
                continue;
            if (iphead[12] == 127)
                continue;
            printf("-----cn=%ld-----\n", cn++);
            printf("%d bytes read\n", n);
            /*这样也可以得到IP地址和端口
            printf("Source host %d.%d.%d.%d\n",iphead[12], iphead[13],
                iphead[14], iphead[15]);
            printf("Dest host %d.%d.%d.%d\n",iphead[16], iphead[17],
                iphead[18], iphead[19]);
                */

            struct in_addr ias, iad;
            ias.s_addr = iph.m_uiSourIp;
            iad.s_addr = iph.m_uiDestIp;
            char dip[100];
            strcpy(dip, inet_ntoa(iad));
            printf("sIp=%s,   dIp=%s, \n", inet_ntoa(ias), dip);

            //printf("Layer-4 protocol %d,", iphead[9]);//如果需要, 可以打印出协
议号

            if (IPPROTO_ICMP == iphead[9]) puts("Receive ICMP package.");
            if (IPPROTO_UDP == iphead[9])
```

```
            {
                memcpy(&udph, iphead + 20, 8);              //加20是越过IP首部
                printf("Source,Dest ports %d,%d\n", udph.m_usSourPort,
udph.m_usDestPort);
                printf("Receive UDP package,data:%s\n", iphead + 28);//越过IP
首部和UDP首部
            }
            if (IPPROTO_TCP == iphead[9]) puts("Receive TCP package.");
        }
    }
}
```

在此代码中，首先创建一个协议族为PF_PACKET、协议号为ETH_P_IP的原始套接字，设置成功后，就可以收到所有发往本机的IP数据报了。收到IP数据报后，打印出源、目的IP地址，然后对IP头部的协议类型进行判断，这里就简单区分了TCP报文、UDP报文或ICMP报文，区分的依据是根据IP首部的第9个字段来判断，见最后3个if语句。以太网帧的帧头是14字节，所以越过14字节后就能直接得到IP首部地址，比如代码中：iphead = ethhead + 14;，得到IP首部后，再越过20字节，可以得到UDP首部，见代码memcpy(&udph, iphead + 20, 8)。

（3）保存工程并编译，然后进入虚拟机Ubuntu下直接运行程序，即在命令行下进入目录/root/projects/rcver/bin/x64/Debug，然后运行rcver.out，此时我们在宿主机Windows 7中用ping命令ping rcver程序所在的主机，如图6-6所示。

然后我们的rcver程序就能捕捉到ICMP报文了，如图6-7所示。

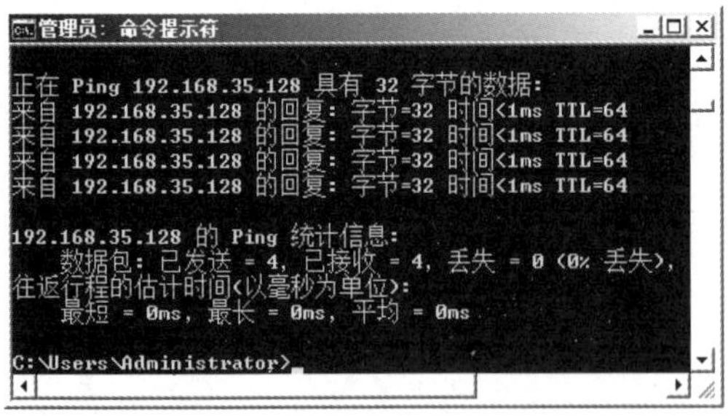

图 6-6

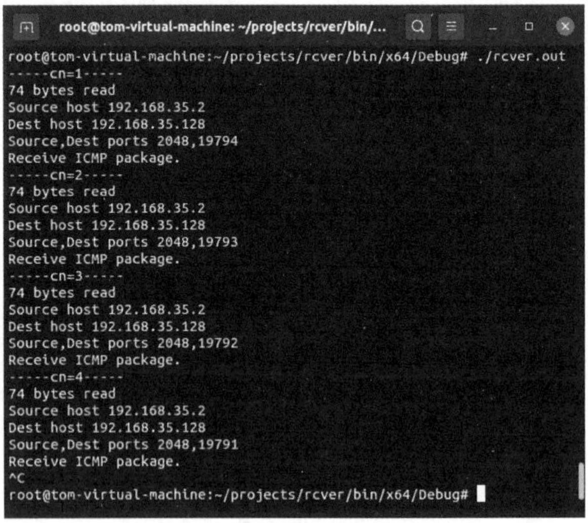

图 6-7

（4）我们的rcver除了能抓ICMP报文外，也能对UDP报文进行捕获，所以可以另外编写一个发送UDP报文的程序，然后放到另外一台主机（120.4.2.100）上去运行，看rcver能否捕获到其发来的UDP报文。

下面在同一个解决方案下新建一个Windows控制台应用程序，工程名是winSend，作为发送UDP报文的程序，在winSend.cpp中输入代码如下：

```cpp
//winSend.cpp ：此文件包含 "main" 函数，程序执行将在此处开始并结束
#include "pch.h"
#include <iostream>
#define _WINSOCK_DEPRECATED_NO_WARNINGS
#include "winsock2.h"
#pragma comment(lib, "ws2_32.lib")
#include <stdio.h>
char wbuf[50];

int main()
{
    int sockfd;
    int size;
    char on = 1;
    struct sockaddr_in saddr;
    int ret;

    size = sizeof(struct sockaddr_in);
    memset(&saddr, 0, size);

    WORD wVersionRequested;
    WSADATA wsaData;
    int err;

    wVersionRequested = MAKEWORD(2, 2);               //制作Winsock库的版本号
    err = WSAStartup(wVersionRequested, &wsaData);  //初始化Winsock库
    if (err != 0) return 0;

    //设置地址信息，IP信息
    saddr.sin_family = AF_INET;
    saddr.sin_port = htons(9999);
    saddr.sin_addr.s_addr = inet_addr("192.168.35.128");//该IP地址为服务器端所在
的IP地址

    sockfd = socket(AF_INET, SOCK_DGRAM, 0);               //创建UDP套接字
    if (sockfd < 0)
    {
        perror("failed socket");
        return -1;
    }
    //设置端口复用
    setsockopt(sockfd, SOL_SOCKET, SO_REUSEADDR, &on, sizeof(on));
    //发送信息给服务器端
    puts("please enter data:");
    scanf_s("%s", wbuf, sizeof(wbuf));
    ret = sendto(sockfd, wbuf, sizeof(wbuf), 0, (struct sockaddr*)&saddr,
        sizeof(struct sockaddr));
    if (ret < 0) perror("sendto failed");
    closesocket(sockfd);
    WSACleanup(); //释放套接字库
    return 0;
}
```

在此代码中，利用socket创建一个UDP套接字句柄，然后调用sendto函数发送一个报文。

最后先在虚拟机Ubuntu上运行rcver程序，再在宿主机Windows 7上运行winSend程序（按快捷键Ctrl+F5）并输入“abc”，运行结果如图6-8所示。

C:\WINDOWS\system32\cmd.exe
please enter data:
abc
请按任意键继续. . .

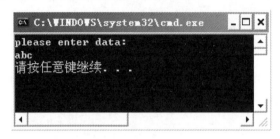

图 6-8

我们可以看到rcver程序收到了一个UDP报文，并打印出了数据内容：abc，如图6-9所示。

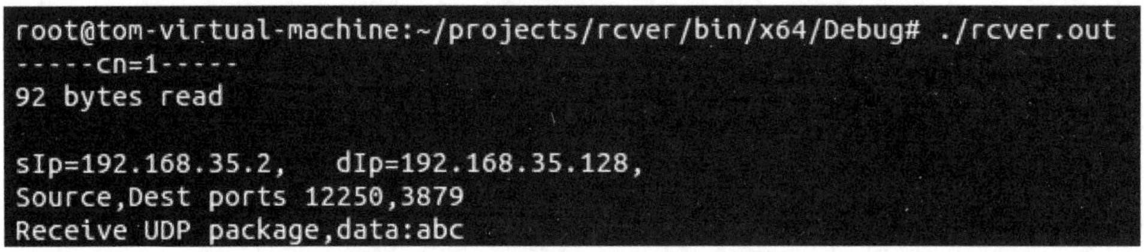
root@tom-virtual-machine:~/projects/rcver/bin/x64/Debug# ./rcver.out
-----cn=1-----
92 bytes read
sIp=192.168.35.2,   dIp=192.168.35.128,
Source,Dest ports 12250,3879
Receive UDP package,data:abc

图 6-9

第 7 章

服务器模型设计

服务器设计技术有很多种，按使用的协议来分有 TCP 服务器和 UDP 服务器，按处理方式来分有循环服务器和并发服务器。

在网络通信中，服务器通常需要处理多个客户端。由于客户端的请求会同时到来，服务器端可能会采用不同的方法来处理。总体来说，服务器端可采用两种模式来实现：循环服务器模型和并发服务器模型。循环服务器在同一时刻只能响应一个客户端的请求，并发服务器在同一时刻可以响应多个客户端的请求。

循环服务器模型是指服务器端依次处理每个客户端，直到当前客户端的所有请求处理完毕，再处理下一个客户端。这类模型的优点是简单，缺点是会造成其他客户端等待时间过长。

为了提高服务器的并发处理能力，引入了并发服务器模型。其基本思想是在服务器端采用多任务机制（比如多进程或者多线程），分别为每一个客户端创建一个任务来处理，极大地提高了服务器的并发处理能力。

不同于客户端程序，服务器端程序需要同时为多个客户端提供服务，及时响应。比如Web服务器，就要能同时处理不同IP地址的电脑发来的浏览请求，并把网页及时反应给电脑上的浏览器。因此，开发服务器程序，必须要有实现并发服务能力。这是网络服务器之所以成为服务器的最本质的要求。

这里要注意，有些并发，并不是需要真正精确到同一时间点。在某些应用场合，比如每次处理客户端数据量较少的情况下，我们也可以简化服务器的设计，因为服务器的性能通常较高，所以即使分时轮流服务客户机，客户机们也会感觉到服务器是同时在服务它们。

通常来说，网络服务器的设计模型有以下几种：（分时）循环服务器、多进程并发服务器、多线程并发服务器、I/O（Input/Output，输入/输出）复用并发服务器等。小规模应用场合通常用循环服务器即可，若是大规模应用场合，则要用到并发服务器。

在具体设计服务器之前，我们有必要了解一下Linux下的I/O模型，这对于我们以后设计和优化服务器模型有很大的帮助。注意，服务器模型是服务器模型，I/O模型是I/O模型，不能混淆，模型在这里的意思可以理解为描述系统的行为和特征。

7.1 I/O 模型

7.1.1 基本概念

I/O即数据的读取（接收）或写入（发送）操作，通常用户进程中的一个完整I/O分为两个阶段：用户进程空间<-->内核空间、内核空间<-->设备空间（磁盘、网卡等）。I/O分为内存I/O、网络I/O和磁盘I/O三种，本书讲的是网络I/O。

Linux中进程无法直接操作I/O设备，其必须通过系统调用请求内核来协助完成I/O操作。内核会为每个I/O设备维护一个缓冲区。对于一个输入操作来说，进程I/O系统调用后，内核会先看缓冲区中有没有相应的缓存数据，没有的话再到设备（比如网卡设备）中读取（因为设备I/O一般速度较慢，需要等待）；内核缓冲区有数据则直接复制到用户进程空间。所以，对于一个网络输入操作通常包括两个不同阶段：

（1）等待网络数据到达网卡，把数据从网卡读取到内核缓冲区，准备好数据。

（2）从内核缓冲区复制数据到用户进程空间。

网络I/O的本质是对socket的读取，socket在Linux系统中被抽象为流，I/O可以理解为对流的操作。对于一次I/O访问，数据会先被拷贝到操作系统的内核缓冲区中，然后才会从操作系统的内核缓冲区拷贝到应用程序的地址空间。

网络应用需要处理两大类问题：网络I/O和数据计算。网络I/O是设计高性能服务器的基础，相对于后者，网络I/O的延迟给应用带来的性能瓶颈更大。网络I/O的模型可分为两种：异步I/O（asynchronous I/O）和同步I/O（synchronous I/O），同步I/O又包括阻塞I/O（blocking I/O）、非阻塞I/O（non-blocking I/O）、多路复用I/O（multiplexing I/O）和信号驱动式I/O（signal-driven I/O）。由于信号驱动式IO在实际中并不常用，这里不再赘述。

每个I/O模型都有自己的使用模式，它们对于特定的应用程序都有自己的优点。在具体阐述各个I/O模型前，先介绍一些术语。

7.1.2 同步和异步

对于一个线程的请求调用来讲，同步和异步的区别在于是否要等这个请求出最终结果，注意不是请求的响应，是提交请求后最终得到的结果。如果要等最终结果，那就是同步；如果不等，就是异步。其实这两个概念与消息的通知机制有关。所谓同步，就是在发出一个功能调用时，在没有得到结果之前，该调用就不返回。比如，调用readfrom系统调用时，必须等待I/O操作完成才返回。异步的概念和同步相对，当一个异步过程调用发出后，调用者不能立刻得到结果。实际处理这个调用的部件在完成后，通过状态、通知和回调来通知调用者。比如，调用aio_read系统调用时，不必等I/O操作完成就直接返回，调用结果通过信号来通知调用者。

对于多个线程而言，同步或异步就是线程间的步调是否要一致、是否要协调。要协调线程之间的执行时机，那就是线程同步，否则就是异步。

同步指两个或两个以上随时间变化的量在变化过程中保持一定的相对关系，或者说对在一个系统中所发生的事件（event）之间进行协调，在时间上出现一致性与统一化的现象。比如说，两个线程要同步，即它们的步调要一致，要相互协调来完成一个或几个事件。

同步也经常用在一个线程内先后两个函数的调用上，后面一个函数需要前面一个函数的结果，那么前面一个函数必须完成且有结果才能执行后面的函数。这两个函数之间的调用关系就是一种同步（调用）。同步调用一旦开始，调用者必须等到调用方法返回且结果出来后（注意，一定要返回的同时出结果，不出结果就返回那是异步调用），才能继续后续的行为。同步一词用在这里也是恰当的，相当于就是一个调用者对两件事情（比如两次方法调用）之间进行协调（必须做完一件再做另外一件），在时间上保持一致性（先后关系）。

这么看来，计算机中的"同步"一词所使用的场合符合了汉语词典中的同步含义。

对于线程间而言，要想实现同步操作，必须要获得线程的对象锁。它可以保证在同一时刻只有一个线程能够进入临界区，并且在这个锁被释放之前，其他线程都不能再进入这个临界区。如果其他线程想要获得这个对象锁，只能进入等待队列等待。只有当拥有该对象锁的线程退出临界区时，锁才会被释放，等待队列中优先级最高的线程才能获得该锁。

同步调用相对简单些，比如某个耗时的大数运算函数及其后面的代码就可以组成一个同步调用，相应地，这个大数运算函数也可以称为同步函数，因为必须执行完这个函数才能执行后面的代码，比如：

```
long long  num = bigNum();
printf("%ld", num);
```

可以看到，bigNum是同步函数，它返回时，大数结果也出来了，然后再执行后面的printf函数。

异步就是一个请求返回时一定不知道结果（如果返回时知道结果就是同步了），还得通过其他机制来获知结果，如：主动轮询或被动通知。同步和异步的区别就在于是否等待请求执行的结果。这里请求可以指一个I/O请求或一个函数调用等。

为了加深理解，我们举个生活中的例子，比如你去快餐店点餐，你说："来份薯条。"服务员告诉你："对不起，薯条要现做，需要等5分钟。"于是你站在收银台前面等了5分钟，拿到薯条再去逛商场，这是同步。你对服务员说的"来份薯条"，就是一个请求，薯条好了，就是请求的结果出来了。

再看异步，你说："来份薯条。"服务员告诉你："薯条需要等5分钟，你可以先去逛商场，不必在这里等，等薯条做好了，你再来拿"。这样你可以立刻去干别的事情（比如逛商场），这就是异步。"来份薯条"是个请求，服务员告诉你的话就是请求返回了，但请求的真正结果（拿到薯条）没有立即实现，但异步的一个重要的好处是你不必在那里等着，而同步是必须要等的。

很明显，使用异步方式来编写，程序的性能和友好度会远远高于同步方式，但是异步方式的缺点是编程模型复杂。在上面的场景中，要想吃到薯条，你有2种方式知道"什么时候薯条好了"，一种是你主动每隔一小段时间就到柜台去看薯条有没有好（定时主动关注下状态），这种方式称为主动轮询；另一种是服务员通过电话或微信通知你，这种方式称为（被动）通知。显然，第二种方式更高效。因此，异步还可以分为两种：带通知的异步和不带通知的异步。

在上面场景中"你"可以比作一个线程。

7.1.3 阻塞和非阻塞

阻塞和非阻塞这两个概念与程序（线程）请求的事情出最终结果前（无所谓同步或者异步）的状态有关。也就是说，阻塞与非阻塞与等待消息通知时的状态（调用线程）有关。阻塞调用是指调用结果返回之前，当前线程会被挂起。函数只有在得到结果之后才会返回。

阻塞和同步是完全不同的概念。同步是对于消息的通知机制而言，阻塞是针对等待消息通知时的状态来说的。而且对于同步调用来说，很多时候当前线程还是激活的，只是逻辑上当前函数没有返回而已。非阻塞和阻塞的概念相对应，指在不能立刻得到结果之前，该函数不会阻塞当前线程，而会立刻返回，并设置相应的errno。虽然从表面上看非阻塞的方式可以明显提高CPU的利用率，但是同时增加了系统的线程切换。增加的CPU执行时间是否能补偿系统的切换成本需要评估。

线程从创建、运行到结束总是处于下面五个状态之一：新建状态、就绪状态、运行状态、阻塞状态及死亡状态。阻塞状态的线程的特点是：该线程放弃CPU的使用，暂停运行，只有等导致阻塞的原因消除后才恢复运行，或者是被其他线程中断，该线程会退出阻塞状态，同时抛出InterruptedException。线程在运行过程中，可能由于以下几种原因进入阻塞状态：

（1）线程通过调用sleep方式进休眠状态。

（2）线程调用一个在I/O上被阻塞的操作，即该操作在输入/输出操作完成前不会返回到它的调用者。

（3）线程试图得到一个锁，而该锁正被其他线程持有，于是只能进入阻塞状态，等到获取了同步锁，才能恢复执行。

（4）线程在等待某个触发条件。

（5）线程执行了一个对象的wait()方法，直接进入阻塞状态，等待其他线程执行notify()或者notifyAll()方法。notify是通知的意思。

这里我们要关注下第2条，很多网络I/O操作都会引起线程阻塞，比如recv函数，数据还没过来或还没接收完毕，线程就只能阻塞等待这个I/O操作完成。这些能引起线程阻塞的函数通常称为阻塞函数。

阻塞函数其实就是一个同步调用，因为要等阻塞函数返回，才能继续执行其后的代码。有阻塞函数参与的同步调用一定会引起线程阻塞，但同步调用并不一定会阻塞，比如在同步调用关系中没有阻塞函数或引起其他阻塞的原因存在。举个例子，执行一个非常消耗CPU时间的大数运算函数及其后面的代码，这个执行过程也是一个同步调用，但并不会引起线程阻塞。

我们可以区分一下阻塞函数和同步函数：同步函数被调用时不会立即返回，直到该函数所要做的事情全都做完了才返回；阻塞函数也是被调用时不会立即返回，直到该函数所要做的事情全都做完了才返回，而且还会引起线程阻塞。由此看来，阻塞函数一定是同步函数，但同步函数不一定是阻塞函数。注意，阻塞一定是引起线程进入阻塞状态。

举个例子来加深理解，小明去买薯条，服务员告诉他5分钟后才能好，小明说："好吧，我在就在这里等的同时睡一会。"在等并且睡着了，这就是阻塞，而且是同步阻塞。

非阻塞指在不能立刻得到结果之前，请求不会阻塞当前线程，而会立刻返回（比如返回一个错误码）。具体到Linux下，套接字有两种模式：阻塞模式和非阻塞模式。默认创建的套接字属于阻塞模式的套接字。在阻塞模式下，在I/O操作完成前，执行的操作函数一直等候而不会立即返回，该函数所在的线程会阻塞在这里（线程进入阻塞状态）。相反，在非阻塞模式下，套接字函数会立即返回，而不管I/O是否完成，该函数所在的线程会继续运行。

在阻塞模式的套接字上，调用大多数Linux Sockets API函数都会引起线程阻塞，但并不是所有Linux Sockets API以阻塞套接字为参数调用都会发生阻塞。例如，以阻塞模式的套接字为参数调用bind()、listen()函数时，函数会立即返回。将可能阻塞套接字的Linux Sockets API调用分为以下四种：

（1）输入操作

recv、recvfrom函数。以阻塞套接字为参数调用该函数接收数据。如果此时套接字缓冲区内没有数据可读，则调用线程在数据到来前一直阻塞。

（2）输出操作

send、sendto函数。以阻塞套接字为参数调用该函数发送数据。如果套接字缓冲区没有可用空间，线程会一直休眠，直到有空间。

（3）接受连接

accept函数。以阻塞套接字为参数调用该函数，等待接受对方的连接请求。如果此时没有连接请求，线程就会进入阻塞状态。

（4）外出连接

connect函数。对于TCP连接，客户端以阻塞套接字为参数，调用该函数向服务器发起连接。该函数在收到服务器的应答前，不会返回。这意味着TCP连接总会等待至少到服务器的一次往返时间。

使用阻塞模式的套接字，开发网络程序比较简单，容易实现。当希望能够立即发送和接收数据，且处理的套接字数量比较少时，使用阻塞模式来开发网络程序比较合适。

阻塞模式套接字的不足表现为，在大量建立好的套接字线程之间进行通信时比较困难。当使用"生产者－消费者"模型开发网络程序时，为每个套接字都分别分配一个读线程、一个处理数据线程和一个用于同步的事件，那么这样会增加系统的开销。其最大的缺点是当需要同时处理大量套接字时，将无从下手，可扩展性很差。

总之，阻塞函数和非阻塞函数的重要区别：阻塞函数，通常指一旦调用，线程就阻塞了；非阻塞函数一旦调用，线程并不会阻塞，而是会返回一个错误码，表示结果还没出来。

而对于处于非阻塞模式的套接字，会马上返回，而不等待该I/O操作的完成。针对不同的模式，Winsock提供的函数也有阻塞函数和非阻塞函数。相对而言，阻塞模式比较容易实现，在阻塞模式下，执行I/O 的Linsock 调用（如send 和recv）一直到操作完成才返回。

再来看一下发送和接收在阻塞和非阻塞条件下的情况：

- 发送时：在发送缓冲区的空间大于待发送数据的长度的条件下，阻塞socket一直等到有足够的空间存放待发送的数据，将数据拷贝到发送缓冲区中才返回；非阻塞socket在没有足够空间时，会拷贝部分，并返回已拷贝的字节数，并将errno置为EWOULDBLOCK。
- 接收时：如果套接字sockfd的接收缓冲区中无数据，或协议正在接收数据，阻塞socket都将等待，直到有数据可以拷贝到用户程序中；非阻塞socket会返回−1，并将errno置为EWOULDBLOCK，表示"没有数据，回头来看"。

7.1.4 同步与异步和阻塞与非阻塞的关系

举个例子来加深理解，你去买薯条，服务员告诉你5分钟后才能好，那你就站在柜台旁开始等，但没有睡觉，或许还在玩手机。这就是非阻塞，而且是同步非阻塞，在等但人没睡着，还可以玩手机。

如果你没有等，只是告诉服务员薯条好了后告诉我或者我过段时间来看看状态（看好了没），就不在原地等而去逛街了，则属于异步非阻塞。事实上，异步肯定是非阻塞的，因为异步肯定要做其他事情了，做其他事情是不可能睡过去的，所以切记，异步只能是非阻塞的。

需要注意的是，同步非阻塞形式实际上是效率很低的，想象一下你一边打着电话一边还需要抬头看队伍排到你了没有。如果把打电话和观察排队的位置看成是程序的两个操作的话，这个程序需要在这两种不同的行为之间来回切换，效率可想而知是很低的；而异步非阻塞形式就没有这样的问题，因为打电话是你（等待者）的事情，而通知你则是柜台（消息触发机制）的事情，程序没有在两种不同的操作中来回切换。

同步非阻塞虽然效率不高，但比同步阻塞已经高了很多，同步阻塞除了等待，其他任何事情都做不了，因为睡过去了。

以小明下载文件为例，对上述概念做一个梳理：

- 同步阻塞：小明一直盯着下载进度条，直到进度条达到100%的时候就下载完成。同步：等待下载完成通知；阻塞：等待下载完成通知的过程中，不能处理其他任务。
- 同步非阻塞：小明提交下载任务后就去干别的，每过一段时间就去看一眼进度条，看到进度条达到100%时就下载完成。同步：等待下载完成通知；非阻塞：等待下载完成通知的过程中，去干其他任务了，只是每过一段时间会看一眼进度条；小明必须要在两个任务间切换，关注下载进度。
- 异步阻塞：小明换了个有下载完成通知功能的软件，下载完成就"叮"一声，不过小明仍然一直等待"叮"的声音。异步：下载完成"叮"一声通知；阻塞：等待下载完成"叮"一声通知过程中，不能处理其他任务。
- 异步非阻塞：仍然是那个会"叮"一声的下载软件，小明提交下载任务后就去干别的，听到"叮"的一声就知道完成了。异步：下载完成"叮"一声通知；非阻塞：等待下载完成"叮"一声通知过程中，去干别的任务了，只需要接收"叮"声通知。

7.1.5 采用 socket I/O 模型的原因

采用socket I/O模型，而不直接使用socket的原因在于recv()方法是阻塞式的，当多个客户端连接服务器，其中一个socket的recv被调用时，会产生堵塞，使其他连接不能继续。这样我们又想到用多线程来实现，每个socket连接使用一个线程，但这样做的效率很低，不能应对负荷较大的情况。于是便有了各种模型的解决方法，目的都是为了实现多个线程同时访问时不产生堵塞。

如果使用同步的方式来通信的话，即所有的操作都在一个线程内顺序执行完成，其缺点很明显：同步的通信操作会阻塞住来自同一个线程的任何其他操作，只有等这个操作完成之后，后续的操作才可以进行。一个最明显的例子就是在带界面程序中，直接使用阻塞socket调用的代码，整个界面都会因此阻塞住而没有响应。所以我们不得不为每一个通信的socket都建立一个线程，为避免麻烦所以要写高性能的服务器程序，要求通信一定要是异步的。

使用"同步通信（阻塞通信）+多线程"的方式可以改善同步阻塞线程的情况，当我们好不容易实现了让服务器端在每一个客户端连入之后，要启动一个新的Thread和客户端进行通信，有多少个客户端，就需要启动多少个线程。但是由于这些线程都是处于运行状态，所以系统不得不在所有可运行的线程之间进行上下文的切换，使CPU不堪重负，因为线程切换是相当浪费CPU时间的，如果客户端的连入线程过多，这就会使得CPU都忙着去切换线程了，而没有时间去执行线程体，所以效率非常低。

在阻塞I/O模式下，如果暂时不能接收到数据，则接收函数（比如recv）不会立即返回，而是等到有数据可以接收时才返回，如果一直没有数据该函数就会一直等待下去，应用程序也就挂起了，这对用户来说通常是不可接受的。很显然，异步接收方式更好，因为无法保证每次的接收调用总能适时地接收到数据。而异步接收方式也有其复杂之处，比如立即返回的结果并不总是能成功收发数据，实际上很可能会失败，最常见的失败原因是EWOULDBLOCK。可以使用整型erron得到发送和接收失败时的原因。这个失败原因较为特殊，也常出现，即要进行的操作暂时不能完成，但在以后的某个时间再次执行该操作也许就会成功。如果发送缓冲区已满，这时调用send函数就会出现这个错误，同理，如果接收缓冲区内没有内容，这时调用recv也会得到同样的错误，这并不意味着发送和接收调用会永远地失败下去，而是在以后某个适当的时间，比如发送缓冲区有空间了，接收缓冲区有数据了，这时再调用发送和接收操作就会成功了。I/O多路复用模型的作用就是通知应用程序发送或接收数据的时间点到了，可以开始收发了。

7.1.6　（同步）阻塞 I/O 模型

在Linux中，对于一次读取I/O的操作，数据并不会直接拷贝到程序的程序缓冲区。通常包括两个不同阶段：

（1）等待数据准备好，到达内核缓冲区。
（2）从内核向进程复制数据。

对于一个套接字上的输入操作，第一步通常涉及等待数据从网络中到达，当所有等待分组到达时，它被复制到内核中的某个缓冲区。第二步是把数据从内核缓冲区复制到应用程序缓冲区。

同步阻塞I/O模型是最常用、最简单的模型。在Linux中，默认情况下，所有套接字都是阻塞的。下面我们以阻塞套接字的recvfrom的调用图来说明阻塞，如图7-1所示。

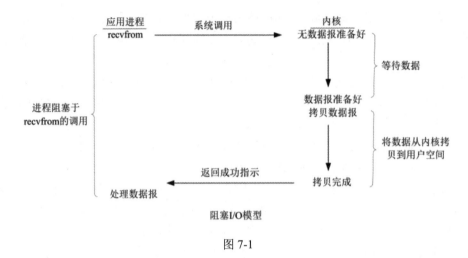

图 7-1

进程调用一个recvfrom请求,但是它不能立刻收到回复,直到数据返回,然后将数据从内核空间复制到程序空间。在I/O执行的两个阶段中,进程都处于阻塞状态,在等待数据返回的过程中不能做其他的工作,只能阻塞在那里。

该模型的优点是简单、实时性高、响应及时无延时,但缺点也很明显,需要阻塞等待、性能差。

7.1.7 (同步)非阻塞式 I/O 模型

与阻塞式I/O不同的是,非阻塞的recvform系统调用之后,进程并没有被阻塞,内核马上返回给进程,如果数据还没准备好,此时会返回一个error(EAGAIN或EWOULDBLOCK)。进程在返回之后,可以先处理其他的业务逻辑,稍后再发起recvform系统调用。采用轮询的方式检查内核数据,直到数据准备好。再拷贝数据到进程,进行数据处理。在Linux下,可以通过设置套接字选项使其变为非阻塞。非阻塞的套接字的recvfrom操作,如图7-2所示。

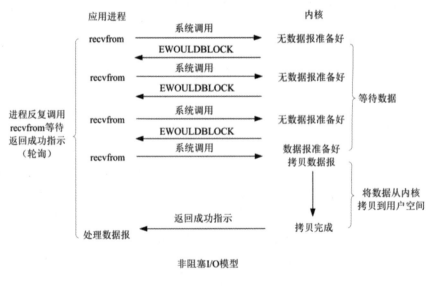

图 7-2

　　如图7-2所示，前三次调用recvfrom请求时，并没有数据返回，所以内核返回errno（EWOULDBLOCK），并不会阻塞进程。但是当第四次调用recvfrom时，数据已经准备好了，于是将它从内核空间拷贝到程序空间，处理数据。在非阻塞状态下，I/O执行的等待阶段并不是完全阻塞的,但是第二个阶段依然处于一个阻塞状态（调用者将数据从内核拷贝到用户空间，这个阶段阻塞）。该模型的优点是能够在等待任务完成的时间里做其他工作（包括提交其他任务，也就是"后台"可以有多个任务在同时执行）。缺点是任务完成的响应延迟增大了，因为每过一段时间才去轮询一次read操作，而任务可能在两次轮询之间的任意时间完成，这会导致整体数据吞吐量降低。

7.1.8 　（同步）I/O 多路复用模型

　　I/O多路复用的好处在于单个进程就可以同时处理多个网络连接的I/O。它的基本原理是不再由应用程序自己监视连接，而由内核替应用程序监视文件描述符。

　　以select函数为例，当用户进程调用了select，那么整个进程会被阻塞，而同时，kernel会"监视"所有select负责的socket，当任何一个socket中的数据准备好，select就会返回。这个时候用户进程再调用read操作，将数据从内核拷贝到用户进程，如图7-3所示。

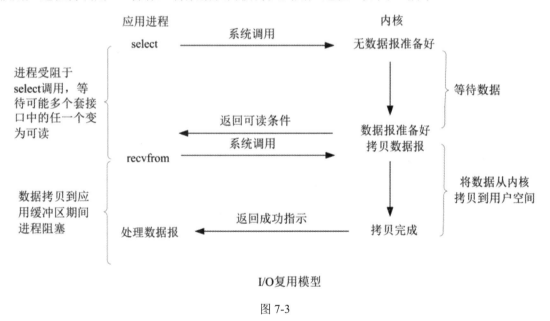

I/O复用模型

图 7-3

　　这里需要使用两个system call（select和recvfrom），而阻塞I/O只调用了一个system call（recvfrom）。所以，如果处理的连接数不是很高的话，使用I/O复用的服务器并不一定比使用"多线程+非阻塞或阻塞"I/O的性能更好，可能前者的延迟更大。I/O复用的优势并不是对于单个连接而言能处理得更快，而是单个进程就可以同时处理多个网络连接的I/O。

　　实际使用时，对于每一个socket，都可以设置为非阻塞。但是，如图7-3所示，整个用户的进程其实是一直被阻塞的。只不过进程是被select这个函数阻塞，而不是被I/O操作给阻塞。所以I/O多路复用是阻塞在select、epoll这样的系统调用之上，而没有阻塞在真正的I/O系统调用中（如recvfrom）。

由于其他模型通常需要搭配多线程或多进程联合作战，相比之下，I/O多路复用的最大优势是系统开销小，系统不需要创建额外进程或者线程，也不需要维护这些进程和线程的运行，降底了系统的维护工作量，节省了系统资源。其主要应用场景：

（1）服务器需要同时处理多个处于监听状态或者多个连接状态的套接字。

（2）服务器需要同时处理多种网络协议的套接字，如同时处理TCP和UDP请求。

（3）服务器需要监听多个端口或处理多种服务。

（4）服务器需要同时处理用户输入和网络连接。

7.1.9 （同步）信号驱动式 I/O 模型

该模型允许socket进行信号驱动I/O，并注册一个信号处理函数，进程继续运行并不阻塞。当数据准备好时，进程会收到一个SIGIO信号，可以在信号处理函数中调用I/O操作函数处理数据，如图7-4所示。

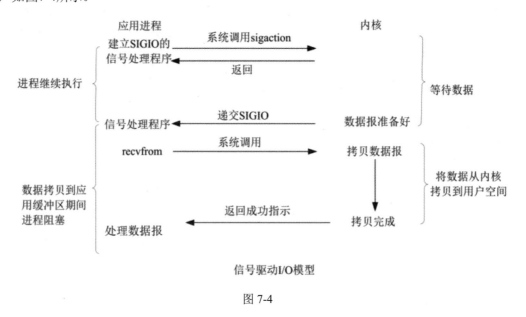

图 7-4

7.1.10 异步 I/O 模型

相对于同步I/O，异步I/O不是按顺序执行。用户进程进行aio_read系统调用之后，就可以去处理其他逻辑了，无论内核数据是否准备好，都会直接返回给用户进程，不会对进程造成阻塞。等到数据准备好了，内核直接复制数据到进程空间，然后从内核向进程发送通知，此时数据已经在用户空间了，可以对数据进行处理。

在 Linux 中，通知的方式是"信号"，分为三种情况：

（1）如果这个进程正在用户态处理其他逻辑，那就强行打断，调用事先注册的信号处理函数，这个函数可以决定何时以及如何处理这个异步任务。由于信号处理函数是突然闯进来的，因此跟中断处理程序一样，有很多事情是不能做的，因此保险起见，一般是把事件"登记"一下放进队列，然后返回该进程原来在做的事。

（2）如果这个进程正在内核态处理，例如以同步阻塞方式读写磁盘，那就把这个通知挂起来，等到内核态的事情忙完了，快要回到用户态时，再触发信号通知。

（3）如果这个进程现在被挂起了，例如陷入睡眠，那就把这个进程唤醒，等待CPU调度，触发信号通知。

异步I/O模型图如图7-5所示。

我们可以看到，I/O两个阶段的进程都是非阻塞的。

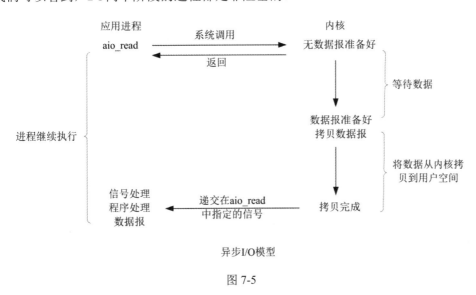

异步I/O模型

图 7-5

7.1.11　五种 I/O 模型比较

现在我们对五种I/O模型进行比较，如图7-6所示。

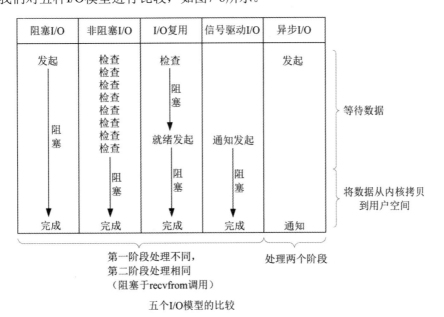

五个I/O模型的比较

图 7-6

前四种I/O模型都是同步I/O操作，它们的区别在于第一阶段，而第二阶段是一样的：在数据从内核复制到应用缓冲区期间（用户空间），进程阻塞于recvfrom调用。相反，异步I/O模型在等待数据和接收数据的这两个阶段都是非阻塞的，可以处理其他的逻辑，用户进程将整个I/O操作交由内核完成，内核完成后会发送通知。在此期间，用户进程不需要检查I/O操作的状态，也不需要主动拷贝数据。

在了解了Linux的I/O模型之后，我们就可以进行服务器设计了。按照循序渐进的原则，我们从最简单的服务器讲起。

7.2 （分时）循环服务器

（分时）循环服务器在同一个时刻只能响应一个客户端的请求，处理完一个客户端的工作，才能处理下一个客户端的工作，就好像分时工作一样。循环服务器指的是对于客户端的请求和连接，服务器在处理完毕一个之后再处理另一个，即串行处理客户机的请求。这种类型的服务器一般适用于服务器与客户机一次传输的数据量较小，每次交互的时间较短的场合。根据使用的网络协议不同（UDP或TCP），循环服务器又可分为无连接的循环服务器和面向连接的循环服务器。其中，无连接的循环服务器也称UDP循环服务器，它一般用在网络情况较好的场合，比如局域网中。面向连接的循环服务器使用了TCP协议，可靠性大大增强，所以可以用在互联网上，但开销相对于无连接的服务器来说更大。

7.2.1 UDP 循环服务器

UDP循环服务器的实现方法：UDP服务器每次从套接字上读取一个客户端的请求并处理，然后将处理结果返回给客户端。算法流程如下：

```
socket(...);
bind(...);
while(1)
{
recvfrom(...);
process(...);
sendto(...);
}
```

因为UDP是无连接的，没有一个客户端可以一直占用服务器端，服务器能满足每一个客户端的请求。

【例7.1】 一个简单的UDP循环服务器。

（1）打开VC2017，新建一个Linux控制台工程，工程名是udpserver，该工程作为服务器端程序。在工程中打开main.cpp，输入代码如下：

```
#include <sys/types.h>
#include <sys/socket.h>
#include <netinet/in.h>
```

```c
#include <arpa/inet.h>
#include <string.h>
#include <unistd.h>
#include <errno.h>
#include <stdio.h>
char rbuf[50], sbuf[100];
int main()
{
    int sockfd, size, ret;
    char on = 1;
    struct sockaddr_in saddr;
    struct sockaddr_in raddr;

    //设置地址信息，IP信息
    size = sizeof(struct sockaddr_in);
    memset(&saddr, 0, size);
    saddr.sin_family = AF_INET;
    saddr.sin_port = htons(8888);
    saddr.sin_addr.s_addr = htonl(INADDR_ANY);

    //创建UDP套接字
    sockfd = socket(AF_INET, SOCK_DGRAM, 0);
    if (sockfd < 0)
    {
        puts("socket failed");
        return -1;
    }
    //设置端口复用
    setsockopt(sockfd, SOL_SOCKET, SO_REUSEADDR, &on, sizeof(on));
    //绑定地址信息，IP信息
    ret = bind(sockfd, (struct sockaddr*)&saddr, sizeof(struct sockaddr));
    if (ret < 0)
    {
        puts("sbind failed");
        return -1;
    }
    int  val = sizeof(struct sockaddr);

    while (1)   //循环接收客户端发来的消息
    {
        puts("waiting data");
        ret = recvfrom(sockfd, rbuf, 50, 0, (struct sockaddr*)&raddr,
(socklen_t*)&val);
        if (ret < 0) perror("recvfrom failed");
         printf("recv data :%s\n", rbuf);
        sprintf(sbuf,"server has received your data(%s)\n", rbuf);
        ret = sendto(sockfd, sbuf, strlen(sbuf), 0, (struct sockaddr*)&raddr,
sizeof(struct sockaddr));
        memset(rbuf, 0, 50);
    }
    close(sockfd); //关闭UDP套接字
```

```
    getchar();
    return 0;
}
```

在此代码中，创建了一个UDP套接字，设置端口复用，绑定socket地址后就通过一个while循环等待客户端发来的消息。没有数据过来就在recvfrom函数上阻塞着，有消息就打印出来，并组成一个新的消息（存于sbuf）后用sendto发给客户端。

（2）设计客户端程序。为了更贴近一线企业级实战环境，我们准备把客户端程序放到Windows系统上去，因为很多网络系统都是在Linux上运行服务器端，而客户端大多运行在Windows上。所以我们有必要在学习阶段就要贴近一线实战环境。如果读者没有学过在Windows下编程，推荐参考清华大学出版社出版的《Visual C++2017从入门到精通》。把客户端放到Windows上的另外一个好处是我们可以充分利用宿主机，这样我们的网络程序就是运行在两台主机上了，服务器端运行在虚拟机Ubuntu上，客户端运行在宿主机Windows 7上，这样可以更好地模拟网络环境。

再打开另外一个VC2017，然后新建一个Windows控制台应用程序，工程名是client，输入客户端代码，打开sbuf.cpp，输入代码如下：

```
#include "pch.h"
#include <stdio.h>
#include <winsock.h>
#pragma comment(lib,"wsock32")  //声明引用库
#define BUF_SIZE  200
#define PORT 8888
char wbuf[50], rbuf[100];
int main()
{
    SOCKET  s;
    int     len;
    WSADATA wsadata;
    struct hostent *phe;              /*host information     */
    struct servent *pse;              /* server information */
    struct protoent *ppe;             /*protocol information */
    struct sockaddr_in saddr,raddr;   /*endpoint IP address  */
    int fromlen,ret,type;
    if (WSAStartup(MAKEWORD(2, 0), &wsadata) != 0)
    {
        printf("WSAStartup failed\n");
        WSACleanup();
        return -1;
    }
    memset(&saddr, 0, sizeof(saddr));
    saddr.sin_family = AF_INET;
    saddr.sin_port = htons(PORT);
    saddr.sin_addr.s_addr = inet_addr("192.168.0.153");

    /**** get protocol number  from protocol name  ****/
    if ((ppe = getprotobyname("UDP")) == 0)
    {
```

```
        printf("get protocol information error \n");
        WSACleanup();
        return -1;
    }
    s = socket(PF_INET, SOCK_DGRAM, ppe->p_proto);
    if (s == INVALID_SOCKET)
    {
        printf(" creat socket error \n");
        WSACleanup();
        return -1;
    }
    fromlen = sizeof(struct sockaddr); //注意fromlen必须是sockaddr结构体的大小
    printf("please enter data:");
    scanf_s("%s", wbuf, sizeof(wbuf));
    ret = sendto(s, wbuf, sizeof(wbuf), 0, (struct sockaddr*)&saddr,
sizeof(struct sockaddr));
    if (ret < 0) perror("sendto failed");
    len = recvfrom(s, rbuf, sizeof(rbuf), 0, (struct sockaddr*)&raddr,
&fromlen);
    if(len < 0) perror("recvfrom failed");
    printf("server reply:%s\n", rbuf);

    closesocket(s);
    WSACleanup();
    return 0;
}
```

代码中首先用库函数WSAStartup初始化Windows socket库，然后设置服务器端的socket地址saddr，包括IP地址和端口号。然后调用socket函数创建一个UDP套接字，如果成功就进入while循环，开始发送、接收操作，当用户输入字符q即可退出循环。

（3）保存工程并运行。先运行服务器端程序，然后在VC中按快捷键Ctrl+F5运行客户端程序，客户端运行结果如图7-7所示。

图 7-7

服务器端程序运行结果如下所示：

```
waiting data
recv data :abc
waiting data
```

如果开启多个客户端程序，则服务器端也可以为多个客户端程序进行服务，因为我们现在的服务器端工作逻辑很简单，即组织一下字符串然后发给客户端，接着就可以继续为下一个客户端服务了。这也是分时循环服务器的特点，只能处理耗时较少的工作。

7.2.2　TCP 循环服务器

TCP服务器接受一个客户端的连接，然后处理，完成了这个客户的所有请求后，断开连接。面向连接的循环服务器的工作步骤如下：

步骤 01　创建套接字并将其绑定到指定端口，然后开始监听。

步骤 02　当客户端连接到来时，accept函数返回新的连接套接字。

步骤 03　服务器在该套接字上进行数据的接收和发送。

步骤 04　在完成与该客户端的交互后关闭连接，返回执行步骤（2）。

写成算法伪代码就是：

```
socket(...);
bind(...);
listen(...);
while(1)
{
accept(...);
process(...);
close(...);
}
```

TCP循环服务器一次只能处理一个客户端的请求。只有在这个客户的所有请求都满足后，服务器才可以继续后面的请求。如果有一个客户端占住服务器不放，则其他的客户端都不能工作，因此TCP服务器一般很少用循环服务器模型。

【例7.2】　一个简单的TCP循环服务器。

（1）打开VC2017，新建一个Linux控制台工程，工程名是tcpServer。在main.cpp中输入代码如下：

```
#include <sys/types.h>
#include <sys/socket.h>
#include <netinet/in.h>
#include <arpa/inet.h>
#include <string.h>
#include <unistd.h>
#include <errno.h>
#include <stdio.h>
#define BUF_SIZE  200
#define PORT 8888

int main()
{
    struct   sockaddr_in fsin;
    int      clisock,alen, connum = 0, len, s;
    char     buf[BUF_SIZE] = "hi,client", rbuf[BUF_SIZE];
    struct servent *pse;    /* server information   */
    struct protoent *ppe;   /* proto information    */
```

```
struct sockaddr_in sin;   /* endpoint IP address  */

memset(&sin, 0, sizeof(sin));
sin.sin_family = AF_INET;
sin.sin_addr.s_addr = INADDR_ANY;
sin.sin_port = htons(PORT);

s = socket(PF_INET, SOCK_STREAM, 0);
if (s == -1)
{
    printf("creat socket error \n");
    getchar();
    return -1;
}
if (bind(s, (struct sockaddr *)&sin, sizeof(sin)) == -1)
{
    printf("socket bind error \n");
    getchar();
    return -1;
}
if (listen(s, 10) == -1)
{
    printf(" socket listen error \n");
    getchar();
    return -1;
}
while (1)
{
    alen = sizeof(struct sockaddr);
    puts("waiting client...");
    clisock = accept(s, (struct sockaddr *)&fsin,(socklen_t*)&alen);
    if (clisock == -1)
    {
        printf("accept failed\n");
        getchar();
        return -1;
    }
    connum++;
    printf("%d client comes\n", connum);
    len = recv(clisock, rbuf, sizeof(rbuf), 0);
    if (len < 0) perror("recv failed");
    sprintf(buf,"Server has received your data(%s).", rbuf);
    send(clisock, buf, strlen(buf), 0);
    close(clisock);
}
return 0;
}
```

在此代码中，每次接受了一个客户端连接，就发送一段数据，然后关闭客户端连接，这就算一次服务过程。然后再次监听下一个客户端的连接请求。

（2）再次打开一个VC2017，新建一个Windows控制台应用程序，工程名是client。

（3）在client.cpp中输入代码如下：

```cpp
#include "pch.h"
#include <stdio.h>
#include <winsock.h>
#pragma comment(lib,"wsock32")

#define  BUF_SIZE  200
#define PORT 8888
char wbuf[50], rbuf[100];
int main()
{
    char   buff[BUF_SIZE];
    SOCKET  s;
    int    len;
    WSADATA  wsadata;

    struct hostent *phe;          /*host information    */
    struct servent *pse;          /* server information */
    struct protoent *ppe;         /*protocol information */
    struct sockaddr_in saddr;     /*endpoint IP address  */
    int   type;

    if (WSAStartup(MAKEWORD(2, 0), &wsadata) != 0)
    {
        printf("WSAStartup failed\n");
        WSACleanup();
        return -1;
    }
    memset(&saddr, 0, sizeof(saddr));
    saddr.sin_family = AF_INET;
    saddr.sin_port = htons(PORT);
    saddr.sin_addr.s_addr = inet_addr("192.168.0.153");

    s = socket(PF_INET, SOCK_STREAM, 0);
    if (s == INVALID_SOCKET)
    {
        printf(" creat socket error \n");
        WSACleanup();
        return -1;
    }
    if (connect(s, (struct sockaddr *)&saddr, sizeof(saddr)) == SOCKET_ERROR)
    {
        printf("connect socket  error \n");
        WSACleanup();
        return -1;
    }

    printf("please enter data:");
    scanf_s("%s", wbuf, sizeof(wbuf));
    len = send(s, wbuf, sizeof(wbuf), 0);
```

```
if (len < 0) perror("send failed");
len = recv(s, rbuf, sizeof(rbuf), 0);
if (len < 0) perror("recv failed");
printf("server reply:%s\n", rbuf);
closesocket(s);        //关闭套接字
WSACleanup();          //释放winsock库
return 0;
}
```

　　客户端代码连接服务器成功后，就发送一段用户输入的数据，然后接收服务器端的数据，接收成功后打印输出，然后关闭套接字，并释放Winsock库，结束程序。

　　（4）保存工程并运行，先运行服务器端，再运行客户端，客户端运行结果如图7-8所示。

图 7-8

服务器端运行结果如下所示：

```
waiting client...
1 client comes
waiting client...
```

7.3　多进程并发服务器

　　在Linux环境下的多进程应用很多，其中最主要的就是客户端/服务器应用。多进程服务器是指当客户端有请求时，服务器用一个子进程来处理客户请求，父进程继续等待其他客户端的请求。这种方法的优点是当客户端有请求时，服务器能及时处理，特别是在客户端服务器交互系统中。对于一个TCP服务器，客户端与服务器的连接可能不会马上关闭，而会等到客户端提交某些数据后再关闭，这段时间服务器端的进程会阻塞，所以这时操作系统可能调度其他客户端服务进程，这比起循环服务器大大提高了服务性能。

　　多进程服务器，关键在于多进程，我们有必要先温故一下fork函数。理解好fork函数，是设计多进程并发服务器的关键。在Linux系统内，创建子进程的方法是使用系统调用fork函数。fork函数是Linux系统内一个非常重要的函数，它与我们之前学过的函数有显著的区别：fork函数调用一次会得到两个返回值。该函数声明如下：

```
#include<sys/types.h>
#include<unistd.h>
pid_t fork();
```

　　若成功调用一次则返回两个值，子进程返回0，父进程返回子进程ID（大于0）；否则出错返回−1。

fork函数用于从一个已经存在的进程内创建一个新的进程，新的进程称为"子进程"，相应地称创建子进程的进程为"父进程"。使用fork函数得到的子进程是父进程的复制品，子进程完全复制了父进程的资源，包括进程上下文、代码区、数据区、堆区、栈区、内存信息、打开文件的文件描述符、信号处理函数、进程优先级、进程组号、当前工作目录、根目录、资源限制和控制终端等信息，而子进程与父进程的区别在于进程号、资源使用情况和计时器等。注意，子进程持有的是上述存储空间的"副本"，这意味着父进程与子进程间不共享这些存储空间。

由于复制父进程的资源需要大量的操作，十分浪费时间与系统资源，因此Linux内核采取了写时拷贝技术（Copy on Write）来提高效率。由于子进程几乎对父进程是完全复制，因此父、子进程会同时运行同一个程序。因此我们需要某种方式来区分父、子进程。区分父、子进程常见的方法为查看fork函数的返回值或区分父、子进程的PID。

比如下列代码用fork函数创建子进程，父、子进程分别输出不同的信息：

```c
#include<stdio.h>
#include<sys/types.h>
#include<unistd.h>
int main()
{
    pid_t pid;
    pid = fork();//获得fork()的返回值，根据返回值判断父进程/子进程
    if(pid==-1)//若返回值为-1，表示创建子进程失败
    {
        perror("cannot fork");
        return -1;
    }
    else if(pid==0)//若返回值为0，表示该部分代码为子进程
    {
        printf("This is child process\n");
        printf("pid is %d, My PID is %d\n",pid,getpid());
    }
    else//若返回值>0，则表示该部分为父进程代码，返回值是子进程的PID
    {
        printf("This is parent process\n");
        printf("pid is %d, My PID is %d\n",pid,getpid());//getpid()获得的是自
己的进程号
    }
    return 0;
}
```

第一次使用fork函数的同学可能会有一个疑问：fork函数怎么会得到两个返回值，而且两个返回值都使用变量PID存储，这样不会冲突吗？

在使用fork函数创建子进程的时候，我们的头脑内始终要有一个概念：在调用fork函数前是一个进程在执行这段代码，而调用fork函数后就变成了两个进程在执行这段代码。两个进程所执行的代码完全相同，都会执行接下来的if-else判断语句块。

当子进程从父进程内复制后，父进程与子进程内都有一个PID变量：在父进程中，fork函数会将子进程的PID返回给父进程，即父进程的PID变量内存储的是一个大于0的整数；而在子进程中，fork函数会返回0，即子进程的PID变量内存储的是0；如果创建进程出现错误，则会

返回–1，不会创建子进程。fork函数一般不会返回错误，若fork函数返回错误，则可能是当前系统内进程已经达到上限或者内存不足。

父、子进程的运行先后顺序是完全随机的（取决于系统的调度），也就是说在使用fork函数的默认情况下，无法控制父进程在子进程前进行还是子进程在父进程前进行。另外要注意的是子进程完全复制了父进程的资源，如果是内核对象的话，那么就是引用计数加1，比如文件描述符等；如果是非内核对象，比如int i=1;，子进程中i也是1，如果子进程赋值i=2，不会影响父进程的值。

　　TCP多进程并发服务器的思想是每一个客户端的请求并不由服务器直接处理，而是由服务器创建一个子进程来处理，其编程模型如图7-9所示。

```
1    #include <头文件>
2    int main(int argc, char *argv[])
3    {
4        创建套接字sockfd
5        绑定(bind)套接字sockfd
6        监听(listen)套接字sockfd
7
8        while(1)
9        {
10           int connfd = accept();
11
12           if(fork() == 0)      //子进程
13           {
14               close(sockfd);//关闭监听套接字sockfd
15
16               fun();         //服务客户端的具体事件在fun里实现
17
18               close(connfd);//关闭已连接套接字connfd
19               exit(0);       //结束子进程
20           }
21           close(connfd);     //关闭已连接套接字connfd
22       }
23       close(sockfd);
24       return 0;
25   }
```

图 7-9

　　其中fork函数用于创建子进程。如果fork返回0，则后面是子进程要执行的代码，如图7-9中if(fork()==0)语句中的代码是子进程执行的代码。在子进程代码中，先要关闭一次监听套接字，因为监听套接字属于内核对象，创建子进程的时候，会导致操作系统底层对该内核对象的引用计数加1，也就意味着现在该描述符对应的底层结构的引用计数会是2，而只有当它的引用计数是0时，这个监听描述符才算真正关闭，因此子进程中需要关闭一次，让引用计数变为1，然后父进程中再关闭时，就会变为0了。子进程中关掉监听套接字后，主进程监听功能不受影响（因为没有真正关闭，底层该内核的对象的引用计数为1，而不是0），然后执行fun函数，fun函数是处理子进程工作的功能函数，执行结束后，就关闭子进程连接套接字connfd（子进程任务处理结束了，可以准备和客户端断开了）。到此子进程全部执行完毕。而父进程执行if外面的代码，由于connfd也是被子进程复制了一次，导致底层内核对象的引用计数为2了，所以父进程代码中也要将其关闭一次，其实就是让内核对象引用计数减1，这样子进程中调用close(connfd)时就可以真正关闭了（内核对象引用计数变为0了）。父进程执行完close(connfd)后，就继续下一轮循环，执行accept函数，阻塞等待新的客户端连接。

【例7.3】 一个简单的多进程TCP服务器。

（1）打开VC2017，新建一个Linux控制台工程，工程名是tcpForkServer。在main.cpp中输入代码如下：

```cpp
#include <cstdio>
#include <stdio.h>
#include <stdlib.h>
#include <string.h>
#include <unistd.h>
#include <sys/socket.h>
#include <netinet/in.h>
#include <arpa/inet.h>

int main(int argc, char *argv[])
{
    unsigned short port = 8888;                          //服务器端端口
    char on = 1;
    int sockfd = socket(AF_INET, SOCK_STREAM, 0);    //创建TCP套接字
    if (sockfd < 0)
    {
        perror("socket");
        exit(-1);
    }
    //配置本地网络信息
    struct sockaddr_in my_addr;
    bzero(&my_addr, sizeof(my_addr));                    //清空
    my_addr.sin_family = AF_INET;                        //IPv4
    my_addr.sin_port = htons(port);                      //端口
    my_addr.sin_addr.s_addr = htonl(INADDR_ANY);     //IP
    setsockopt(sockfd, SOL_SOCKET, SO_REUSEADDR, &on, sizeof(on)); //端口复用
    int err_log = bind(sockfd, (struct sockaddr*)&my_addr, sizeof(my_addr));
                                                         //绑定
    if (err_log != 0)
    {
        perror("binding");
        close(sockfd);
        getchar();
        exit(-1);
    }
    err_log = listen(sockfd, 10);                        //监听，套接字变被动
    if (err_log != 0)
    {
        perror("listen");
        close(sockfd);
        exit(-1);
    }
    while (1)                                            //主进程循环等待客户端的连接
    {
        char cli_ip[INET_ADDRSTRLEN] = { 0 };
        struct sockaddr_in client_addr;
        socklen_t cliaddr_len = sizeof(client_addr);
```

```
        puts("Father process is waitting client...");
        //等待客户端连接，如果有连接过来则取出客户端已完成的连接
        int connfd = accept(sockfd, (struct sockaddr*)&client_addr,
&cliaddr_len);
        if (connfd < 0)
        {
            perror("accept");
            close(sockfd);
            exit(-1);
        }
        pid_t pid = fork();
        if (pid < 0) {
            perror("fork");
            _exit(-1);
        }
        else if (0 == pid) {       //子进程接收客户端的信息，并返回给客户端
            close(sockfd);              //关闭监听套接字，这个套接字是从父进程继承过来的
            char recv_buf[1024] = { 0 };
            int recv_len = 0;
            //打印客户端的IP地址和端口号
            memset(cli_ip, 0, sizeof(cli_ip));              //清空
            inet_ntop(AF_INET, &client_addr.sin_addr, cli_ip,
INET_ADDRSTRLEN);
            printf("----------------------------------------------\n");
            printf("client ip=%s,port=%d\n", cli_ip,
ntohs(client_addr.sin_port));
            //循环接收数据
            while((recv_len = recv(connfd, recv_buf, sizeof(recv_buf), 0)) > 0)
            {
                printf("recv_buf: %s\n", recv_buf);         //打印数据
                send(connfd, recv_buf, recv_len, 0);        //给客户端返回数据
            }
            printf("client_port %d closed!\n", ntohs(client_addr.sin_port));
            close(connfd);                                  //关闭已连接套接字
            exit(0);                                        //子进程结束
        }
        else if (pid > 0)                                   //父进程
            close(connfd);                                  //关闭已连接套接字
    }
    close(sockfd);
    return 0;
}
```

此代码中首先创建TCP套接字，然后绑定到套接字，接着开始监听。随后开启while循环等待客户端连接，如果有连接过来则取出客户端已完成的连接，此时调用fork函数创建子进程，对该客户端进行处理。这里处理的逻辑很简单，先是打印下客户端的IP地址和端口号，然后把客户端发来的数据，再原样送还回去，如果客户端关闭连接，则循环接收数据结束，最后子进程结束。而父进程更简单，fork后就关闭连接套接字（实质是让内核计数器减1），然后就继续等待下一个客户端连接了。

（2）设计客户端。为了贴近一线开发实际情况，我们依旧把客户端放在Windows上，实现Windows和Linux相结合，也是为了更好地利用机器资源，即通过虚拟机和宿主机就可以构建出一个最简单的网络环境。客户端代码不再赘述。

（3）保存工程并运行，先运行服务器端程序，再运行3个客户端程序。第一个客户端程序可以直接在VC中按快捷键Ctrl+F5运行，后两个客户端程序可以在VC的"解决方案资源管理器"中，右击client，然后在快捷菜单上选择"调试" | "启动新实例"来运行，当3个客户端程序运行起来后，服务器端就显示收到了3个连接，代码如下所示：

```
Father process is waitting client...
Father process is waitting client...
--------------------------------------------------
client ip=192.168.0.177,port=2646
Father process is waitting client...
--------------------------------------------------
client ip=192.168.0.177,port=2650
Father process is waitting client...
--------------------------------------------------
client ip=192.168.0.177,port=2651
```

可以看到，客户端的IP地址都一样，但端口号不同，说明是3个不同的客户端进程发来的请求。而且"Father process is waitting client..."这句话可能在子进程打印的"client ip=..."语句之前或者之后，说明父进程代码和子进程代码具体谁先执行，是不可预知的，是由操作系统调度的。

此时3个客户端都在等待输入消息，如图7-10所示。

我们分别为3个客户端输入消息，比如"aaa""bbb"和"ccc"，然后就可以发现服务器端能收到消息了，代码如下：

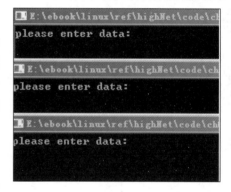

图 7-10

```
Father process is waitting client...
Father process is waitting client...
--------------------------------------------------
client ip=192.168.0.177,port=2646
Father process is waitting client...
--------------------------------------------------
client ip=192.168.0.177,port=2650
Father process is waitting client...
--------------------------------------------------
client ip=192.168.0.177,port=2651
recv_buf: aaa
client_port 2646 closed!
recv_buf: bbb
client_port 2650 closed!
recv_buf: ccc
client_port 2651 closed!
```

7.4　多线程并发服务器

多线程服务器是对多进程的服务器的改进，由于多进程服务器在创建进程时要消耗较大的系统资源，所以用线程来取代进程，这样服务处理程序可以较快地创建。据统计，创建线程比创建进程快10100倍，所以又把线程称为"轻量级"进程。线程与进程不同的是：一个进程内的所有线程共享相同的全局内存、全局变量等信息，这种机制又带来了同步问题。

前面我们设计的服务器只有一个主线程，没有用到多线程，现在开始要用多线程了。如果有读者没学过多线程的话，可以参考清华大学出版社出版的《Linux C/C++一线开发实战》，该书详述了Linux下的多线程编程，是Linux开发的经典之作。

并发服务器在同一个时刻可以响应多个客户端的请求，尤其是针对处理一个客户端的工作需要较长时间的场合。并发服务器更多用在TCP服务器上，因为TCP服务器通常用来处理和单一客户端交互较长的情况。

多线程并发TCP服务器可以同时处理多个客户端请求，并发服务器常见的设计是"一个请求一个线程"：针对每个客户端请求，主线程都会单独创建一个工作者线程，由工作者线程负责和客户端进行通信。多线程并发服务器的工作模型如图7-11所示。

```
1    #include <头文件>
2    int main(int argc, char *argv[])
3    {
4        创建套接字sockfd
5        绑定(bind)套接字sockfd
6        监听(listen)套接字sockfd
7
8        while(1)
9        {
10           int connfd = accept();
11           pthread_t tid;
12           pthread_create(&tid, NULL, (void *)client_fun, (void *)connfd);
13           pthread_detach(tid);
14       }
15       close(sockfd);//关闭监听套接字
16       return 0;
17   }
18   void *client_fun(void *arg)
19   {
20       int connfd = (int)arg;
21       fun();//服务于客户端的具体程序
22       close(connfd);
23   }
```

图 7-11

在图7-11的代码中，首先是创建套接字、绑定和监听。然后开启while循环，阻塞等待客户端的连接，如果有连接过来，则用非阻塞函数pthread_create创建一个线程，线程函数是client_fun，在这个线程函数中具体处理和客户端打交道的工作，而主线程的pthread_create后面的代码会继续执行下去（不会等到client_fun结束返回）。然后调用pthread_detach函数将该子线程的状态设置为detach，这样该子线程运行结束后会自动释放所有资源（自己清理掉PCB的残留资源）。pthread_detach函数也是非阻塞函数，执行完毕后就回到循环体开头继续执行accept等待新的客户端连接。

注意

Linux线程执行和Windows不同，pthread_create创建的线程有两种状态：joinable和 unjoinable（也就是detach）。如果线程是joinable状态，当线程函数自己返回退出时或 pthread_exit时都不会释放线程所占用堆栈和线程描述符（总计8K多），只有当调用了 pthread_join之后这些资源才会被释放。若线程是unjoinable状态，这些资源在线程函数 退出时或pthread_exit时会被自动释放。一般情况下，线程终止后，其终止状态一直保 留到其他线程调用pthread_join获取它的状态为止（或者进程终止被回收了）。但是线 程也可以被置为detach状态，这样的线程一旦终止就立刻回收它占用的所有资源，而不 保留终止状态。不能对一个已经处于detach状态的线程调用pthread_join，这样的调用 将返回EINVAL错误（22号错误）。也就是说，如果已经对一个线程调用了pthread_detach， 就不能再调用pthread_join了。

看起来，多线程并发服务器模型比多进程并发服务器模型更简单些。下面我们来实现一 个简单的多线程并发服务器。

【例7.4】 一个简单的多线程并发服务器。

（1）打开VC2017，新建一个Linux控制台工程，工程名是tcpForkServer。在main.cpp中输 入代码如下：

```cpp
#include <cstdio>
#include <stdio.h>
#include <stdlib.h>
#include <string.h>
#include <unistd.h>
#include <sys/socket.h>
#include <netinet/in.h>
#include <arpa/inet.h>
#include <pthread.h>
void *client_process(void *arg)        //线程函数，处理客户端信息，函数参数已连接套接字
{
    int recv_len = 0;
    char recv_buf[1024] = "";          //接收缓冲区
    long tmp = (long)arg;              //64位Ubuntu上long是64位
    int connfd = (int)tmp;             //传过来的已连接套接字
    //接收数据
    while ((recv_len = recv(connfd, recv_buf, sizeof(recv_buf), 0)) > 0)
    {
        printf("recv_buf: %s\n", recv_buf);        //打印数据
        send(connfd, recv_buf, recv_len, 0);       //给客户端返回数据
    }
    printf("client closed!\n");
    close(connfd);                     //关闭已连接套接字
    return     NULL;
}
int main()                                         //主函数，建立一个TCP并发服务器
{
    int sockfd = 0, connfd = 0,err_log = 0;
```

```c
char on = 1;
struct sockaddr_in my_addr;                          //服务器地址结构体
unsigned short port = 8888;                          //监听端口
pthread_t thread_id;
sockfd = socket(AF_INET, SOCK_STREAM, 0);            //创建TCP套接字
if (sockfd < 0)
{
    perror("socket error");
    exit(-1);
}
bzero(&my_addr, sizeof(my_addr));                    //初始化服务器地址
my_addr.sin_family = AF_INET;
my_addr.sin_port = htons(port);
my_addr.sin_addr.s_addr = htonl(INADDR_ANY);
printf("Binding server to port %d\n", port);
setsockopt(sockfd, SOL_SOCKET, SO_REUSEADDR, &on, sizeof(on)); //端口复用
err_log = bind(sockfd, (struct sockaddr*)&my_addr, sizeof(my_addr));
                                                     //绑定
if (err_log != 0)
{
    perror("bind");
    close(sockfd);
    getchar();
    exit(-1);
}
err_log = listen(sockfd, 10);                        //监听，套接字变被动
if (err_log != 0)
{
    perror("listen");
    close(sockfd);
    exit(-1);
}
while (1)
{
    char cli_ip[INET_ADDRSTRLEN] = "";               //用于保存客户端IP地址
    struct sockaddr_in client_addr;                  //用于保存客户端地址
    socklen_t cliaddr_len = sizeof(client_addr);     //必须初始化
    printf("Waiting client...\n");
    //获得一个已经建立的连接
    connfd = accept(sockfd, (struct sockaddr*)&client_addr, &cliaddr_len);
    if (connfd < 0)
    {
        perror("accept this time");
        continue;
    }
    //打印客户端的IP地址和端口号
    inet_ntop(AF_INET, &client_addr.sin_addr, cli_ip, INET_ADDRSTRLEN);
    printf("------------------------------------------------\n");
    printf("client ip=%s,port=%d\n", cli_ip,
ntohs(client_addr.sin_port));
    if (connfd > 0)
```

```
    {
        //创建线程，与同一个进程内的所有线程共享内存和变量，因此在传递参数 时需做特殊
处理，传递值
        pthread_create(&thread_id, NULL, client_process, (void *)connfd);
            hread_detach(thread_id); //线程分离，让子线程结束时自动回收资源
    }
}
close(sockfd);
return 0;
}
```

在此代码中，先是创建套接字、绑定和监听。然后开启while循环阻塞等待客户端的连接，如果有连接过来，则通过pthread_create函数创建线程，并把连接套接字（connfd）作为参数传给线程处理函数client_process。值得注意的是，在64位的Ubuntu上，void的指针类型是64位的，所以在client_process中，先要把arg赋值给一个long型的变量（因为64位的Ubuntu上long型也是64位），然后再通过long变量tmp赋值给connfd。如果想直接把arg强制类型转换为connfd，则会报错。

（2）设计客户端。思路就是连接服务器，然后发送数据并等待接收数据。代码可以直接使用例7.4的代码。

（3）保存工程并运行。先运行服务器，再运行客户端，此时可以发现服务器端收到连接了，然后再在客户端上输入一些消息，比如abc，此时可以发现服务器端能收到消息了，然后再看客户端也能收到服务器发来的反馈消息了。客户端运行结果如图7-12所示。

图 7-12

服务器端的运行结果如下所示：

```
Binding server to port 8888
Waiting client...
------------------------------------------------
client ip=192.168.0.177,port=10955
Waiting client...
recv_buf: abc
client closed!
```

另外，我们也可以多启动几个客户端，过程不再赘述。

7.5 I/O 多路复用的服务器

当客户端连接变多时，会新创建连接相同个数的进程或者线程，当此数值比较大时，如上千个连接，此时线程/进程资料存储占用以及CPU在上千个进程/线程之间的时间片调度成本凸显，造成性能下降。因此需要一种新的模型来解决此问题，基于I/O多路复用模型的服务器便是一种解决方案。

目前支持I/O多路复用的系统调用有 select、pselect、poll、epoll，I/O多路复用就是通过一种机制实现一个进程可以监视多个描述符，一旦某个描述符就绪(一般是读就绪或者写就绪)，就能够通知程序进行相应的读写操作。但select、pselect、poll、epoll本质上都是同步I/O，因为它们都需要在读写事件就绪后自己负责进行读写，也就是说这个读写过程是阻塞的，而异步I/O则无须自己负责进行读写，异步I/O的实现会负责把数据从内核拷贝到用户空间。

与多进程和多线程技术相比，I/O多路复用技术的最大优势是系统开销小，系统不必创建进程/线程，也不必维护这些进程/线程，从而大大减小了系统的开销。

值得注意的是，epoll是Linux所特有的，而select则是POSIX所规定的，一般操作系统均可实现。

7.5.1　使用场景

I/O多路复用是指内核一旦发现进程指定的一个或者多个I/O准备读取，它就通知该进程。基于I/O多路复用的服务器适用如下场合：

（1）当客户端处理多个描述符时（一般是交互式输入和网络套接口），必须使用I/O复用。

（2）当一个客户端同时处理多个套接口时，这种情况是可能的，但很少出现。

（3）如果一个TCP服务器既要处理监听套接口，又要处理已连接套接口，一般也要用到I/O复用。

（4）如果一个服务器既要处理TCP，又要处理UDP，一般要使用I/O复用。

（5）如果一个服务器要处理多个服务或多个协议，一般要使用I/O复用。

7.5.2　基于 select 的服务器

选择（select）服务器是一种比较常用的服务器模型。利用select这个系统调用可以使Linux socket应用程序同时管理多个套接字。使用select可以当执行操作的套接字满足可读或可写条件时，给应用程序发送通知。收到这个通知后，应用程序再去调用相应的收发函数进行数据的接收或发送。

当用户进程调用了select，那么整个进程会被阻塞，与此同时，内核会"监视"所有select负责的socket，当任何一个socket中的数据准备好时，select就会返回。这时用户进程再调用read操作，将数据从内核拷贝到用户进程，如图7-13所示。

通过对select函数的调用，应用程序可以判断套接字是否存在数据、能否向该套接字写入数据。比如：在调用recv函数之前，先调用select函数，如果系统没有可读数据，那么select函数就会阻塞在这里。当系统存在可读或可写数据时，select函数返回，就可以调用recv函数接收数据了。可以看出使用select模型，需要调用两次函数。第一次调用select函数，第二次调用收发函数。使用该模式的好处是：可以等待多个套接字。但select有以下几个缺点：

（1）I/O线程需要不断地轮询套接字集合状态，浪费了大量CPU资源。

（2）不适合管理大量客户端连接。

（3）性能比较低下，要进行大量查找和拷贝。

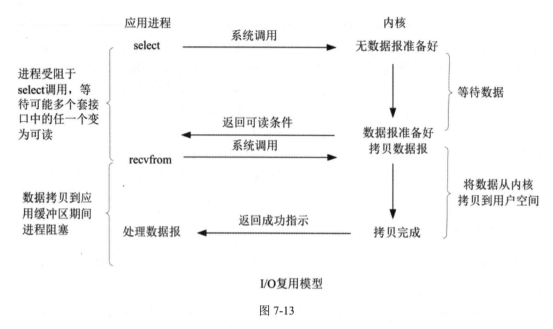

I/O复用模型

图 7-13

在Linux中，我们可以使用select函数实现I/O端口的复用，传递给select函数的参数会告诉内核以下信息：

（1）文件描述符（select函数监视的文件描述符分三类，分别是writefds、readfds和exceptfds）。

（2）每个描述符的状态（是想从一个文件描述符中读或者写，还是关注一个描述符中是否出现异常）。

（3）要等待的时间（可以等待无限长的时间，等待固定的一段时间，或者根本就不等待）。

从select函数返回后，内核会告诉我们以下信息：

（1）对我们的要求已经做好准备的描述符的个数。

（2）对于三种条件哪些描述符已经做好准备（读、写、异常）。

（3）有了这些返回信息，我们可以调用合适的I/O函数（通常是read或write），并且这些函数不会再阻塞。select函数声明如下：

```
#include <sys/select.h>
int select(int maxfd, fd_set *readfds, fd_set *writefds,fd_set *exceptfds,
struct timeval *timeout);
```

- 参数nfds：是一个整数值，是指集合中所有文件描述符的范围，即所有文件描述符的最大值加1。在Linux系统中，select的默认最大值为1024。设置这个值的目的是为了不用每次都去轮询这1024个fd，假设只需要几个套接字，就可以用最大的那个套接字的值加上1作为这个参数的值，当我们在等待是否有套接字准备就绪时，只需要监测maxfd+1个套接字就可以了，这样可以减少轮询时间以及系统的开销。

- 参数readfds：指向fd_set结构的指针，类型fd_set是一个集合，那么readfs也就是一个集合，里面可以容纳多个文件描述符。这个集合中应该包括文件描述符，我们要监视这些文件描述符的读变化，即我们关心是否可以从这些文件中读取数据。如果这个集合中有一个文件

可读，select就会返回一个大于0的值，表示有文件可读。如果没有可读的文件，则再根据
timeout参数判断是否超时，若超出timeout的时间，select返回0；若发生错误返回负值，可
以传入NULL，表示不关心任何文件的读变化。

- 参数writefds：指向fd_set结构的指针，这个集合中应该包括文件描述符，我们要监视这些
文件描述符的写变化，即我们关心是否可以向这些文件中写入数据。如果这个集合中有一
个文件可写，select就会返回一个大于0的值，表示有文件可写。如果没有可写的文件，则
根据timeout参数再判断是否超时，若超出timeout的时间，select返回0；若发生错误返回负
值，可以传入NULL，表示不关心任何文件的写变化。

- 参数exceptfds：用来监视文件错误异常文件。

- 参数timeout：表示select的等待时间，这个参数一出来就可以知道，可以选择阻塞，可以选
择非阻塞，还可以选择定时返回。当将timeout设置为NULL时，表明此时select是阻塞的；
当将tineout设置为timeout->tv_sec = 0，timeout->tv_usec = 0时，表明这个函数为非阻塞；当
将timeout设置为非0的时间，表明select有超时时间，当这个时间走完，select函数就会返回。
从这个角度看，可以用select来做超时处理，因为如果使用recv函数的话，还需要去设置recv
的模式，比较麻烦。

在select函数返回时，会在fd_set结构中填入相应的套接字。其中，readfds数组将包括满足
以下条件的套接字：

（1）有数据可读。此时在此套接字上调用recv，立即收到对方的数据。

（2）连接已经关闭、重设或终止。

（3）正在请求建立连接的套接字。此时调用accept函数会成功。

writefds数组包含满足下列条件的套接字：

（1）有数据可以发出。此时在此套接字上调用send，可以向对方发送数据。

（2）调用connect函数，并连接成功的套接字。

exceptfds数组将包括满足下列条件的套接字：

（1）调用connection函数，但连接失败的套接字。

（2）有带外数据可读。

timeval定义如下：

```
structure timeval
{
    long tv_sec;      //秒
    long tv_usec;     //毫秒
};
```

当timeval为空指针时，select会一直等待，直到有符合条件的套接字时才返回。

当tv_sec和tv_usec之和为0时，无论是否有符合条件的套接字，select都会立即返回。

当tv_sec和tv_usec之和为非0时，如果在等待的时间内有套接字满足条件，则该函数将返
回符合条件的套接字；如果在等待的时间内没有套接字满足设置的条件，则select会在时间用

完时返回，并且返回值为0。select函数返回处于就绪态并且已经被包含在fd_set结构中的套接字总数，如果超时则返回0。

fd_set类型是一个结构体，声明如下：

```
typedef struct fd_set
{
    u_int fd_count;
    socket fd_array[FD_SETSIZE];
}fd_set;
```

其中，fd_cout表示该集合套接字数量，最大为64；fd_array为套接字数组。

当select函数返回时，它通过移除没有未决I/O操作的套接字句柄修改每个fd_set集合，使用select的好处是程序能够在单个线程内同时处理多个套接字连接，这避免了阻塞模式下的线程膨胀问题。但是，添加到fd_set结构的套接字数量是有限制的，默认情况下，最大值是FD_SETSIZE，它在Ubuntu上的/usr/inlclude/linux/posix_types.h中定义为1024。我们可以把FD_SETSIZE定义为某个更大的值以增加select所用描述符集的大小。但是，这样做通常行不通。因为select是在内核中实现的，并把内核的FD_SETSIZE定义为上限使用。因此，增大FD_SETSIZE还要重新编译内核。值得注意的是，有些应用程序开始使用poll代替select，这样可以避开描述符有限问题。另外，select的典型实现在描述符数增大时可能存在扩展性问题。

在调用select函数对套接字进行监视之前，必须将要监视的套接字分配给上述三个数组中的一个。然后调用select函数，当select函数返回时，判断需要监视的套接字是否还在原来的集合中，就可以知道该集合是否正在发生I/O操作。比如，应用程序想要判断某个套接字是否存在可读的数据，需要进行如下步骤：

步骤 01 将该套接字加入到readfds集合。

步骤 02 以readfds作为第二个参数调用select函数。

步骤 03 当select函数返回时，应用程序判断该套接字是否仍然存在于readfds集合。

步骤 04 如果该套接字存在与readfds集合，则表明该套接字可读。此时就可以调用recv函数接收数据。否则，该套接字不可读。

在调用select函数时，readfds、writefds和exceptfds这三个参数至少有一个为非空，并且在该非空的参数中，必须至少包含一个套接字，否则select函数将没有任何套接字可以等待。

为了方便使用，Linux提供了下列宏，用来对fd_set进行一系列操作。使用以下宏可以使编程工作简化。

```
void FD_ZERO(fd_set *set);              //将set集合初始化为空集合
void FD_SET(int fd, fd_set *set);       //将套接字加入到set集合中
void FD_CLR(int fd, fd_set *set);       //从set集合中删除s套接字
int  FD_ISSET(int fd, fd_set *set);     //检查s是否为set集合的成员
```

宏FD_SET设置文件描述符集fd_set中对应于文件描述符fd的位（设置为1），宏FD_CLR清除文件描述符集fdset中对应于文件描述符fd的位（设置为0），宏FD_ZERO清除文件描述符集fdset中的所有位（即把所有位都设置为0）。使用这3个宏在调用select前设置描述符屏蔽位。因为这3个描述符集参数是结果参数，在调用select后，结果指示哪些描述符已就绪。使用

FD_ISSET来检测文件描述符集fd_set中对应于文件描述符fd的位是否被设置。描述符集内任何与未就绪描述符对应的位返回时均清成0，为此，每次重新调用select函数时，必须再次把所有描述符集内所关心的位设置为1。其实可以将fd_set中的集合看成是二进制bit位，一位代表着一个文件描述符。0代表文件描述符处于睡眠状态，没有数据到来；1代表文件描述符处于准备状态，可以被应用层处理。

在开发select服务器应用程序时，通过下面的步骤，可以完成对套接字的可读写判断：

步骤 01　使用FD_ZERO初始化套接字集合。如FD_ZERO(&readfds)。

步骤 02　使用FD_SET将某套接字放到readfds内。如FD_SET(s，&readfds)。

步骤 03　以readfds为第二个参数调用select函数。select在返回时会返回所有fd_set集合中套接字的总个数，并对每个集合进行相应的更新。将满足条件的套接字放在相应的集合中。

步骤 04　使用FD_ISSET判断s是否还在某个集合中。如FD_ISSET(s，&readfds)。

步骤 05　调用相应的Windows socket api函数对某套接字进行操作。

select返回后会修改每个fd_set结构。删除不存在的或没有完成I/O操作的套接字。这也正是在第四步中可以使用FD_ISSET来判断一个套接字是否仍在集合中的原因。

下面看个例子，该例演示了一个服务器程序如何使用select函数管理套接字。

【例7.5】　实现select服务器。

（1）打开VC2017，首先新建一个Linux控制台工程，工程名是test，作为服务器端。

（2）打开main.cpp，输入代码如下：

```
#include <stdio.h>
#include <stdlib.h>
#include <unistd.h>
#include <errno.h>
#include <string.h>
#include <sys/types.h>
#include <sys/socket.h>
#include <sys/time.h>
#include <netinet/in.h>
#include <arpa/inet.h>

#define MYPORT 8888         //连接时使用的端口
#define MAXCLINE 5          //连接队列中的个数，也就是最多支持5个客户端同时连接
#define BUF_SIZE 200
int fd[MAXCLINE];           //连接的fd
int conn_amount;            //当前的连接数
void showclient()
{
    int i;
    printf("client amount:%d\n", conn_amount);
    for (i = 0; i < MAXCLINE; i++)
        printf("[%d]:%d ", i, fd[i]);
    printf("\n\n");
}
int main(void)
```

```
{
    int sock_fd, new_fd;                  //监听套接字，连接套接字
    struct sockaddr_in server_addr;       //服务器端的地址信息
    struct sockaddr_in client_addr;       //客户端的地址信息
    socklen_t sin_size;
    int yes = 1;
    char buf[BUF_SIZE];
    int ret;
    int i;
    //建立sock_fd套接字
    if ((sock_fd = socket(AF_INET, SOCK_STREAM, 0)) == -1)
    {
        perror("setsockopt");
        exit(1);
    }
    //设置套接口的选项 SO_REUSEADDR，允许在同一个端口启动服务器的多个实例
    //setsockopt的第二个参数SOL_SOCKET 指定系统中解释选项的级别为普通套接字
    if (setsockopt(sock_fd, SOL_SOCKET, SO_REUSEADDR, &yes, sizeof(int)) == -1)
    {
        perror("setsockopt error \n");
        exit(1);
    }

    server_addr.sin_family = AF_INET;            //主机字节序
    server_addr.sin_port = htons(MYPORT);
    server_addr.sin_addr.s_addr = INADDR_ANY;    //通配IP
    memset(server_addr.sin_zero, '\0', sizeof(server_addr.sin_zero));
    if (bind(sock_fd, (struct sockaddr *)&server_addr, sizeof(server_addr)) ==
-1)
    {
        perror("bind error!\n");
        getchar();
        exit(1);
    }
    if (listen(sock_fd, MAXCLINE) == -1)
    {
        perror("listen error!\n");
        exit(1);
    }
    printf("listen port %d\n", MYPORT);
    fd_set fdsr;                              //文件描述符集的定义
    int maxsock;
    struct timeval tv;
    conn_amount = 0;
    sin_size = sizeof(client_addr);
    maxsock = sock_fd;
    while (1)
    {
        //初始化文件描述符集合
        FD_ZERO(&fdsr);                      //清除描述符集
        FD_SET(sock_fd, &fdsr);              //把sock_fd加入描述符集
        //超时的设定
```

```
    tv.tv_sec = 30;
    tv.tv_usec = 0;
    //添加活动的连接
    for (i = 0; i < MAXCLINE; i++)
    {
        if (fd[i] != 0)
        {
            FD_SET(fd[i], &fdsr);
        }
    }
    //如果文件描述符中有连接请求，则会做相应的处理，实现I/O的复用和多用户的连接通信
    ret = select(maxsock + 1, &fdsr, NULL, NULL, &tv);
    if (ret < 0)                      //没有找到有效的连接，失败
    {
        perror("select error!\n");
        break;
    }
    else if (ret == 0)           //指定的时间到了
    {
        printf("timeout \n");
        continue;
    }
    //循环判断有效的连接是否有数据到达
    for (i = 0; i < conn_amount; i++)
    {
        if (FD_ISSET(fd[i], &fdsr))
        {
            ret = recv(fd[i], buf, sizeof(buf), 0);
            if (ret <= 0)             //客户端连接关闭，清除文件描述符集中的相应的位
            {
                printf("client[%d] close\n", i);
                close(fd[i]);
                FD_CLR(fd[i], &fdsr);
                fd[i] = 0;
                conn_amount--;
            }
            //否则有相应的数据发送过来，进行相应的处理
            else
            {
                if (ret < BUF_SIZE)
                    memset(&buf[ret], '\0', 1);
                printf("client[%d] send:%s\n", i, buf);
                send(fd[i], buf, sizeof(buf), 0);        //反射回去
            }
        }
    }
    if (FD_ISSET(sock_fd, &fdsr))
    {
        new_fd = accept(sock_fd, (struct sockaddr *)&client_addr,
&sin_size);
        if (new_fd <= 0)
```

```
                        {
                            perror("accept error\n");
                            continue;
                        }
```

//添加新的fd 到数组中，判断有效的连接数是否小于最大的连接数，如果小于的话，就把新的连接套接字加入集合

```
                        if (conn_amount < MAXCLINE)
                        {
                            for (i = 0; i < MAXCLINE; i++)
                            {
                                if (fd[i] == 0)
                                {
                                    fd[i] = new_fd;
                                    break;
                                }
                            }
                            conn_amount++;
                            printf("new connection client[%d]%s:%d\n", conn_amount,
inet_ntoa(client_addr.sin_addr), ntohs(client_addr.sin_port));
                            if (new_fd > maxsock)
                                maxsock = new_fd;
                        }
                        else
                        {
                            printf("max connections arrive ,exit\n");
                            send(new_fd, "bye", 4, 0);
                            close(new_fd);
                            continue;
                        }
                    }
                    showclient();
            }
            for (i = 0; i < MAXCLINE; i++)
            {
                if (fd[i] != 0)
                {
                    close(fd[i]);
                }
            }
            return 0;
}
```

在此代码中，使用select函数可以与多个socket通信，select本质上都是同步I/O，因为它们都需要在读写事件就绪后自己负责进行读写，也就是说这个读写过程是阻塞的。程序只是演示select函数的使用，即使某个连接关闭以后也不会修改当前连接数，连接数达到最大值后会终止程序。程序使用了一个数组fd，通信开始后把需要通信的多个socket描述符都放入此数组。首先生成一个叫sock_fd的socket描述符，用于监听端口，将sock_fd和数组fd中不为0的描述符放入select将检查的集合fdsr。处理fdsr中可以接收数据的连接。如果是sock_fd，表明有新连接加入，将新加入连接的socket描述符放置到fd。以后select再次返回的时候，可能是有数据要接

收了，如果数据可读，则调用recv接收数据，并打印出来，然后反射给客户端。

（3）新建一个Windows桌面控制台应用程序作为客户端工程，工程名是client。代码和上例一样，这里不再赘述。其代码很简单，就是接收用户输入，然后发送给服务器。然后等待服务器端数据，如果收到则打印出来。

（4）保存工程，先运行服务器端，再运行客户端，可以发现能相互通信了。客户端的运行结果如图7-14所示。

图 7-14

服务器端的运行结果如下：

```
listen port 8888
new connection client[1]192.168.0.167:5761
client amount:1
[0]:4 [1]:0 [2]:0 [3]:0 [4]:0

client[0] send:abc
client amount:1
[0]:4 [1]:0 [2]:0 [3]:0 [4]:0

client[0] close
client amount:0
[0]:0 [1]:0 [2]:0 [3]:0 [4]:0
```

7.5.3　基于 poll 的服务器

前面我们实现基于select函数的I/O多路复用服务器。select的优点是目前几乎在所有的平台上都可用，有着良好的跨平台性。但缺点也明显，每次调用select函数，都需要把fd集合从用户态拷贝到内核态，这个开销在fd很多时会很大，同时每次调用select都需要在内核遍历传递进来的所有fd，这个开销在fd很多时也很大。另外，单个进程能够监视的文件描述符的数量存在最大限制，在Linux上一般为1024，可以通过修改宏定义甚至重新编译内核的方式提升这一限制，但是这样也会造成效率的降低。为了突破这个限制，人们提出了通过poll系统调用来实现服务器。

poll和select这两个系统调用函数的本质是一样的，poll的机制与select类似，与select在本质上没有多大差别，管理多个描述符也是进行轮询，根据描述符的状态进行处理，但是poll没有最大文件描述符数量的限制（但是数量过大后性能也会下降）。poll和select存在同一个缺点就是，包含大量文件描述符的数组被整体复制于用户态和内核的地址空间之间，而不论这些文件描述符是否就绪，它的开销随着文件描述符数量的增加而线性增大。

poll函数用来在指定时间内轮询一定数量的文件描述符，来测试其中是否有就绪者，它监测多个等待事件，若事件未发生，进程睡眠，放弃CPU控制权，若监测的任何一个事件发生，poll将唤醒睡眠的进程，并判断是什么等待事件发生，执行相应的操作。poll函数退出后，struct pollfd变量的所有值被清零，需要重新设置。其函数声明如下：

```
#include <poll.h>
int poll(struct pollfd *fds, nfds_t nfds, int timeout);
```

其中参数fds指向一个结构体数组的第0个元素的指针，每个数组元素都是一个struct pollfd结构，用于指定测试某个给定的fd的条件；参数nfds用来指定第一个参数数组元素个数；timeout

用于指定等待的毫秒数，无论I/O是否准备好，poll都会返回，如果timeout赋值为–1则表示永远等待，直到事件发生；如果赋值为0，则表示立即返回；如果赋值为大于0的数，则表示等待指定数目的毫秒数。如果函数执行成功，则返回结构体中revents域不为0的文件描述符个数，如果在超时前没有任何事件发生，则函数返回0；如果函数执行失败，则返回–1，并设置errno为下列值之一：

- EBADF：一个或多个结构体中指定的文件描述符无效。
- EFAULT：fds指针指向的地址超出进程的地址空间。
- EINTR：请求的事件之前产生一个信号，调用可以重新发起。
- EINVAL：nfds参数超出PLIMIT_NOFILE值。
- ENOMEM：可用内存不足，无法完成请求。

结构体pollfd定义如下：

```
struct pollfd{
    int fd;                 //文件描述符
    short events;           //等待的事件
    short revents;          //实际发生的事件
};
```

其中字段fd表示每一个pollfd 结构体指定了一个被监视的文件描述符，可以传递多个结构体，指示poll监视多个文件描述符；events指定监测fd的事件（输入、输出、错误），每一个事件有多个取值，如图7-15所示。

事件	常值	作为events的值	作为revents的值	说明
读事件	POLLIN	✔	✔	普通或优先带数据可读
	POLLRDNORM	✔	✔	普通数据可读
	POLLRDBAND	✔	✔	优先级带数据可读
	POLLPRI	✔	✔	高优先级数据可读
写事件	POLLOUT	✔	✔	普通或优先带数据可写
	POLLWRNORM	✔	✔	普通数据可写
	POLLWRBAND	✔	✔	优先级带数据可写
错误事件	POLLERR		✔	发生错误
	POLLHUP		✔	发生挂起
	POLLNVAL		✔	描述不是打开的文件

图 7-15

字段revents是文件描述符的操作结果事件，内核在调用返回时设置这个域。events域中请求的任何事件都可能在revents域中返回。

注　意 每个结构体的events域是由用户来设置，告诉内核我们关注的是什么，而revents域是返回时内核设置的，以说明该描述符发生了什么事件。

可以看出，和select不一样，poll没有使用低效的三个基于位的文件描述符set，而是采用了一个单独的结构体pollfd数组，由fds指针指向这个数组。

对于TCP服务器来说，首先是bind+listen+accept，然后处理客户端的连接。不过在使用poll的时候，accept与客户端的读写数据都可以在事件触发后执行，客户端连接需要设置为非阻塞的，避免read和write的阻塞，基本流程如下：

（1）利用库函数socket、bind和listen创建套接字sd，并绑定和监听客户端的连接。

（2）将sd加入到poll的描述符集fds中，并且监听上面的POLLIN事件（读事件）。

（3）调用poll等待描述符集中的事件，此时分为3种情况：第一种情况，若fds[0].revents & POLLIN，则表示客户端请求建立连接。此时调用accept接收请求得到新连接childSd，设置新连接为非阻塞的fcntl(childSd, F_SETFL, O_NONBLOCK)。再将childSd加入到poll的描述符集中，监听其上的POLLIN事件：fds[i].events = POLLIN。第二种情况，若其他套接字tmpSd上有POLLIN事件，表示客户端发送请求数据。此时读取数据，若读取完则监听tmpSd上的读和写事件：fds[j].events = POLLIN | POLLOUT。读取遇到EAGAIN | EWOULDBLOCK，表示会阻塞，需要停止读，等待下一次读事件。若read返回0(EOF)，则表示连接已断开。否则，记录这次读取的数据，下一个读事件时继续执行读操作。第三种情况，若其他套接字tmpSd上有POLLOUT事件，表示客户端可写。此时写入数据，若写入完，则清除tmpSd上的写事件；同样，写如果遇到EAGAIN | EWOULDBLOCK，表示会阻塞，需要停止写，等待下一次写事件。否则，下次写事件继续写。

由于套接字上写事件一般都是可行的，所以初始不监听POLLOUT事件，否则poll会不停报告套接字上可写。

下面我们基于poll函数实现一个TCP服务器。另外，我们本例中的发送和接收数据并没有用send和recv函数（C语言标准库提供的函数），而是用了write和read这两个系统调用（其实就是Linux系统提供的函数）。其中write函数用来发送数据，会把参数buf所指的内存写入count个字节到参数fd所指的文件内。声明如下：

```
ssize_t write (int fd, const void * buf, size_t count);
```

其中fd是个句柄，指向要写的数据的目标，比如套接字或磁盘文件等；buf指向要写的数据存放的缓冲区；count是要写的数据个数。如果顺利write会返回实际写入的字节数（len）。当有错误发生时则返回-1，错误代码存入errno中。

write函数返回值一般无0，只有当如下情况发生时才会返回0：write(fp, p1+len, (strlen(p1)-len))中第三参数为0，此时write什么也不做，只返回0。write函数从buf写数据到fd中时，若buf中数据无法一次性读完，那么第二次读buf中数据时，其读位置指针（也就是第二个参数buf）不会自动移动，需要程序员来控制，而不是简单地将buf首地址填入第二参数即可。如果按如下格式实现读位置移动：write(fp, p1+len, (strlen(p1)–len))，这样write在第二次循环时便会从p1+len处写数据到fp，之后的也一样。以此类推，直至(strlen(p1)-len)变为0。

在write一次可以写的最大数据范围内（内核定义了BUFSIZ，8192），第三参数count大小最好为buf中数据的大小，以免出现错误。经过笔者再次试验，write一次能够写入的并不止8192，笔者尝试一次写入81920000，结果也是可以的，看来其一次最大写入数据并不是8192，但内核中确实有BUFSIZ这个参数。

write比send用途更加广泛，它可以向套接字写数据（此时相当于发送数据），也可以向普通磁盘文件写数据，比如：

```
#include <string.h>
#include <stdio.h>
#include <fcntl.h>
```

```
int main()
{
  char *p1 = "This is a c test code";  // "This is a c test code"有21个字符
  volatile int len = 0;
  int fp = open("/home/test.txt", O_RDWR|O_CREAT);  //打开文件
  for(;;)
  {
    int n;
    if((n=write(fp, p1+len, (strlen(p1)-len)))== 0)   //if((n=write(fp,
p1+len, 3)) == 0
    {                                        //strlen(p1) = 21
      printf("n = %d \n", n);
      break;
    }
    len+=n;
  }
  return 0;
}
```

read会把参数fd所指的文件传送count个字节到buf指针所指的内存中，声明如下：

```
ssize_t read(int fd, void * buf, size_t count);
```

其中参数fd是个句柄，指向要读数据的目标，比如磁盘文件或套接字等；buf存放读到的数据；count表示想要读取的数据长度。函数返回值为实际读取到的字节数，如果返回0，表示已到达文件尾部或是无可读取的数据。若参数count为0，则read不会有作用并返回0。另外，以下情况返回值小于count：

（1）读常规文件时，在读到count个字节之前已到达文件末尾。例如，距文件末尾还有50字节而请求读100字节，则read返回50，下次read将返回0。

（2）对于网络套接字接口，返回值可能小于count，但这不是错误。

read时fd中的数据如果小于要读取的数据，就会引起阻塞。以下情况read不会引起阻塞：

（1）常规文件不会阻塞，不管读到多少数据都会返回。

（2）从终端读不一定阻塞：如果从终端输入的数据没有换行符，调用read读终端设备会阻塞，其他情况下不阻塞。

（3）从网络设备读不一定阻塞：如果网络上没有接收到数据报，调用read会阻塞，除此之外读取的数值小于count也可能不阻塞。

【例7.6】 实现poll服务器。

（1）打开VC2017，首先新建一个Linux控制台工程，工程名是srv，作为服务器端。

（2）打开main.cpp，输入代码如下：

```
#include <unistd.h>
#include <fcntl.h>
#include <poll.h>
#include <time.h>
#include <sys/socket.h>
```

```cpp
#include <arpa/inet.h>
#include <cstdio>
#include <cstdlib>
#include <errno.h>
#include <cstring>
#include <initializer_list>
using std::initializer_list;
#include <vector>          //每个stl都需要对应的头文件
using std::vector;
void errExit()             //出错处理函数
{
    getchar();
    exit(-1);
}
//定义发送给客户端的字符串
const char resp[] = "HTTP/1.1 200\r\n\
Content-Type: application/json\r\n\
Content-Length: 13\r\n\
Date: Thu, 2 Aug 2021 04:02:00 GMT\r\n\
Keep-Alive: timeout=60\r\n\
Connection: keep-alive\r\n\r\n\
[HELLO WORLD]\r\n\r\n";

int main () {
    //创建套接字
    const int port = 8888;
    int sd, ret;
    sd = socket(AF_INET, SOCK_STREAM, 0);
    fprintf(stderr, "created socket\n");
    if (sd == -1)
        errExit();
    int opt = 1;
    //重用地址
    if (setsockopt(sd, SOL_SOCKET, SO_REUSEADDR, &opt, sizeof(int)) == -1)
        errExit();
    fprintf(stderr, "socket opt set\n");
    sockaddr_in addr;
    addr.sin_family = AF_INET, addr.sin_port = htons(port);
    addr.sin_addr.s_addr = INADDR_ANY;
    socklen_t addrLen = sizeof(addr);
    if (bind(sd, (sockaddr *)&addr, sizeof(addr)) == -1)
        errExit();
    fprintf(stderr, "socket binded\n");
    if (listen(sd, 1024) == -1)
        errExit();
    fprintf(stderr, "socket listen start\n");
    //套接字创建完毕
    //初始化监听列表
    //number of poll fds
    int currentFdNum = 1;
```

```
        pollfd *fds = static_cast<pollfd *>(calloc(100, sizeof(pollfd)));
        fds[0].fd = sd, fds[0].events = POLLIN;
        nfds_t nfds = 1;
        int timeout = -1;

        fprintf(stderr, "polling\n");
        while (1) {
            //执行poll操作
            ret = poll(fds, nfds, timeout);
            fprintf(stderr, "poll returned with ret value: %d\n", ret);
            if (ret == -1)
                errExit();
            else if (ret == 0) {
                fprintf(stderr, "return no data\n");
            }
            else { //ret > 0
             //got accept
                fprintf(stderr, "checking fds\n");
                //检查是否有新客户端建立连接
                if (fds[0].revents & POLLIN) {
                    sockaddr_in childAddr;
                    socklen_t childAddrLen;
                    int childSd = accept(sd, (sockaddr *)&childAddr,
&(childAddrLen));
                    if (childSd == -1)
                        errExit();
                    fprintf(stderr, "child got\n");
                    //set non_block
                    int flags = fcntl(childSd, F_GETFL);
                    //accept并设置为非阻塞
                    if (fcntl(childSd, F_SETFL, flags | O_NONBLOCK) == -1)
                        errExit();
                    fprintf(stderr, "child set nonblock\n");
                    //add child to list
                    //poll的描述符集，关心POLLIN事件
                    fds[currentFdNum].fd = childSd, fds[currentFdNum].events =
(POLLIN | POLLRDHUP);
                    nfds++, currentFdNum++;
                    fprintf(stderr, "child: %d pushed to poll list\n", currentFdNum
- 1);
                }
                //child read & write
                //检查其他描述符的事件
                for (int i = 1; i < currentFdNum; i++) {
                    if (fds[i].revents & (POLLHUP | POLLRDHUP | POLLNVAL)) {
                        //客户端描述符关闭
                        //设置events=0，fd=-1，不再关心
                        //set not interested
                        fprintf(stderr, "child: %d shutdown\n", i);
                        close(fds[i].fd);
```

```
                fds[i].events = 0;
                fds[i].fd = -1;
                continue;
            }
            // read
            if (fds[i].revents & POLLIN) {
                char buffer[1024] = {};
                while (1) {
                    //读取请求数据
                    ret = read(fds[i].fd, buffer, 1024);
                    fprintf(stderr, "read on: %d returned with value: %d\n",
i, ret);

                    if (ret == 0) {
                    fprintf(stderr, "read returned 0 (EOF) on: %d, breaking\n",
i);

                        break;
                    }
                    if (ret == -1) {
                        const int tmpErrno = errno;
                        //会阻塞，这里认为读取完毕
                        //实际需要检查读取数据是否完毕
                    if (tmpErrno == EWOULDBLOCK || tmpErrno == EAGAIN) {
                            fprintf(stderr, "read would block, stop
reading\n");

                            //read is over
                            //http pipe line? need to put resp into a queue
                            //可以监听写事件了，POLLOUT
                            fds[i].events |= POLLOUT;
                            break;
                        }
                        else {
                            errExit();
                        }
                    }
                }
            }
            //write
            if (fds[i].revents & POLLOUT) {
                //写事件，把请求返回
                ret = write(fds[i].fd, resp, sizeof(resp));  //写操作，即发送
数据
                fprintf(stderr, "write on: %d returned with value: %d\n", i,
ret);

                //这里需要处理 EAGAIN EWOULDBLOCK
                if (ret == -1) {
                    errExit();
                }
                fds[i].events &= !(POLLOUT);
            }
        }
    }
}
```

```
    }
    return 0;
}
```

在此代码中，首先创建服务器端套接字，然后绑定监听，static_cast是C++中的标准运算符，相当于传统的C语言里的强制转换。然后在while循环中，调用poll函数执行poll操作，接着根据fds[0].revents来判断发生了何种事件，并进行相应的处理，比如有客户端连接过来了、收到数据了、发送数据等。对于刚接受（accept）进来的客户端，只接受读事件（POLLIN），

读取到一个读事件后，可以设为读和写（POLLIN | POLLOUT），然后就可以接受写事件了。

（3）再次打开另外一个VC2017，新建一个Windows控制台工程，工程名是client，该工程作为客户端。代码不再赘述，和例7.4相同。

（4）保存工程并运行，先运行服务器端工程，然后运行客户端，并在客户端程序中输入一些字符串，比如abc，然后就可以收到服务器端的数据了。客户端运行结果如下：

```
please enter data:abc
server reply:HTTP/1.1 200
Content-Type: application/json
Content-Length: 13
Date: Thu, 2 Aug 2021 04:02:00 GMT
```

服务器端运行结果如下：

```
created socket
socket opt set
socket binded
socket listen start
polling
poll returned with ret value: 1
checking fds
child got
child set nonblock
child: 1 pushed to poll list
poll returned with ret value: 1
checking fds
read on: 1 returned with value: 50
read on: 1 returned with value: -1
read would block, stop reading
poll returned with ret value: 1
checking fds
write on: 1 returned with value: 170
poll returned with ret value: 1
checking fds
child: 1 shutdown
```

7.5.4 基于 epoll 的服务器

I/O多路复用有很多种实现方式。在Linux 2.4内核前主要是select和poll（目前在小规模服务器上还是有用武之地，并且维护老系统代码的时候，经常会用到这两个函数，所以必须掌握），自Linux 2.6内核正式引入epoll以来，epoll已经成为了目前实现高性能网络服务器的必备技术。

尽管它们的使用方法不尽相同，但是本质却没有什么区别。epoll是Linux下多路复用I/O接口select/poll的增强版本，epoll能显著提高程序在大量并发连接中只有少量活跃的情况下的系统CPU利用率。select使用轮询来处理，随着监听fd数目的增加而降低效率，而epoll只需要监听那些已经准备好的队列集合中的文件描述符，效率较高。

epoll是Linux内核中的一种可扩展I/O事件处理机制，最早在 Linux 2.5.44内核中引入，可被用于代替POSIX select和poll系统调用，并且在具有大量应用程序请求时能够获得较好的性能（此时被监视的文件描述符数目非常大，与旧的select和poll系统调用完成操作所需$O(n)$不同，epoll能在$O(1)$时间内完成操作，所以性能相当好），epoll与FreeBSD的kqueue类似，都向用户空间提供了自己的文件描述符来进行操作。通过epoll实现的服务器可以达到Windows下的完成端口服务器的效果。

在Linux没有实现epoll事件驱动机制之前，我们一般选择用select或者poll等I/O多路复用的方法来实现并发服务程序。如今，select和poll的用武之地越来越有限，而epoll的应用却日益广泛。

高并发的核心解决方案是1个线程处理所有连接的"等待消息准备好"，这一点上epoll和select是相同的。但select预估错误了一件事，当数十万并发连接存在时，可能每一毫秒只有数百个活跃的连接，其余数十万连接在这一毫秒是非活跃的。select的使用方法是这样的：返回的活跃连接==select（全部待监控的连接）。

在认为需要找出有报文到达的活跃连接时，就应该调用select。所以，调用select在高并发时是会被频繁调用的。这个频繁调用的方法需要注意它是否有效率损失，因为，它的轻微效率损失都会被"频繁"放大。显而易见，全部待监控连接是数以十万计的，返回的只是数百个活跃连接，这就是无效率的表现。被放大后就会发现，处理并发上万个连接时，select就不再适用了。

此外，在Linux内核中，select所用到的FD_SET是有限的，即内核中的参数__FD_SETSIZE定义了每个FD_SET的句柄个数。

具体来讲，基于select函数的服务器主要以下几个缺点：

（1）单个进程能够监视的文件描述符的数量有最大限制，通常是1024，虽然可以更改数量，但由于select采用轮询的方式扫描文件描述符，文件描述符数量越多，性能越差（在linux内核头文件中，有这样的定义：#define __FD_SETSIZE 1024）。

（2）内核/用户空间内存拷贝问题，select需要复制大量的句柄数据结构，会产生巨大的开销。

（3）select返回的是含有整个句柄的数组，应用程序需要遍历整个数组才能发现哪些句柄发生了事件。

（4）select的触发方式是水平触发，应用程序如果没有完成对一个已经就绪的文件描述符进行I/O操作，那么之后每次select调用还是会将这些文件描述符通知进程。

另外，内核中实现select是用轮询方法，即每次检测都会遍历所有FD_SET中的句柄，显然，select函数执行时间与FD_SET中的句柄个数有比例关系，即select要检测的句柄数越多就会越费时。另外，笔者认为select与poll在内部机制方面并没有太大差异。

相比select机制，poll使用链表保存文件描述符，因此没有了监视文件数量的限制，但其他三个缺点依然存在，即poll只是取消了最大监控文件描述符数限制，并没有从根本上解决select存在的问题。以select模型为例，假设服务器需要支持100万的并发连接，在__FD_SETSIZE 为1024的情况下，则我们至少需要开辟1000个进程才能实现100万的并发连接。除了进程间上下文切换的时间消耗外，在内核/用户空间进行大量的内存拷贝、数组轮询等，也是系统难以承受的。因此，基于select模型的服务器程序，要达到100万级别的并发访问，是一个很难完成的任务。此时，需要用到epoll，如图7-16所示。

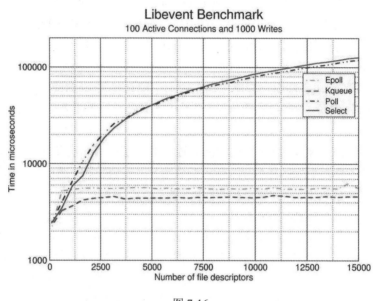

图 7-16

当并发连接较小时，select与epoll差距不大。可是当并发连接较大以后，select就不再适用了。epoll高效的原因是通过以下3个方法来实现select要做的事：

（1）通过函数epoll_create创建epoll描述符。

（2）通过函数epoll_ctrl添加或者删除所有待监控的连接。

（3）通过函数epoll_wait返回活跃连接。

与select相比，epoll分清了频繁调用和不频繁调用的操作。例如，epoll_ctrl是不太频繁调用的，而epoll_wait是非常频繁调用的。这时，epoll_wait却几乎没有入参，这比select的效率高很多，而且，它也不会随着并发连接的增加使得入参越发多起来，从而保证了内核执行效率。

epoll有三大关键要素：mmap、红黑树、链表。epoll是通过内核与用户空间mmap同一块内存实现的。mmap将用户空间的一块地址和内核空间的一块地址同时映射到相同的一块物理内存地址（不管是用户空间还是内核空间都是虚拟地址，最终要通过地址映射到物理地址），使得这块物理内存对内核和用户均可见，减少用户态和内核态之间的数据交换。内核可以直接看到epoll监听的句柄，效率高。红黑树将存储epoll所监听的套接字。mmap出来的内存有一套数据结构保存epoll所监听的套接字，epoll在实现上采用红黑树存储所有套接字，当添加或者删除一个套接字时（epoll_ctl），都在红黑树上去处理，红黑树本身插入和删除性能比较好。通过epoll_ctl函数添加进来的事件都会被放在红黑树的某个节点内，所以，重复添加是没有用的。

当把事件添加进来的时候会完成关键的一步，即该事件都会与相应的设备（网卡）驱动程序建立回调关系，当相应的事件发生后，就会调用这个回调函数，该回调函数在内核中被称为ep_poll_callback，这个回调函数其实就是把这个事件添加到rdllist这个双向链表中。一旦有事件发生，epoll就会将该事件添加到双向链表中。那么当调用epoll_wait时，epoll_wait只需要检查rdlist双向链表中是否存在注册的事件，效率非常高。这里也需要将发生了的事件复制到用户态内存中。

通过红黑树和双链表数据结构，并结合回调机制，造就了epoll的高效。了解了epoll的工作原理，我们再站在用户角度对比select、poll和epoll三种I/O复用模式，如表7-1所示。

表 7-1 对比 select、poll 和 epoll 三种 I/O 复用模式

系统调用	select	poll	epoll
事件集合	用户通过3个参数分别传入感兴趣的可读、可写及异常等事件；内核通过对这些参数的在线修改来反馈其中的就绪事件，这使得用户每次调用select都要重置这3个参数	统一处理所有事件类型，因此只需要一个事件集参数。用户通过pollfd.events传入感兴趣的事件，内核通过修改pollfd.revents反馈其中就绪的事件	内核通过一个事件表直接管理用户感兴趣的所有事件。因此每次调用epoll_wait时，无需反复传入用户感兴趣的事件。epoll_wait系统调用的参数events仅用来反馈就绪的事件
应用程序索引就绪文件描述符的时间复杂度	O(n)	O(n)	O(1)
最大支持文件描述符数	一般有最大值限制	65535	65535
工作模式	LT	LT	支持ET高效模式
内核实现和工作效率	采用轮询方式检测就绪事件，时间复杂度：O(n)	采用轮询方式检测就绪事件，时间复杂度：O(n)	采用回调方式检测就绪事件，时间复杂度：O(1)

epoll有两种工作方式：水平触发（LT）和边缘触发（ET）。

- 水平触发（LT）：缺省的工作方式，如果一个描述符就绪，内核就会通知处理，如果不进行处理，下一次内核还是会通知。
- 边缘触发（ET）：只支持非阻塞描述符。需要程序保证缓存区的数据全部被读取或者全部写出（ET模式下，描述符就绪不会再次通知），因此需要触发非阻塞的描述符。

对于读操作，如果read一次没有读尽buffer中的数据，那么下次将不会得到读就绪的通知，造成buffer中已有的数据没有机会读出，除非有新的数据再次到达。对于写操作，因为ET模式下fd通常为非阻塞而造成了一个问题，即如何保证将用户要求写的数据写完。

综上所述，epoll成为Linux平台下实现高性能网络服务器的首选I/O复用调用。值得注意的是，epoll并不是在所有的应用场景中效率都会比select和poll高很多。尤其是当活动连接比较多的时候，回调函数被触发得过于频繁，epoll的效率也会受到显著影响。所以，epoll适用于连接数量多，但活动连接较少的情况。因此，select和poll服务器也是有其优势的，我们要针对不同的应用场景，选择合适的方法。

epoll的用法如下：

（1）通过函数epoll_create创建一个epoll句柄，声明如下：

```
int epoll_create(int size);
```

其中参数size用来告诉内核需要监听的文件描述符的数目，在epoll早期的实现中，对于监控文件描述符的组织并不是使用红黑树，而是hash表。这里的size实际上已经没有意义。函数返回一个epoll句柄（底层由红黑树构成）。

当创建好epoll句柄后，它就会占用一个句柄值，在Linux下查看/proc/进程id/fd/，是能够看到这个fd的，所以在使用完epoll后，必须调用close() 关闭，否则可能导致fd被耗尽。

（2）通过函数epoll_ctl来控制epoll监控的文件描述符上的事件（注册、修改、删除），声明如下：

```
int epoll_ctl(int epfd, int op, int fd, struct epoll_event *event);
```

其中参数epfd表示要操作的文件描述符，它是epoll_create的返回值；第二个参数op表示动作，使用以下三个宏来表示：

- EPOLL_CTL_ADD：注册新的fd到epfd中。
- EPOLL_CTL_MOD：修改已经注册的fd的监听事件。
- EPOLL_CTL_DEL：从epfd中删除一个fd。

第三个参数fd是op实施的对象，即需要操作的文件描述符；第四个参数event是告诉内核需要监听什么事件，events可以是以下几个宏的集合：

- EPOLLIN：表示对应的文件描述符可以读（包括对SOCKET正常关闭）。
- EPOLLOUT：表示对应的文件描述符可以写。
- EPOLLPRI：表示对应的文件描述符有紧急的数据可读（这里应该表示有带外数据到来）。
- EPOLLERR：表示对应的文件描述符发生错误。
- EPOLLHUP：表示对应的文件描述符被挂断。
- EPOLLET：将EPOLL设为边缘触发（Edge Triggered）模式，这是相对于水平触发（Level Triggered）来说的。
- EPOLLONESHOT：只监听一次事件，当监听完这次事件之后，如果还需要继续监听这个socket的话，需要再次把这个socket加入到EPOLL队列里。

struct epoll_event结构定义如下：

```
typedef union epoll_data {
    void *ptr;
    int fd;
    __uint32_t u32;
    __uint64_t u64;
} epoll_data_t;
 //感兴趣的事件和被触发的事件
struct epoll_event {
    __uint32_t events; /* Epoll events */
    epoll_data_t data; /* User data variable */
};
```

（3）调用epoll_wait函数，通过此调用收集在epoll监控中已经发生的事件，函数声明如下：

```
#include <sys/epoll.h>
int epoll_wait ( int epfd, struct epoll_event* events, int maxevents, int
timeout );
```

其中参数epfd表示要操作的文件描述符，它是epoll_create的返回值；events指向检测到的
事件集合，将所有就绪的事件从内核事件表中复制到它的第二个参数events指向的数组中；
maxevents指定最多监听多少个事件；timeout指定epoll的超时时间，单位是毫秒。当timeout设
置为–1时，epoll_wait调用将永远阻塞，直到某个事件发生；当timeout设置为0时，epoll_wait
调用将立即返回；当timeout设置为大于0时，表示指定的毫秒。函数执行成功时返回就绪的文
件描述符的个数，失败时返回–1并设置errno。

【例7.7】　实现epoll服务器。

（1）打开VC2017，首先新建一个Linux控制台工程，工程名是srv，作为服务器端。
（2）打开main.cpp，输入代码如下：

```
#include <ctype.h>
#include <cstdio>
#include <stdio.h>
#include <stdlib.h>
#include <string.h>
#include <netinet/in.h>
#include <arpa/inet.h>
#include <sys/epoll.h>
#include <errno.h>
#include <unistd.h>          //for close

#define MAXLINE 80
#define SERV_PORT 8888
#define OPEN_MAX 1024

int main(int argc, char *argv[])
{
    int i, j, maxi, listenfd, connfd, sockfd;
    int nready, efd, res;
    ssize_t n;
    char buf[MAXLINE], str[INET_ADDRSTRLEN];
    socklen_t clilen;
    int client[OPEN_MAX];
    struct sockaddr_in cliaddr, servaddr;
    struct epoll_event tep, ep[OPEN_MAX];   //存放接收的数据

    //网络socket初始化
    listenfd = socket(AF_INET, SOCK_STREAM, 0);
    bzero(&servaddr, sizeof(servaddr));
    servaddr.sin_family = AF_INET;
    servaddr.sin_addr.s_addr = htonl(INADDR_ANY);
    servaddr.sin_port = htons(SERV_PORT);
```

```
if(-1==bind(listenfd, (struct sockaddr *) &servaddr, sizeof(servaddr)))
    perror("bind");
if(-1==listen(listenfd, 20))
    perror("listen");
puts("listen ok");

for (i = 0; i < OPEN_MAX; i++)
    client[i] = -1;
maxi = -1;                              //后面数据初始化赋值时，数据初始化为-1
efd = epoll_create(OPEN_MAX);      //创建epoll句柄，底层其实是创建了一个红黑树
if (efd == -1)
    perror("epoll_create");

//添加监听套接字
tep.events = EPOLLIN;
tep.data.fd = listenfd;
res = epoll_ctl(efd, EPOLL_CTL_ADD, listenfd, &tep); //添加监听套接字，即注册
if (res == -1) perror("epoll_ctl");
for (; ; )
{
    nready = epoll_wait(efd, ep, OPEN_MAX, -1);        //阻塞监听
    if (nready == -1)      perror("epoll_wait");

    //如果有事件发生，开始数据处理
    for (i = 0; i < nready; i++)
    {
        //是否是读事件
        if (!(ep[i].events & EPOLLIN))
            continue;

        //若处理的事件和文件描述符相等，开始数据处理
        if (ep[i].data.fd == listenfd)     //判断发生的事件是不是来自监听套接字
        {
            //接收客户端
            clilen = sizeof(cliaddr);
            connfd = accept(listenfd, (struct sockaddr *)&cliaddr, &clilen);
            printf("received from %s at PORT %d\n",
                inet_ntop(AF_INET, &cliaddr.sin_addr, str, sizeof(str)),
ntohs(cliaddr.sin_port));
            for (j = 0; j < OPEN_MAX; j++)
                if (client[j] < 0)
                {
                    //将通信套接字存放到client
                    client[j] = connfd;
                    break;
                }

            //是否到达最大值，保护判断
            if (j == OPEN_MAX)
                perror("too many clients");
```

```
                    //更新client下标
                    if (j > maxi)
                        maxi = j;

                    //添加通信套接字到树（底层是红黑树）上
                    tep.events = EPOLLIN;
                    tep.data.fd = connfd;
                    res = epoll_ctl(efd, EPOLL_CTL_ADD, connfd, &tep);
                    if (res == -1)
                        perror("epoll_ctl");
                }
                else
                {
                    sockfd = ep[i].data.fd;              //将connfd赋值给socket
                    n = read(sockfd, buf, MAXLINE);     //读取数据
                    if (n == 0)                          //无数据则删除该结点
                    {
                        //将client中对应fd数据值恢复为-1
                        for (j = 0; j <= maxi; j++)
                        {
                            if (client[j] == sockfd)
                            {
                                client[j] = -1;
                                break;
                            }
                        }
                        res = epoll_ctl(efd, EPOLL_CTL_DEL, sockfd, NULL); //删除树结点
                        if (res == -1)
                            perror("epoll_ctl");
                        close(sockfd);
                        printf("client[%d] closed connection\n", j);
                    }
                    else                                 //有数据则写回数据
                    {
                        printf("recive client's data:%s\n",buf);
                        //这里可以根据实际情况扩展，模拟对数据进行处理
                        for (j = 0; j < n; j++)
                            buf[j] = toupper(buf[j]);    //现在简单地转为大写
                        write(sockfd, buf, n);           //回送给客户端
                    }
                }
            }
        }
    close(listenfd);
    close(efd);
    return 0;
}
```

在此代码中，首先创建监听套接字listenfd，绑定监听。然后创建epoll句柄，并通过函数epoll_ctl把监听套接字listenfd添加到epoll中，然后调用函数epoll_wait阻塞监听客户端的连接，一旦有客户端连接过来了，就判断发生的事件是不是来自监听套接字（ep[i].data.fd == listenfd），

如果是的话，就调用accept接受客户端连接，并把与客户端连接的通信套接字connfd添加到epoll中，这样下一次客户端发数据过来时，就可以知道并用read读取了，最后把收到的数据转为大写后再发送给客户端。

（3）再次打开另外一个VC2017，新建一个Windows控制台工程，工程名是client，该工程作为客户端。代码不再赘述，和例7.4相同。

（4）保存工程并运行，先运行服务器端工程，然后运行客户端，并在客户端程序中输入一些字符串，比如abc，然后就可以收到服务器端的数据了。客户端运行结果如下所示：

```
please enter data:abc
server reply:ABC
```

服务器端运行结果如下：

```
listen ok
received from 192.168.0.149 at PORT 10814
recive client's data:abc
client[0] closed connection
```

第 **8** 章

网络性能工具 Iperf

Iperf是美国伊利诺斯大学（University of Illinois）开发的一种网络性能测试工具，可以用来测试网络节点间TCP或UDP连接的性能，包括带宽、延时抖动（jitter，适用于UDP）以及误码率（适用于UDP）等。这对于学习C++编程和网络编程具有借鉴意义。

Iperf于2003年出现，最初的版本是1.7.0，该版本使用C++编写，后面到了Iperf 2版本，使用C++和C结合编写，现在的版本是Iperf 3。我们C++开发者要学习Iperf源码，最好使用1.7.0版本。Iperf的官方网站为https://iperf.fr/，源码可以在上面下载。

8.1　Iperf 的特点

Iperf具有以下三个特点：

（1）开源，每个版本的源码都能进行下载和研习。

（2）跨平台，支持Windows、Linux、MacOS、Android等主流平台。

（3）支持TCP、UDP协议，包括IPv4和IPv6，最新的Iperf还支持SCTP协议。如果使用TCP协议，Iperf可以测试网络带宽、报告MSS（最大报文段长度）和MTU（最大传输单元）的大小、支持通过套接字缓冲区修改TCP窗口大小、支持多线程并发。如果使用UDP协议，客户端可创建指定大小的带宽流、统计数据报丢失和延迟抖动率等信息。

8.2　Iperf 的工作原理

Iperf是基于服务器/客户端模式实现的。在测量网络参数时，Iperf区分听者和说者两种角色。说者向听着发送一定量的数据，由听者统计并记录带宽、延时抖动等参数。说者的数据全部发送完成后，听者通过向说者回送一个数据报，将测量数据告知说者。这样，在听者和说者两边都可以显示记录的数据。如果网络过于拥塞或误码率较高，当听者回送的数据报无法被说者收到时，说者就无法显示完整的测量数据，而只能报告本地记录的部分网络参数、发送的数据量、发送时间、发送带宽等，如延时抖动等参数在说者一侧则无法获得。

Iperf提供了三种测量模式：normal、tradeoff、dualtest。对于每一种模式，用户都可以通过-P选项指定同时测量的并行线程数。以下的讨论假设用户设定的并行线程数为P个。

在normal模式下，客户端生成P个说者线程，并行向服务器发送数据。服务器每接收到一个说者的数据，就生成一个听者线程，负责与该说者间的通信。客户端有P个并行的说者线程，而服务器端有P个并行的听者线程（针对这一客户端），两者之间共有P个连接同时收发数据。测量结束后，服务器端的每个听者向其对应的说者回送测得的网络参数。

在tradeoff模式下，首先进行normal模式下的测量过程。然后服务器和客户端互换角色。服务器生成P个说者，同时向客户端发送数据。客户端对应每个说者生成一个听者接收数据并测量参数。最后由客户端的听者向服务器端的说者回送测量结果。这样就可以测量两个方向上的网络参数了。

在dualtest模式下，同样可以测量两个方向上的网络参数，与tradeoff模式的不同在于，在dualtest模式下，由服务器到客户端方向上的测量与由客户端到服务器方向上的测量是同时进行的。客户端生成P个说者和P个听者，说者向服务器端发送数据，听者等待接收服务器端的说者发来的数据。服务器端也进行相同的操作。在服务器端和客户端之间同时存在2P个网络连接，其中有P个连接的数据由客户端流向服务器，另外P个连接的数据由服务器流向客户端。因此，dualtest模式需要的测量时间是tradeoff模式的一半。

在三种模式下，除了P个听者或说者进程，在服务器和客户端两侧均存在一个监控线程（Monitor Thread）。监控线程的作用包括：

（1）生成说者或听者线程。

（2）同步所有说者或听者的动作（开始发送、结束发送等）。

（3）计算并报告说者或听者的累计测量数据。

在监控线程的控制下，所有P个线程间可以实现同步和信息共享。说者线程或听者线程向一个公共的数据区写入测量数据（此数据区位于实现监控线程的对象中），由监控线程读取并处理。通过互斥锁实现对该数据区的同步访问。

服务器可以同时接收来自不同客户端的连接，这些连接是通过客户端的IP地址标识的。服务器将所有客户端的连接信息组织成一个单向链表，每个客户端对应链表中的一项，该项包含该客户端的地址结构（sockaddr）以及实现与该客户端对应的监控线程的对象（监控对象），所有与此客户端相关的听者对象和说者对象都是由该监控线程生成的。

8.3　Iperf 的主要功能

对于TCP，有以下几个主要功能：

（1）测量网络带宽。

（2）报告MSS/MTU值的大小和观测值。

（3）支持TCP窗口值通过套接字缓冲。

（4）当P线程或Win32线程可用时，支持多线程。客户端与服务器端支持同时多重连接。

对于UDP，有以下几个主要功能：

（1）客户端可以创建指定带宽的UDP流。

（2）测量丢包。

（3）测量延迟。

（4）支持多播。

（5）当P线程可用时，支持多线程。客户端与服务器端支持同时多重连接（不支持Windows）。

其他功能：

（1）在适当的地方，选项中可以使用K（kilo-）和M（mega-）。例如131072字节可以用128K代替。

（2）可以指定运行的总时间，甚至可以设置传输的数据总量。

（3）在报告中，为数据选用最合适的单位。

（4）服务器支持多重连接，而不是等待一个单线程测试。

（5）在指定时间间隔重复显示网络带宽、波动和丢包情况。

（6）服务器端可作为后台程序运行。

（7）服务器端可作为Windows 服务运行。

（8）使用典型数据流来测试链接层压缩对于可用带宽的影响。

（9）支持传送指定文件，可以进行定性和定量测试。

8.4　Iperf 在 Linux 下的使用

一线开发中，很多网络程序离不开Linux系统，比如vpn程序、防火墙程序等。因此介绍一下Iperf在Linux下的使用是很有必要的。

8.4.1　在 Linux 下安装 Iperf

对于Linux，可以登录官网https://iperf.fr/iperf-download.php#source，下载1.7.0版本的源码iperf-1.7.0-source.tar.gz，然后使用下列命令进行安装：

```
[root@localhost iperf-1.7.0]# tar  -zxvf iperf-1.7.0-source.tar.gz
[root@localhost soft]# cd iperf-1.7.0/
[root@localhost soft]#make
[root@localhost soft]#make install
```

先解压，然后编译和安装。安装完毕后，在命令行下就可以直接输入Iperf命令了，比如查看帮助：

```
[root@localhost iperf-1.7.0]# iperf -h
Usage: iperf [-s|-c host] [options]
```

```
        iperf [-h|--help] [-v|--version]
Client/Server:
  -f, --format    [kmKM]   format to report: Kbits, Mbits, KBytes, MBytes
  -i, --interval  #        seconds between periodic bandwidth reports
  -l, --len       #[KM]    length of buffer to read or write (default 8 KB)
  -m, --print_mss          print TCP maximum segment size (MTU - TCP/IP header)
  -p, --port      #        server port to listen on/connect to
  -u, --udp                use UDP rather than TCP
  -w, --window    #[KM]    TCP window size (socket buffer size)
  -B, --bind      <host>   bind to <host>, an interface or multicast address
  -C, --compatibility      for use with older versions does not sent extra msgs
  -M, --mss       #        set TCP maximum segment size (MTU - 40 bytes)
  -N, --nodelay            set TCP no delay, disabling Nagle's Algorithm
  -V, --IPv6Version        Set the domain to IPv6

Server specific:
  -s, --server             run in server mode
  -D, --daemon             run the server as a daemon

Client specific:
  -b, --bandwidth #[KM]    for UDP, bandwidth to send at in bits/sec
                           (default 1 Mbit/sec, implies -u)
  -c, --client    <host>   run in client mode, connecting to <host>
  -d, --dualtest           Do a bidirectional test simultaneously
  -n, --num       #[KM]    number of bytes to transmit (instead of -t)
  -r, --tradeoff           Do a bidirectional test individually
  -t, --time      #        time in seconds to transmit for (default 10 secs)
  -F, --fileinput <name>   input the data to be transmitted from a file
  -I, --stdin              input the data to be transmitted from stdin
  -L, --listenport #       port to recieve bidirectional tests back on
  -P, --parallel  #        number of parallel client threads to run
  -T, --ttl       #        time-to-live, for multicast (default 1)

Miscellaneous:
  -h, --help               print this message and quit
  -v, --version            print version information and quit

[KM] Indicates options that support a K or M suffix for kilo- or mega-

The TCP window size option can be set by the environment variable
TCP_WINDOW_SIZE. Most other options can be set by an environment variable
IPERF_<long option name>, such as IPERF_BANDWIDTH.

Report bugs to <dast@nlanr.net>
```

代码如上所示，说明安装成功了。

8.4.2 Iperf 的简单使用

在分析源码之前，我们需要学会Iperf的简单使用。Iperf是一个服务器/客户端运行模式的程序。因此使用的时候，需要在服务器端运行Iperf，也需要在客户端运行Iperf。最简单网络拓扑图如图8-1所示。

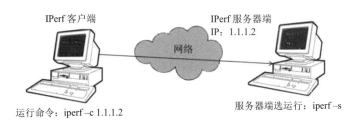

图 8-1

右边是服务器端，在命令行下使用Iperf加参数-s；左边是客户端，运行时加上-c和服务器的IP地址。Iperf通过选项-c和-s决定其当前是作为客户端程序还是作为服务器端程序运行，当作为客户端程序运行时，-c后面必须带所连接对端服务器的IP地址或域名。经过一段测试时间（默认为10秒），在服务器端和客户端就会打印出网络连接的各种性能参数。Iperf作为一种功能完备的测试工具，还提供了各种选项，例如是建立TCP连接还是UDP连接、测试时间、测试应传输的字节总数、测试模式等。而测试模式又分为单项测试（Normal Test）、同时双向测试（Dual Test）和交替双向测试（Tradeoff Test）。此外，用户可以指定测试的线程数。这些线程各自独立地完成测试，并可报告各自的以及汇总的统计数据。我们可以用虚拟机软件VMware来模拟上述两台主机，在VMware下建两个Linux即可，确保能互相ping通，而且要关闭两端防火墙：

```
[root@localhost iperf-1.7.0]#  firewall-cmd --state
running
[root@localhost iperf-1.7.0]#  systemctl stop firewalld
[root@localhost iperf-1.7.0]#  firewall-cmd --state
not running
```

其中，firewall-cmd --state用来查看防火墙的当前运行状态，systemctl stop firewalld用来关闭防火墙。

具体使用Iperf时，一台当作服务器，另外一台当作客户端。在服务器这端输入命令：

```
[root@localhost iperf-1.7.0]# iperf -s
------------------------------------------------------------
Server listening on TCP port 5001
TCP window size: 85.3 KByte (default)
------------------------------------------------------------
```

此时服务器就处于监听等待状态了。接着，在客户端输入命令：

```
[root@localhost iperf-1.7.0]# iperf -c 1.1.1.2
```

其中，1.1.1.2是服务器端的IP地址。

8.5　Iperf 在 Windows 下的使用

8.5.1　命令行版本

Windows下的Iperf既有命令行版本，也有图形化界面版本。命令行版本的使用和在Linux下使用类似。比如TCP测试：

服务器执行：#iperf -s -i 1 -w 1M
客户端执行：#iperf -c host -i 1 -w 1M

其中-w表示TCP window size，host需替换成服务器地址：

UDP测试：
服务器执行：#iperf -u -s
客户端执行：#iperf -u -c 10.32.0.254 -b 900M -i 1 -w 1M -t 60

其中-b表示使用带宽数量，千兆链路使用90%容量进行测试就可以了。

8.5.2 图形化版本

Iperf在Windows系统下还有一个图形界面程序叫作Jperf。如果要使用图形化界面版本，可以到网站http://www.iperfwindows.com/下载。

使用Jperf程序能简化复杂命令行参数的构造，还能保存测试结果，同时实时图形化显示结果。当然，Jperf还可以测试TCP和UDP带宽质量。Jperf可以测量最大TCP带宽，具有多种参数和UDP特性，还可以报告带宽、延迟抖动和数据报丢失。

如图8-2所示，Iperf分为服务器端以及客户端，服务器端是接收数据报，客户端是发送数据报的。使用Jperf只需要两台电脑，一台运行服务器，一台运行客户端，其中客户端只需要输入服务器的IP地址即可，另外还可以配置需要发送数据报的大小。

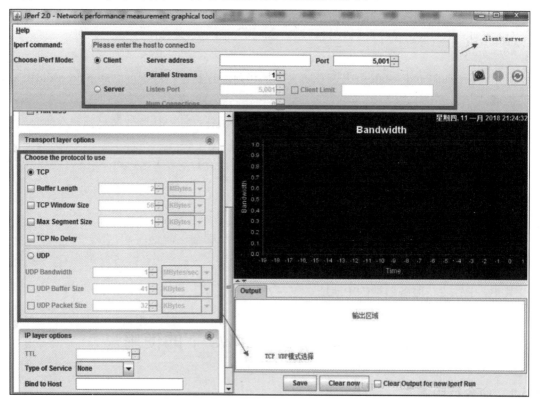

图 8-2

第 9 章

HTTP 服务器编程

在我们具体开发Web服务器之前，先利用现成的Web服务器软件来架设一个Web服务器，并用C++来编写一个Web程序。Web开发一般是用脚本语言的，比如JSP、PHP、ASP.NET等，但C++作为编译语言也可以用来开发Web程序。

其实在这些脚本语言诞生之前，Web开发就已经存在了。所用的技术就是CGI（Common Gateway Interface，通用网关接口），只要按照接口的标准，无论什么语言（如脚本语言Perl、编译型语言C++）都可以开发出Web程序，也叫CGI程序。用C++来写CGI程序就好像写普通程序一样。其实，用C++写Web程序虽然没有PHP、JSP那么流行，但在大公司却很盛行，比如某讯公司的后台，大部分是用C++开发的，不仅逻辑层用C++写，大部分Web程序也用C++写。

9.1 CGI 程序的工作方式

浏览网页其实就是用户的浏览器和Web服务器进行交互的过程。具体来说，在进行网页浏览时，通常就是通过一个URL请求一个网页，然后服务器返回这个网页文件给浏览器，浏览器在本地解析该文件并渲染成我们看到的网页，这是静态网页的情况。还有一种情况是动态网页，就是动态生成网页，也就是说在服务器端没有这个网页文件，它是在网页请求的时候动态生成的，比如PHP/JSP网页（通过PHP程序和JSP程序动态生成的网页）。浏览器传来的请求参数不同，生成的内容也不同。

同样，如果浏览器向Web服务器请求一个后缀是cgi的URL或者提交表单的时候，Web服务器会把浏览器传来的数据传给CGI程序，CGI程序通过标准输入来接收这些数据。CGI程序处理完数据后，通过标准输出将结果信息发往Web服务器，Web服务器再将这些信息发送给浏览器。

9.2 架设 Web 服务器 Apache

在开发CGI程序之前，首先需要架设一个Web服务器。因为我们的程序是运行在Web服务器上的。Web服务器中的软件比较多，比较著名的有Apache和Nginx，这里选用Apache。我们可以用命令httpd -v来查看Apache的版本，如果当前系统没有安装Apache，则会自动提示是否安装，然后输入y即可开始在线安装，整个过程如图9-1所示。

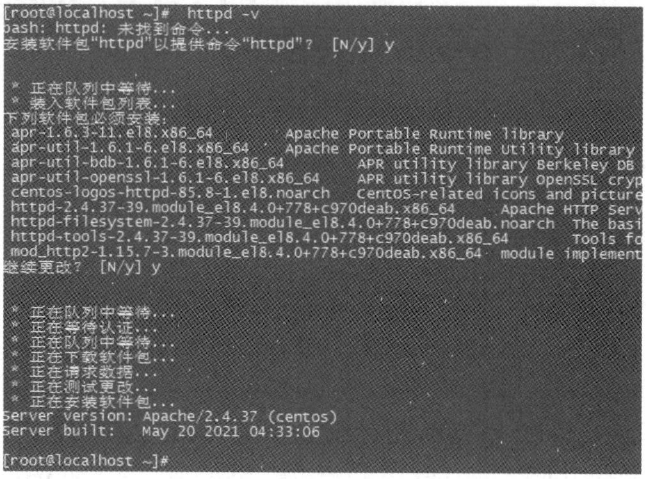

图 9-1

再次查看版本，可以发现安装成功了：

```
[root@localhost ~]# httpd -v
Server version: Apache/2.4.37 (centos)
Server built:   May 20 2021 04:33:06
```

然后看下HTTP服务的状态，刚装完的话服务应该没启动：

```
[root@localhost ~]# systemctl status httpd.service
● httpd.service - The Apache HTTP Server
   Loaded: loaded (/usr/lib/systemd/system/httpd.service; disabled; vendor
preset: disabled)
   Active: inactive (dead)
     Docs: man:httpd.service(8)
```

果然，Active的状态是inactive(dead)，接下来启动Apache服务器，启动命令如下：

```
systemctl start httpd.service
```

然后再次查看状态：

```
[root@localhost ~]# systemctl status httpd.service
● httpd.service - The Apache HTTP Server
   Loaded: loaded (/usr/lib/systemd/system/httpd.service; disabled; vendor
preset: disabled)
```

```
 Active: active (running) since Thu 2021-10-14 08:14:55 CST; 3s ago
   Docs: man:httpd.service(8)
Main PID: 36372 (httpd)
 Status: "Started, listening on: port 80"
  Tasks: 213 (limit: 23214)
 Memory: 43.8M
   ...
```

可以发现，启动成功了，并且在端口80上监听了。

如果要停止服务，可以输入命令systemctl stop httpd.service，这里暂时不要停止。

最后用命令curl判断Apache服务工作是否正常：

```
curl http://127.0.0.1
```

按Enter键后，如果命令行界面正常显示HTML、CSS代码，没有乱码，则安装成功。我们也可以到另外一台主机上，用浏览器（比如火狐浏览器）输入Apache主机的IP地址，然后看是否出现测试页，如果出现测试页，说明Apache服务器工作正常，如图9-2所示。

图 9-2

至此，Web服务器Apache架设成功。但要让CGI程序正常运作，还必须配置Apache，使其允许执行CGI程序。注意，是Web服务器进程执行CGI程序。首先打开Apache的配置文件：

```
vi  /etc/httpd/conf/httpd.conf
```

在该配置文件中，搜索ScriptAlias（VI下的搜索命令是/ScriptAlias），确保它前面没有#（#表示注释）。ScriptAlias是指令，告诉Apache默认的cgi-bin的路径。cgi-bin路径就是默认寻找CGI程序的地方，Apache会到这个路径中去找CGI程序并执行。这里搜索结果如下：

```
ScriptAlias /cgi-bin/ "/var/www/cgi-bin/"
```

说明没有被注释掉。接着，再次搜索AddHandler，找到的结果如下：

```
#AddHandler cgi-script .cgi
```

把它前面的#去掉，该指令告诉Apache，CGI程序会有哪些后缀，这里保持默认".cgi"作为后缀，保存文件并退出。最后重启Apache：

```
systemctl restart httpd.service
```

下面我们来看一个用C++开发的Web程序。

【例9.1】　一个用C++开发的简单的Web程序。

（1）打开UE，输入代码如下：

```
#include <stdio.h>

int main()
{
```

```
    printf("Content-Type: text/html\n\n");
    printf("Hello cgi!\n");
    return 0;
}
```

（2）保存为test.cpp，然后上传到Linux，在命令下编译生成test，然后把可执行程序拷贝到/var/www/cgi-bin/下。代码如下：

```
[root@localhost test]# g++ test.cpp -o test
[root@localhost test]# cp test /var/www/cgi-bin/test.cgi
```

（3）在本机中打开火狐浏览器，输入网址http://localhost/cgi-bin/test.cgi，按Enter键就可以看到页面，也可以在其他主机的浏览器下输入http://192.168.11.128/cgi-bin/test.cgi，结果如图9-3所示。

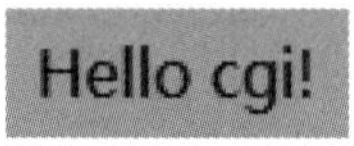

Hello cgi!

图 9-3

其中192.168.11.128是Apache所在的主机IP地址。

【例9.2】 一个用C++开发的Web程序。

（1）打开UE，输入代码如下：

```
#include <iostream>
using namespace std;

int main()
{
    cout << "Content-Type: text/html\n\n";  //注意结尾是两个\n
    cout << "<html>\n";
    cout << "<head>\n";
    cout << "<title>Hello World - First CGI Program</title>\n";
    cout << "</head>\n";
    cout << "<body bgcolor=\"yellow\">\n";
    cout << "<h2> <font color=\"#FF0000\">Hello World! This is my first CGI
program</font></h2>\n";
    cout << "</body>\n";
    cout << "</html>\n";

    return 0;
}
```

（2）保存为test.cpp，然后上传到Linux，在命令下编译生成test，并将可执行程序test拷贝到/var/www/cgi-bin/下。代码如下：

```
[root@localhost test]# g++ test.cpp -o test
[root@localhost test]# cp test /var/www/cgi-bin/test.cgi
```

（3）在centos下打开火狐浏览器，输入网址http://localhost/cgi-bin/test.cgi，或者也可以在其他主机的浏览器下输入http://192.168.11.128/cgi-bin/test.cgi，结果如图9-4所示。

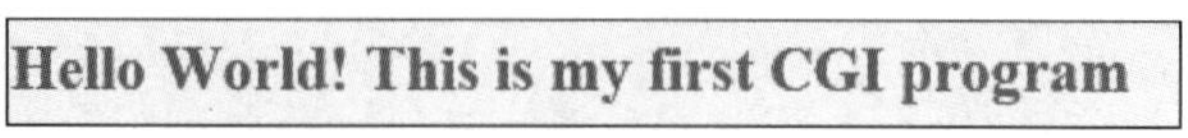

Hello World! This is my first CGI program

图 9-4

如果看到红色字体，黄色背景，说明运行成功了。

9.3　HTTP 的工作原理

HTTP是Hyper Text Transfer Protocol（超文本传输协议）的缩写，是用于从万维网（WWW:World Wide Web）服务器（简称Web服务器）传输超文本到本地浏览器的传送协议。

HTTP是基于TCP/IP通信协议来传递数据的（HTML文件、图片文件、查询结果等）。

HTTP协议工作于客户端－服务器端架构上。浏览器作为HTTP客户端通过URL向HTTP服务器端即Web服务器发送所有请求。

Web服务器有：Apache服务器、IIS服务器（Internet Information Services）等。Web服务器根据接收到的请求，向客户端发送响应信息。

HTTP默认端口号为80，但是也可以改为8080或者其他端口。

如图9-5所示为HTTP协议的通信流程。

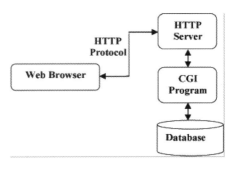

图 9-5

9.4　HTTP 的特点

HTTP协议的主要特点可概括如下：

（1）支持客户端/服务器模式。

（2）简单快速：客户端向服务器请求服务时，只需传送请求方法和路径。请求方法常用的有GET、HEAD、POST。每种方法规定了客户端与服务器联系的类型。由于HTTP协议简单，使得HTTP服务器的程序规模小，因而通信速度很快。

（3）灵活：HTTP允许传输任意类型的数据对象。正在传输的类型由Content-Type加以标记。

（4）无连接：无连接的含义是限制每次连接只处理一个请求。服务器处理完客户端的请求，并收到客户端的应答后，即断开连接。采用这种方式可以节省传输时间。

（5）无状态：HTTP是无状态协议。无状态是指协议对于事务处理没有记忆能力。缺少状态意味着如果后续处理需要前面的信息，则它必须重传，这样可能导致每次连接传送的数据量增大。另一方面，在服务器不需要先前信息时它的应答就较快。

（6）媒体独立：只要客户端和服务器知道如何处理数据内容，任何类型的数据都可以通过HTTP发送。客户端以及服务器指定使用适合的MIME-type内容类型。

9.5 HTTP 的消息结构

HTTP是基于客户端/服务器器的架构模型，通过一个可靠的链接来交换信息，是一个无状态的请求/响应协议。

一个HTTP"客户端"是一个应用程序（Web浏览器或其他任何客户端），通过连接到服务器达到向服务器发送一个或多个HTTP的请求的目的。

一个HTTP"服务器"同样也是一个应用程序（通常是一个Web服务，如Apache Web服务器或IIS服务器等），通过接收客户端的请求并向客户端发送HTTP响应数据。

HTTP使用统一资源标识符（Uniform Resource Identifiers，URI）来传输数据和建立连接。一旦建立连接后，数据消息就通过类似Internet邮件所使用的格式[RFC5322]和多用途Internet邮件扩展（MIME）[RFC2045]来传送。

9.6 客户端请求消息

客户端发送一个HTTP请求到服务器，该请求消息由请求行（Request Line）、请求头部（也称请求头）、空行和请求数据四个部分组成，如图9-6所示为请求报文的一般格式。

图 9-6

HTTP协议定义了8种请求方法（或称"动作"），来表明对Request-URI指定的资源的不同操作方式，具体如下：

（1）OPTIONS：返回服务器针对特定资源所支持的HTTP请求方法。也可以利用向Web服务器发送"*"的请求来测试服务器的功能性。

（2）HEAD：向服务器索要与GET请求相一致的响应，但响应体将不会被返回。这一方法可以在不传输整个响应内容的情况下，就可以获取包含在响应消息头中的元信息。

（3）GET：向特定的资源发出请求。

（4）POST：向指定资源提交数据进行处理请求（例如提交表单或者上传文件）。数据被包含在请求体中。POST请求可能会导致新的资源的创建和/或已有资源的修改。

（5）PUT：向指定资源位置上传其最新内容。

（6）DELETE：请求服务器删除 Request-URI 所标识的资源。

（7）TRACE：回显服务器收到的请求，主要用于测试或诊断。

（8）CONNECT：HTTP/1.1 协议中预留给能够将连接改为管道方式的代理服务器。

虽然HTTP的请求方式有8种，但是在实际应用中常用的是GET和POST，其他请求方式可以通过这两种方式间接实现。

9.7　服务器响应消息

HTTP响应由四个部分组成，分别是：状态行、消息报头（也称响应头）、空行和响应正文，如图9-7所示。

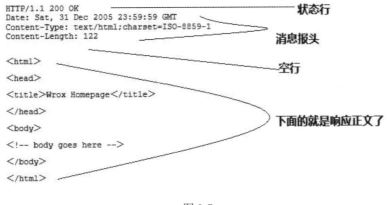

图 9-7

下面是一个典型的使用GET来传递数据的实例。

客户端请求：

```
GET /hello.txt HTTP/1.1
User-Agent: curl/7.16.3 libcurl/7.16.3 OpenSSL/0.9.7l zlib/1.2.3
Host: www.example.com
Accept-Language: en, mi
```

服务器端响应：

```
HTTP/1.1 200 OK
Date: Mon, 27 Jul 2009 12:28:53 GMT
Server: Apache
Last-Modified: Wed, 22 Jul 2009 19:15:56 GMT
ETag: "34aa387-d-1568eb00"
Accept-Ranges: bytes
Content-Length: 51
Vary: Accept-Encoding
Content-Type: text/plain
```

输出结果：

```
Hello World! My payload includes a trailing CRLF.
```

如图9-8所示为请求和响应HTTP报文。

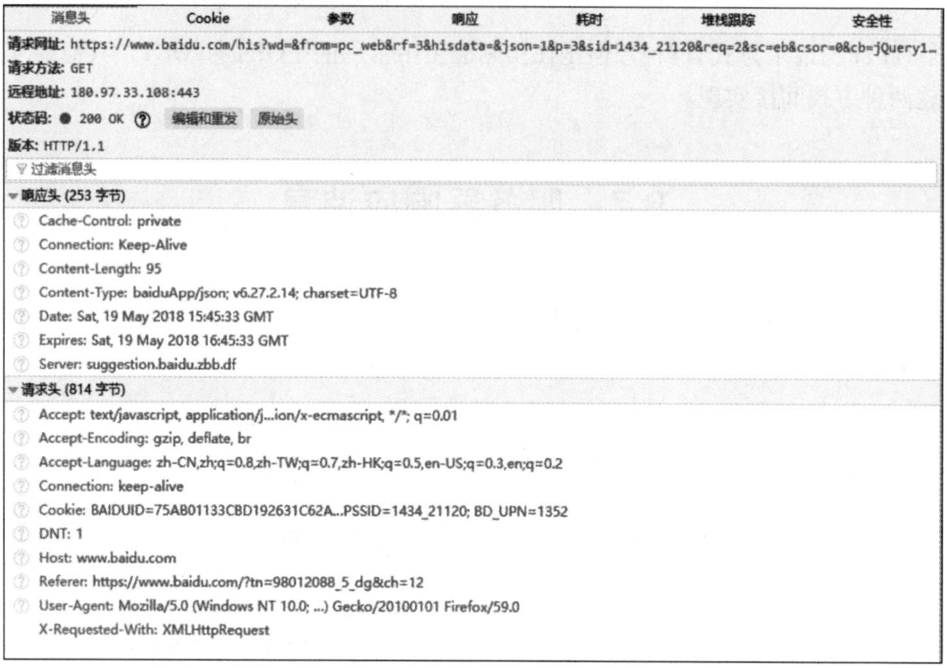

图 9-8

9.8　HTTP 状态码

当浏览者访问一个网页时，浏览器会向网页所在服务器发出请求。在浏览器接收并显示网页前，此网页所在的服务器会返回一个包含HTTP状态码的信息头（Server Header）用以响应浏览器的请求。

HTTP状态码的英文为HTTP Status Code。下面是常见的HTTP状态码：

```
200 - 请求成功
301 - 资源（网页等）被永久转移到其他URL
404 - 请求的资源（网页等）不存在
500 - 内部服务器错误
```

9.9　HTTP 状态码分类

HTTP状态码由三个十进制数字组成，第一个十进制数字定义了状态码的类型，后两个数字没有分类的作用。HTTP状态码共分为5种类型，如表9-1所示。

表 9-1　HTTP 状态码类型

类　　型	类型描述
1**	信息，服务器收到请求，需要请求者继续执行操作
2**	成功，操作被成功接收并处理
3**	重定向，需要进一步的操作以完成请求
4**	客户端错误，请求包含语法错误或无法完成请求
5**	服务器错误，服务器在处理请求的过程中发生了错误

9.10　实现 HTTP 服务器

9.10.1　逻辑架构

　　HTTP服务器是一个命令行程序，其逻辑架构如下：一个无线循环、一个请求、创建一个线程，之后线程函数处理每个请求，然后解析HTTP请求，判断文件是否可执行，若不可执行，打开文件，输出给客户端（浏览器）；若可执行，就创建管道，父进程与子进程进行通信，如图9-9所示。

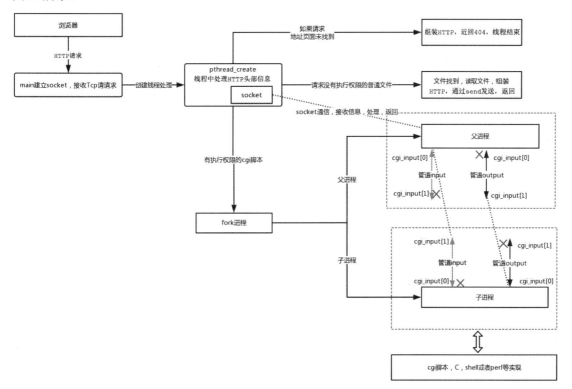

图 9-9

9.10.2 程序工作流程

（1）服务器启动，在指定端口或随机选取端口绑定httpd服务。

（2）收到一个HTTP请求时（其实就是监听的端口accpet时），派生一个线程运行accept_request函数。

（3）取出HTTP请求中的method(GET或POST)和URL,。对于GET方法，如果有携带参数，则query_string指针指向URL中"？"后面的GET参数。

（4）格式化URL到path数组，表示浏览器请求的服务器文件路径，在tinyhttpd中服务器文件是在htdocs文件夹下。当URL以"/"结尾，或URL是个目录时，则默认在path中加上index.html，表示访问主页。

（5）如果文件路径合法，对于无参数的GET请求，直接输出服务器文件到浏览器，即用HTTP格式写到套接字上，跳到流程（10）。其他情况（带参数GET、POST方式，URL为可执行文件），则调用excute_cgi函数执行cgi脚本。

（6）读取整个HTTP请求并丢弃，如果是POST则找出Content-Length，把HTTP 200状态码写到套接字。

（7）建立两个管道，cgi_input和cgi_output，并fork一个进程。

（8）在子进程中，把STDOUT重定向到cgi_outputt的写入端，把STDIN重定向到cgi_input的读取端，关闭cgi_input的写入端和cgi_output的读取端，设置request_method的环境变量，GET的话设置query_string的环境变量，POST的话设置content_length的环境变量，这些环境变量都是为了给cgi脚本调用，接着用execl运行cgi程序。

（9）在父进程中，关闭cgi_input的读取端和cgi_output的写入端，如果POST的话，把POST数据写入cgi_input，已被重定向到STDIN，读取cgi_output的管道输出到客户端，该管道输入是STDOUT。接着关闭所有管道，等待子进程结束。管道初始状态如图9-10所示。管道最终状态如图9-11所示。

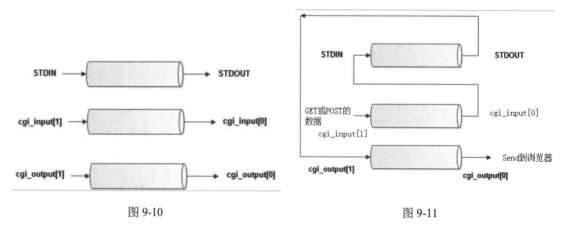

图 9-10　　　　　　　　　　　　　　　　　图 9-11

（10）关闭与浏览器的连接，完成了一次HTTP请求与回应，因为HTTP是无连接的。

9.10.3 主要功能函数

主要功能函数及其作用如下：

- //accept_request函数：处理从套接字上监听到的一个HTTP请求，此函数很大部分体现服务器处理请求流程。

```c
void accept_request(void *);
```

- //bad_request函数：返回给客户端这是个错误请求，HTTP状态码400 Bad Request。

```c
void bad_request(int);
```

- //cat函数：读取服务器上某个文件写到套接字。

```c
void cat(int, FILE *);
```

- //cannot_execute函数：处理发生在执行cgi程序时出现的错误。

```c
void cannot_execute(int);
```

- //error_die函数：把错误信息写到perror并退出。

```c
void error_die(const char *);
```

- //execute_cgi函数：运行cgi程序的处理，是主要的函数。

```c
void execute_cgi(int, const char *, const char *, const char *);
```

- //get_line函数：读取套接字的一行，把回车换行等情况都统一为换行符结束。

```c
int get_line(int, char *, int);
```

- //headers函数：把HTTP响应的头部写到套接字。

```c
void headers(int, const char *);
```

- //not_found函数：处理找不到请求的文件时的情况。

```c
void not_found(int);
//serve_file函数：调用cat函数把服务器文件返回给浏览器
void serve_file(int, const char *);
```

- //startup函数：初始化httpd服务，包括建立套接字、绑定端口、进行监听等。

```c
int startup(u_short *);
```

- //unimplemented函数：返回给浏览器，表明收到的HTTP请求所用的method不被支持。

```c
void unimplemented(int);
```

基本调用流程为：main()—>startup()—>accept_request()—>execute_cgi()等。

9.10.4 工程实现

下面我们工程实现HTTP服务器，在Windows下编码，然后上传到Linux中进行编译和运行，最后在客户端浏览器中通过URL访问HTTP服务器。

【例9.3】 实现HTTP服务器。

（1）打开VSC或其他编辑器，新建一个名为httpSrv.c的源文件，在文件开头添加头文件，限于篇幅这里未列出，然后在文件开头定义两个宏：

```
#define ISspace(x) isspace((int)(x))  //宏定义，是否是空格
#define SERVER_STRING "Server: jdbhttpd/0.1.0\r\n"
```

（2）再添加main函数，代码如下：

```
int main(void)  //服务器主函数
{
    int server_sock = -1;
    u_short port = 8888;  //监听端口，如果为0，则系统自动分配一个端口
    int client_sock = -1;
    struct sockaddr_in client_name;

    //这边要为socklen_t类型
    socklen_t client_name_len = sizeof(client_name);
    pthread_t newthread;
    //建立一个监听套接字，在对应的端口建立httpd服务
    server_sock = startup(&port);
    printf("httpd running on port %d\n", port);

    while (1)  //无限循环
    {
        //阻塞等待客户端的连接请求
        client_sock = accept(server_sock,   //返回一个已连接套接字
            (struct sockaddr *)&client_name,
            &client_name_len);
        if (client_sock == -1)
            error_die("accept");
            //派生线程用accept_request函数处理新请求
            //每次收到请求，创建一个线程来处理接收到的请求
            //把client_sock转成地址作为参数传入pthread_create
        if (pthread_create(&newthread, NULL, (void *)accept_request, (void *)
(intptr_t)client_sock) != 0)
            perror("pthread_create");
    }
    close(server_sock);  //出现意外退出的时候，关闭socket
    return (0);
}
```

其中，while(1)是个无限循环，进入循环，服务器通过调用accept等待客户端的连接，accept会以阻塞的方式运行，直到有客户端连接才会返回。连接成功后，服务器启动一个新的线程来处理客户端的请求，处理完成后，重新等待新的客户端请求。

其中startup函数是一个自定义函数，用于建立一个监听套接字，代码如下：

```
int startup(u_short *port)      //参数port指向包含要连接的端口的变量的指针
{
    int httpd = 0;
    struct sockaddr_in name;

    httpd = socket(PF_INET, SOCK_STREAM, 0);
    if (httpd == -1)
        error_die("socket");
```

```
    memset(&name, 0, sizeof(name));
    name.sin_family = AF_INET;
    name.sin_port = htons(*port);
    name.sin_addr.s_addr = htonl(INADDR_ANY);
    if (bind(httpd, (struct sockaddr *)&name, sizeof(name)) < 0)  //绑定socket
        error_die("bind");
    //如果端口没有设置，提供一个随机端口
    if (*port == 0)
    {
        socklen_t namelen = sizeof(name);
        if (getsockname(httpd, (struct sockaddr *)&name, &namelen) == -1)
            error_die("getsockname");
        *port = ntohs(name.sin_port);
    }
    if (listen(httpd, 5) < 0)  //开始监听
        error_die("listen");
    return (httpd);
}
```

startup函数用于启动监听Web连接的过程，在指定的端口上，如果输入的端口号为0，则动态分配端口，并修改原始端口变量以反映实际端口。

（3）添加线程处理函数accept_request，该函数处理接受连接请求后的工作，代码如下：

```
void accept_request(void *arg)  //arg指向连接到客户端的套接字
{
 //socket
    int client = (intptr_t)arg;
    char buf[1024];
    int numchars;
    char method[255];
    char url[255];
    char path[512];
    size_t i, j;
    struct stat st;
    int cgi = 0;      //如果服务器确定这是一个cgi程序，则设为true
    char *query_string = NULL;

    //根据上面的GET请求，可以看到这边就是取第一行
    //这边都是在处理第一条HTTP信息"GET / HTTP/1.1\n"
    numchars = get_line(client, buf, sizeof(buf));
    i = 0; j = 0;

    //把客户端的请求方法存到method数组
    while (!ISspace(buf[j]) && (i < sizeof(method) - 1))
    {
        method[i] = buf[j];
        i++; j++;
    }
    method[i] = '\0';      //结束
```

```
   //只能识别GET和POST
if (strcasecmp(method, "GET") && strcasecmp(method, "POST"))
{
    unimplemented(client);
    return;
}

    //如果是POST，cgi置为1，即POST的时候开启cgi
if (strcasecmp(method, "POST") == 0)
    cgi = 1;

//解析并保存请求的URL（如有问号，也包括问号及之后的内容）
i = 0;
//跳过空格
while (ISspace(buf[j]) && (j < sizeof(buf)))
    j++;

//从缓冲区中把URL读取出来
while (!ISspace(buf[j]) && (i < sizeof(url) - 1) && (j < sizeof(buf)))
{
    url[i] = buf[j];                              //存在URL
    i++; j++;
}
url[i] = '\0';                                   //保存URL

//处理GET请求
if (strcasecmp(method, "GET") == 0)              //判断是否为GET请求
{
    query_string = url;                          //待处理请求为URL
    //移动指针，去找GET参数，即?后面的部分
    while ((*query_string != '?') && (*query_string != '\0'))
      query_string++;
    //如果找到了的话，说明这个请求也需要调用脚本来处理
    //此时就把请求字符串单独抽取出来
    //GET方法特点，? 后面为参数
    if (*query_string == '?')
    {
        cgi = 1;  //开启cgi
        *query_string = '\0';          //query_string指针指向的是真正的请求参数
        query_string++;
    }
}
//保存有效的URL地址并加上请求地址的主页索引，默认的根目录是在htdocs下
//这里是做路径拼接，因为URL字符串以‘/’开头，所以不用拼接新的分割符
//格式化URL到path数组，HTML文件都在htdocs中
sprintf(path, "/root/htdocs%s", url);           //构造网页资源存放的路径

//默认地址，解析到的路径如果为/，则自动加上index.html
//即如果访问路径的最后一个字符是‘/’，就为其补全，即默认访问index.html
if (path[strlen(path) - 1] == '/')
    strcat(path, "index.html");
```

```
//访问请求的文件，如果文件不存在直接返回，如果存在就调用cgi程序来处理
//根据路径找到对应文件
if (stat(path, &st) == -1) {              //获得文件信息
//如果不存在，就把剩下的请求头从缓冲区中读出去
//把所有headers的信息都丢弃，把所有HTTP信息读出然后丢弃
    while ((numchars > 0) && strcmp("\n", buf))/* read & discard headers */
        numchars = get_line(client, buf, sizeof(buf));
        //然后返回一个404错误，即回应客户端找不到
    not_found(client);
}
else
{
//如果文件存在但是个目录，则继续拼接路径，默认访问这个目录下的index.html
    if ((st.st_mode & S_IFMT) == S_IFDIR)
        strcat(path, "/index.html");
    /*如果文件具有可执行权限，就执行它
    如果需要调用cgi（cgi标志位置1），在调用cgi之前有一段是对用户权限的判断，对应含义
如下: S_IXUSR: 用户可以执行
                S_IXGRP: 组可以执行
                S_IXOTH: 其他人可以执行
    */
    if ((st.st_mode & S_IXUSR) ||
        (st.st_mode & S_IXGRP) ||
        (st.st_mode & S_IXOTH))
        cgi = 1;
    //不是cgi，直接把服务器文件返回，否则执行cgi
    if (!cgi)  serve_file(client, path);  //接读取文件返回给请求的HTTP客户端
    else  execute_cgi(client, path, method, query_string);  //执行cgi文件
}
close(client);  //执行完毕关闭socket，断开与客户端的连接（HTTP特点：无连接）
}
```

首先看get_line，一个HTTP请求报文由请求行、请求头部、空行和请求数据四个部分组成，请求行由请求方法字段（GET或POST）、URL字段和HTTP版本字段三个字段组成，它们用空格分隔。如：GET /index.html HTTP/1.1。解析请求行，把方法字段保存在method变量中。get_line读取HTTP头第一行：GET/index.php HTTP 1.1。

然后识别GET和POST，如果是POST的时候开启cgi，接着解析并保存请求的URL（如有问号，也包括问号及之后的内容），随后从缓冲区中把URL读取出来，注意：如果HTTP的网址为http://192.168.0.23:47310/index.html，那么得到的第一条HTTP信息为GET/index.html HTTP/1.1，那么解析得到的就是/index.html。

最后处理GET请求，请求参数和对应的值附加在URL后面，利用一个问号（？）代表URL的结尾与请求参数的开始，传递参数长度受限制。如index.jsp?10023，其中10023就是要传递的参数。这段代码将参数保存在query_string中。

（4）作为一个HTTP服务器，支持cgi脚本是最基本的要求，下面添加执行cgi脚本的函数execute_cgi，代码如下：

```
void execute_cgi(int client,const char *path,const char *method,const char
*query_string)
```

```
{
    char buf[1024];                        //缓冲区
    int cgi_output[2];
    int cgi_input[2];
    pid_t pid;
    int status,i;
    char c;
    int numchars = 1;                      //读取的字符数
    int content_length = -1;               //HTTP的content_length

    //首先需要根据请求是GET还是POST来分别进行处理
    buf[0] = 'A'; buf[1] = '\0';
    //忽略大小写比较字符串
    if (strcasecmp(method, "GET") == 0)  //如果是GET，那么就忽略剩余的请求头
    /*读取数据，把整个header都读取，因为GET直接读取index.html，没有必要分析余下的HTTP
信息了，即把所有的HTTP header读取并丢弃*/
        while ((numchars > 0) && strcmp("\n", buf))
            numchars = get_line(client, buf, sizeof(buf));
    else    //如果是POST，那么就需要读出请求长度即Content-Length
    {
        numchars = get_line(client, buf, sizeof(buf));
        while ((numchars > 0) && strcmp("\n", buf))
        {
/*如果是POST请求，就需要得到Content-Length，Content-Length: 这个字符串一共长为15位，
所以取出头部一句后，将第16位设置结束符，进行比较第16位置为结束*/
            buf[15] = '\0';      //使用\0进行分割
            if (strcasecmp(buf, "Content-Length:") == 0)  //HTTP请求的特点
                content_length = atoi(&(buf[16]));  //内存从第17位开始就是长度，将
17位开始的所有字符串转成整数就是content_length

            numchars = get_line(client, buf, sizeof(buf));
        }
//如果请求长度不合法（比如根本就不是数字），那么就报错，即没有找到content_length
        if (content_length == -1) {
        bad_request(client);
        return;
        }
    }

    sprintf(buf, "HTTP/1.0 200 OK\r\n");
    send(client, buf, strlen(buf), 0);
    //建立output管道
    if (pipe(cgi_output) < 0) {
        cannot_execute(client);
        return;
    }

    //建立input管道
    if (pipe(cgi_input) < 0) {
        cannot_execute(client);
        return;
```

```
}
//      fork后管道都复制了一份，都是一样的
//      子进程关闭2个无用的端口，避免浪费
//      ×<------------------------>1    output
//      0<------------------------>×    input

//      父进程关闭2个无用的端口，避免浪费
//      0<------------------------>×    output
//      ×<------------------------>1    input
//      此时父子进程已经可以通信


//fork进程，子进程用于执行cgi
//父进程用于接收数据以及发送子进程处理的回复数据
if ((pid = fork()) < 0) {
    cannot_execute(client);
    return;
}
if (pid == 0)  /* child: CGI script */
{
    char meth_env[255];
    char query_env[255];
    char length_env[255];

    //子进程输出重定向到output管道的1端
    dup2(cgi_output[1], 1);
    //子进程输入重定向到input管道的0端
    dup2(cgi_input[0], 0);

    //关闭无用管道口
    close(cgi_output[0]);
    close(cgi_input[1]);

    //cgi环境变量
    sprintf(meth_env, "REQUEST_METHOD=%s", method);
    putenv(meth_env);
    if (strcasecmp(method, "GET") == 0) {
        sprintf(query_env, "QUERY_STRING=%s", query_string);
        putenv(query_env);
    }
    else {   /* POST */
        sprintf(length_env, "CONTENT_LENGTH=%d", content_length);
        putenv(length_env);
    }
    //替换执行path
    execl(path, path, NULL);
    //int m = execl(path, path, NULL);
    //如果path有问题，例如将HTML网页改成可执行的，但是执行后m为-1
    //退出子进程,管道被破坏,但是父进程还在往里面写东西,触发Program received signal
SIGPIPE, Broken pipe
    exit(0);
```

```
    }
    else {      /* parent */

      //关闭无用管道口
      close(cgi_output[1]);
      close(cgi_input[0]);
      if (strcasecmp(method, "POST") == 0)
        for (i = 0; i < content_length; i++) {
         //得到POST请求数据，写到input管道中，供子进程使用
            recv(client, &c, 1, 0);
            write(cgi_input[1], &c, 1);
        }
      //从output管道读到子进程处理后的信息，然后send出去
      while (read(cgi_output[0], &c, 1) > 0)
        send(client, &c, 1, 0);

      /完成操作后关闭管道
      close(cgi_output[0]);
      close(cgi_input[1]);

      waitpid(pid, &status, 0); //等待子进程返回
    }
}
```

（5）添加线程处理函数get_line，该函数从套接字获取一行数据，只要发现c为\n，就认为是一行结束，如果读到\r，再用MSG_PEEK的方式读入一个字符。如果读到的是下一行字符则不处理，将c置为\n，结束。如果读到的数据为0则中断，如果小于0，视为结束，c置为\n。该函数返回读到的数据的字节数（不包括NULL），代码如下：

```
int get_line(int sock, char *buf, int size)//buf是存放数据的缓冲区，size是缓冲区
大小
{
    int i = 0;
    char c = '\0';
    int n;

    while ((i < size - 1) && (c != '\n'))
    {
        n = recv(sock, &c, 1, 0);
        /* DEBUG printf("%02X\n", c); */
        if (n > 0)
        {
            if (c == '\r')
            {
                //查看一个字节，如果是\n就读走
                n = recv(sock, &c, 1, MSG_PEEK);
                /* DEBUG printf("%02X\n", c); */
                if ((n > 0) && (c == '\n'))
                    recv(sock, &c, 1, 0);
                else
//不是\n（读到下一行的字符）或者没读到，置c为\n 跳出循环，完成一行读取
```

```
                    c = '\n';
                }
            buf[i] = c;
            i++;
        }
        else
            c = '\n';
    }
    buf[i] = '\0';

    return (i);
}
```

（6）添加函数headers，该函数返回有关文件的HTTP信息头，代码如下：

```
void headers(int client, const char *filename)
{
    char buf[1024];
    (void)filename;  /* could use filename to determine file type */

    strcpy(buf, "HTTP/1.0 200 OK\r\n");
    send(client, buf, strlen(buf), 0);
    strcpy(buf, SERVER_STRING);
    send(client, buf, strlen(buf), 0);
    sprintf(buf, "Content-Type: text/html\r\n");
    send(client, buf, strlen(buf), 0);
    strcpy(buf, "\r\n");
    send(client, buf, strlen(buf), 0);
}
```

其中参数client是要打印信息头的套接字；filename是文件名。下面再添加函数not_found，如果资源没有找到，则该函数返回给客户端相应的信息，代码如下：

```
void not_found(int client)
{
    char buf[1024];

    sprintf(buf, "HTTP/1.0 404 NOT FOUND\r\n");
    send(client, buf, strlen(buf), 0);
    sprintf(buf, SERVER_STRING);
    send(client, buf, strlen(buf), 0);
    sprintf(buf, "Content-Type: text/html\r\n");
    send(client, buf, strlen(buf), 0);
    sprintf(buf, "\r\n");
    send(client, buf, strlen(buf), 0);
    sprintf(buf, "<HTML><TITLE>Not Found</TITLE>\r\n");
    send(client, buf, strlen(buf), 0);
    sprintf(buf, "<BODY><P>The server could not fulfill\r\n");
    send(client, buf, strlen(buf), 0);
    sprintf(buf, "your request because the resource specified\r\n");
    send(client, buf, strlen(buf), 0);
    sprintf(buf, "is unavailable or nonexistent.\r\n");
```

```
    send(client, buf, strlen(buf), 0);
    sprintf(buf, "</BODY></HTML>\r\n");
    send(client, buf, strlen(buf), 0);
}
```

其中参数client是套接字。下面再添加函数serve_file，如果不是cgi文件，该函数直接读取文件并返回给请求的HTTP客户端，代码如下：

```
void serve_file(int client, const char *filename)
{
    FILE *resource = NULL;
    int numchars = 1;
    char buf[1024];

    //默认字符
    buf[0] = 'A'; buf[1] = '\0';
    while ((numchars > 0) && strcmp("\n", buf))  /* read & discard headers */
        numchars = get_line(client, buf, sizeof(buf));

    resource = fopen(filename, "r");
    if (resource == NULL)
        not_found(client);
    else
    {
        headers(client, filename);
        cat(client, resource);
    }
    fclose(resource);
}
```

（7）添加函数startup，该函数初始化httpd服务，包括建立套接字、绑定端口、进行监听等，代码如下：

```
int startup(u_short *port)
{
    int httpd = 0;
    struct sockaddr_in name;

    httpd = socket(PF_INET, SOCK_STREAM, 0);
    if (httpd == -1)
        error_die("socket");
    memset(&name, 0, sizeof(name));
    name.sin_family = AF_INET;
    name.sin_port = htons(*port);
    name.sin_addr.s_addr = htonl(INADDR_ANY);
    //绑定socket
    if (bind(httpd, (struct sockaddr *)&name, sizeof(name)) < 0)
        error_die("bind");
    //如果端口没有设置，提供个随机端口
    if (*port == 0)  /* if dynamically allocating a port */
    {
        socklen_t  namelen = sizeof(name);
```

```
        if (getsockname(httpd, (struct sockaddr *)&name, &namelen) == -1)
            error_die("getsockname");
        *port = ntohs(name.sin_port);
    }
    //监听
    if (listen(httpd, 5) < 0)
        error_die("listen");
    return (httpd);
}
```

（8）添加函数unimplemented，该函数返回给浏览器表明收到的HTTP请求所用的method不被支持，代码如下：

```
void unimplemented(int client)
{
    char buf[1024];

    sprintf(buf, "HTTP/1.0 501 Method Not Implemented\r\n");
    send(client, buf, strlen(buf), 0);
    sprintf(buf, SERVER_STRING);
    send(client, buf, strlen(buf), 0);
    sprintf(buf, "Content-Type: text/html\r\n");
    send(client, buf, strlen(buf), 0);
    sprintf(buf, "\r\n");
    send(client, buf, strlen(buf), 0);
    sprintf(buf, "<HTML><HEAD><TITLE>Method Not Implemented\r\n");
    send(client, buf, strlen(buf), 0);
    sprintf(buf, "</TITLE></HEAD>\r\n");
    send(client, buf, strlen(buf), 0);
    sprintf(buf, "<BODY><P>HTTP request method not supported.\r\n");
    send(client, buf, strlen(buf), 0);
    sprintf(buf, "</BODY></HTML>\r\n");
    send(client, buf, strlen(buf), 0);
}
```

至此，主要函数基本全部实现完毕，还有些小的辅助函数这里不再列出，具体可以见源码工程。下面准备编译运行，把httpSrv.c上传到Linux下，然后编译：

```
gcc httpSrv.c -o httpSrv -lpthread
```

如果成功则会在同路径下生成一个名为httpSrv的可执行程序，直接运行：

```
[root@localhost httpsrv]# ./httpSrv
httpd running on port 8888
```

此时将在8888端口上监听了。

（9）准备网页文件和cgi程序文件。cgi可以直接使用例14.2生成的可执行程序，将其复制到/root/htdocs/下，并命名为test.cgi，并赋予可执行权限（chmod +x test.cgi）。然后打开记事本，并输入HTML代码如下：

```
<HTML>
<TITLE>Index</TITLE>
```

```
<BODY>
<P>Welcome to my HTTP webserver.
<H1>Show CGI Result:
<FORM ACTION="test.cgi" METHOD="POST">
<INPUT TYPE="submit">
</FORM>
</BODY>
</HTML>
```

保存为index.html，并上传到/root/htdocs/下，这样服务器基本配置完毕了。我们可以到另外一台主机上用IE浏览器来访问服务器。输入网址：http://192.168.11.128:8888/index.html。如果 Linux 带有图形界面，也可以用 Linux 自带的火狐浏览器来访问，此时网址是http://localhost:8888/index.html，运行结果如图9-12所示。

图 9-12

单击"提交查询内容"按钮，出现test.cgi的运行结果，如图9-13所示。

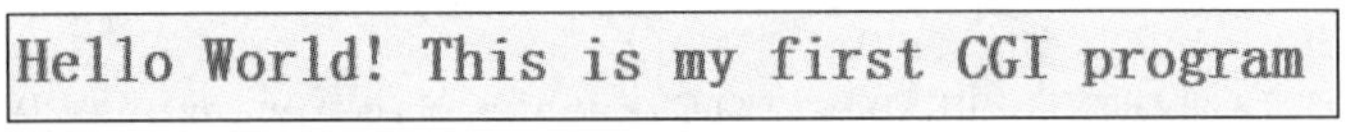

Hello World! This is my first CGI program

图 9-13

至此说明HTTP服务器运行成功了。

第 **10** 章

基于 Libevent 的 FTP 服务器

Libevent是一个用C语言编写的、轻量级的开源高性能事件通知库，主要有以下几个特点：事件驱动（event-driven），高性能；轻量级，专注于网络，不像ACE那么臃肿庞大；源代码相当精炼、易读；跨平台，支持Windows、Linux、*BSD和MacOs；支持多种I/O多路复用技术，如epoll、poll、dev/poll、select和kqueue等；支持I/O，定时器和信号等事件；注册事件优先级。

Libevent是一个事件通知库，内部使用select、epoll、kqueue、IOCP等系统调用管理事件机制。Libevent是用C语言编写的，而且几乎是无处不用函数指针。Libevent支持多线程编程。Libevent已经被广泛应用，作为不少知名软件的底层网络库，比如memcached、Vomit、Nylon、Netchat等。

事实上Libevent本身就是一个典型的Reactor模式，理解Reactor模式是理解Libevent的基石。这里我们简单介绍下典型的事件驱动设计模式——Reactor模式。

10.1 Reactor 模式

整个Libevent本身就是一个Reactor，因此本节将专门对Reactor模式进行必要的介绍，并列出Libevnet中的几个重要组件和Reactor的对应关系。

首先了解一下普通函数调用的机制：

（1）程序调用某函数。

（2）函数执行。

（3）程序等待。

（4）函数将结果和控制权返回给程序。

（5）程序继续处理。

Reactor的中文名为"反应堆"，在计算机中表示一种事件驱动机制，和普通函数调用的不同之处在于：应用程序不是主动调用某个API函数完成处理，恰恰相反，Reactor逆置了事件处理流程，应用程序需要提供相应的接口并注册到Reactor上，如果相应的事件发生，Reactor

将主动调用应用程序注册的接口,这些接口又称为"回调函数"。使用Libevent也是想用Libevent框架注册相应的事件和回调函数:当这些事件发生时,Libevent会调用这些回调函数处理相应的事件(I/O读写、定时和信号)。

用"好莱坞原则"来形容Reactor再合适不过了:不要打电话给我们,我们会打电话通知你。举个例子:你去应聘某公司,面试结束后,"普通函数调用机制"公司的HR比较懒,不会记你的联系方式,你只能面试完后自己打电话去问是否被录取。而"Reactor"公司的HR就会先记下你的联系方式,结果出来后会主动打电话通知你是否被录取,你不用自己打电话去问结果,事实上也不能,因为你没有HR的联系方式。

10.1.1 Reactor 模式的优点

Reactor模式是编写高性能网络服务器的必备技术之一,它具有以下4个优点:

(1)响应快,不必为单个同步时间所阻塞,虽然Reactor本身依然是同步的。

(2)编程相对简单,可以最大程度地避免复杂的多线程及同步问题,且避免了多线程/进程的切换开销。

(3)可扩展性,可以方便地通过增加Reactor实例个数来充分利用CPU资源。

(4)可复用性,Reactor框架本身与具体事件处理逻辑无关,具有很高的复用性。

10.1.2 Reactor 模式的框架

使用Reactor模式,必备的几个组件有:事件源、事件多路分发机制(Event Demultiplexer)、反应器(Reactor)和事件处理程序(Event Handler)。先来看看Reactor模式的整体框架,接下来再对每个组件逐一说明。Reactor模型的整体框架图如图10-1所示。

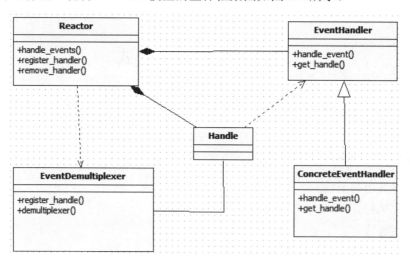

图 10-1

(1)事件源

在Linux上是文件描述符,在Windows上就是socket或者Handle了,这里统一称为"句柄集"。程序在指定的句柄上注册关心的事件,比如I/O事件。

（2）事件多路分发机制

由操作系统提供的I/O多路复用机制，比如select和epoll。程序首先将其关心的句柄（事件源）及其事件注册到Event Demultiplexer上，当有事件到达时，Event Demultiplexer会发出通知"在已经注册的句柄集中，一个或多个句柄的事件已经就绪"，程序收到通知后，就可以在非阻塞的情况下对事件进行处理了。

对应到Libevent中，依然是select、poll、epoll等，但是Libevent使用结构体eventop进行了封装，以统一的接口来支持这些I/O多路复用机制，达到了对外隐藏底层系统机制的目的。

（3）反应器

Reactor是事件管理的接口，内部使用Event Demultiplexer注册、注销事件，并运行事件循环，当有事件进入"就绪"状态时，调用注册事件的回调函数处理事件。对应到Libevent中，就是event_base结构体。一个典型的Reactor声明方式如下所示：

```
class Reactor
{
public:
    int register_handler(Event_Handler *pHandler, int event);
    int remove_handler(Event_Handler *pHandler, int event);
    void handle_events(timeval *ptv);
    //...
};
```

（4）事件处理程序

事件处理程序提供了一组接口，其中每个接口对应了一种类型的事件，供Reactor在相应的事件发生时调用，执行相应的事件处理。通常它会绑定一个有效的句柄。对应到Libevent中，就是Event结构体。下面是两种典型的Event Handler类声明方式，两者各有优缺点。

```
class Event_Handler
{
public:
    virtual void handle_read() = 0;
    virtual void handle_write() = 0;
    virtual void handle_timeout() = 0;
    virtual void handle_close() = 0;
    virtual HANDLE get_handle() = 0;
    //...
};
class Event_Handler
{
public:
    //events maybe read/write/timeout/close .etc
    virtual void handle_events(int events) = 0;
    virtual HANDLE get_handle() = 0;
    //...
};
```

10.1.3 Reactor 事件处理流程

使用Reactor模式后，事件控制流的序列图如图10-2所示。

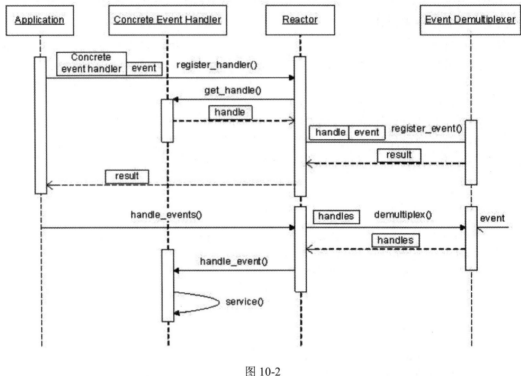

图 10-2

由于篇幅关系，我们只介绍Reactor的基本概念、框架和处理流程，对Reactor有3基本清晰的了解后，再来对比看Libevent就会更容易理解了。

10.2 使用 Libevnet 的基本流程

Libevnet是一个优秀的事件驱动库，其使用流程一般都是根据场景来的。下面来考虑一个最简单的场景，使用Livevent设置定时器，应用程序只需要执行下面5个简单的步骤即可。

步骤01 初始化Libevent库，并保存返回的指针。

```
struct event_base * base = event_init();
```

实际上这一步相当于初始化一个Reactor实例。在初始化Libevent后，就可以注册事件了。

步骤02 初始化事件 event，设置回调函数和关注的事件。

```
evtimer_set(&ev, timer_cb, NULL);
```

事实上这等价于调用event_set(&ev, -1, 0, timer_cb, NULL);。

event_set 的函数原型是：

```
void event_set(struct event *ev, int fd, short event, void (*cb)(int, short,
void *), void *arg)
```

- ev：执行要初始化的event对象。
- fd：该event绑定的"句柄"，对于信号事件，它就是关注的信号。
- event：在该fd上关注的事件类型，它可以是EV_READ、EV_WRITE、EV_SIGNAL。
- cb：这是一个函数指针，当fd上的事件event发生时，调用该函数执行处理，它有三个参数，调用时由event_base负责按顺序传入，实际上就是event_set时的fd、event和arg。
- arg：传递给cb函数指针的参数。

由于定时事件不需要fd，并且定时事件是根据添加时（event_add）的超时值设定的，因此这里的event也不需要设置。

这一步相当于初始化一个event handler，在Libevent中事件类型保存在event结构体中。

注　意　Libevent并不会管理event事件集合，这需要应用程序自行管理。

步骤 03　设置event从属的event_base。

```
event_base_set(base, &ev);
```

这一步相当于指明event要注册到哪个event_base实例上。

步骤 04　正式添加事件。

```
event_add(&ev, timeout);
```

基本信息都已设置完成，只要简单调用event_add()函数即可完成，其中timeout是定时值。

这一步相当于调用Reactor::register_handler()函数注册事件。

步骤 05　程序进入无限循环，等待就绪事件并执行事件处理。

```
event_base_dispatch(base);
```

上面的程序代码可以描述如下：

```
struct event ev;
struct timeval tv;
void time_cb(int fd, short event, void *argc)
{
    printf("timer wakeup/n");
    event_add(&ev, &tv); //reschedule timer
}
int main()
{
    struct event_base *base = event_init();
    tv.tv_sec = 10; //10s period
    tv.tv_usec = 0;
    evtimer_set(&ev, time_cb, NULL);
    event_add(&ev, &tv);
    event_base_dispatch(base);
}
```

当应用程序向Libevent注册一个事件后，Libevent内部的处理流程如下：

（1）应用程序准备并初始化event，设置好事件类型和回调函数。

（2）向Libevent添加该事件event。对于定时事件，Libevent使用一个小根堆管理，key为超时时间；对于Signal和I/O事件，Libevent将其放入到等待链表（Wait List）中，这是一个双向链表结构。

（3）程序调用event_base_dispatch()系列函数进入无限循环，等待事件，以select()函数为例，每次循环前Libevent会检查定时事件的最小超时时间tv，根据tv设置select()的最大等待时间，以便于后面及时处理超时事件；当select()返回后，首先检查超时事件，然后检查I/O事件。Libevent将所有的就绪事件放入到激活链表中，然后对激活链表中的事件调用事件的回调函数执行事件处理。

本小节介绍了Libevent的简单实用场景，并简单介绍了Libevent的事件处理流程，读者应该对Libevent有了基本的了解。

10.3　下载和编译 Libevent

读者可以到官网https://libevent.org/下载源码，然后放到Linux下进行编译生成动态库so文件，就可以在自己的程序中使用动态库提供的函数接口。如果不想下载，我们在本书下载资源的源码根目录下也提供了一份。

官网下载的文件是libevent-2.1.12-stable.tar.gz，我们把它上传到Ubuntu20下，然后解压：tar zxvf libevent-2.1.12-stable.tar.gz，再进入目录，并生成makefile，命令如下：

```
cd libevent-2.1.12-stable/
./configure --prefix=/opt/libevent
```

这一步是用来生成编译时用的makefile文件，其中，--prefix用来指定Libevent的安装目录。输入make进行编译，成功后再输入make install，然后就可以看到 /opt/libevent下面已经有文件生成了：

```
root@tom-virtual-machine:~/soft/libevent-2.1.12-stable# cd /opt/libevent/
root@tom-virtual-machine:/opt/libevent# ls
bin  include  lib
```

其中include是存放头文件的目录，lib是存放动态库和静态库的目录。接下来用一个小程序来测试是否工作正常。

【例10.1】　写一个Libevent程序。

（1）在Windows中打开编辑器，输入代码如下：

```
#include <sys/types.h>
#include <event2/event-config.h>
#include <stdio.h>
#include <event.h>
```

```
struct event ev;
struct timeval tv;

void time_cb(int fd, short event, void *argc)
{
    printf("timer wakeup!\n");
    event_add(&ev, &tv);
}

int main()
{
    struct event_base *base = event_init();
    tv.tv_sec = 10;
    tv.tv_usec = 0;
    evtimer_set(&ev, time_cb, NULL);
    event_base_set(base, &ev);
    event_add(&ev, &tv);
    event_base_dispatch(base);
}
```

此代码的功能是设置一个定时器，然后每隔10秒就打印一次"timer wakeup!"。

（2）保存文件为test.c，然后上传到Linux，并在命令行下编译：

```
gcc test.c -o testEvent -I /opt/libevent/include/ -L /opt/libevent/lib/ -levent
```

-I是大写的 i，不是小写的L，是用来指定头文件路径的；-L则是用来指定引用库的位置的。然后运行testEvent：

```
root@tom-virtual-machine:/ex/mylibevent# ./testEvent
timer wakeup!
timer wakeup!
timer wakeup!
timer wakeup!
...
```

（3）如果在Linux上提示没找到库，则需要做个链接到系统目录，比如：

```
ln  -s /opt/libevent/lib/libevent.so /usr/lib64/libevent.so
```

至此，下载和编译Libevent的工作就完成了。下面可以开始开发FTP服务器。

10.4　FTP 概述

1971年，第一个FTP的RFC（Request for Comments，是一系列以编号排定的文件，包含了关于Internet几乎所有重要的文字资料）由A.K.Bhushan提出，在同一时期由MIT和Havard实现，即RFC114。在随后的十几年中，FTP的官方文档历经数次修订，直到1985年，一个作用至今的FTP官方文档RFC959问世。如今所有关于FTP的研究与应用都是基于该文档的。FTP服务有一个重要的特点就是其实现并不局限于某个平台，在Windows、DOS、UNIX平台下均可搭建FTP客户端及服务器并实现互联互通。

10.4.1 FTP 的工作原理

FTP是一个用于从一台主机传送文件到另一台主机的协议。它是一个客户机/服务器系统。用户通过一个支持FTP协议的客户机程序，连接到在远程主机上的FTP服务器程序。用户通过客户机程序向服务器程序发出命令，服务器程序执行用户所发出的命令，并将执行的结果返回到客户机。比如说，用户发出一条命令，要求服务器向用户传送某一个文件的一份副本，服务器会响应这条命令，将指定文件送至用户的机器上。客户机程序代表用户接收到这个文件，将其存放在用户目录中。

当用户启动与远程主机间的一个FTP会话时，FTP客户首先发起建立一个与FTP服务器端口21之间的控制TCP连接，然后经由该控制连接把用户名和口令发送给服务器。客户机还经由该控制连接把本地临时分配的数据端口告知服务器，以便服务器发起建立一个从服务器端口20到客户机指定端口之间的数据TCP连接；用户执行的一些命令也由客户机经由控制连接发送给服务器，例如改变远程目录的命令。当用户每次请求传送文件时（不论哪个方向），FTP将在服务器端口20上打开一个数据TCP连接（其发起端既可能是服务器，也可能是客户机）。在数据连接上传送完本次请求需传送的文件之后，有可能关闭数据连接，直到再有文件传送请求时重新打开。因此在FTP中，控制连接在整个用户会话期间一直打开着，而数据连接则有可能为每次文件传送请求重新打开一次（即数据连接是非持久的）。

在整个会话期间，FTP服务器必须维护关于用户的状态。具体来说，服务器必须把控制连接与特定的用户关联起来，必须随用户在远程目录树中的游动跟踪其当前目录。为每个活跃的用户会话保持这些状态信息极大地限制了FTP能够同时维护的会话数。

FTP系统和其他C/S系统的不同之处在于它在客户端和服务器之间同时建立了两条连接来实现文件的传输，分别是控制连接和数据连接。控制连接用于客户端和服务器之间的命令和响应的传递，数据连接则用于传送数据信息。

当用户通过FTP客户端向服务器发起一个会话的时候，客户端会和FTP服务器的端口21建立一个TCP连接，即控制连接。客户端使用此连接向FTP服务器发送所有FTP命令并读取所有应答。而对于大批量的数据，如数据文件或详细目录列表，FTP系统会建立一个独立的数据连接去传送相关数据。

10.4.2 FTP 的传输方式

FTP的传输有两种方式：ASCII传输方式和二进制传输方式。

（1）ASCII 传输方式

假定用户正在复制的文件包含简单的ASCII码文本，如果在远程机器上运行的不是UNIX，当文件传输时FTP通常会自动地调整文件的内容以便于把文件解释成另外那台计算机存储文本文件的格式。

但是常常有这样的情况，用户正在传输的文件包含的不是文本文件，它们可能是程序、数据库、字处理文件或者压缩文件。在拷贝任何非文本文件之前，用binary命令告诉FTP逐字拷贝。

（2）二进制传输方式

在二进制传输中，保存文件的位序，以便原始和拷贝的文件是一一对应的，即目的地机器上包含位序列的文件是没意义的。例如，macintosh以二进制方式传送可执行文件到Windows系统，但在对方系统上，此文件不能执行。

如在ASCII方式下传输二进制文件，即使不需要也仍会转译，但会损坏数据。ASCII方式一般假设每一字符的第一有效位无意义，因为ASCII字符组合不使用它。如果传输二进制文件，所有的位都是重要的。

10.4.3　FTP 的工作方式

FTP有两种不同的工作方式：PORT（主动）方式和PASV（被动）方式。

（1）主动方式

在主动方式下，客户端先开启一个大于1024的随机端口，用来与服务器的21号端口建立控制连接，当用户需要传输数据时，在控制通道中通过使用PORT命令向服务器发送本地IP地址以及端口号，服务器会主动去连接客户端发送过来的指定端口，实现数据传输，然后在这条连接上面进行文件的上传或下载。

（2）被动方式

在被动方式下，建立控制连接过程与主动方式基本一致，但在建立数据连接的时候，客户端通过控制连接发送PASV命令，随后服务器开启一个大于1024的随机端口，将IP地址和此端口号发给客户端，然后客户端去连接服务器的该端口，从而建立数据传输链路。

总体来说，主动和被动是相对于服务器而言的，在建立数据连接的过程中，在主动方式下，服务器会主动请求连接到客户端的指定端口；在被动方式下，服务器在发送端口号给客户端后会被动地等待客户端连接到该端口。

当需要传送数据时，客户端开始监听端口N+1，并在命令链路上用PORT命令发送N+1端口到FTP服务器，于是服务器会从自己的数据端口（20）向客户端指定的数据端口（N+1）发送连接请求，建立一条数据链路来传送数据。

FTP客户端与服务器之间仅使用三个命令发起数据连接的创建：STOR（上传文件）、RETR（下载文件）和LIST（接收一个扩展的文件目录），客户端在发送这三个命令后会发送PORT或PASV命令来选择传输方式。当数据连接建立之后，FTP客户端可以和服务器互相传送文件。当数据传送完毕，发送数据方发起数据连接的关闭，例如，处理完STOR命令后，客户端发起关闭；处理完RETR命令后，服务器发起关闭。

FTP主动传输方式具体步骤如下：

步骤 01 客户端与服务器的21号端口建立TCP连接，即控制连接。

步骤 02 当用户需要获取目录列表或传输文件的时候，客户端通过使用PORT命令向服务器发送本地IP地址以及端口号，期望服务器与该端口建立数据连接。

步骤 **03** 服务器与客户端该端口建立第二条TCP连接，即数据连接。

步骤 **04** 客户端和服务器通过该数据连接进行文件的发送和接收。

FTP被动传输方式具体步骤如下：

步骤 **01** 客户端与服务器的21号端口建立TCP连接，即控制连接。

步骤 **02** 当用户需要获取目录列表或传输文件的时候，客户端通过控制连接向服务器发送PASV命令通知服务器采用被动传输方式。服务器收到PASV命令后随即开启一个大于1024的端口，然后将该端口号和IP地址通过控制连接发给客户端。

步骤 **03** 客户端与服务器该端口建立第二条TCP连接，即数据连接。

步骤 **04** 客户端和服务器通过该数据连接进行文件的发送和接收。

总之，FTP主动传输方式和被动传输方式各有特点，使用主动方式可以避免服务器端防火墙的干扰，而使用被动方式可以避免客户端防火墙的干扰。

10.4.4 FTP 命令

FTP命令主要用于控制连接，根据命令功能的不同可分为访问控制命令、传输参数命令、FTP服务命令。所有FTP命令都是以网络虚拟终端（NVT）ASCII文本的形式发送，它们都是以ASCII回车或换行符结束。

由于完整的标准FTP的指令限于篇幅不可能一一实现，我们只实现了一些基本的指令，并在下面的内容里对这些指令作出详细说明。

实现的指令有：USER、PASS、TYPE、LIST、CWD、PWD、PORT、DELE、MKD、RMD、SIZE、RETR、STOR、REST、QUIT。

常用的FTP访问控制命令如表10-1所示。

表 10-1 常用的 FTP 访问控制命令

命令名称	功 能
USER username	登录用户的名称，参数username是登录用户名。USER命令的参数是用来指定用户的Telnet字符串。它用来进行用户鉴定，鉴定服务器对赋予文件的系统访问权限。该指令通常是建立数据连接后（有些服务器需要）用户发出的第一个指令。有些服务器还需要通过password或account指令获取额外的鉴定信息。服务器允许用户为了改变访问控制和/或账户信息而发送新的USER指令。这会导致已经提供的用户、口令、账户信息被清空，重新开始登录。所有的传输参数均不改变，任何正在执行的传输进程在旧的访问控制参数下完成
PASS password	发出登录密码，参数password是登录该用户所需密码。PASS命令的参数是用来指定用户口令的Telnet字符串。此指令紧跟用户名指令，在某些站点它是完成访问控制不可缺少的一步。因为口令信息非常敏感，所以它的表示通常是被"掩盖"起来或什么也不显示。服务器没有十分安全的方法达到这样的显示效果，因此，FTP客户端进程有责任去隐藏敏感的口令信息
CWD pathname	改变工作路径，参数pathname是指定目录的路径名称。该指令允许用户在不改变它的登录和账户信息的状态下，为存储或下载文件而改变工作目录或数据集。传输参数不会改变。它的参数是指定目录的路径名或其他系统的文件集标志符

（续表）

命令名称	功　　能
CDUP	回到上一层目录
REIN	恢复到初始登录状态
QUIT	退出登录，终止连接。该指令终止一个用户，如果没有正在执行的文件传输，服务器将关闭控制连接。如果有数据传输，在得到传输响应后服务器关闭控制连接。如果用户进程正在向不同的用户传输数据，不希望对每个用户关闭然后再打开，可以使用REIN指令代替QUIT。对控制连接的意外关闭，可以导致服务器运行中止（ABOR）和退出登录（QUIT）

　　所有的数据传输参数都有默认值，当仅要改变缺省的参数值时才使用此指令指定数据传输的参数。默认值是最后一次指定的值，如果没有指定任何值，那么就使用标准的默认值。这意味着服务器必须"记住"合适的默认值。在FTP服务请求之后，指令的次序可以任意。常用的传输参数命令如表10-2所示。

表 10-2　传输参数命令

命令名称	功　　能
PORT h1,h2,h3,h4,p1,p2	主动传输方式。参数为IP（h1,h2,h3,h4）和端口号（p1*256+p2）。该指令的参数是用来进行数据连接的数据端口。客户端和服务器均有缺省的数据端口，并且一般情况下，此指令和它的回应不是必需的。如果使用该指令，则参数由32位的Internet主机地址和16位的TCP端口地址串联组成。地址信息被分隔成8位一组，各组的值以十进制数（用字符串表示）来传输，各组之间用逗号分隔。一个端口指令： 　　　PORT h1,h2,h3,h4,p1,p2 这里h1是Internet主机地址的高8位
PASV	被动传输方式。该指令要求服务器在一个数据端口（不是缺省的数据端口）监听以等待连接，而不是在接收到一个传输指令后就初始化。该指令的回应包含服务器正监听的主机地址和端口地址
TYPE type	确定传输数据类型（A=ASCII，I=Image，E=EBCDIC）。数据表示是由用户指定的表示类型，类型可以隐含地（比如ASCII或EBCDIC）或明确地（比如本地字节）定义一个字节的长度，提供像"逻辑字节长度"这样的表示。注意，在数据连接上传输时使用的字节长度称为"传输字节长度"，和上面说的"逻辑字节长度"不要弄混。例如，NVT-ASCII的逻辑字节长度是8位。如果该类型是本地类型，那么TYPE指令必须在第二个参数中指定逻辑字节长度。传输字节长度通常是8位 **ASCII类型** 这是所有FTP执行时必须承认的默认类型，它主要用于传输文本文件。 发送方把内部字符表示的数据转换成标准的8位NVT-ASCII表示。接收方把数据从标准的格式转换成自己内部的表示形式。与NVT标准保持一致，要在行结束处使用<CRLF>序列。使用标准的NVT-ASCII表示的意思是数据必须转换为8位的字节

（续表）

命令名称	功　能
TYPE type	**IMAGE类型** 数据以连续的位传输，并打包成8位的传输字节。接收站点必须以连续的位存储数据。存储系统的文件结构（或者对于记录结构文件的每个记录）必须填充适当的分隔符，分隔符必须全部为零，填充在文件末尾（或每个记录的末尾），而且必须有识别出填充位的办法，以便接收方把它们分离出去。填充的传输方法应该充分地宣传，使得用户可以在存储站点处理文件。IMAGE 格式用于有效地传送和存储文件和传送二进制数据。推荐所有的FTP在执行时支持此类型。 EBCDIC是IBM提出的字符编码方式

FTP服务指令表示用户要求的文件传输或文件系统功能。FTP服务指令的参数通常是一个路径名。路径名的语法必须符合服务器站点的规定和控制连接的语言规定。隐含的默认值是使用最后一次指定的设备、目录、文件名或本地用户定义的标准默认值。指令顺序通常没有限制，只有rename from指令后面必须是rename to，重新启动指令后面必须是中断服务指令（比如，STOR或RETR）。除确定的报告回应外，FTP服务指令的响应总是在数据连接上传输。常用的服务命令如表10-3所示。

表 10-3　常用的服务命令

命令名称	功　能
LIST pathname	请求服务器发送列表信息。此指令让服务器发送列表到被动数据传输过程。如果路径名指定了一个路径或其他的文件集，服务器会传送指定目录的文件列表。如果路径名指定了一个文件，服务器将传送文件的当前信息。不使用参数意味着使用用户当前的工作目录或默认目录。数据传输在数据连接上进行，使用ASCII类型或EBCDIC类型。（用户必须保证表示类型是ASCII或EBCDIC）。因为一个文件的信息从一个系统到另一个系统差别很大，所以此信息很难被程序自动识别，但对用户却很有用
RETR pathname	请求服务器向客户端发送指定文件。该指令让server-DTP用指定的路径名传送一个文件的复本到数据连接另一端的server-DTP或user-DTP。该服务器站点上文件状态和内容不受影响
STOR pathname	客户端向服务器上传指定文件。该指令让server-DTP通过数据连接接收数据传输，并且把数据存储为服务器站点的一个文件。如果指定的路径名的文件在服务器站点已存在，那么它的内容将被传输的数据替换。如果指定的路径名的文件不存在，那么将在服务器站点新建一个文件
ABOR	终止上一次FTP服务命令以及所有相关的数据传输
APPE pathname	客户端向服务器上传指定文件，若该文件已存在于服务器的指定路径下，数据将会以追加的方式写入该文件；若不存在，则在该位置新建一个同名文件
DELE pathname	删除服务器上的指定文件。此指令从服务器站点删除指定路径名的文件
REST marker	移动文件指针到指定的数据检验点。该指令的参数代表服务器要重新开始的文件传输的一个标记。此命令并不传送文件，而是跳到文件的指定数据检查点。此命令后应该紧跟合适的使数据重传的FTP服务指令
RMD pathname	此指令删除路径名中指定的目录（若是绝对路径）或者删除当前目录的子目录（若是相对路径）

（续表）

命令名称	功　　能
SIZE remote-file	显示远程文件的大小
MKD pathname	此指令创建指定路径名的目录（如果是绝对路径）或在当前工作目录创建子目录（如果是相对路径）
PWD	此指令在回应中返回当前工作目录名
CDUP	将当前目录改为服务器端根目录，不需要更改账号信息以及传输参数
RNFR filename	指定要重命名的文件的旧路径和文件名
RNTO filename	指定要重命名的文件的新路径和文件名

10.4.5　FTP 应答码

FTP命令的回应是为了确保数据传输请求和过程同步进行，也是为了保证用户进程总能知道服务器的状态。每条指令最少产生一个回应，对产生多个回应的情况，多个回应必须容易分辨。另外，有些指令是连续产生的，比如USER、PASS和ACCT，或RNFR和RNTO。如果此前指令已经成功，回应显示一个中间的状态。其中任何一个命令的失败都会导致全部指令序列重新开始。

FTP应答信息指的是服务器在执行完相关命令后返回给客户端的执行结果信息，客户端通过应答码能够及时了解服务器当前的工作状态。FTP应答码是由三个数字外加一些文本组成的。不同数字组合代表不同的含义，客户端不用分析文本内容就可以知晓命令的执行情况。文本内容取决于服务器，不同情况下客户端会获得不一样的文本内容。

三个数字每一位都有一定的含义，第一位表示服务器的响应是成功的、失败的还是不完全的；第二位表示该响应是针对哪一部分的，用户可以据此了解哪一部分出了问题；第三位表示在第二位的基础上添加的一些附加信息。例如，第一个发送的命令是USER外加用户名，随后客户端收到应答码331，应答码的第一位的3表示需要提供更多信息；第二位的3表示该应答是与认证相关的；与第三位的1一起，该应答码的含义是：用户名正常，但是需要一个密码。使用xyz来表示三位数字的FTP应答码，如表10-4所示为根据前两位区分不同应答码的含义。

表 10-4　不同应答码的含义

应　答　码	含义说明
1yz	确定预备应答。目前为止操作正常，但尚未完成
2yz	确定完成应答。操作完成并成功
3yz	确定中间应答。目前为止操作正常，但仍需后续操作
4yz	暂时拒绝完成应答。未接受命令，操作执行失败，但错误是暂时的，所以可以稍后继续发送命令
5yz	永久拒绝完成应答。命令不被接受，并且不再重试
x0z	格式错误
x1z	请求信息
x2z	控制或数据连接
x3z	认证和账户登录过程
x4z	未使用
x5z	文件系统状态

根据表10-4中对应答码含义的规定，表10-5按照功能划分列举了常用的FTP应答码并介绍了其具体含义。

表 10-5　常用的 FTP 应答码及其含义说明

具体应答码	含义说明
200	指令成功
500	语法错误，未被承认的指令
501	因参数或变量导致的语法错误
502	指令未执行
110	重新开始标记应答
220	服务为新用户准备好
221	服务关闭控制连接。适当时退出
421	服务无效，关闭控制连接
125	数据连接已打开，开始传送数据
225	数据连接已打开，无传输正在进行
425	不能建立数据连接
226	关闭数据连接。请求文件操作成功
426	连接关闭，传输终止
227	进入被动模式（h1,h2,h3,h4,p1,p2）
331	用户名正确，需要口令
150	文件状态良好，打开数据连接
350	请求的文件操作需要进一步的指令
451	终止请求的操作，出现本地错误
452	未执行请求的操作，系统存储空间不足
552	请求的文件操作终止，存储分配溢出
553	请求的操作没有执行

10.5　开发 FTP 服务器

本服务器采用了高性能事件通知库Libevent，并采用了基于C++11的线程池。关于线程池的具体代码第3章已经介绍过了，不再赘述。

为了支持多个客户端同时相连，我们开发的FTP服务器使用了并发模型。并发模型可分为多进程模型、多线程模型和事件驱动模型三大类：

（1）多进程模型每接受一个连接就fork一个子进程，在该子进程中处理该连接的请求。该模型的特点是多进程占用系统资源多，进程切换的系统开销大，在Linux下有最大进程数限制，不利于处理大并发。

（2）多线程模型每接受一个连接就create一个子线程，利用子线程处理这个连接的请求。在Linux下有最大线程数限制（进程虚拟地址空间有限），进程频繁创建和销毁造成系统开销，同样不利于处理大并发。

（3）事件驱动模型在Linux下基于select、poll或epoll实现，程序的基本结构是一个事件循环结合非阻塞I/O，以事件驱动和事件回调的方式实现业务逻辑，目前在高性能的网络程序中，使用得最广泛的就是这种并发模型，结合线程池，避免线程频繁创建和销毁的开销，能很好地处理高并发。"线程池"旨在减少创建和销毁线程的频率，其维持一定合理数量的线程，并让空闲的线程重新承担新的执行任务。现今常见的高吞吐高并发系统往往是基于事件驱动的I/O多路复用模式设计。事件驱动I/O也称作I/O多路复用。I/O多路复用使得程序能同时监听多个文件描述符，在一个或多个文件描述符就绪前始终处于睡眠状态。在Linux下的I/O复用方案有select、poll和epoll。如果处理的连接数不是很高的话，使用select/poll/epoll的服务器不一定比使用多线程阻塞I/O的服务器性能更好，select/poll/epoll的优势并不是对于单个连接能处理得更快，而是在于能处理更多的连接。

本服务器选用了事件驱动模型，并且基于Libevent库。Libevent是一个事件通知库，内部使用select、epoll、kqueue、IOCP等系统调用管理事件机制。

在Libevent中，基于event和event_base可以写一个C/S模型。但是对于服务器端来说，仍然需要用户自行调用socket、bind、listen、accept等步骤。这个过程比较烦琐，并且一些细节可能考虑不全，为此Libevent推出了一些对应的封装函数，简化了整个监听的流程，用户仅需要在对应回调函数里处理已完成连接的套接字即可。主要优点如下：

（1）省去了用户手动注册事件的过程。

（2）省去了用户去验证系统函数返回是否成功的问题。

（3）帮助用户处理非阻塞套接字accpet。

（4）简化流程，用户仅关心业务逻辑即可。

【例10.2】　开发FTP服务器。

（1）在Windows下打开编辑器，然后新建文件main.cpp，这个文件实现了main函数功能，首先要初始化线程池，代码如下：

```
XThreadPoolGet->Init(10);
event_base *base = event_base_new();
if (!base)
    errmsg("main thread event_base_new error");
```

然后创建监听事件，代码如下：

```
    sockaddr_in sin;
memset(&sin, 0, sizeof(sin));
sin.sin_family = AF_INET;
sin.sin_port = htons(SPORT);                //PORT是要监听的服务器端口
//创建监听事件
evconnlistener *ev = evconnlistener_new_bind(
    base,                                    //Libevent的上下文
    listen_cb,                               //接收到连接的回调函数
    base,                                    //回调函数获取的参数arg
    LEV_OPT_REUSEABLE|LEV_OPT_CLOSE_ON_FREE, //地址重用
        10,                                  //连接队列大小，对应listen函数
    (sockaddr*)&sin,                         //绑定的地址和端口
```

```
         sizeof(sin));
    if (base) {
        cout << "begin to listen..." << endl;
        event_base_dispatch(base);
    }
    if (ev)
        evconnlistener_free(ev);
    if (base)
        event_base_free(base);
    testout("server end");
```

这样main函数基本实现完毕。其中最重要的是把监听函数listen_cb作为回调函数注册给Libevent。用户仅需要通过库函数evconnlistener_new_bind传递回调函数，在aceept成功后，在回调函数（这里是listen_cb）里处理已连接的套接字即可。省去了用户需要处理的一系列麻烦问题。函数listen_cb也在main.cpp中实现，代码如下：

```
//等待连接的回调函数，一旦连接成功，会执行到这个函数。
void listen_cb(struct evconnlistener *ev, evutil_socket_t s, struct sockaddr
*addr, int socklen, void *arg) {
    testout("main thread At listen_cb");
    sockaddr_in *sin = (sockaddr_in*)addr;
    XTask *task = XFtpFactory::Get()->CreateTask();      //创建任务
    task->sock = s;                                      //此时的s就是已连接的套接字
    XThreadPoolGet->Dispatch(task);                      //分配任务
}
```

我们把等待连接的工作放到线程池中，所以需要先创建任务，再分配任务。类XFtpFactory是任务类XTask的子类，该类主要功能就是提供一个创建任务的函数CreateTask，该函数每次接到一个新的连接都新建一个任务流程。函数Dispatch用于在线程池中分配任务，其中task的成员变量sock保存已连接的套接字，之后处理任务时，就可以通过这个套接字和客户端进行交互了。

（2）新建文件XFtpFactory.cpp和XFtpFactory.h，我们将定义类XFtpFactory。类XFtpFactory主要实现创建任务函数CreateTask，代码如下：

```
XTask *XFtpFactory::CreateTask() {
    testout("At XFtpFactory::CreateTask");
    XFtpServerCMD *x = new XFtpServerCMD();

    x->Reg("USER", new XFtpUSER());

    x->Reg("PORT", new XFtpPORT());

    XFtpTask *list = new XFtpLIST();
    x->Reg("PWD", list);
    x->Reg("LIST", list);
    x->Reg("CWD", list);
    x->Reg("CDUP", list);

    x->Reg("RETR", new XFtpRETR());
```

```
    x->Reg("STOR", new XFtpSTOR());

    return x;
}
```

在该函数中，实例化了命令处理器（XFtpServerCMD对象），并往命令处理器中添加要处理的FTP命令，比如USER、PORT等。其中，XFtpUSER用于实现USER命令，目前该类只是提供了一个虚函数Parse，我们可以根据需要实现具体的登录认证，如果不实现，则默认都可以登录，并且直接返回"230 Login successsful."。XFtpPORT用于实现PORT命令，在其成员函数Parse中解析IP地址和端口号。FTP命令USER和PORT是交互刚开始时一定会用到的命令，我们单独实现，一旦登录成功，把后续命令通过一个列表类XFtpLIST来实现，以方便管理。然后我们把和文件操作有关的命令（比如PWD，LIST等）进行注册。

（3）新建文件XFtpUSER.h和XFtpUSER.cpp，并定义类XFtpUSER，该类实现FTP的USER命令，成员函数就一个虚函数Parse，代码如下：

```
void XFtpUSER::Parse(std::string, std::string) {
    testout("AT XFtpUSER::Parse");
    ResCMD("230 Login successsful.\r\n");
}
```

这里我们简单处理，不进行复杂的认证，如果需要认证，也可以重载虚函数。

（4）新建文件XFtpPORT.h和XFtpPORT.cpp，并定义类XFtpPORT，该类实现FTP的PORT命令，成员函数就一个函数Parse，代码如下：

```
void XFtpPORT::Parse(string type, string msg) {
    testout("XFtpPORT::Parse");
    //PORT 127,0,0,1,70,96\r\n
    //PORT n1,n2,n3,n4,n5,n6\r\n
    //port = n5 * 256 + n6

    vector<string>vals;
    string tmp = "";
    for (int i = 5; i < msg.size(); i++) {
        if (msg[i] == ',' || msg[i] == '\r') {
            vals.push_back(tmp);
            tmp = "";
            continue;
        }
        tmp += msg[i];
    }
    if (vals.size() != 6) {
        ResCMD("501 Syntax error in parameters or arguments.");
        return;
    }
    //解析出IP地址和端口号，并设置在主要流程cmdTask下
    ip = vals[0] + "." + vals[1] + "." + vals[2] + "." + vals[3];
    port = atoi(vals[4].c_str()) * 256 + atoi(vals[5].c_str());
    cmdTask->ip = ip;
    cmdTask->port = port;
    testout("ip: " << ip);
```

```
    testout("port: " << port);
    ResCMD("200 PORT command success.");
}
```

该函数主要功能是解析出IP地址和端口号，并设置在主要流程cmdTask下。最后向客户端返回信息"200 PORT command success."。

（5）新建文件XFtpLIST.h和XFtpLIST.cpp，并定义类XFtpPORT，该类实现FTP的PORT命令，最重要的成员函数是Parse，用于解析文件操作的相关命令，代码如下：

```
void XFtpLIST::Parse(std::string type, std::string msg) {
    testout("At XFtpLIST::Parse");
    string resmsg = "";
    if (type == "PWD") {
        //257 "/" is current directory
        resmsg = "257 \"";
        resmsg += cmdTask->curDir;
        resmsg += "\" is current dir.";
        ResCMD(resmsg);
    }
    else if (type == "LIST") {
        //1 发送150命令回复
        //2 连接数据通道并通过数据通道发送数据
        //3 发送226命令回复完成
        //4 关闭连接
        //命令通道回复消息，使用数据通道发送目录
        // "-rwxrwxrwx 1 root root     418 Mar 21 16:10 XFtpFactory.cpp";
        string path = cmdTask->rootDir + cmdTask->curDir;
        testout("listpath: " << path);
        string listdata = GetListData(path);
        ConnectoPORT();
        ResCMD("150 Here coms the directory listing.");
        Send(listdata);
    }
    else if (type == "CWD") //切换目录
    {
        //取出命令中的路径
        //CWD test\r\n
        int pos = msg.rfind(" ") + 1;
        //去掉结尾的\r\n
        string path = msg.substr(pos, msg.size() - pos - 2);
        if (path[0] == '/') //绝对路径
        {
            cmdTask->curDir = path;
        }
        else
        {
            if (cmdTask->curDir[cmdTask->curDir.size() - 1] != '/')
                cmdTask->curDir += "/";
            cmdTask->curDir += path + "/";
        }
        if (cmdTask->curDir[cmdTask->curDir.size() - 1] != '/')
```

```
            cmdTask->curDir += "/";
        // /test/
        ResCMD("250 Directory succes chanaged.\r\n");

        //cmdTask->curDir +=
    }
    else if (type == "CDUP") //回到上层目录
    {
        if (msg[4] == '\r') {
            cmdTask->curDir = "/";
        }
        else {
            string path = cmdTask->curDir;
            //统一去掉结尾的 "/"
            if (path[path.size() - 1] == '/')
            {
                path = path.substr(0, path.size() - 1);
            }
            int pos = path.rfind("/");
            path = path.substr(0, pos);
            cmdTask->curDir = path;
            if (cmdTask->curDir[cmdTask->curDir.size() - 1] != '/')
                cmdTask->curDir += "/";
        }
        ResCMD("250 Directory succes chanaged.\r\n");
    }
}
```

至此，FTP的主要功能我们已经实现，限于篇幅，其他一些辅助功能函数没有一一列出，具体可以参见源码目录。另外，关于线程池的函数实现，这里也不再赘述。

（6）把所有源码文件上传到Linux下进行编译和运行。因为文件很多，所以用了一个makefile文件，以后只需要一个make命令即可完成编译和链接。makefile文件内容如下：

```
GCC ?= g++
CCMODE = PROGRAM
INCLUDES = -I/opt/libevent/include/
CFLAGS = -Wall $(MACRO)
TARGET = ftpSrv
SRCS := $(wildcard *.cpp)
LIBS = -L /opt/libevent/lib/ -levent -lpthread

ifeq ($(CCMODE),PROGRAM)
$(TARGET): $(LINKS) $(SRCS)
    $(GCC) $(CFLAGS) $(INCLUDES) -o $(TARGET) $(SRCS) $(LIBS)
    @chmod +x $(TARGET)
    @echo make $(TARGET) ok.
clean:
    rm -rf $(TARGET)
endif

clean:
    rm -f $(TARGET)
```

```
.PHONY:install
.PHONY:clean
```

这个makefile内容很简单，主要是编译器的设定（g++）、头文件和库的路径设定等。

我们把所有源文件、头文件和makefile文件上传到Linux的某个文件下，然后在源码根目录下运行make，此时会在同目录下生成可执行文件ftpSrv，运行ftpSrv结果如下：

```
root@tom-virtual-machine:~/ex/ftpSrv# ./ftpSrv
Create thread0
0 thread::Main() begin
Create thread1
1 thread::Main() begin
Create thread2
2 thread::Main() begin
Create thread3
3 thread::Main() begin
Create thread4
4 thread::Main() begin
Create thread5
5 thread::Main() begin
Create thread6
6 thread::Main() begin
Create thread7
7 thread::Main() begin
Create thread8
8 thread::Main() begin
Create thread9
9 thread::Main() begin
begin to listen...
```

可以看到，线程池中的10个线程都已经启动，并且服务器端已经在监听客户端的到来。下面实现客户端。

10.6 开发 FTP 客户端

本节主要介绍FTP客户端的设计过程和具体实现方法。首先进行需求分析，确定了客户端的界面设计方案和工作流程设计方案。然后描述了客户端程序框架，分为界面控制模块、命令处理模块和线程模块三个部分。最后介绍客户端主要功能的详细实现方法。

由于客户端通常是面向用户的，需要比较友好的用户界面，而且通常是运行在Windows操作系统上的，因此我们这里使用VC++开发工具来开发客户端。这也是一线企业开发中常见的场景，即服务器端运行在Linux上，而客户端运行在Windows上。我们通过Windows客户端程序和Linux服务器端的程序进行交互，也可以验证我们的FTP服务器程序是支持和Windows上的程序进行交互的。希望每一个Linux服务器程序开发者，都能学习一下简单的非Linux平台的客户端开发知识，这对于自测我们的Linux服务器程序来说是很有必要的，因为客户端的使用场景，基本都是非Linux平台，比如Windows、安卓等。本书主要是介绍Linux网络编程的内容，限于篇幅，对于Windows开发只能简述。

10.6.1　客户端需求分析

一个优秀的FTP客户端应该具备以下特点：

（1）易于操作的图形界面，方便用户进行登录、上传和下载等各项操作。

（2）完善的功能，应该包括登录、退出、列出服务器端目录、文件的下载和上传、目录的下载和上传、文件或目录的删除、断点续传以及文件传输状态即时反馈。

（3）稳定性高，保证文件的可靠传输，遇到突发情况程序不至于崩溃。

10.6.2　概要设计

在FTP客户端设计中主要使用WinInet API编程，无须考虑基本的通信协议和底层的数据传输工作，MFC提供的WinInet类是对WinInet API函数封装而来的，它为用户提供了更加方便的编程接口。而在该设计中，使用的类包括 CInternetSession类、CFtpConnection类和CFtpFileFind类，其中：CInternetSession用于创建一个Internet会话；CftpConnection完成文件操作；CftpFileFind负责检索某一个目录下的所有文件和子目录。程序基本功能如下：

（1）登录FTP服务器。

（2）检索FTP服务器上的目录和文件。

（3）根据FTP服务器给的权限，会相应地提供文件的上传、下载、重命名、删除等功能。

10.6.3　客户端工作流程设计

FTP客户端的工作流程设计如下：

（1）用户输入用户名和密码进行登录操作。

（2）连接FTP服务器成功后发送PORT或PASV命令选择传输模式。

（3）发送LIST命令通知服务器将目录列表发送给客户端。

（4）服务器通过数据通道将远程目录信息发送给客户端，客户端对其进行解析并显示到对应的服务器目录列表框中。

（5）通过控制连接发送相应的命令进行文件的下载和上传、目录的下载和上传以及目录的新建或删除等操作。

（6）启动下载或上传线程执行文件的下载和上传任务。

（7）在文件开始传输的时候开启定时器线程和状态统计线程。

（8）使用结束，断开与FTP服务器的连接。

如果是商用软件，这些功能通常都要实现，但对于读者来说，抓住主要功能即可。

10.6.4　实现主界面

（1）打开VC++ 2017，新建一个单文档工程，工程名是MyFtp。

（2）为CMyFtpView类的视图窗口添加一个位图背景显示。把工程目录的res目录下的background.bmp 导入资源视图，并设其 ID 为 IDB_BITMAP2。为 CmyFtpView 添加 WM_ERASEBKGND消息响应函数OnEraseBkgnd，添加代码如下：

```
BOOL CMyFtpView::OnEraseBkgnd(CDC* pDC)      //用于添加背景图
{
    //TODO: Add your message handler code here and/or call default
    CBitmap bitmap;
    bitmap.LoadBitmap(IDB_BITMAP2);

    CDC dcCompatible;
    dcCompatible.CreateCompatibleDC(pDC);

    //创建与当前DC(pDC)兼容的DC，先用dcCompatible准备图像，再将数据复制到实际DC中
    dcCompatible.SelectObject(&bitmap);

    CRect rect;
    GetClientRect(&rect);           //得到目的DC客户区大小
    //pDC->BitBlt(0,0,rect.Width(),rect.Height(),&dcCompatible,0,0,SRCCOPY);
    //实现1:1的Copy

    BITMAP bmp;                     //结构体
    bitmap.GetBitmap(&bmp);
    pDC->StretchBlt(0,0,rect.Width(),rect.Height(),&dcCompatible,0,0,
        bmp.bmWidth,bmp.bmHeight,SRCCOPY);
    return true;
}
```

（3）在主框架状态栏的右下角增加时间显示功能。首先为CMainFrame类（注意是CmainFrame类）设置一个定时器，然后为该类响应WM_TIMER消息，在CMainFrame::OnTimer函数中添加代码如下：

```
void CMainFrame::OnTimer(UINT nIDEvent)
{
    //TODO: Add your message handler code here and/or call default

    //用于在状态栏显示当前时间
    CTime t=CTime::GetCurrentTime();            //获取当前时间
    CString str=t.Format("%H:%M:%S");

    CClientDC dc(this);
CSize sz=dc.GetTextExtent(str);

m_wndStatusBar.SetPaneInfo(1,IDS_TIMER,SBPS_NORMAL,sz.cx);
    m_wndStatusBar.SetPaneText(1,str);          //设置到状态栏的窗格上

    CFrameWnd::OnTimer(nIDEvent);
}
```

在此代码中，IDS_TIMER是添加的字符串资源的ID。此时运行程序，会发现状态栏的右下角有时间显示，如图10-3所示。

图 10-3

（4）添加主菜单项"连接"按钮，ID为IDM_CONNECT。为头文件MyFtpView.h中的类CmyFtpView添加成员变量如下：

```
CConnectDlg m_ConDlg;
CFtpDlg m_FtpDlg;
CString m_FtpWebSite;
CString m_UserName;                    //用户名
CString m_UserPwd;                     //口令

CInternetSession* m_pSession;          //指向Internet会话
CFtpConnection* m_pConnection;         //指向与FTP服务器的连接
CFtpFileFind* m_pFileFind;             //用于对FTP服务器上的文件进行查找
```

其中，类CConnectDlg是登录对话框的类；类CFtpDlg是登录服务器成功后进行文件操作界面的对话框类；m_FtpWebSite是FTP服务器的地址，比如127.0.0.1；m_pSession是CInternetSession对象的指针，指向Internet会话，CInternetSession用于创建一个Internet会话。

为菜单"连接"按钮添加视图类CmyFtpView的消息响应代码：

```
void CMyFtpView::OnConnect()
{
    //TODO: Add your command handler code here
    //生成一个模态对话框
    if (IDOK==m_ConDlg.DoModal())
    {
        m_pConnection = NULL;
        m_pSession = NULL;

     m_FtpWebSite = m_ConDlg.m_FtpWebSite;
        m_UserName = m_ConDlg.m_UserName;
        m_UserPwd = m_ConDlg.m_UserPwd;

        m_pSession=new CInternetSession(AfxGetAppName(),
            1,
            PRE_CONFIG_INTERNET_ACCESS);
        try
        {
            //试图建立FTP连接
            SetTimer(1,1000,NULL);              //设置定时器，每隔一秒发一次WM_TIMER
            CString  str="正在连接中...";
            //向主对话框状态栏设置信息
            ((CMainFrame*)GetParent())->SetMessageText(str);
            //连接FTP服务器
            m_pConnection=m_pSession->GetFtpConnection(m_FtpWebSite,
m_UserName, m_UserPwd);
        }
        catch (CInternetException* e)    //错误处理
        {
            e->Delete();
            m_pConnection=NULL;
        }
    }
}
```

其中，m_ConDlg是登录对话框对象，后面会添加登录对话框。另外，可以看到上面代码中启动了一个定时器。这个定时器每隔一秒发送一次WM_TIMER消息，我们为视图类添加WM_TIMER消息响应，代码如下：

```
void CMyFtpView::OnTimer(UINT nIDEvent)
{
    //TODO: Add your message handler code here and/or call default
    static int time_out=1;
    time_out++;
    if (m_pConnection == NULL)
    {
        CString  str="正在连接中...";
        ((CMainFrame*)GetParent())->SetMessageText(str);
        if (time_out>=60)
        {
            ((CMainFrame*)GetParent())->SetMessageText("连接超时!");
            KillTimer(1);
            MessageBox("连接超时!","超时",MB_OK);
        }
    }
    else
    {
        CString str="连接成功!";
        ((CMainFrame*)GetParent())->SetMessageText(str);

        KillTimer(1);
        //连接成功之后，不用定时器来监视连接情况
        //同时跳出操作对话框

        m_FtpDlg.m_pConnection = m_pConnection;
        //非模态对话框
        m_FtpDlg.Create(IDD_DIALOG2,this);
        m_FtpDlg.ShowWindow(SW_SHOW);
    }
    CView::OnTimer(nIDEvent);
}
```

代码一目了然，就是在状态栏上显示连接是否成功的信息。

（5）添加主菜单项"退出客户端"，菜单ID为IDM_EXIT，添加类CMainFrame的菜单消息处理函数：

```
void CMainFrame::OnExit()
{
    //TODO: Add your command handler code here
    //退出程序的响应函数
    if(IDYES==MessageBox("确定要退出客户端吗?","警告",MB_YESNO|MB_ICONWARNING))
        CFrameWnd::OnClose();
}
```

为主框架右上角"退出"按钮添加消息处理函数：

```
void CMainFrame::OnClose()
{
    //TODO: Add your message handler code here and/or call default
    //WM_CLOSE的响应函数
    OnExit();
}
```

至此，主框架界面开发完毕。下面实现登录界面的
开发。

10.6.5　实现登录界面

（1）在工程MyFtp中添加一个对话框资源。界面设
计如图10-4所示。

（2）图10-4中的控件的ID具体可见工程源码，这里
不再赘述。为"连接"按钮添加消息处理函数：

图 10-4

```
void CConnectDlg::OnConnect()
{
    //TODO: Add your control notification handler code here
    UpdateData();
    CDialog::OnOK();
}
```

在这个函数中没有真正去连接FTP服务器，主要起到关闭本对话框的作用。真正连接服务
器是在函数CMyFtpView::OnConnect()中。

10.6.6　实现登录后的操作界面

登录服务器成功后，将显示一个对话框，在这个
对话框上可以进行FTP的常见操作，比如"查询""下
载文件""上传文件""删除文件"和"重命名文件"
等操作。这个对话框的设计过程如下：

（1）在工程MyFtp中新建一个对话框，对话框ID
是IDD_DIALOG2，然后拖拉控件如图10-5所示。

为这个对话框资源添加一个对话框类CFtpDlg。
下面我们为各个控件添加消息处理函数。

（2）双击"上一级目录"按钮，添加消息处理
函数：

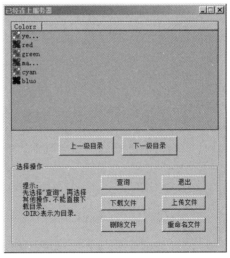

图 10-5

```
//返回上一级目录
void CFtpDlg::OnLastdirectory()
{
    static CString  strCurrentDirectory;
    m_pConnection->GetCurrentDirectory(strCurrentDirectory); //得到当前目录
    if (strCurrentDirectory == "/")
        AfxMessageBox("已经是根目录了!",MB_OK | MB_ICONSTOP);
```

```
    else
    {
        GetLastDiretory(strCurrentDirectory);
        m_pConnection->SetCurrentDirectory(strCurrentDirectory);//设置当前目录
        ListContent("*");   //对当前目录进行查询
    }
}
```

（3）双击"下一级目录"按钮，添加消息处理函数：

```
void CFtpDlg::OnNextdirectory()
{
    static CString  strCurrentDirectory, strSub;
    m_pConnection->GetCurrentDirectory(strCurrentDirectory);
    strCurrentDirectory+="/";

    //得到所选择的文本
    int i=m_FtpFile.GetNextItem(-1,LVNI_SELECTED);
    strSub = m_FtpFile.GetItemText(i,0);
    if (i==-1) AfxMessageBox("没有选择目录!",MB_OK | MB_ICONQUESTION);
    else
    {
        if ("<DIR>"!=m_FtpFile.GetItemText(i,2))   //判断是不是目录
            AfxMessageBox("不是子目录!",MB_OK | MB_ICONSTOP);
        else
        {
            m_pConnection->SetCurrentDirectory(strCurrentDirectory+strSub);
            //设置当前目录
            //对当前目录进行查询
            ListContent("*");
        }
    }
}
```

（4）双击"查询"按钮，添加消息处理函数如下：

```
void CFtpDlg::OnQuary()   //得到服务器当前目录的文件列表
{
    ListContent("*");
}
```

其中函数ListContent定义如下：

```
//用于显示当前目录下所有的子目录与文件
void CFtpDlg::ListContent(LPCTSTR DirName)
{
    m_FtpFile.DeleteAllItems();
    BOOL bContinue;
    bContinue=m_pFileFind->FindFile(DirName);
    if (!bContinue)
    {
        //查找完毕，失败
        m_pFileFind->Close();
```

```
        m_pFileFind=NULL;
    }

CString strFileName;
CString strFileTime;
CString strFileLength;

while (bContinue)
{
    bContinue = m_pFileFind->FindNextFile();

    strFileName = m_pFileFind->GetFileName(); //得到文件名
    //得到文件最后一次修改的时间
    FILETIME ft;
    m_pFileFind->GetLastWriteTime(&ft);
    CTime FileTime(ft);
    strFileTime = FileTime.Format("%y/%m/%d");

    if (m_pFileFind->IsDirectory())
    {
        //如果是目录不求大小，用<DIR>代替
        strFileLength = "<DIR>";
    }
    else
    {
        //得到文件大小
        if (m_pFileFind->GetLength() <1024)
        {
            strFileLength.Format("%d B",m_pFileFind->GetLength());
        }
        else
        {
            if (m_pFileFind->GetLength() < (1024*1024))
                strFileLength.Format("%3.3f KB",
                (LONGLONG)m_pFileFind->GetLength()/1024.0);
            else
            {
                if  (m_pFileFind->GetLength()<(1024*1024*1024))
                    strFileLength.Format("%3.3f MB",
                    (LONGLONG)m_pFileFind->GetLength()/(1024*1024.0));
                else
                    strFileLength.Format("%1.3f GB",
                    (LONGLONG)m_pFileFind->GetLength()/(1024.0*1024*1024));
            }
        }
    }
    int i=0;
    m_FtpFile.InsertItem(i,strFileName,0);
    m_FtpFile.SetItemText(i,1,strFileTime);
    m_FtpFile.SetItemText(i,2,strFileLength);
    i++;
    }
}
```

（5）双击"下载文件"按钮，添加消息处理函数：

```
void CFtpDlg::OnDownload()
{
    //TODO: Add your control notification handler code here
    int i=m_FtpFile.GetNextItem(-1,LVNI_SELECTED);        //得到当前选择项
    if (i==-1)
        AfxMessageBox("没有选择文件!",MB_OK | MB_ICONQUESTION);
    else
    {
     CString strType=m_FtpFile.GetItemText(i,2);         //得到选择项的类型
        if (strType!="<DIR>")                            //选择的是文件
        {
            CString strDestName;
            CString strSourceName;
            strSourceName = m_FtpFile.GetItemText(i,0);  //得到要下载的文件名

            CFileDialog dlg(FALSE,"",strSourceName);
            if (dlg.DoModal()==IDOK)
            {
                //获得下载文件在本地机上存储的路径和名称
                strDestName=dlg.GetPathName();

                //调用CFtpConnect类中的GetFile函数下载文件
                if (m_pConnection->GetFile(strSourceName,strDestName))
                    AfxMessageBox("下载成功! ",MB_OK|MB_ICONINFORMATION);
                else
                    AfxMessageBox("下载失败! ",MB_OK|MB_ICONSTOP);
            }
        }
        else //选择的是目录
            AfxMessageBox("不能下载目录!\n请重选!",MB_OK|MB_ICONSTOP);
    }
}
```

（6）双击"删除文件"按钮，添加消息处理函数：

```
void CFtpDlg::OnDelete()                     //删除选择的文件
{
    //TODO: Add your control notification handler code here
    int i=m_FtpFile.GetNextItem(-1,LVNI_SELECTED);
    if (i==-1)
AfxMessageBox("没有选择文件!",MB_OK | MB_ICONQUESTION);
    else
    {
        CString strFileName;
        strFileName = m_FtpFile.GetItemText(i,0);
        if ("<DIR>"==m_FtpFile.GetItemText(i,2))
            AfxMessageBox("不能删除目录!",MB_OK | MB_ICONSTOP);
        else
        {
            if (m_pConnection->Remove(strFileName))
```

```
        AfxMessageBox("删除成功！",MB_OK|MB_ICONINFORMATION);
    else
        AfxMessageBox("无法删除！",MB_OK|MB_ICONSTOP);
    }
}
OnQuary();
}
```

其中函数 OnQuary 定义如下：

```
//得到服务器当前目录的文件列表
void CFtpDlg::OnQuary()
{
    ListContent("*");
}
```

（7）双击"退出"按钮，添加消息处理函数：

```
void CFtpDlg::OnExit()  //退出对话框响应函数
{
    //TODO: Add your control notification handler code here
    m_pConnection = NULL;
    m_pFileFind = NULL;
    DestroyWindow();
}
```

退出时调用销毁对话框 DestroyWindow。

（8）双击"上传文件"按钮，添加消息处理函数：

```
void CFtpDlg::OnUpload()
{
    CString strSourceName;
    CString strDestName;
    CFileDialog dlg(TRUE,"","*.*");
    if (dlg.DoModal()==IDOK)
    {
        //获得待上传的本地机文件路径和文件名
        strSourceName = dlg.GetPathName();
        strDestName = dlg.GetFileName();

        //调用CFtpConnect类中的PutFile函数上传文件
        if (m_pConnection->PutFile(strSourceName,strDestName))
            AfxMessageBox("上传成功！",MB_OK|MB_ICONINFORMATION);
        else
            AfxMessageBox("上传失败！",MB_OK|MB_ICONSTOP);
    }
    OnQuary();
}
```

（9）双击"重命名文件"按钮，添加消息处理函数：

```
void CFtpDlg::OnRename()
{
```

```
//TODO: Add your control notification handler code here
CString strNewName;
CString strOldName;

int i=m_FtpFile.GetNextItem(-1,LVNI_SELECTED); //得到CListCtrl被选中的项
if (i==-1)
    AfxMessageBox("没有选择文件!",MB_OK | MB_ICONQUESTION);
else
{
 strOldName = m_FtpFile.GetItemText(i,0);          //得到所选择的文件名
    CNewNameDlg dlg;
    if (dlg.DoModal()==IDOK)
    {
        strNewName=dlg.m_NewFileName;
        if (m_pConnection->Rename(strOldName,strNewName))
            AfxMessageBox("重命名成功! ",MB_OK|MB_ICONINFORMATION);
        else
            AfxMessageBox("无法重命名! ",MB_OK|MB_ICONSTOP);
    }
}
OnQuary();
}
```

其中，CnewNameDlg是让用户输入新的文件名的对话框，其对应的对话框ID为 IDD_DIALOG3。

（10）为对话框CFtpDlg添加初始化函数OnInitDialog，代码如下：

```
BOOL CFtpDlg::OnInitDialog()
{
    CDialog::OnInitDialog();

    //设置CListCtrl对象的属性
    m_FtpFile.SetExtendedStyle(LVS_EX_FULLROWSELECT | LVS_EX_GRIDLINES);
    m_FtpFile.InsertColumn(0,"文件名",LVCFMT_CENTER,200);
    m_FtpFile.InsertColumn(1,"日期",LVCFMT_CENTER,100);
    m_FtpFile.InsertColumn(2,"字节数",LVCFMT_CENTER,100);
    m_pFileFind = new CFtpFileFind(m_pConnection);
    OnQuary();
    return TRUE;
}
```

至此，FTP客户端开发完毕。

10.6.7 运行结果

首先确保FTP服务器端程序已经运行。然后我们在VC下运行客户端，运行结果如图10-6 所示。

单击菜单"连接"按钮，出现如图10-7所示的图登录对话框。

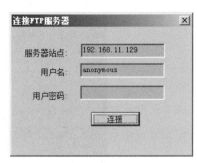

图 10-6　　　　　　　　　　　　　　　　　　　　　　图 10-7

　　我们的FTP服务器也是在IP地址为192.168.11.129的Linux上运行，读者也可以根据实际情况修改服务器站点IP地址，然后单击"连接"按钮，如果出现如图10-8所示的对话框，就说明连接成功了。

图 10-8

　　图10-8中的列表控件中所显示的内容就是服务器上当前目录的文件夹和文件。我们可以选中某个文件，然后单击"下载文件"按钮，选择要存放的路径，就可以下载到Windows下了，下载完成后出现的提示如图10-9所示。

图 10-9

　　在这个过程中，我们在服务器端也进行相应的打印输出，比如打印出当前目录下的内容，如图10-10所示。

```
Recv CMD(16):USER anonymous
type is [USER]
ResCMD: 230 Login successsful.

Recv CMD(8):TYPE A
type is [TYPE]
parse object not found
ResCMD: 200 OK

Recv CMD(25):PORT 192,168,11,1,14,14
type is [PORT]
ResCMD: 200 PORT command success.

Recv CMD(6):LIST
type is [LIST]
ResCMD: 150 Here coms the directory listing.
总用量 264
-rwxr-xr-x 1 root root 169608 11月 23 08:46 ftpSrv
-rw-r--r-- 1 root root   2217 11月  5 12:39 main.cpp
-rw-r--r-- 1 root root    438 11月 23 08:40 makefile
-rw-r--r-- 1 root root    154 4月   27  2021 testUtil.h
-rw-r--r-- 1 root root    610 11月 19 17:09 XFtpFactory.cpp
-rw-r--r-- 1 root root    181 4月   27  2021 XFtpFactory.h
-rw-r--r-- 1 root root   2812 10月 28 12:39 XFtpLIST.cpp
-rw-r--r-- 1 root root    292 4月   27  2021 XFtpLIST.h
-rw-r--r-- 1 root root    865 4月   27  2021 XFtpPORT.cpp
-rw-r--r-- 1 root root    160 4月   27  2021 XFtpPORT.h
-rw-r--r-- 1 root root   1146 4月   27  2021 XFtpRETR.cpp
-rw-r--r-- 1 root root    272 4月   27  2021 XFtpRETR.h
-rw-r--r-- 1 root root   2352 4月   27  2021 XFtpServerCMD.cpp
-rw-r--r-- 1 root root    458 4月   27  2021 XFtpServerCMD.h
-rw-r--r-- 1 root root   1147 4月   27  2021 XFtpSTOR.cpp
-rw-r--r-- 1 root root    228 4月   27  2021 XFtpSTOR.h
-rw-r--r-- 1 root root   2223 4月   27  2021 XFtpTask.cpp
-rw-r--r-- 1 root root   1001 10月 29 10:45 XFtpTask.h
-rw-r--r-- 1 root root    167 4月   27  2021 XFtpUSER.cpp
-rw-r--r-- 1 root root    131 4月   27  2021 XFtpUSER.h
-rw-r--r-- 1 root root    197 4月   27  2021 XTask.h
-rw-r--r-- 1 root root   2337 11月  5 17:08 XThread.cpp
-rw-r--r-- 1 root root    629 4月   27  2021 XThread.h
-rw-r--r-- 1 root root    841 11月  5 17:08 XThreadPool.cpp
-rw-r--r-- 1 root root    361 4月   27  2021 XThreadPool.h
XFtpLIST BEV_EVENT_CONNECTED
ResCMD: 226 Transfer comlete

Recv CMD(5):PWD
type is [PWD]
ResCMD: 257 "/" is current dir.
```

图 10-10

另外，下载文件的时候，服务器端也会打印出该文件的内容。至此，我们的FTP服务器和客户端程序运行成功。

第 11 章

并发聊天服务器

即时通信软件即所谓的聊天工具，其主要用途是传递文字信息与传输文件。使用socket建立通信渠道，多线程实现多台计算机同时进行信息的传递。通过简单的注册登录后，即可在局域网中成功进行即时聊天。

即时通信（Instant Message，IM），这是一种可以让使用者在网络上建立某种私人聊天室（chatroom）的实时通信服务。大部分的即时通信服务提供了状态信息的特性——显示联络人名单、联络人是否在线和能否与联络人交谈。

目前，在互联网上受欢迎的即时通信软件包括QQ、MSN Messenger、AOL Instant Messenger、Yahoo! Messenger、NET Messenger Service、Jabber、ICQ等。通常IM服务会在使用者通话清单（类似电话簿）上的某人连上IM时发出信息通知使用者，使用者可据此与此人通过网络开始进行实时的IM文字通信。除了文字外，在频宽充足的前提下，大部分IM服务事实上也提供了视频通信的能力。实时传讯与电子邮件最大的不同在于不用等候，不需要每隔两分钟就按一次"传送与接收"，只要两个人都在线，就能像多媒体电话一样传送文字、文件、声音、图像给对方，只要有网络，无论双方隔得多远都好像没有距离。

11.1 系统平台的选择

11.1.1 应用系统平台模式的选择

所谓平台模式或计算结构是指应用系统的体系结构，简单来说就是系统的层次、模块结构。平台模式不仅与软件有关，还与硬件有关。按其发展过程可划分为以下四种模式：

（1）主机—终端模式。

（2）单机模式。

（3）客户机/服务器模式（C/S模式）。

（4）浏览器/n层服务器模式（B/nS模式）。

考虑到要在公司或某单位内部建立起服务器，还要在每台计算机里安装相关的通信系统（客户端），所以我们选择研究的系统模式为上面所列的第三种，也就是目前常用的C/S模式。

11.1.2 C/S 模式介绍

在20世纪90年代出现并迅速占据主导地位的一种计算模式为客户机/服务器模式，简称为C/S模式，它实际上就是把主机/终端模式中原来全部集中在主机部分的任务一分为二，保留在主机上的部分负责集中处理和汇总运算，成为服务器而下放到终端的部分负责为用户提供友好的交互界面，称为客户机。相对于以前的模式，C/S模式最大的改进是不再把所有软件都装进一台计算机，而是把应用系统分成两个不同的角色：一般在运算能力较强的计算机上安装服务器端程序，在运算能力一般的PC上安装客户机程序。正是由于个人PC的出现使客户机/服务器模式成为可能，因为PC具有一定的运算能力，用它代替上面第一种模式的哑终端后，就可以把主机的一部分工作放在客户机完成，从而减轻了主机的负担，也增强了系统对用户的响应速度和响应能力。

客户机和服务器之间通过相应的网络协议进行通信。客户机向服务器发出数据请求，服务器将数据传送给客户机进行计算，计算完毕，计算结果可返回给服务器。这种模式的优点是充分利用了客户机的性能，使计算能力大大提高；另外，由于客户机和服务器之间的通信是通过网络协议进行的，是一种逻辑的联系，因此在物理上客户机和服务器的两端是易于扩充的。

C/S模式是目前占主流的网络计算模式。该模式的建立基于以下两点：

（1）非对等作用。

（2）通信完全是异步的。

该模式在操作过程中采取的是主动请示方式：服务器方要先启动，并根据请示提供相应服务（过程如下）：

（1）打开一个通信通道同时通知本地主机，服务器愿意在某一个公认地址上接收客户请求。

（2）等待某个客户请求到达该端口。

（3）接收到重复服务请求，处理该请求并发送应答信号。

（4）返回第二步，等待另一客户请求。

（5）关闭该服务器。

客户方要根据请示提供相应服务：

（1）打开一个通信通道，并连接到服务器所在主机的特定端口。

（2）向服务器发送服务请求报文，等待并接收应答，继续提出请求。

（3）请求结束后关闭通信通道并终止。

分布运算和分布管理是客户机/服务器模式的特点。其优点除了上面介绍的外，还有一个就是客户机能够提供丰富友好的图形界面，缺点是分布管理较为烦琐。由于每台客户机上都要安装软件，当需要软件升级或维护时，不仅工作量增大，而且作为独立的计算机客户端容易传染上计算机病毒。尽管有这些缺点，但是综合考虑，本应用系统平台最后还是选择了C/S模式。

11.1.3　数据库系统的选择

现在可以使用的数据库（Database）有很多种，包括MySQL、DB2、Informix、Oracle和SQL Server等。基于满足需求、价格和技术三方面的考虑，本系统在分析开发过程中采用MySQL作为数据库系统。

11.2　系统需求分析

11.2.1　即时消息的一般需求

即时消息的一般需求包括格式需求、可靠性需求和性能需求。

1. 格式需求

（1）所有实体必须至少使用一种消息格式。

（2）一般即时消息格式必须定义发信者和即时收件箱的标识。

（3）一般即时消息格式必须包含一个让接收者可以回消息的地址。

（4）一般即时消息格式应该包含其他通信方法和联系地址，例如电话号码、邮件地址等。

（5）一般即时信息格式必须允许对信息有效负载编码和鉴别（非ASCII内容）。

（6）一般即时信息格式必须反映当前最好的国际化实践。

（7）一般即时信息格式必须反映当前最好的可用性实践。

（8）必须存在方法，在扩展一般即时消息格式时，不影响原有的域。

（9）必须提供扩展和注册即时消息格式的模式的机制。

2. 可靠性需求

协议必须存在机制，保证即时消息成功投递，或者投递失败时发信者获得足够的信息。

3. 性能需求

（1）即时消息的传输必须足够迅速。

（2）即时消息的内容必须足够丰富。

（3）即时消息的长度尽量足够长。

11.2.2　即时消息的协议需求

协议是一系列的步骤，它包括双方或者多方，设计它的目的是要完成一项任务。即时通信协议，参与的双方或者多方是即时通信的实体。协议必须是双方或者多方参与的，一方单独完成的就不算协议。在协议操作的过程中，双方必须交换信息，包括控制信息、状态信息等。这些信息的格式必须是协议参与方同意并且遵循的。好的协议要求清楚、完整，每一步都必须有明确的定义，并且不会引起误解；对每种可能的情况必须规定具体的动作。

11.2.3　即时消息的安全需求

A发送即时消息M给B，有以下几种情况和相关需求：

（1）如果无法发送，A必须接到确认。

（2）如果M被投递了，B只能接收M一次。

（3）协议必须为B提供方法检查A是否发送了这条信息。

（4）协议必须允许B使用另一条即时信息来回复信息。

（5）协议不能暴露A的IP地址。

（6）协议必须为A提供方法保证没有其他个体C可以看到M。

（7）协议必须为A提供方法保证没有其他个体C可以篡改M。

（8）协议必须为B提供方法鉴别是否发生篡改。

（9）B必须能够阅读M，B可以阻止A发送信息给他。

（10）协议必须允许A使用现在的数字签名标准对信息进行签名。

11.2.4　即时消息的加密和鉴别

（1）协议必须提供方法保证通知和即时消息的置信度，确保信息未被监听或者破坏。

（2）协议必须提供方法保证通知和即时消息的置信度，确保信息未被重排序或者回放。

（3）协议必须提供方法保证通知和即时消息被正确的实体阅读。

（4）协议必须允许客户自己使用方法确保信息不被截获、不被重放和解密。

11.2.5　即时消息的注册需求

（1）即时通信系统拥有多个账户，允许多个用户注册。

（2）一个用户可以注册多个ID。

（3）注册所使用的账号类型为字母ID。

11.2.6　即时消息的通信需求

（1）用户可以传输文本消息。

（2）用户可以传输RTF格式消息。

（3）用户可以传输多个文件/文件夹。

（4）用户可以加密/解密消息等。

11.3　系统总体设计

我们将该即时通信系统命名为MyICQ，现在对该系统采用客户机服务器（C/S）的模式来进行总体设计，它是一个3层的C/S结构：数据库服务器→应用程序服务器→应用程序客户端，其分层机构如图11-1所示。

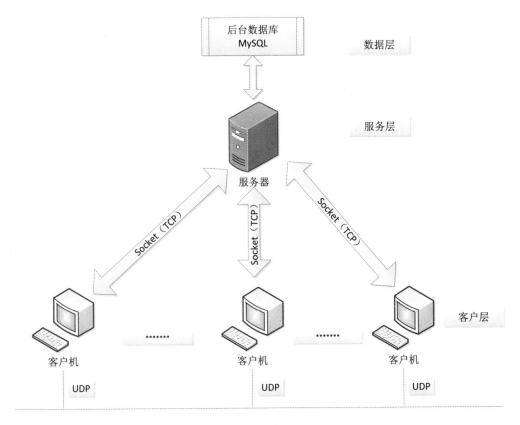

图 11-1

客户层也叫应用表示层，即我们所说的客户端，这是应用程序的用户接口部分。为即时通信工具设计一个客户层有很多优点，这是因为客户层担负着用户与应用之间的对话功能。它用于检查用户的输入数据，显示应用的输出数据。为了使用户能直接进行操作，客户层需要使用图形用户接口。如果通信用户变更，系统只需要改写显示控制和数据检查程序就可以了，而不会影响其他两层。数据检查的内容限于数据的形式和值的范围，不包括有关业务本身的处理逻辑。

服务层又叫功能层，相当于应用的本体，它是将具体的业务处理逻辑编入程序中。例如，用户需要检查数据，系统设法将有关检索要求的信息一次性地传送给功能层；而用户登录后，聊天登录信息是由功能层处理过的检索结果数据，它也是一次性传送给表示层的。在应用设计中，必须避免在表示层和功能层之间进行多次的数据交换，这就需要尽可能进行一次性的业务处理，达到优化整体设计的目的。

数据层就是DBMS，本系统使用了MySQL数据库服务器来管理数据。MySQL能迅速执行大量数据的更新和检索，因此，从功能层传送到数据层的"要求"一般都使用SQL语言。

11.4　即时通信系统的实施原理

即时通信是一种使人们能在网上识别在线用户并与他们实时交换消息的技术，是自电子邮件发明以后迅速崛起的在线通信方式。IM的出现和互联网有着密不可分的关系，IM完全基于TCPP网络协议族实现，而TCPP协议族则是整个互联网得以实现的技术基础。最早出现即时通信协议的是IRC（Internet Relay Chat），但是它仅能单纯使用文字、符号的方式通过互联网进行交流。随着互联网的发展，即时通信也变得远不止聊天这么简单。自1996年第一个IM产品ICQ发明后，IM的技术和功能也开始基本成型，语音、视频、文件共享、短信发送等高级信息交换功能都可以在IM工具上实现,功能强大的IM软件便足以搭建一个完整的通信交流平台。目前最具代表性的几款的IM通信软件有腾讯QQ、MSN、Google Talk、Yahoo Messenger等。

11.4.1　IM 的工作方式

IM的工作方式如下：用户登录IM通信服务器，获取一个自建立的历史交流对象列表（同事列表），然后自身标志为在线状态（Online Presence），当好友列表（Buddy List）中的某人在任何时候登录上线并试图通过计算机联系用户时，IM系统会发一个消息提醒该用户，然后用户能与此人建立一个聊天会话通道进行各种消息（如输入文字、通过语音等）交流。

11.4.2　IM 的基本技术原理

从技术上来说，IM的基本技术原理如下：

（1）用户A输入自己的用户名和密码登录IM服务器，服务器通过读取用户数据库来验证用户身份。如果验证通过，登记用户A的IP地址、IM客户端软件的版本号及使用的TCP/UDP端口号，然后返回用户A登录成功的标志，此时用户A在IM系统中为在线状态。

（2）根据用户A存储在IM服务器上的好友列表，服务器将用户A在线的相关信息发送给同时在线的IM好友的PC，这些信息包括在线状态、IP地址、IM客户端使用的TCP端口号等，IM好友的客户端收到此信息后将在客户端软件的界面上显示。

（3）IM服务器把用户A存储在服务器上的好友列表及相关信息回送到其客户端，这些信息包括在线状态、IP地址、IM客户端使用的TCP端口号等信息，用户A的IM客户端收到后将显示这些好友列表及其在线状态。

11.4.3　IM 的通信方式

1. 在线直接通信

如果用户A想与他的在线好友用户B聊天，他将通过服务器发送过来的用户B的IP地址、TCP端口号等信息，直接向用户B的PC发出聊天信息，用户B的IM客户端软件收到后显示在屏幕上，然后用户B再直接回复到用户A的PC，这样双方的即时文字消息就不在IM服务器中转，而是直接通过网络进行点对点的通信，即对等通信方式（Peer to Peer）。

2. 在线代理通信

当用户A与用户B的点对点通信由于防火墙、网络速度等原因难以建立或者速度很慢时，IM服务器将会主动提供消息中转服务，即用户A和用户B的即时消息全部先发送到IM服务器，再由服务器转发给对方。

3. 离线代理通信

用户A与用户B由于各种原因不能同时在线时，如果此时A向B发送消息，IM服务器可以主动寄存A用户的消息，等到B用户下一次登录的时候，自动将消息转发给B。

4. 扩展方式通信

用户A可以通过IM服务器将信息以扩展的方式传递给B，如用短信方式发送到B的手机上，传真发送方式传递给B的电话机，以email的方式传递给B的电子邮箱等。

早期的IM系统，在IM客户端和IM服务器之间通信采用UDP协议，UDP协议是不可靠的传输协议，而在IM客户端之间的直接通信中，采用具备可靠传输能力的TCP协议。随着用户需求和技术环境的发展，目前主流的IM系统倾向于在IM客户端之间采用UDP协议，IM客户端和IM服务器之间采用TCP协议。

该即时通信方式相对于其他通信方式如电话、传真、email等的最大优势就是消息传达的即时性和精确性，只要消息传递双方均在网络上就可以互通，使用即时通信软件传递消息，传递延时仅为1秒。

11.5　功能模块划分

11.5.1　模块划分

即时通信工具也就是服务器端和客户端程序，只要分析清楚两方所要完成的任务，对于设计来说，工作就等于完成了一半，如图11-2所示。

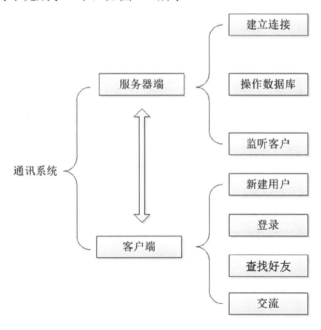

图 11-2

11.5.2 服务器端功能

服务器端至少完成三大基本功能：建立连接、操作数据库和监听客户。这些功能的含义如下：

（1）建立连接：服务器端是一个信息发送中心，所有客户端的信息都传到服务器端，再由服务器根据要求分发出去。

（2）操作数据库：包括录入用户信息、修改用户信息、查找通信人员（同事）数据库的资料以及添加同事数据到数据库等。

（3）监听客户：建立一个Serversocket连接，不断监听是否有客户端连接或者断开连接。

11.5.3 客户端功能

客户端要完成四大功能：新建用户、用户登录、查找（添加）好友、通信交流。这些功能的含义如下：

（1）新建用户：客户端与服务器端建立通信信道，向服务器端发送新建用户的信息，接收来自服务器的信息进行注册。

（2）用户登录：客户端与服务器端建立通信信道，向服务器端发送信息，完成用户登录。

（3）查找（添加）好友：也包括添加好友功能，这是客户端必须实现的功能。此外，用户通过客户端可以查找自己和好友的信息。

（4）通信交流：客户端可完成的信息的编辑、发送和接收等功能。

上面的功能划分比较基础，我们还可以进一步细化，如图11-3所示。

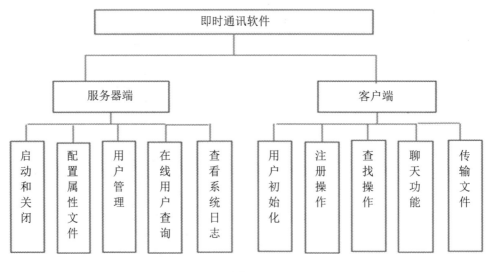

图 11-3

11.5.4 服务器端多线程

服务器端需要和多个客户端同时进行通信，简单来说这就是服务器端的多线程。如果服务器发现一个新的客户端并与之建立了连接，则马上新建一个线程与该客户端进行通信。用多线程的好处在于可以同时处理多个通信连接,不会出现由于数据排队等待而发生延迟或者丢失等问题,可以很好地利用系统的性能。

服务器为每一个连接着的客户建立一个线程,为了同时响应多个客户端,需要设计一个主线程来启动服务器端的多线程。主线程与进程结构类似,它在获得新连接时生成一个线程来处理这个连接。线程调度的速度快、占用资源少,可共享进程空间中的数据,因此服务器的响应速度较快,且I/O吞吐量较大。至于多线程编程的具体细节前面章节已经介绍过了,这里不再赘述。

11.5.5 客户端多线程

客户端能够完成信息的接收和发送操作,这与服务器端的多线程概念不同,它可以采用循环等待的方法来实现客户端。利用循环等待的方式,客户端首先接收用户输入的内容并将其发送到服务器端,然后接收来自服务器端的信息,将其返回给客户端的用户。

11.6 数据库设计

完成了系统的总体设计后,现在介绍实现该即时通信系统相关的数据库及数据库的选择、设计与实现。数据库就是一个存储数据的仓库。为了方便数据的存储和管理,它将数据按照特定的规律存储在磁盘上。通过数据库管理系统,可以有效地组织和管理存储在数据库中的数据。MySQL数据库是目前运行速度最快的SQL语言数据库之一。

MySQL是一个真正的多用户、多线程SQL数据库服务器。它是以客户机/服务器结构实现的,由一个服务器守护程序mysqld以及很多不同的客户程序和库组成。它能够快捷、有效和安全地处理大量的数据。相对于Oracle等数据库来说,MySQL的使用非常简单。MySQL的主要优点是快速、便捷和易用。

11.6.1 数据库的选择

现在可以使用的数据库有很多种,如DB2、Informix、Oracle和MySQL等。基于满足需要、价格和技术三方面的考虑,本系统在分析研究过程中采用MySQL作为数据库系统。理由如下:

(1)MySQL是一款免费软件,开放源码无版本制约,自主性及使用成本低。性能卓越,服务稳定,很少出现异常宕机。软件体积小,安装使用简单且易于维护,维护成本低。

(2)使用C和C++编写,并使用多种编译器进行测试,保证源码的可移植性。

(3)支持AIX、FreeBSD、HP-UX、Linux、Mac OS、NovellNetware、OpenBSD、OS/2 Wrap、Solaris、Windows等多种操作系统。

(4)为多种编程语言提供了API。这些编程语言包括C、C++、Python、Java、Perl、PHP、Eiffel、Ruby和Tcl等。

(5)支持多线程,充分利用CPU资源。

(6)优化SQL查询算法,有效地提高查询速度。

（7）既能够作为一个单独的应用程序应用在客户端服务器网络环境中，也能够作为一个库而嵌入其他的软件中。

（8）提供多语言支持，常见的编码如中文的GB2312、BIG5，日文的Shift_JIS等都可以用作数据表名和数据列名。

（9）提供TCP/IP、ODBC和JDBC等多种数据库连接途径。

（10）提供用于管理、检查、优化数据库操作的管理工具。

（11）支持大型的数据库。可以处理拥有上千万条记录的大型数据库。

（12）支持多种存储引擎。

（13）历史悠久，社区和用户非常活跃，遇到问题能及时得到帮助，品牌口碑好。

MySQL提供值得信赖的技术和功能，在企业数据管理、开发者效率和BI等主要领域取得了显著进步。

11.6.2　准备 MySQL 环境

我们可以到官网https://dev.mysql.com/downloads/mysql/去下载最新版的MySQL安装包，打开网页后，首先选择操作系统，这里选择Ubuntu20.04，如图11-4所示。

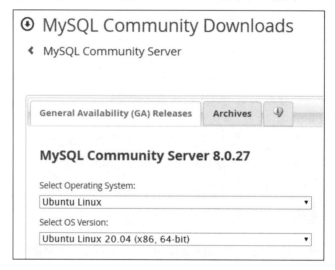

图 11-4

然后单击下方"DEB Bundle"右边的"Download"按钮开始下载。下载下来的文件是mysql-server_8.0.27-1ubuntu20.04_amd64.deb-bundle.tar。在Linux中新建一个文件夹，然后把该文件上传到新建的文件夹中，进行解压：

```
tar -xvf mysql-server_8.0.27-1ubuntu20.04_amd64.deb-bundle.tar
```

解压之后将会得到一系列的.deb包，开始安装：

```
dpkg -i *.deb
```

如果出错，保持联网，继续使用下列命令：

```
apt-get -f install
```

稍等片刻，安装完成，提示输入MySQL的root账户的口令，如图11-5所示。

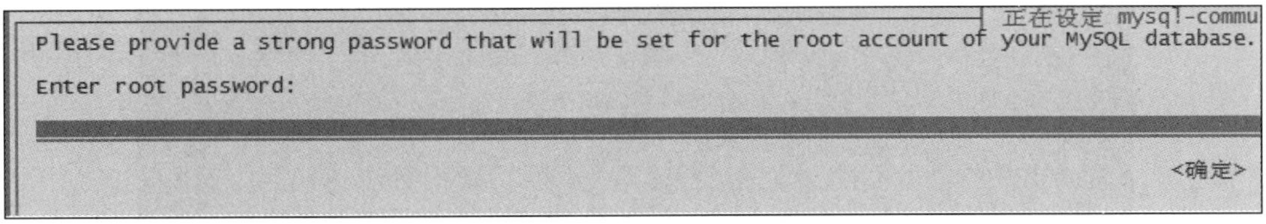

```
Please provide a strong password that will be set for the root account of your MySQL database.

Enter root password:



                                                                          <确定>
```

图 11-5

在输入框输入123456，然后按Enter键，再次输入123456，按Enter键后出现提示口令提示是否要加密，保持默认，再按Enter键。然后继续安装进程，稍等片刻，安装完成：

```
...
reading /usr/share/mecab/dic/ipadic/Noun.csv ... 60477
emitting double-array: 100% |#########################################|
reading /usr/share/mecab/dic/ipadic/matrix.def ... 1316x1316
emitting matrix     : 100% |#########################################|

done!
```

安装完毕后，MySQL服务就自动开启了，我们可以通过命令查看其服务器端口号：

```
root@tom-virtual-machine:~# netstat -tap | grep mysql
tcp6      0      0 [::]:33060         [::]:*          LISTEN      20832/mysqld
tcp6      0      0 [::]:mysql         [::]:*          LISTEN      20832/mysqld
```

此外，我们也要了解一下MySQL的一些文件的默认位置：

```
客户端程序和脚本：/usr/bin
服务程序所在路径：usr/sbin mysqld/
日志文件：/var/lib/mysql/
文档：/usr/share/doc/packages
头文件路径：/usr/include/mysql
库文件路径：/usr/lib/mysql
错误消息和字符集文件：/usr/share/mysql
基准程序：/usr/share/sql-bench
```

其中头文件路径和库文件路径是编程时需要知道的。另外，如果要重启MySQL服务，可以使用以下命令：

```
/etc/init.d/apparmor restart
/etc/init.d/mysql restart
```

下面我们准备直接登录MySQL，输入命令：

```
mysql -uroot -p123456
```

其中123456是root账户的密码，此时将出现MySQL命令提示符，如图11-6所示。

此时可以输入一些MySQL命令，比如显示当前已有的数据命令show databases;，注意命令后有一个分号，运行后如图11-7所示。

```
root@tom-virtual-machine:~/soft/mysql8# mysql -uroot -p123456
mysql: [warning] Using a password on the command line interface can be insecure.
Welcome to the MySQL monitor.  Commands end with ; or \g.
Your MySQL connection id is 9
Server version: 8.0.27 MySQL Community Server - GPL

Copyright (c) 2000, 2021, Oracle and/or its affiliates.

Oracle is a registered trademark of Oracle Corporation and/or its
affiliates. Other names may be trademarks of their respective
owners.

Type 'help;' or '\h' for help. Type '\c' to clear the current input statement.

mysql>
```

图 11-6

下面我们再用命令来创建一个数据库，数据库名是test，输入 create database test;，如下所示：

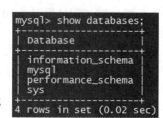

```
mysql> create database test;
Query OK, 1 row affected (0.00 sec)
```

出现OK说明创建数据库成功，此时如果用命令show databases; 显示数据库，可以发现新增了一个名为test数据库。由此可知， MySQL命令工作正常。

图 11-7

在企业一线开发中，通常把很多MySQL命令放在一个文本文件中，这个文本文件的后缀名是sql，通过一个sql脚本文件就可以来创建数据库和数据库中的表。sql脚本文件其实是一个文本文件，里面是一到多个sql命令的sql语句集合，然后通过source命令执行这个sql脚本文件。我们在Windows下打开记事本，然后输入下列内容：

```
/*
 Source Server Type    : MySQL
 Date: 31/7/2022
*/

DROP DATABASE IF EXISTS test;
create database test default character set utf8 collate utf8_bin;

flush privileges;

use test;
SET NAMES utf8mb4;
SET FOREIGN_KEY_CHECKS = 0;

-- ----------------------------
-- Table structure for student
-- ----------------------------
DROP TABLE IF EXISTS `student`;
CREATE TABLE `student` (
  `id` tinyint  NOT NULL AUTO_INCREMENT COMMENT '学生id',
  `name` varchar(32) DEFAULT NULL COMMENT '学生名称',
  `age` smallint DEFAULT NULL COMMENT '年龄',
  `SETTIME` datetime NOT NULL COMMENT '入学时间',
  PRIMARY KEY (`id`)
) ENGINE=InnoDB DEFAULT CHARSET=utf8;

-- ----------------------------
```

```
-- Records of student
-- ----------------------------
BEGIN;
INSERT INTO `student` VALUES (1,'张三',23,'2020-09-30 14:18:32');
INSERT INTO `student` VALUES (2,'李四',22,'2020-09-30 15:18:32');
COMMIT;

SET FOREIGN_KEY_CHECKS = 1;
```

另存为该文件，文件名是mydb.sql，注意，编码选择UTF-8，否则后面执行时会出现"Incorrect string value"之类的错误，这是因为在Windows系统中，默认使用的是GBK编码，称为"国标"，而MySQL数据库中，使用的是UTF-8来存储数据的。若读者想验证，可以找到MySQL的安装目录，然后打开其中的my.ini文件，找到default-character=utf-8就明白了。

sql脚本文件保存后，我们把它上传到Linux的某个路径（比如/root/soft/下），然后就可以执行它了。登录MySQL，在MySQL命令提示符下用source命令执行mydb.sql：

```
mysql> source /root/soft/mydb.sql
Query OK, 1 row affected (0.01 sec)

Query OK, 1 row affected, 2 warnings (0.00 sec)
...
Query OK, 0 rows affected (0.00 sec)
```

如果没有提示报错，则说明执行成功了。此时我们可以用命令来查看新建的数据库及其表。

（1）查看数据库：

```
show databases;
```

（2）选择名为test数据库：

```
use test;
```

（3）查看数据库中的表：

```
show tables;
```

（4）查看student表的结构：

```
desc student;
```

（5）查看student表的所有记录：

```
select * from student;
```

最终运行结果如图11-8所示。

如果要向表中插入某条记录，可以这样：

```
INSERT INTO `student`(name,age,SETTIME) VALUES ('王五',23,'2021-09-30
14:18:32');
```

如果要指定ID，可以这样插入：

```
INSERT INTO `student` VALUES (3,'王五',23,'2021-09-30 14:18:32');
```

图 11-8

至此，MySQL数据库运行正常。另外，如果觉得某个表的数据乱了，可以用SQL语句删除表中全部数据，比如delete from student;。

11.6.3　Linux 下的 MySQL 的 C 编程

前面我们搭建了MySQL环境，现在可以通过C或C++语言来操作MySQL数据库了。其实MySQL编程不难，因为官方提供了不少API函数，只要熟练使用这些函数，再加上一些基本的SQL语句，就可以对付简单的应用场景了。本书在这里只是列举一下常用的API函数，如表11-1所示。

表 11-1　常用的 API 函数

函　　数	说　　明
mysql_affected_rows()	返回上次UPDATE、DELETE或INSERT查询更改／删除／插入的行数
mysql_autocommit()	切换 autocommit模式，ON/OFF
mysql_change_user()	更改打开连接上的用户和数据库
mysql_charset_name()	返回用于连接的默认字符集的名称
mysql_close()	关闭Server连接
mysql_commit()	提交事务
mysql_connect()	连接到MySQLserver。该函数已不再被重视，使用mysql_real_connect()代替
mysql_create_db()	创建数据库。该函数已不再被重视，使用SQL语句CREATE DATABASE代替
mysql_data_seek()	在查询结果集中查找属性行编号

（续表）

函　　数	说　　明
mysql_debug()	用给定的字符串运行DBUG_PUSH
mysql_drop_db()	撤销数据库。该函数已不再被重视，使用SQL语句DROP DATABASE代替
mysql_dump_debug_info()	让Server将调试信息写入日志
mysql_eof()	确定是否读取了结果集的最后一行。该函数已不再被重视，使用mysql_errno()或mysql_error()代替
mysql_errno()	返回上次调用的MySQL函数的错误编号
mysql_error()	返回上次调用的MySQL函数的错误消息
mysql_escape_string()	用在SQL语句中，对特殊字符进行转义处理
mysql_fetch_field()	返回下一个表字段的类型
mysql_fetch_field_direct()	给定字段编号，返回表字段的类型
mysql_fetch_fields()	返回全部字段结构的数组
mysql_fetch_lengths()	返回当前行中全部列的长度
mysql_ping()	检查与server的连接是否工作，如有必要再一次连接
mysql_query()	运行指定为"以Null终结的字符串"的SQL查询
mysql_real_connect()	连接到MySQLserver
mysql_real_escape_string()	考虑到连接的当前字符集，为了在SQL语句中使用。对字符串中的特殊字符进行转义处理
mysql_real_query()	运行指定为计数字符串的SQL查询
mysql_refresh()	刷新或复位表和快速缓冲
mysql_reload()	通知Server再次载入授权表
mysql_rollback()	回滚事务
mysql_row_seek()	使用从mysql_row_tell()返回的值，查找结果集中的行偏移
mysql_row_tell()	返回行光标位置
mysql_select_db()	选择数据库
mysql_server_end()	确定嵌入式server库
mysql_server_init()	初始化嵌入式server库
mysql_fetch_row()	从结果集中获取下一行
mysql_field_seek()	将列光标置于指定的列
mysql_field_count()	返回上次运行语句的结果列的数目
mysql_field_tell()	返回上次mysql_fetch_field()所使用字段光标的位置
mysql_free_result()	释放结果集使用的内存
mysql_get_client_info()	以字符串形式返回Client版本号信息
mysql_get_client_version()	以整数形式返回Client版本号信息
mysql_get_host_info()	返回描写叙述连接的字符串
mysql_get_server_version()	以整数形式返回Server的版本
mysql_get_proto_info()	返回连接所使用的协议版本号
mysql_get_server_info()	返回Server的版本
mysql_init()	获取或初始化MySQL结构
mysql_insert_id()	返回上一个查询为AUTO_INCREMENT列生成的ID
mysql_kill()	杀死给定的线程

（续表）

函　　数	说　　明
mysql_library_end()	确定MySQL C API库
mysql_info()	返回关于近期所运行查询的信息
mysql_library_init()	初始化MySQL C API库
mysql_list_dbs()	返回与简单正则表达式匹配的数据库名称
mysql_list_fields()	返回与简单正则表达式匹配的字段名称
mysql_list_processes()	返回当前Server线程的列表
mysql_list_tables()	返回与简单正则表达式匹配的表名
mysql_more_results()	检查是否还存在其他结果
mysql_next_result()	在多语句运行过程中返回/初始化下一个结果
mysql_num_fields()	返回结果集中的列数
mysql_num_rows()	返回结果集中的行数
mysql_options()	为mysql_connect()设置连接选项
mysql_set_server_option()	为连接设置选项（如多语句）
mysql_sqlstate()	返回关于上一个错误的SQLSTATE错误代码
mysql_shutdown()	关闭数据库Server
mysql_stat()	以字符串形式返回Server状态
mysql_store_result()	检索完整的结果集至Client
mysql_thread_id()	返回当前线程ID
mysql_thread_safe()	假设Client已编译为线程安全的，返回1
mysql_use_result()	初始化逐行的结果集检索
mysql_warning_count()	返回上一个SQL语句的报警数

与MySQL交互时，应用程序应遵循以下一般性原则：

（1）通过调用mysql_library_init()初始化MySQL库。

（2）通过调用mysql_init()初始化连接处理程序，并通过调用mysql_real_connect()连接到Server。

（3）发出SQL语句并处理其结果。

（4）通过调用mysql_close()关闭与MySQLserver的连接。

（5）通过调用mysql_library_end()结束MySQL库的使用。

调用mysql_library_init()和mysql_library_end()的目的在于，为MySQL库提供恰当的初始化和结束处理。假设不调用mysql_library_end()，内存块仍将保持分配状态，从而造成无效内存。

对于非SELECT查询（如INSERT、UPDATE、DELETE），通过调用mysql_affected_rows()，可发现有多少行已被改变（影响）；对于SELECT查询，可以检索作为结果集的行。

为了检测和通报错误，MySQL提供了使用mysql_errno()和mysql_error()函数访问错误信息的机制。它们能返回关于近期调用函数的错误代码或错误消息。近期调用的函数可能成功也可能失败，这样，我们就能推断错误是什么以及错误是在何时出现的。

【例11.1】 查询数据库表。

（1）在Windows下打开编辑器，输入代码如下：

```c
#include <stdio.h>
#include <string.h>
#include <mysql.h>

int main()
{
    MYSQL mysql;
    MYSQL_RES *res;
    MYSQL_ROW row;
    char *query;
    int flag, t;

    /*连接之前，先用mysql_init初始化MYSQL连接句柄*/
    mysql_init(&mysql);
    /*使用mysql_real_connect连接server,其参数依次为MYSQL句柄，serverIP地址，
    登录mysql的username、password、要连接的数据库等*/
    if (!mysql_real_connect(&mysql, "localhost", "root", "123456", "test", 0,
NULL, 0))
        printf("Error connecting to Mysql!\n");
    else
        printf("Connected Mysql successful!\n");

    query = "select * from student";
        /*查询，成功则返回0*/
    flag = mysql_real_query(&mysql, query, (unsigned int)strlen(query));
    if(flag) {
        printf("Query failed!\n");
        return 0;
    }else {
        printf("[%s] made...\n", query);
    }

    /*mysql_store_result将所有的查询结果读取到client*/
    res = mysql_store_result(&mysql);
    /*mysql_fetch_row检索结果集的下一行*/
    do
    {
        row = mysql_fetch_row(res);
        if (row == 0)break;    //如果没有记录了，就跳出循环
        /*mysql_num_fields返回结果集中的字段数目*/
        for (t = 0; t < mysql_num_fields(res); t++)
        {
            printf("%s\t", row[t]);
        }
        printf("\n");
    } while (1);

    /*关闭连接*/
    mysql_close(&mysql);
    return 0;
}
```

（2）保存文件为test.c。为了方便编译这个源文件，再编辑一个名为makefile的文件，并使其中包含头文件和库文件路径，makefile文件内容如下：

```
GCC ?= gcc
CCMODE = PROGRAM
INCLUDES = -I/usr/include/mysql
CFLAGS = -Wall $(MACRO)
TARGET = test
SRCS := $(wildcard *.c)
LIBS = -lmysqlclient

ifeq ($(CCMODE),PROGRAM)
$(TARGET): $(LINKS) $(SRCS)
    $(GCC) $(CFLAGS) $(INCLUDES) -o $(TARGET) $(SRCS) $(LIBS)
    @chmod +x $(TARGET)
    @echo make $(TARGET) ok.
clean:
    rm -rf $(TARGET)
endif
```

其中，-I/usr/include/mysql表示MySQL相关的头文件所在地路径；-lmysqlclient表示要引用的库libmysqlclient.so，这个库的路径通常在/usr/lib/x86_64-linux-gnu/下。我们把test.c和makefile文件上传到Linux中的某个文件夹中，然后直接输入make进行编译连接：

```
root@tom-virtual-machine:~/ex/net/test# make
gcc -Wall  -I/usr/include/mysql -o test  test.c  -lmysqlclient
make test ok.
```

如果没有错误就直接运行：

```
root@tom-virtual-machine:~/ex/net/test# ./test
Connected Mysql successful!
[select * from student] made...
1    张三    23    2020-09-30 14:18:32
2    李四    22    2020-09-30 15:18:32
```

运行成功。我们查询到了数据库表中的两条记录。

【例11.2】 插入数据库表。

（1）在Windows下打开编辑器，输入核心代码如下：

```
int insert()
{
    MYSQL mysql;
    MYSQL_RES *res;
    MYSQL_ROW row;
    char *query;
    int r, t,id=12;
    char buf[512] = "", cur_time[55] = "", szName[100] = "Jack2";
    mysql_init(&mysql);
    if (!mysql_real_connect(&mysql, "localhost", "root", "123456", "test", 0,
NULL, 0))
```

```
    {
        printf("Failed to connect to Mysql!\n");
        return 0;
    }
    else  printf("Connected to Mysql successfully!\n");

    GetDateTime(cur_time);
    sprintf(buf, "INSERT INTO student(name,age,SETTIME)
VALUES(\'%s\',%d,\'%s\')", szName, 27, cur_time);
    r = mysql_query(&mysql, buf);

    if (r) {
        printf("Insert data failure!\n");
        return 0;
    }
    else {
        printf("Insert data success!\n");
    }
    mysql_close(&mysql);
    return 0;
}
void main()
{
    insert();
    showTable();
}
```

先连接数据库，然后构造insert语句，并调用函数mysql_query执行该SQL语句，最后关闭数据库。编写这类代码的关键是撰写正确的SQL语句。限于篇幅，显示表内数据的函数showTable不再列出。

（2）保存文件为test.c。同时再编辑一个makefile文件，然后把这两个文件上传到Linux中，进行make编译，无误后运行，运行结果如下：

```
Connected to Mysql successfully!
Insert data success!
Connected Mysql successful!
[select * from student] made...
1       张三        23        2020-09-30 14:18:32
2       李四        22        2020-09-30 15:18:32
3       王五        23        2021-09-30 14:18:32
7       Tom        27        2021-12-03 15:21:32
8       Alice      27        2021-12-03 15:22:41
9       Mr Ag      27        2021-12-03 15:34:45
10      Mr Ag      27        2021-12-03 15:36:04
11      王五        23        2021-09-30 14:18:32
12      Jack2      27        2021-12-03 16:36:49
13      Jack2      27        2021-12-06 08:46:40
14      Jack2      27        2021-12-06 10:21:00
```

连续执行多次insert，则会插入多条"Jack2"的记录。

11.6.4 聊天系统数据库设计

首先准备数据库。我们把数据库设计的脚本代码放在sql脚本文件中，读者可以在本例源码目录的sql子目录下找到，文件名是test.sql，部分代码如下：

```
DROP DATABASE IF EXISTS chatdb;
create database chatdb default character set utf8 collate utf8_bin;

flush privileges;

use chatdb;
SET NAMES utf8mb4;
SET FOREIGN_KEY_CHECKS = 0;

SET FOREIGN_KEY_CHECKS=0;

-- ----------------------------
-- Table structure for qqnum
-- ----------------------------
DROP TABLE IF EXISTS `qqnum`;
CREATE TABLE `qqnum` (
  `id` int(11) NOT NULL AUTO_INCREMENT,
  `name` varchar(50) DEFAULT NULL,
  PRIMARY KEY (`id`)
) ENGINE=InnoDB DEFAULT CHARSET=utf8;
```

其中，数据库名称是chatdb，该表中的字段name表示用户名。我们把sql目录下的chatdb.sql上传到Linux中的某个路径，比如/root/ex/net/chatSrv，然后在终端上进入该目录，并登录MySQL，最后执行该sql文件，过程如下：

```
mysql -uroot -p123456
mysql> source chatdb.sql
Query OK, 1 row affected (0.04 sec)

Query OK, 1 row affected, 2 warnings (0.00 sec)

Query OK, 0 rows affected (0.00 sec)

Database changed
Query OK, 0 rows affected (0.00 sec)

Query OK, 0 rows affected (0.00 sec)

Query OK, 0 rows affected (0.00 sec)

Query OK, 0 rows affected, 1 warning (0.00 sec)

Query OK, 0 rows affected, 2 warnings (0.04 sec)
```

这样，表建立起来了。表qqnum存放所有的账号信息，但现在还是一个空表，如下所示：

```
mysql> use chatdb;
Database changed
mysql> show tables;
+-------------------+
| Tables_in_chatdb |
```

```
+------------------+
| qqnum            |
+------------------+
1 row in set (0.00 sec)

mysql> select * from qqnum;
Empty set (0.00 sec)
```

11.6.5　服务器端设计

作为C/S模式下的系统开发，很显然服务器端程序的设计是非常重要的。下面就服务器端的相关程序模块进行设计，并一定程度上实现相关功能。客户端和服务器端是TCP连接并交互的。服务器端主要功能如下：

（1）接受客户端用户的注册，然后把注册信息保存到数据库表中。

（2）接受客户端用户的登录，用户登录成功后，就可以在聊天室里聊天了。

我们的并发聊天室采用select通信模型，目前没有用到线程池，如果以后并发需求大了，很容易就可以扩展到"线程池+select模型"的方式。服务器端收到客户端连接后，就开始等待客户端的要求，具体要求是通过客户端发来的命令来实现的，具体命令如下：

```
#define CL_CMD_REG 'r'          //客户端请求注册命令
#define CL_CMD_LOGIN 'l'        //客户端请求登录命令
#define CL_CMD_CHAT 'c'         //客户端请求聊天命令
```

这几个命令号服务器端和客户端必须一致。命令号是包含在通信协议中的，通信协议是服务器端和客户端相互理解对方要求的手段。这里的协议设计得比较简单，但也可以满足交互的需要了。

客户端发送给服务器端的协议：

命令号（一个字符）	,	参数（字符串，长度不定）

比如"r,Tom"表示客户端要求注册，用户名是Tom。

服务器端发送给客户端的协议：

命令号（一个字符）	,	返回结果（字符串，长度不定）

比如"r,ok"表示注册成功。其中逗号表示分隔符，也可以用其他字符来分割。

当客户端连接到服务器端后，就可以判断命令号，然后进行相应的处理，比如：

```
switch(code)
{
    case CL_CMD_REG:            //注册命令处理
        ...
    case CL_CMD_LOGIN:         //登录命令处理
        ...
    case CL_CMD_CHAT:          //聊天命令处理
        ...
}
```

当每个命令处理完毕后，必须发送一个字符串回复给客户端。

【例11.3】　并发聊天服务器端的详细设计。

（1）在Windows下打开文本编辑器，输入代码如下：

```
#include <stdio.h>

#include <stdio.h>
#include <stdlib.h>
#include <string.h>
#include <netinet/in.h>
#include <arpa/inet.h>
#include <sys/select.h>

#define MAXLINE 80
#define SERV_PORT 8000

#define CL_CMD_REG 'r'
#define CL_CMD_LOGIN 'l'
#define CL_CMD_CHAT 'c'
int GetName(char str[],char szName[])
{
    //char str[] ="a,b,c,d*e";
    const char * split = ",";
    char * p;
    p = strtok (str,split);
    int i=0;
    while(p!=NULL)
    {
        printf ("%s\n",p);
        if(i==1) sprintf(szName,p);
        i++;
        p = strtok(NULL,split);
    }
}

//查找字符串中某个字符出现的次数
int countChar(const char *p, const char chr)
{
    int count = 0,i = 0;
    while(*(p+i))
    {
    if(p[i] == chr)        //字符数组存放在一块内存区域中，按索引找字符，指针本身不变
            ++count;
        ++i;                //按数组的索引值找到对应指针变量的值
    }
    //printf("字符串中w出现的次数：%d",count);
    return count;
}

int main(int argc, char *argv[])
{
    int i, maxi, maxfd;
    int listenfd, connfd, sockfd;
```

```
int nready, client[FD_SETSIZE];
ssize_t n;
char szName[255]="",szPwd[128]="",repBuf[512]="";
//两个集合
fd_set rset, allset;

char buf[MAXLINE];
char str[INET_ADDRSTRLEN]; /* #define INET_ADDRSTRLEN 16 */
socklen_t cliaddr_len;
struct sockaddr_in cliaddr, servaddr;

//创建套接字
listenfd = socket(AF_INET, SOCK_STREAM, 0);

int val = 1;
int ret = setsockopt(listenfd,SOL_SOCKET,SO_REUSEADDR,(void *)&val,
sizeof(int));

//绑定
bzero(&servaddr, sizeof(servaddr));
servaddr.sin_family = AF_INET;
servaddr.sin_addr.s_addr = htonl(INADDR_ANY);
servaddr.sin_port = htons(SERV_PORT);

bind(listenfd, (struct sockaddr *)&servaddr, sizeof(servaddr));

//监听
listen(listenfd, 20); /* 默认最大128 */

//需要接收最大文件描述符
maxfd = listenfd;

//数组初始化为-1
maxi = -1;
for (i = 0; i < FD_SETSIZE; i++)
    client[i] = -1;

//集合清零
FD_ZERO(&allset);

//将listenfd加入allset集合
FD_SET(listenfd, &allset);

for (; ;)
{
    //关键点3
    rset = allset; /* 每次循环时都重新设置select监控信号集 */

    //select返回rest集合中发生读事件的总数。参数1：最大文件描述符+1
    nready = select(maxfd + 1, &rset, NULL, NULL, NULL);
    if (nready < 0)
        puts("select error");

    //listenfd是否在rset集合中
    if (FD_ISSET(listenfd, &rset))
    {
        //接收
```

```
cliaddr_len = sizeof(cliaddr);
//accept返回通信套接字，当前非阻塞，因为select已经发生读写事件
connfd = accept(listenfd, (struct sockaddr *)&cliaddr, &cliaddr_len);

printf("received from %s at PORT %d\n",
    inet_ntop(AF_INET, &cliaddr.sin_addr, str, sizeof(str)),
    ntohs(cliaddr.sin_port));

//关键点1
for (i = 0; i < FD_SETSIZE; i++)
    if (client[i] < 0)
    {
        //保存accept返回的通信套接字connfd存到client[]里
        client[i] = connfd;
        break;
    }

//是否达到select能监控的文件个数上限1024
if (i == FD_SETSIZE) {
    fputs("too many clients\n", stderr);
    exit(1);
}

//关键点2
FD_SET(connfd, &allset); //添加一个新的文件描述符到监控信号集里

//更新最大文件描述符数
if (connfd > maxfd)
    maxfd = connfd; /* select第一个参数需要 */
if (i > maxi)
    maxi = i; /* 更新client[]最大下标值 */

/* 如果没有更多的就绪文件描述符，则继续回到上面select阻塞监听，负责处理未处理
完的就绪文件描述符 */
if (--nready == 0)
    continue;
}

for (i = 0; i <= maxi; i++)
{
//检测clients 哪个有数据就绪
if ((sockfd = client[i]) < 0)
    continue;

//sockfd (connd)是否在rset集合中
if (FD_ISSET(sockfd, &rset))
{
    //进行读数据，不用阻塞立即读取（select已经帮忙处理阻塞环节）
    if ((n = read(sockfd, buf, MAXLINE)) == 0)
    {
        /* 无数据情况 client关闭链接，服务器端也关闭对应链接 */
        close(sockfd);
        FD_CLR(sockfd, &allset); /*解除select监控此文件描述符 */
        client[i] = -1;
    }
```

```
else
{
    char code= buf[0];
    switch(code)
    {
    case CL_CMD_REG:    //注册命令处理
        if(1!=countChar(buf,','))
        {
            puts("invalid protocal!");
            break;
        }

        GetName(buf,szName);

        //判断名字是否重复
        if(IsExist(szName))
        {
            sprintf(repBuf,"r,exist");
        }
        else
        {
            insert(szName);
            showTable();
            sprintf(repBuf,"r,ok");
            printf("reg ok,%s\n",szName);
        }
        write(sockfd, repBuf, strlen(repBuf)); //回复客户端

        break;
    case CL_CMD_LOGIN:                          //登录命令处理
        if(1!=countChar(buf,','))
        {
            puts("invalid protocal!");
            break;
        }

        GetName(buf,szName);

        //判断是否注册过，即是否存在
        if(IsExist(szName))
        {
            sprintf(repBuf,"l,ok");
            printf("login ok,%s\n",szName);
        }
        else sprintf(repBuf,"l,noexist");
        write(sockfd, repBuf, strlen(repBuf)); //回复客户端
        break;
    case CL_CMD_CHAT:                           //聊天命令处理
        puts("send all");

        //群发
        for(i=0;i<=maxi;i++)
            if(client[i]!=-1)
```

```
                                write(client[i], buf+2, n);        //写回客户端，"+2"
表示去掉命令头(c,)，这样只发送聊天内容
                            break;
                        }//switch
                    }
                    if (--nready == 0)
                        break;
                }
            }
        }
        close(listenfd);
        return 0;
    }
```

上述代码实现通信功能和命令处理功能，并且我们对代码进行了详细的注释。保存文件
为myChatSrv.c。

（2）再新建一个名为mydb.c的c文件，该文件主要有封装和与数据库打交道的功能，比如
保存用户名、判断用户是否存在等。输入代码如下：

```c
#include <stdio.h>
#include <string.h>
#include <mysql.h>
#include <time.h>
//注册用户名
int insert(char szName[])    //参数szName是要注册的用户名
{
    MYSQL mysql;
    MYSQL_RES *res;
    MYSQL_ROW row;
    char *query;
    int r, t,id=12;
    char buf[512] = "", cur_time[55] = "";
    mysql_init(&mysql);
    if (!mysql_real_connect(&mysql, "localhost", "root", "123456", "chatdb",
0, NULL, 0))
    {
        printf("Failed to connect to Mysql!\n");
        return 0;
    }
    else  printf("Connected to Mysql successfully!\n");

    sprintf(buf, "INSERT INTO qqnum(name) VALUES(\'%s\')", szName);
    r = mysql_query(&mysql, buf);

    if (r) {
        printf("Insert data failure!\n");
        return 0;
    }
    else {
        printf("Insert data success!\n");
    }
```

```
    mysql_close(&mysql);
    return 0;
}
//判断用户是否存在
int IsExist(char szName[])  //参数szName是要判断的用户名，通过它来查询数据库表
{
    MYSQL mysql;
    MYSQL_RES *res;
    MYSQL_ROW row;
    char *query;
    int r, t,id=12;
    char buf[512] = "", cur_time[55] = "";
    mysql_init(&mysql);
    if (!mysql_real_connect(&mysql, "localhost", "root", "123456", "chatdb",
0, NULL, 0))
    {
        printf("Failed to connect to Mysql!\n");
        res = -1;
        goto end;
    }
    else  printf("Connected to Mysql successfully!\n");

    sprintf(buf, "select name from qqnum where name ='%s'", szName);
    if (mysql_query(&mysql, buf)) //执行查询
    {
        res =-1;
        goto end;
    }

    MYSQL_RES *result = mysql_store_result(&mysql);
    if (result == NULL)
    {
        res =-1;
        goto end;
    }
    MYSQL_FIELD *field;
    row = mysql_fetch_row(result);
    if(row>0)
    {
        printf("%s\n", row[0]);
        res = 1;
        goto end;
    }
    else res = 0;//不存在

end:
    mysql_close(&mysql);
    return res;
}

int showTable()    //显示数据库表中的内容
{
```

```
        MYSQL mysql;
        MYSQL_RES *res;
        MYSQL_ROW row;
        char *query;
        int flag, t;

        /*连接之前先用mysql_init初始化MYSQL连接句柄*/
        mysql_init(&mysql);
        /*使用mysql_real_connect连接server, 其参数依次为MYSQL句柄, serverIP地址,
        登录mysql的username、password, 要连接的数据库等*/
        if (!mysql_real_connect(&mysql, "localhost", "root", "123456", "chatdb",
0, NULL, 0))
            printf("Error connecting to Mysql!\n");
        else
            printf("Connected Mysql successful!\n");

        query = "select * from qqnum";
          /*查询, 成功则返回0*/
        flag = mysql_real_query(&mysql, query, (unsigned int)strlen(query));
        if(flag) {
            printf("Query failed!\n");
            return 0;
        }else {
            printf("[%s] made...\n", query);
        }

        /*mysql_store_result将所有的查询结果读取到client*/
        res = mysql_store_result(&mysql);
        /*mysql_fetch_row检索结果集的下一行*/
        do
        {
            row = mysql_fetch_row(res);
            if (row == 0)break;
            /*mysql_num_fields返回结果集中的字段数目*/
            for (t = 0; t < mysql_num_fields(res); t++)
            {
                printf("%s\t", row[t]);
            }
            printf("\n");
        } while (1);

        /*关闭连接*/
        mysql_close(&mysql);
        return 0;
}
```

总共3个函数，分别是插入用户名、判断用户名是否存在和显示所有表记录。

（3）编写makefile文件，并把这3个文件一起上传到Linux中，然后make编译并运行，运行结果如下：

```
root@tom-virtual-machine:~/ex/net/chatSrv# ./chatSrv
Chat server is running...
```

此时服务器端运行成功了，正在等待客户端的连接。下面进行客户端的设计和实现。

11.6.6　客户端设计

客户端需要考虑友好的人机界面，所以一般都是运行在Windows下，并且要实现图形化程序界面，比如对话框等。所以我们的整套系统的通信是在Linux和Windows之间进行的，这也是常见的应用场景。在企业一线开发中，客户端几乎没有运行在Linux下的。

聊天客户端主要功能如下：

（1）提供注册界面，供用户输入注册信息，然后把注册信息以TCP方式发送给服务器进行注册登记（其实在服务器端就是写入数据库）。

（2）注册成功后，提供登录界面，让用户输入登录信息进行登录，登录时主要输入用户名，并以TCP方式发送给服务器端，服务器端检查用户名是否存在后，将反馈结果发送给客户端。

（3）用户登录成功后，就可以发送聊天信息，所有在线的人都可以看到该聊天信息。

我们的客户端将在VC2017上开发，通信架构基于MFC的CSocket，所以需要VC++的基本编程知识。一个Linux服务器开发者必须要会VC开发，因为几乎90%的网络软件都是Linux和Windows相互通信的，即使为了自测我们的Linux服务器程序，也要学会Windows客户端知识。

【例11.4】　即时通信系统客户端的详细设计。

（1）打开VC2017，新建一个对话框工程，工程名为client。

（2）切换到资源视图，打开对话框编辑器，把这个对话框作为登录用的对话框，因此添加一个IP控件、两个编辑控件和两个按钮，上方的编辑控件用来输入服务器端口，并为其添加整型变量m_nServPort；下方的编辑控件用来输入用户昵称，并为其添加CString类型变量m_strName。IP控件为其添加控件变量m_ip。两个按钮控件的标题分别设置为"注册"和"登录服务器"。最后设置对话框的标题为"注册登录对话框"。最终设计后的对话框界面如图11-9所示。

再添加一个对话框，设置对话框的ID为IDD_CHAT_DIALOG，该对话框的作用是显示聊天记录和发送信息，在对话框上面添加一个列表框、一个编辑控件和一个按钮，列表框用来显示聊天记录，编辑控件用来输入要发送的信息，按钮标题为"发送"。为列表框添加控件变量m_lst，为编辑框添加CString类型变量m_strSendContent，为对话框添加类CDlgChat。最终对话框的设计界面如图11-10所示。

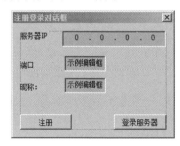

图 11-9

图 11-10

（3）切换到类视图，选中工程client，添加一个MFC类CClientSocket，基类为CSocket。

（4）为CClientApp添加成员变量：

```
CString m_strName;
CClientSocket m_clinetsock;
```

同时在client.h开头包含头文件：

```
#include "ClientSocket.h"
```
在CClientApp::InitInstance()中添加套接字库初始化的代码和CClientSocket对象创建代码：
```
WSADATA wsd;
AfxSocketInit(&wsd);
m_clinetsock.Create();
```

（5）切换到资源视图，打开"注册登录对话框"，单击"登录服务器"按钮添加事件处理函数，代码如下：

```
void CclientDlg::OnBnClickedButton1()  //登录处理
{
        //TODO:  在此添加控件通知处理程序代码
    CString strIP, strPort;
    UINT port;

    UpdateData();
    if (m_ip.IsBlank() || m_nServPort < 1024 || m_strName.IsEmpty())
    {
        AfxMessageBox(_T("请设置服务器信息"));
        return;
    }
    BYTE nf1, nf2, nf3, nf4;
    m_ip.GetAddress(nf1, nf2, nf3, nf4);
    strIP.Format(_T("%d.%d.%d.%d"), nf1, nf2, nf3, nf4);

    theApp.m_strName = m_strName;

    if (!gbcon)
    {
        if (theApp.m_clinetsock.Connect(strIP, m_nServPort))
        {
            gbcon = 1;
            //AfxMessageBox(_T("连接服务器成功!"));

        }
        else
        {
            AfxMessageBox(_T("连接服务器失败!"));
        }
    }
    CString strInfo;
    strInfo.Format("%c,%s", CL_CMD_LOGIN, m_strName);
    int len = theApp.m_clinetsock.Send(strInfo.GetBuffer(strInfo.GetLength()),
2 * strInfo.GetLength());
```

```
if (SOCKET_ERROR == len)
    AfxMessageBox(_T("发送错误"));
}
```

在此代码中，首先把控件里的IP地址格式化存放到strIP中，并把用户输入的用户名保存到
theApp.m_strName。然后通过全局变量gbcon判断当前是否已经连接服务器，这样可以不用每
次都发起连接，如果没有连接，则调用Connect函数进行服务器连接。连接成功后，就把登录
命令号（CL_CMD_LOGIN）和登录用户名组成一个字符串通过函数Send发送给服务器，服务
器会判断该用户名是否已经注册，如果注册过，就允许登录成功；如果没有注册过，则会向客
户端提示登录失败。注意，登录结果的反馈是在其他函数（OnReceive）中获得，后面我们会
添加该函数。

再切换到资源视图，打开"注册登录对话框"编辑器，为"注册"按钮添加事件处理函
数，代码如下：

```
void CclientDlg::OnBnClickedButtonReg()
{
    //TODO：在此添加控件通知处理程序代码
    CString strIP, strPort;
    UINT port;

    UpdateData();
    if (m_ip.IsBlank() || m_nServPort < 1024 || m_strName.IsEmpty())
    {
        AfxMessageBox(_T("请设置服务器信息"));
        return;
    }
    BYTE nf1, nf2, nf3, nf4;
    m_ip.GetAddress(nf1, nf2, nf3, nf4);
    strIP.Format(_T("%d.%d.%d.%d"), nf1, nf2, nf3, nf4);

    theApp.m_strName = m_strName;

    if (!gbcon)
    {
        if (theApp.m_clinetsock.Connect(strIP, m_nServPort))
        {
            gbcon = 1;
            //AfxMessageBox(_T("连接服务器成功!"));
        }
        else
        {
            AfxMessageBox(_T("连接服务器失败!"));
            return;
        }
    }
     //--------注册---------
    CString strInfo;
    strInfo.Format("%c,%s", CL_CMD_REG, m_strName);
    int len = theApp.m_clinetsock.Send(strInfo.GetBuffer(strInfo.GetLength()),
2 * strInfo.GetLength());
```

```
    if (SOCKET_ERROR == len)
        AfxMessageBox(_T("发送错误"));
}
```

代码逻辑与登录过程类似，也是先获取控件上的信息，然后连接服务器（如果已经连接了，则不需要再连）。连接成功后，就把注册命令号（CL_CMD_REG）和待注册的用户名组成一个字符串通过函数Send发送给服务器，服务器首先判断该用户名是否已经注册，如果注册过，就会提示客户端该用户名已经注册，否则就把该用户名存入数据库表中，并提示客户端注册成功。同样，服务器返回给客户端的信息是在OnReceive中获得。下面我们来添加该函数。

（6）为类CClientSocket添加成员变量：CDlgChat *m_pDlg;。保存聊天对话框指针，这样收到数据后可以显示在对话框上的列表框里。

再添加成员函数SetWnd，该函数会传一个CDlgChat指针进来，代码如下：

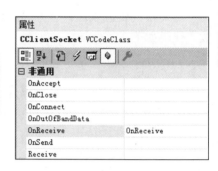

图 11-11

```
void CClientSocket::SetWnd(CDlgChat *pDlg)
{
    m_pDlg = pDlg;
}
```

下面准备重载CClientSocket的虚函数OnReceive，打开类视图，选中类CClientSocket，在该类的属性视图上添加OnReceive函数，如图11-11所示。

在该函数里接收服务器发来的数据，代码如下：

```
void CClientSocket::OnReceive(int nErrorCode)
{
    //TODO: 在此添加专用代码和/或调用基类
    CString str;
    char buffer[2048], rep[128] = "";
    if (m_pDlg)  //m_pDlg指向聊天对话框
    {
        int len = Receive(buffer, 2048);
        if (len != -1)
        {
            buffer[len] = '\0';
            buffer[len+1] = '\0';
            str.Format(_T("%s"), buffer);
            m_pDlg->m_lst.AddString(str);    //把发来的聊天内容加入到列表框中
        }
    }
    else
    {
        //注册回复
        int len = Receive(buffer, 2048);
        if (len != -1)
        {
            buffer[len] = '\0';
            buffer[len + 1] = '\0';
            str.Format(_T("%s"), buffer);
```

```
            if (buffer[0] == 'r')
            {
                GetReply(buffer, rep);
                if(strcmp("ok", rep)==0)
                    AfxMessageBox("注册成功");
                else if(strcmp("exist",rep)==0)
                    AfxMessageBox("注册失败，用户名已经存在!");
            }
            else if (buffer[0] == 'l')
            {
                GetReply(buffer, rep);
                if (strcmp("noexist", rep) == 0)
                    AfxMessageBox("登录失败，用户名不存在，请先注册.");
                else if (strcmp("ok", rep) == 0)
                {
                    AfxMessageBox("登录成功");
                    CDlgChat dlg;
                    theApp.m_clinetsock.SetWnd(&dlg);
                    dlg.DoModal();
                }
            }
        }
    }
    CSocket::OnReceive(nErrorCode);
}
```

在此代码中，如果聊天对话框的指针m_pDlg非空，则说明已经登录服务器成功并且创建聊天对话框了，则此时收到的服务器数据都是聊天的内容，我们把聊天的内容通过函数AddString加入到列表框中。如果指针m_pDlg是空的，则说明服务器发来的数据是针对注册命令的回复或者是针对登录命令的回复，我们通过收到数据的第一个字节（buffer[0]）来判断到底是注册回复还是登录回复，从而进行不同的处理。函数GetReply是自定义函数，用来拆分服务器发来的数据，代码如下：

```
void GetReply(char str[], char reply[])
{
    const char * split = ",";
    char * p;
    p = strtok(str, split);
    int i = 0;
    while (p != NULL)
    {
        printf("%s\n", p);
        if (i == 1) sprintf(reply, p);
        i++;
        p = strtok(NULL, split);
    }
}
```

服务器发来的命令回复数据是以逗号相隔的，第一个字节是l或r，l表示登录命令的回复，r表示注册命令的回复；第二个字节是逗号，逗号后面是具体的命令结果，比如注册成功就是

"ok",那么完整的注册成功回复字符串就是"r,ok"。同样,如果注册失败,那么完整的回复字符串就是"r,exist",表示该用户名已经注册过了,请重新更换用户名。登录的回复也类似,比如登录成功,完整的回复字符串就是"r,ok",而因为用户名不存在导致的登录失败,则完整的回复字符串就是"r, noexist"。

(7)实现聊天对话框的发送信息功能。切换到资源视图,打开"聊天对话框"编辑器,然后为"发送"按钮添加事件处理函数,代码如下:

```
void CDlgChat::OnBnClickedButton1()
{
    //TODO: 在此添加控件通知处理程序代码
    CString strInfo;
    int len;
    UpdateData();

    if (m_strSendContent.IsEmpty())
        AfxMessageBox(_T("发送内容不能为空"));
    else
    {
        strInfo.Format(_T("%s说:%s"), theApp.m_strName, m_strSendContent);
        //发送数据,注意一个字符占2字节,所以要乘以2
        len = theApp.m_clinetsock.Send(strInfo.GetBuffer(strInfo.GetLength()),
2 * strInfo.GetLength());
        if (SOCKET_ERROR == len)
            AfxMessageBox(_T("发送错误"));
    }
}
```

代码逻辑就是获取用户在编辑框中输入的内容,然后通过Send函数发送给服务器端。

(8)保存工程并运行两个客户端进程,第一个可以直接按快捷键Ctrl+F5(非调试方式运行),第一个客户端运行结果如图11-12所示。

因为笔者之前已经注册过了,这里直接单击"登录服务器"按钮,此时提示"登录成功",然后直接进入聊天对话框,如图11-13所示。

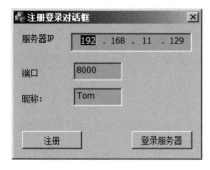

图 11-12

图 11-13

下面我们运行第二个客户端进程,在VC中,先切换到"解决方案资源管理器",然后右击客户端,在快捷菜单上选择"调试"|"启动新实例",如图11-14所示。

图 11-14

此时就可以运行第二个客户端程序了，运行结果如图11-15所示。

图 11-15

如果Jack已经注册过，则可以直接单击"登录服务器"按钮，否则要先注册。成功登录服务器后，会出现聊天对话框，然后在编辑框中输入一些信息，并单击"发送"按钮，这时Tom的聊天对话框就可以收到消息了，同样，Tom也可以在编辑框中输入信息并发送，Jack也会收到。最终聊天的运行结果如图11-16所示。

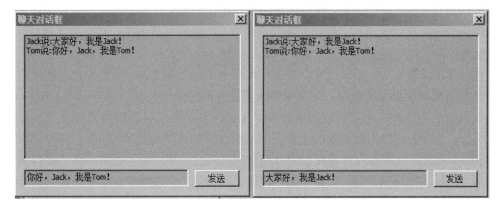

图 11-16

如果要多个聊天客户端一起运行也是可以的。至此，我们的并发聊天系统成功实现。

第 12 章

C/S 和 P2P 联合架构的游戏服务器

网络游戏，又称在线游戏，简称网游，是必须依托于互联网进行的、可以多人同时参与的游戏，通过人与人之间的互动达到交流、娱乐和休闲的目的。根据现有网络游戏的类型及其特点，可以将网络游戏分为大型多人在线游戏MMOG（Massive Multiplayer Online Game）、多人在线游戏MOG（Multiplayer Online Game）、平台游戏、网页游戏（Web Game）以及手机网络游戏。网络游戏具有传统游戏所不具备的优势：一方面，它充分利用了网络不受时间和空间限制的特点，大大增强了游戏的交互性，使两个分布在不同地理位置的玩家可以在同一空间内进行游戏和交互；另一方面，网络游戏的运行模式避免了传统的单机游戏的盗版问题。网络游戏作为一种新的娱乐方式，将动人的故事情节、丰富的视听效果、高度的可参与性，以及冒险、刺激等诸多娱乐元素融合在一起，为玩家提供了一个虚拟而又近乎真实的世界，随着计算机硬件技术的不断发展，网络质量以及软件编程水平的不断提高，网络游戏视觉效果更加逼真，游戏复杂度和规模越来越高，为玩家带来了更好的游戏体验。

由于具有上述性质，网络游戏随着技术、生活水平的提高以及网络的普及有了显著的发展。据统计，选择上网娱乐玩游戏的人群占互联网人群的比例超过30%，在一些发达国家甚至超过了60%。因此，网络游戏有着良好的发展空间。经过多年增长，我国网络游戏行业逐渐进入成熟期，市场增速逐渐放缓。数据显示，2013－2019年，中国网络游戏市场实际销售收入高速增长，2019年全年实现销售收入2308.8亿元，同比增长7.7%；而近2年受疫情影响，网络游戏市场规模增速明显提升，2021年中国游戏市场销售收入近3000亿元，用户规模达6.66亿。但是，目前国内的网络游戏引擎还没有成熟的产品，大多使用国外的引擎，这无疑降低了游戏开发商的利润。因此，为了增加游戏带来的经济效益,同时也为了发展国内的游戏自主开发技术，愈来愈多的研究人员开始关注并从事网络游戏相关r 技术研究。

网络游戏服务器是整个网络游戏的承载和支柱，随着网络游戏服务器技术的不断升级，网络游戏也在不断进行重大变革。网络游戏服务器技术的演变和变革伴随了网络游戏发展的整个过程。在网络游戏的虚拟世界里，大量并发的在线玩家时刻改变着整个虚拟世界的状态，因此网络游戏服务器对整个游戏世界一致性的维护、能否对服务器的负载进行有效的均衡以及客户端之间的实时同步都是衡量一个网络游戏服务器性能好坏的技术指标，也是网络服务器技术的关键技术之一。

12.1　网络游戏服务器发展现状

服务器是网络游戏的核心，随着游戏内容的复杂化，游戏规模的扩大，游戏服务器的负载将会越来越大，服务器的设计也会越来越难，解决网络游戏服务器的设计开发难题，是网络游戏发展的首要任务。

目前国内的网络游戏服务器端引擎还没有成熟的产品，大多采用国外的服务器端引擎，架构主要分为两种：C/S架构和P2P（Peer to Peer）架构。

目前的大多数网络游戏都采用以C/S结构为主的网络游戏架构，客户端与服务器直接进行通话，客户端之间的通信通过服务器中继来实现，代表性的网络游戏有《完美世界》《剑侠情缘三》《天下贰》《传奇世界》等。C/S架构中服务器端由一个包含多个服务器的服务器集群组成，游戏状态由多台服务器共同维护和管理，各服务器之间功能划分明确，便于管理，编程也比较容易实现。但是随着服务器数量的增多，服务器之间的维护比较复杂，且玩家之间的通信会引起服务器之间的通信，从而增加了消息在网络传输上的延迟，此外对服务器间的负载均衡也比较困难，假如负载都集中在某几台服务器上而其他服务器的负载很少，就会由于少数服务器的过载造成整个系统运行缓慢甚至无法正常运行。在C/S架构中，由于游戏同步、兴趣管理等都需要服务器集中控制，所以可伸缩性以及单点失败（Any Point of Failuer）是C/S模式常有的问题。

基于P2P架构的网络游戏解决了C/S架构网络游戏的低资源利用率问题。P2P作为一种分布式计算模式可以提供良好的伸缩性，减少信息传输延迟，并能消除服务器端瓶颈，但其开放特性也增加了安全隐患。在这种架构中，P2P技术消耗很少的资源，却能提供可靠的服务。基于P2P模式的网络游戏将游戏逻辑放在游戏客户端执行，游戏服务器只帮助游戏客户端建立必要的P2P连接，本身很少处理游戏逻辑。对于网络游戏运营商来说，服务器的部分功能转移到了玩家的机器上，有效利用了玩家的计算机及宽带资源，从而节省了运营商在服务器及带宽上的投资。但是由于网络游戏的逻辑和状态基本都是由一个超级客户端来进行维护的，很容易发生欺骗行为，欺骗行为不仅降低了游戏的可玩性，也威胁到游戏经济。怎样维护游戏的公平性，防止欺骗行为在游戏中发生是P2P模式网络游戏需要考虑的重点。

尽管两种架构的优缺点不尽相同，但是架构设计中需要考虑的同步机制、网络传输延迟以及负载均衡等网络游戏热点问题都是相同的。网络游戏是分布式虚拟技术的重要应用，因此分布式虚拟现实中的很多技术都能够应用于网络游戏服务器的研究。对于状态同步问题，网络游戏服务器可以通过分布式虚拟现实中的兴趣过滤与拥塞控制技术来控制网络中信息的传输量，进而减少网络延迟，通过分布式仿真中的时间同步算法来对整个网络游戏的逻辑时间进行同步；对于负载均衡问题，网络游戏服务器将整个虚拟环境划分成多个区域，由不同的服务器负责不同的区域，通过采用一种局部负载均衡的算法来动态调整过载服务器的负载。

本章设计了一种结合C/S架构和P2P架构的网络游戏架构模型，并且基于该模型实现了一个网络五子棋游戏。其实模型只要设计得好，内容换成任何其他游戏都很容易，无非就是游戏逻辑算法和游戏界面展示不同而已，所以良好的游戏服务器架构是关键。客户端和服务器端之间的通信采用C/S架构，而客户端之间采用P2P架构，这种架构结合了C/S易于编程和P2P伸缩性好的优点。这种可行的服务器架构方案提供了一个可靠的游戏服务器平台，同时能够降低网络游戏的开发难度，减少重复开发，使开发者更专注于游戏具体功能的开发。为了让读者能了解得更全面，在理论讲述阶段依旧是按照大型网游来阐述，只是最后实现时，考虑到读者的学习环境，删减了一些不必要的功能，比如日志服务器、负载均衡服务器等。

12.2　现有网络游戏服务器结构

网络游戏服务器是网络游戏的承载和支柱，几乎每一次网络游戏的重大变革都离不开游戏服务器在其中发挥的作用。随着游戏内容的复杂化，游戏规模的扩大，游戏服务器的负载将会越来越大，服务器的设计也会越来越难，它既要保证网络游戏数据的一致性，还要处理大量在线用户的状态的同步和信息的传输，同时还要兼顾整个游戏系统运行管理的便捷性、安全性、玩家的反作弊行为，解决网络游戏服务器的设计开发难题，是网络游戏发展的首要任务。

根据使用的网络协议，包括网络游戏在内的通过Internet交换数据的应用程序编程模型可以分为三大类，即客户端/服务器模型结构和P2P模型结构，以及C/S结构和P2P结构相结合的游戏大厅代理结构。

12.2.1　C/S 结构

传统的大型网络游戏均采用C/S架构，客户端与服务器直接进行通话，客户端之间的通信通过服务器中继来实现。在C/S结构的网络游戏中，服务器保存网络游戏世界中的各种数据，客户端则保存玩家在虚拟世界里的一个视图，客户端和服务器端频繁交互改变着虚拟世界的各种状态。服务器接收到来自某一客户端的信息之后，必须及时通过广播或多播的方式将该客户端的状态改变发送给其他客户端，从而保证整个游戏状态的一致性。当客户端数量比较多的时候，服务器对客户端信息的转发就会产生延迟，可以通过为每个客户设定一个AOI（Area Of Interest）来减少信息的传输量，当客户端的状态发生改变后，由服务器把改变后的客户端状态广播给在其AOI区域之内的客户端，其一般的网络架构如图12-1所示。

在C/S结构中的游戏世界由服务器统一控制，便于管理，编程也比较容易实现，这种架构的通信流量中上行报文和下行报文是不对称的。C/S结构功能划分明确，服务器主要负责整个游戏的大部分逻辑和后台数据的处理，客户端则负责用户的交互、游戏画面的实时渲染以及处理一些基本的逻辑数据，在一定程度上减轻了服务器的负担。但是服务器之间的维护比较复杂，再加上网络游戏本身的实时性和玩家状态的不确定性，必然会造成服务器端负载过重，服务器和网络租用费成本过高，任意一台服务器的宕机都会给游戏的完整进行带来毁灭性的影响，很容易造成单点失败。单点失败指的是，当位于系统架构中的某个资源（可以是硬件、软件或组件）出现故障时，系统不能正常工作的情形。要预防单点失败，通常使用的方法是冗余机制（硬件冗余等）和备份机制（数据备份、系统备份等）。

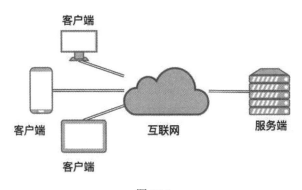

图 12-1

12.2.2　游戏大厅代理结构

棋牌类和竞技类游戏大多采用游戏大厅代理结构，游戏大厅就是把棋牌类、休闲类小游戏放在一个客户端中，其目的就是用极大的容量包容多种游戏服务，让玩家有多种选择。游戏大厅的主要任务是安排角色会面和安排游戏。在该模式中，玩家不直接进入游戏，而是进入游戏大厅，然后选择游戏类型，再选择游戏伙伴共同进入游戏。进入游戏后，玩家和玩家之间的通信结构和P2P类似，每一局的游戏服务器创建该游戏的客户端，可以称之为超级客户端。其结构如图12-2所示。

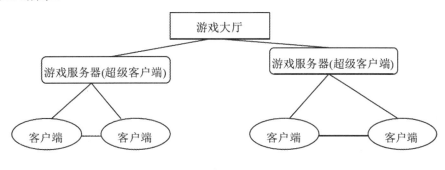

图 12-2

在游戏大厅代理架构中，进行游戏的时候，其网络模型是由一个服务器和N个客户端组成的全网状的模型，并且每局游戏中的各个客户端和服务器之间是相互可达的。游戏的逻辑由游戏服务器控制，然后通过游戏服务器将玩家的状态传输给中心服务器。

12.2.3　P2P 结构

当一个游戏的玩家数量不是很多时，大多采用P2P对等通信结构模型，如图12-3所示。

P2P模型和所有的数据交换都要通过服务器的C/S模型不同，它是通过实际玩家之间的相互连接来交换数据。在P2P模型中，玩家之间直接交换数据，因此，它比C/S模型的网络反应速度更快。在网络通信服务的形式上，一般采用浮动服务器的形式，即其中一个玩家的机器既是客户端，又是服务器端，一般由创建游戏的客户担任服务器，很多对战型的RTS、STG等网络游戏多采用这种结构。比起需要更高价的服务器装备和Internet线路租用费的C/S模型，P2P模型基于玩家的个人线路和客户端计算机，可以减少运营费用。

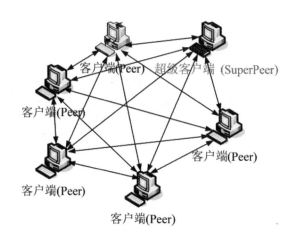

图 12-3

P2P模型没有明显的客户端和服务器的区别。每台主机既要充当客户端,又要充当服务器来承担一些服务器的运算工作。整个游戏被分布到多台机器上,各个主机之间都要建立起对等连接,通信在各个主机之间直接进行。由于它的计算不是集中在某几台主机上,因此不会有明显的瓶颈,这种架构本身就要求游戏不会因为某几台主机的加入和退出而失败,因此,它具有天生的容错性。一般来说,选择P2P是因为它可以解决所有数据都通过服务器传送给各个客户端的C/S模型存在的问题,即传送速度慢的问题。

P2P模型的缺点在于容易作弊,网络编程由于连接数量的增加而变得复杂。由于游戏图形处理再加上网络通信处理的负荷,根据玩家计算机配置的不同,游戏环境会出现很大的差异。另外游戏中负责数据处理的玩家的计算机配置也可能大不相同,从而导致游戏效果出现很大的差异。此外由于没有可行的商业模式,因此商业上暂时无法得到应用,但是P2P的思想仍然值得借鉴。

本系统采用了C/S与P2P相结合的架构模式,使客户端和服务器端之间的通信采用C/S模式,而客户端之间的通信采用P2P模式,这种架构集合了C/S的易于编程和P2P的网络反应速度快的优点。

12.3 P2P 网络游戏技术分析

P2P网络游戏的架构和C/S架构有相似的地方。每个Peer端其实就是Server端和Client端的整合,提供一个网络层用于Internet网上的Peer之间传输消息数据报。P2P网络游戏架构不同于一般的文件传输架构所运用到的"纯P2P模式",把纯P2P模式运用到网络游戏中将存在这样的问题:由于没有中心管理者,网络节点难以发现,而且这样形成的P2P网络很难进行诸如安全管理、身份认证、流量管理、计费等控制且安全性较差。因此,我们可以设计一种C/S和P2P相结合的网络游戏架构模式:文件目录是分布的,但需要架设中间服务器;各节点之间可以直接建立连接,网络的构建需要服务器进行索引、集中认证及其他服务;中间服务器用于辅助对等点之间建立连接,服务器的功能被弱化,节点之间通过分布式文件系统直接进行通信,建立完全开放的可共享文件目录，运用相对自由且兼顾安全和可管理性，将登录和账户管理服务器从P2P网络中分离出来，它们以C/S网络形式来作为游戏的入口。

P2P称为对等网络或对等连接。P2P技术主要是指通过系统间的直接交换达成计算机资源与信息的共享。P2P起源于最初的联网通信方式，具备如下特性：系统依存于边缘化（非中央式服务器）设备的主动协作，每个成员直接从其他成员而不是从服务器的参与中受益，系统中成员同时扮演服务器与客户端的角色。系统中的用户可以意识到彼此的存在并构成一个虚拟的或实际的群体。P2P是一种分布式的网络，网络参与者共享他们所拥有的一部分资源，这些资源都需要由网络提供服务和内容，可以被各个对等节点直接访问而不需要经过中间实体。

P2P应用系统按照其网络体系结构大致可以分为三类：集中式系统、纯分布式系统和混合式P2P系统。

集中式系统以Napster为代表，该系统采用集中式网络架构，如一个典型的C/S模式，这种结构要求各对等节点都登录到中心服务器上，通过中心服务器保存并维护所有对等节点的共享文件目录信息。此类P2P系统通常有较为固定的TCP通信端口，并且由于有中心服务器，只要监管节点域内访问中心服务器的地址，其业务流量就比较容易得到检测和控制。这种结构的优点是结构简单，便于管理，资源检索响应速度比较快，管理维护整个网络消耗的网络带宽较低。其缺点是服务器承担的工作比较多，负载过重不符合P2P的原则；服务器上的索引得不到及时的更新，检索结果不精确；服务器发生故障时会对系统造成较大影响，可靠性和安全性较低，容易造成单点故障；随着网络规模的扩大，对中央服务器维护和更新的费用急剧增加，所需成本过高；中央服务器的存在会导致共享资源在版权问题上有纠纷。

纯分布式的P2P系统由所有的对等节点共同负责相互间的通信和搜索，最典型的案例是Gnutella。此时网络中所有的节点都是真正意义上的对等端，无需中心服务器的参与。由于纯分布式的网络架构将网络认为是一个完全随机图，节点之间的链路没有遵循某个预先定义的拓扑结构来构建，因此文件信息的查询结构可能不完全，且查询速度较慢，查询对网络带宽的消耗较大，因此此类系统并没有被大规模使用。这种结构的优点是所有的节点都参与服务，不存在中央服务器，避免了服务器性能瓶颈和单点失败，部分节点受攻击不影响服务搜索结果，有效性较强。缺点是采用广播方式在网络间传输搜索请求，造成网络额外开销较大，随着P2P网络规模的扩大，网络开销成数量级增长，从而造成完整获得搜索结果的延迟比较大，防火墙穿透能力较差。

混合式P2P系统同时吸取了集中式和纯分布式P2P系统的特点，采用了混合式的架构，是现在应用最为广泛的P2P架构。该系统选择性能较高的节点作为超级节点，在各个超级节点上存储了系统中其他部分节点的信息，发现算法仅在超级节点之间转发，超级节点再将查询请求转发给适当子节点。混合式架构是一个层次式结构，超级点之间构成一个高速转发层，超级点和所负责的普通节点构成若干层次。混合式P2P的思想是把整个P2P网络建成一个二层结构，由普通节点和超级节点组成，一个超级节点管理多个普通节点，即超级节点和其管理的普通节点直接是采用集中式拓扑结构，而超级节点之间则采用纯分布式拓扑结构。混合 P2P系统可以利用纯分布式拓扑结构在节点不多时实现高分散性、鲁棒性和高覆盖率，也可以利用层次模型对大规模网络提供可扩展性。混合式P2P的优点是速度性能高、可扩展性较好，较容易管理，但对超级节点的依赖性较大，易于受到攻击，容错性也会受到一定的影响。由于混合式P2P的速度性能高、可扩展性较好以及容易管理的优点，本章的P2P架构中采用混合式P2P的架构方法，同时通过采取一些对超级节点发生故障后的处理策略来提高容错性。

12.4　网络游戏的同步机制

网络游戏研究的一个重要但疑难的问题就是如何保持各客户端之间的同步，这种同步就是要保证每个玩家在屏幕上看到的东西大体上是一样的，即玩家在第一时间发出自己的动作并且可以在第一时间看到其他玩家的动作。如何在网络游戏中进行有效的同步，需要从同步问题产生的根本原因来进行分析。同步问题主要是由于网络延迟和带宽限制这两个原因引起的。网络延迟决定接收方的应用程序何时可以看到这个数据信息，直接影响到游戏的交互性从而影响游戏的真实性。网络的带宽是指在规定时间内从一端流到另一端的信息量，即数据传输率。

解决同步问题的最简单的方法就是把每个客户端的动作都向其他客户端广播一遍，但是随着客户端数量的急剧增长，如果向所有的客户端都发送信息，必然会增加网络中信息的传输量，从而加大网络延迟。目前解决同步问题的措施都是采用一些同步算法来减少网络不同步带来的影响。这些同步算法基本上都来自分布式军事仿真系统的研究。网络游戏中大多采用分布式对象进行通信，采用基于时间的移动，移动过程中采用客户端预测和客户端修正的方法来保持客户端和服务器、客户端与客户端之间的同步。

12.4.1　事件一致性

网络游戏系统中各个玩家以及服务器之间没有一个统一全局的物理时钟，并且各个玩家之间的传输存在抖动，表现为延迟不可确定，这些时钟的不同会导致各客户端之间对时间的观测和理解出现不一致，从而影响事件在各客户端上的发生顺序。因此需要保证各个玩家的事件一致性。例如，在系统运行的过程中，某个时刻发生事件E，由于客户端A和客户端B都有自己的物理时钟，他们对时间E的处理也是按照各自的时钟为参考的，因此认为事件E的发生时刻分别为tA和tB，因此对于同一事件E，由不同的客户端处理时，就会导致事件的不一致性。这种不一致性的现象是由分布式系统的特点造成的，随着系统规模的增大和网络链路的增长，出现的概率也变大。产生这种现象的原因主要有两方面：一方面是由于各个玩家分布于不同的地理位置，没有严格统一的物理时钟对他们进行同步；另一方面是由于信息传输存在延迟，并且每个客户端计算机的处理能力不同，处理的时间无法预测，从而导致了节点之间接收消息的顺序发生变化。事件一致性其实是要求事件在客户端上的处理顺序一致，最直接的方法就是使这些客户端进行时间同步，使每个事件都和其产生的时间相关联，然后按照时间的先后进行排序，使事件在各个客户端上按顺序处理而不至于发生乱序。

12.4.2　时间同步

时间同步是事件一致性的关键。常见的时间同步算法大致分为三类：基于时间服务器的时间一致性算法、逻辑时间的一致性算法、仿真时间的一致性算法。本章主要介绍基于时间服务器的一致性算法。

在时间服务器算法中，由系统指定的时间服务器来发布全局的统一时间。各个玩家客户端根据全局的统一时钟来校对自己的本地时钟，达到各个玩家时间的一致性。这类算法通过使用心跳机制对玩家的时间进行定期同步，算法本身和事件没有关系，但节点可以依据这个时间进行时间排序达到一致。

常见时间同步协议是SNTP，其流程是客户端向服务器端发送消息，请求获取服务器端当前的全局时间。服务器端将其当前的时间发回给客户端，客户端将接收到的全局时钟加上传输过程中所消耗的时间值，和本地时钟相比较，若本地时钟值小，则加快本地时钟频率，反之，则减慢本地时钟频率。客户端和服务器端之间消息传输所消耗的时间值可以通过在报文中携带物理时间进行RTT计算得到。时间服务器的算法原理简单，易于实现，但是由于网络延迟的不确定性，当对精确度要求比较高时，就不再适用了。

NTP协议（Network Time Protocol，网络时间协议）是在整个网络内发布精确时间的TCP/IP，是基于UDP传输的。提供了全面的机制用以访问标准时间和频率服务器，组成时间同步子网，并校正每一个加入子网的客户端的本地时钟。NTP有三种工作模式：C/S模式，客户端周期性地向服务器请求时间信息，然后客户端和服务器同步；主/被动对称模式，与C/S模式基本相同，区别在于客户端和服务器端双方都可以相互同步；广播模式，没有同步的发起方，每个同步周期内，服务器端向整个网络广播带有自己时间戳的消息包，目标节点接收到这些消息包后，根据时间戳来调整自己的时间。

12.5　总　体　设　计

12.5.1　服务器系统架构模型

传统的网络游戏架构都是基于C/S架构的方式，把整个游戏世界通过区域划分的方式划分成一个个小的区域，每一个区域都由一个服务器来进行维护，这样很容易把负载分配到由多个服务器组成的服务器集群上，但是这种区域划分的方式会造成负载分配不均，服务器集群中服务器数量的增加必然引起游戏运营商的硬件设施费用增加、跨区域对客户端不透明以及易发生拥挤等问题。针对上述问题，我们提出的服务器架构模型的目标是：

（1）由客户端来充当传统架构中的负责管理某一区域的区域服务器，从而将划分到客户端的负载划分到不同的超级客户端中，避免了由区域服务器带来的硬件消费。

（2）给玩家提供一个连续一致的游戏世界，从而给玩家带来很好的游戏体验。

（3）通过二级负载均衡机制避免发生负载过重的问题。

（4）区域间进行兴趣管理，从而降低区域间的信息数据通信量。

（5）区域内部进行兴趣过滤，降低区域内玩家的信息数据通信量，避免客户端因带宽限制而造成的延迟过大。

这里所说的区域根据具体的游戏形式，其范围可大可小。比如我们将要设计的棋牌游戏，可以把区域范围定义为棋牌的一桌，比如一桌麻将的4个人、一桌五子棋的2个人、一桌军旗的2个人或4个人等。

服务器采用C/S和P2P相结合的架构，服务器是网络游戏的核心。在设计网络游戏服务器时都要考虑到游戏本身的特点，所以基本上每个游戏都有一套不同的服务器方案，但常用的一些功能基本都类似，一般还包括专门的数据库服务器、注册登录服务器和计费服务器（这个服务器非常重要，要保护好）。服务器整体架构采用C/S与P2P相结合的方式。超级客户端与网关服务器的连接方式是基于传统的C/S连接方式，超级客户端与其所在区域中的节点以及超级客户端之间的连接方式采用的是非结构化的P2P连接方式。整个网络拓扑结构如图12-4所示。

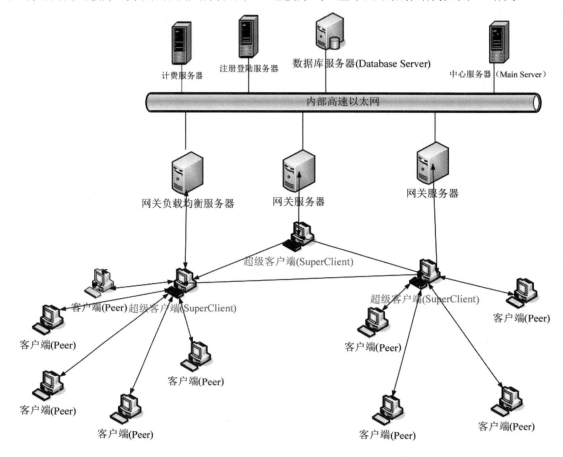

图 12-4

该系统按照功能划分为注册登录服务器、数据库服务器、中心服务器等，各服务器由一台或一组计算机构成。系统内部各服务器之间采用高速以太网互联。系统对外仅暴露负载均衡服务器和网关服务器，这样能够最大程度地保护系统安全，防范网络攻击。网关负载均衡服务器是客户登录的唯一入口，负责监控网关服务器的负载，根据监控信息为将要登录的用户选择合适的网关服务器。网关服务器保持与客户端的连接，隐藏整个系统的内部结构，防止恶意的网络攻击。登录服务器负责验证用户的登录信息，登录成功后将会监控用户的整个生命周期。中心服务器负责超级客户端的负载平衡。根据游戏的需要添加计费服务器等可选服务器。

中心服务器主要负责在游戏的初始阶段对游戏世界的区域进行静态划分，并且在游戏过程中对负载过重的区域进行区域迁移，从而实现动态负载均衡。中心服务器是整个游戏服务器系统中最重要的服务器，负责将整个虚拟世界静态划分成若干个区域，由一个超级客户端来负责一块区域。中心服务器还会维护一个列表,该列表维护了当前存在的超级客户端的相关信息,包括IP地址,端口、该区域当前的玩家数量以及地图区域的ID。

数据库服务器专门利用一台服务器进行数据库的读写操作,负责存储游戏世界中的各种状态信息,同时保证数据的安全。

登录注册服务器,主要负责新玩家的注册和玩家的登录。玩家进入游戏世界之前必须先通过登录服务器的账号验证,同时,游戏角色的选择、创建和维护通常也是在登录服务器进行。

网关服务器作为网络通信的中转站,将内网与外网隔开,使外部无法直接访问内部服务器,从而保证内网服务器的安全。客户端程序进行游戏时只需要与网关服务器建立一条连接,连接成功之后,玩家数据在不同的服务器之间的流通只是内网交换,玩家无须断开并重新连接新的服务器,保证了客户端游戏的流畅性。如果没有网关服务器,则玩家客户端与中心(游戏)服务器之间相连,这样给整个游戏的服务器集群带来了安全隐患,直接暴露了游戏服务器的IP地址。网关服务器既要处理与超级客户端的连接,又要处理与中心服务器的连接,是超级客户端和中心服务器之间通信的一个中转。

网关负载均衡服务器维护一个列表,该列表中保存了各个网关服务器的当前客户端连接数,当有新的客户端请求连接时,则通过网关负载均衡服务器的负载分配将该客户端分配到当前连接数最小的网关服务器上,从而避免某台网关服务器上的连接数过载。网关负载均衡服务器和中心服务器以及客户端和网关服务器之间的连接都是基于C/S架构的,而超级客户端和其所处区域中的客户端的连接以及超级客户端之间是基于非结构化P2P架构的。

在非结构化P2P架构中,节点根据进入区域时间先后顺序的不同又分为超级客户端和客户端两种,其中SuperClient是游戏过程中最先进入该区域的节点,负责管理整个区域中的所有Client;Client是该区域的普通节点,进入该区域时区域中已经有SuperClient存在。对于大型游戏而言,客户端首先连接到网关负载均衡服务器,网关负载均衡服务器分配一个网关服务器给客户端,客户端建立和中心服务器的连接,然后中心服务器根据该客户端的位置信息来判断其所处的区域中是否已经有SuperClient存在,若不存在,则使该客户端成为SuperClient,并保存该节点的相关信息;若存在,则将该区域中的SuperClient发送给该客户端,该客户端建立和SuperClient的连接,之后断开与中心服务器的连接,从而减轻中心服务器的工作量。SuperClient用来维护其所在地图区域中所有Client节点的状态,并且通过心跳线程将这些状态隔时段传送给C/S结构中的服务器,从而更新数据库该Client节点所代表的客户端在数据库中的状态,游戏中各个客户端的之间的通信以C/S连接方式通过SuperClient直接传输信息,而不需要通过主服务器,各超级客户端之间的连接则通过P2P的连接方式进行连接。另外,普通玩家并没有直接与服务器进行通信,而是通过其所在区域的SuperClient与服务器进行通信,区域中的普通玩家会把其游戏状态信息发送给SuperClient,然后由SuperClient隔时段的向服务器发送心跳包,将普通玩家的信息发送给服务器端。而且SuperClient与中心服务器之间也没有进行直接通信,出于安全性考虑,是通过网关服务器作为二者通信的中转。

至于我们的五子棋游戏,可以把区域看作是一个棋盘,然后先进来的人作为超级客户端,超级客户端作为下棋的一方,并且作为下棋另外一方的服务器端,下棋另外一方则作为客户端。如果是其他游戏,则只需要扩展多个客户端即可。由于我们设计的系统是教学产品,所以图12-4中的"网关负载均衡服务器"可以不需要,但如果是商用软件系统,则一般是需要的,因为在线游戏人数会很多。"网关负载均衡服务器"的存在是为了满足可靠性和负载均衡化的要求。另外，我们的五子棋游戏中，由于是在局域网中实现，所以网关服务器其实也是不需要的，客户端不需要首先连接到网关负载均衡服务器，而是直接连接到中心服务器。图12-4中的拓扑架构只是为了让大家拓宽知识面，了解大型商用游戏服务器的规划设计（其实，还有专门的日志服务器和数据库服务器等），现在我们自己在局域网系统中不必面面俱到，只要实现关键功能即可。我们的注册登录服务器、数据库服务器也和中心服务器合二为一，这样也是为了方便读者进行实验。

12.5.2 传输层协议的选择

传输层处于OIS七层网络模型的中间，主要用来处理数据报，负责确保网络中一台主机到另一台主机的无错误连接。传输层的另外一个任务就是将大的数据组分解成较小的单元，这些小的单元通过网络进行传输，在接收端将接收到的较小的数据单元通过传输层的协议进行重新组装构成报文。传输层监控从一端到另一段的传输和接收活动，以确保正确地分解和组装数据报。

在数据传输过程中，要特别注意两个任务：第一是数据被分割、组包，并在接收端重组；第二是每个数据报单独在网络上传输，直到完成任务。因此，合适的传输层协议的选择将会提高网络游戏的安全性、高效性和稳定性。传输层主要有两种协议：TCP和UDP。TCP是可靠的、面向连接的协议，在数据传输之前需要先在要进行传输的两端建立连接，能够保证数据报的传送和有序，为了保证数据的顺序到达，TCP协议需要等待一些丢失的包来按顺序重组成原来的数据，同时还要检查是否有丢包现象发生，因此需要很多时间。TCP还需要通过拥塞阻塞机制来避免快速发送数据，而使接受方不会来不及处理数据，因此TCP协议的计算比较复杂，传输速率较慢。UDP是面向数据报的传输协议，是不可靠的、无连接的。UDP协议把数据发送出去之后，并不能保证它们能到达目的地，不能保证接收方接收的顺序和发送的顺序一致，适合于对通信的快速性要求较高，而且对数据准确度要求不严格的应用。

在网络游戏中，客户端和服务器端以及服务器端和服务器端之间的信息的传输都是在传输层上进行的，由于传输的信息的数据种类比较多，而且数据量较大，因此通信协议的选择非常重要。一般情况下，协议的选择依赖于游戏的类型和设计重点，如果对于实时性要求不高，允许一点延迟，但是对数据的准确传输要求较高，则应该选择TCP；相反，如果对实时性要求较高，不允许有延迟，则UDP是一个很好的选择。在UDP协议中，可以通过在协议包中加入一些验证信息来提高数据的准确传输。

在本系统中，客户端的游戏状态在数据库中的更新都是通过各区域SuperClient向中心服务器发送相关信息完成的，而SuperClient 也是由某一客户端来充当的，由于它们之间的通信网络的可靠性较差，很容易出现乱序丢包的现象，因此SuperClient和服务器端之间的通信是采用TCP协议的。而某一区域SuperClient以及该区域中普通玩家之间的通信也采用TCP，可以快速地实时更新玩家的游戏信息，从而保证玩家在数据库中的状态是较新的。

12.5.3 协议包设计

在网络游戏中，客户端和服务器端之间以及客户端和客户端之间是通过TCP/IP协议建立网络连接进行数据交互的。双方在进行数据交互的时候，虽然通信数据在网络传输过程中表现为字节流，但服务器和客户端在发送和接收时需要将数据组装成一条完整的消息，即传输的数据是按照一定的协议格式包装的。相互通信的两台主机之间要设定一种数据通信格式来满足数据传输控制指令的功能。协议包的定义是客户端和服务器端通信协议的重要组成部分，协议包设计是否合理，直接影响到消息传输和解析的效率，因此，协议包的设计至关重要。

常见的协议包设计格式主要有三种：XML、定制的文本格式和定制的二进制格式。XML是以一种简单的数据存储语言，使用一系列简单的标记描述数据，有很好的可读性和扩展性。但是由于XML中有很多标记语言，从而增加了消息的长度，对消息的分析的开销也会相应增大。定制的文本格式对服务器端和客户端的运行平台没有要求，消息长度比定制的二进制格式长，实现比较简单，可读性较高。协议包格式如下所示：

命令号（一个字符）	分隔符（一个字符）	命令内容（n个不定长的字符）	...

其中，命令号用来标记该条命令的作用，分隔符用来把命令号和命令内容分割开，命令内容长度不定。最后一列的省略号表示可能会有多组分隔符和命令内容。本系统中，我们定义以下这些命令号：

```
#define CL_CMD_LOGIN 'l'              //登录命令
#define CL_CMD_REG 'r'                //注册命令
#define CL_CMD_CREATE 'c'             //创建（棋盘）游戏命令
#define CL_CMD_GET_TABLE_LIST 'g'     //得到当前空闲的可加入的棋桌的命令
#define CL_CMD_OFFLINE 'o'            //下线通知命令
#define CL_CMD_CREATOR_IS_BUSY 'b'    //标记棋盘创建者已经在下棋了的命令
```

关于分隔符，通常用一个不常作为用户名的字符，比如英文逗号。这里就采用英文逗号来作为分隔符，逗号不常作为用户名，并且可读性强。

关于命令内容，不同的命令对应不同的命令内容，因为不同的命令需要的参数不同。比如创建棋盘命令CL_CMD_CREATE需要两个参数，第一个是创建者的名称，第二个是创建者作为游戏服务者的IP，那么完整的命令形式就是"c,userName,IP"，userName和IP都是参数名，具体实现时会赋予不同的值，比如"c,Tom,192.168.10.90"。

注意，有时候也可能整条命令中不需要分隔符和命令内容。比如获取当前空闲棋桌的列表，如果当前没有空闲棋桌，那么整条命令就是"g"。表12-1列举了几条客户端发给服务器端的完整命令。

表 12-1　若干条客户端发给服务器端的完整命令

完整命令形式	说　明	举　例
r,strName	用户注册	"r,Tom"表示Tom注册
l,strName	用户登录	"l,Jack"表示Jack登录
c,strName,szMyIPAsCreator	用户创建了棋局，参数是创建者的名称和创建者的IP地址	"c,Tom,192.168.10.90"表示Tom创建棋局，Tom的电脑IP地址是192.168.10.90，该IP地址等待其他玩家的连接
g,	获取当前空闲棋局，空闲棋局就是一个玩家已经创建好了棋局，正在等待其他玩家加入。该命令不需要参数	"g, "

（续表）

完整命令形式	说　明	举　例
o,strName	向服务器通知用户下线了	"o,Tom"表示Tom下线了
b,strName	创建棋局的用户正在下棋，该棋局不能接待其他玩家	"b,Tom"表示Tom创建的棋局已经开战

这些命令都是客户端发给服务器端的命令。对应的服务器端也会对这些命令进行响应，即服务器端也会发回复命令给客户端，从而完成交互过程。回复命令的命令号和客户端发给服务器端的命令号是一样的，区别就是命令内容不同，表12-2列举了几条服务器端发给客户端的完整命令。

表 12-2　服务器端发给客户端的完整命令

完整的回复命令	说　明
l,hasLogined	用户已经登录
l,ok	用户登录成功
l,noexist	登录失败，原因是用户不存在，即没注册
r,ok	注册成功
r,exist	注册失败，用户名已经存在
c,ok,strName	创建棋局成功，strName是创建者的用户名
g,strName1(strIP1),strName2(strIP2),....	更新游戏大厅中空闲棋局的列表，参数是创建棋局的用户的名称和IP地址，该IP地址将作为服务IP地址，后续加入棋局的玩家将作为客户端，连接到此IP地址。省略号的意思是可能会有多个棋局，因此有多组strName(strIP)，并用英文逗号隔开

12.6　数据库设计

我们要对注册的用户名、游戏比分结果和日志信息进行存储。限于篇幅，后两者功能我们目前没有实现。用户名存储是需要数据库的，这里我们使用的数据库是MySQL。

MySQL的下载和安装，以及表格的建立和第11章聊天服务器相同，这里就不再赘述。也就是说，第11章中聊天服务器的数据库表，在本章可以直接拿来用。

12.7　服务器端详细设计和实现

服务器端程序不需要界面，但如果在商用环境中使用，则要用网页为其设计管理配置功能。这里我们聚焦关键功能，配置功能就省略了，一些配置（比如服务器端IP地址和端口）都直接在代码里因定写好，如果要修改，直接在代码里修改即可。

服务器端程序是一个Linux下的C语言应用程序，编译器是gcc，运行在Ubuntu20.04上，也可以运行在其他Linux系统上。

　　服务器端程序采用基于select的通信模型，如果以后要支持更多用户，则可以改为epoll模型或采用线程池。目前在区域网中，select模型就够用了。

　　我们的游戏逻辑是放在客户端上实现，因此服务程序主要是做好管理功能，管理好用户的注册、认证、下线、查询空闲棋局等。由于要服务多个客户端，我们通过一个链表来存储当前登录到服务器的客户端，链表的节点定义如下：

```
typedef struct link {
    int fd;                     //当前已经登录的客户端套接字句柄
    char usrName[256];          //在线用户名
    char creatorIP[256];        //该用户创建棋盘后作为服务器端的IP地址
    int isFree,isCreator;       //isFree表示棋局是否空闲,isCreator表示该用户是否是创
建棋盘者
    struct link * next;         //代表指针域,指向直接后继元素
}MYLINK;
```

【例12.1】　并发游戏服务器的实现。

　　（1）在Windows下用编辑器新建一个源文件，文件名是myChatSrv.c，输入代码如下：

```
#include <stdio.h>
#include <stdlib.h>
#include <string.h>
#include <netinet/in.h>
#include <arpa/inet.h>
#include <sys/select.h>
#include "mylink.h"

#define MAXLINE 80
#define SERV_PORT 8000                      //服务器的监听端口

//定义各个命令号
#define CL_CMD_LOGIN 'l'
#define CL_CMD_REG 'r'
#define CL_CMD_CREATE 'c'
#define CL_CMD_GET_TABLE_LIST 'g'
#define CL_CMD_OFFLINE 'o'
#define CL_CMD_CREATE_IS_BUSY 'b'

//得到命令中的用户名
int GetName(char str[],char szName[])
{
    const char * split = ",";               //英文分隔符
    char * p;
    p = strtok (str,split);
    int i=0;
    while(p!=NULL)
    {
        printf ("%s\n",p);
        if(i==1) sprintf(szName,p);
        i++;
        p = strtok(NULL,split);
    }
```

```
    return 0;
}
```

//得到str中逗号之间的内容，比如g,strName,strIP,那么item1得到strName,item2得到strIP,
特别要注意分割处理后原字符串str会变，变成第一个子字符串

```
void GetItem(char str[], char item1[], char item2[])
{
    const char * split = ",";
    char * p;
    p = strtok(str, split);
    int i = 0;
    while (p != NULL)
    {
        printf("%s\n", p);
        if (i == 1) sprintf(item1, p);
        else if(i==2)   sprintf(item2, p);
        i++;
        p = strtok(NULL, split);
    }
}
```

//查找字符串中某个字符出现的次数，这个函数主要用来判断传来的字符串是否合规

```
int countChar(const char *p, const char chr)
{
    int count = 0,i = 0;
    while(*(p+i))
    {
        if(p[i] == chr)           //字符数组放在一块内存区域中，按索引找字符，指针本身不变
            ++count;
        ++i;                      //按数组的索引值找到对应指针变量的值
    }
    //printf("字符串中w出现的次数：%d",count);
    return count;
}
```

```
MYLINK myhead ;                    //在线用户列表的头指针，该节点不存储具体内容

int main(int argc, char *argv[])                          //主函数入口
{
    int i, maxi, maxfd,ret;
    int listenfd, connfd, sockfd;
    int nready, client[FD_SETSIZE];
    ssize_t n;
    char *p,szName[255]="",szPwd[128]="",repBuf[512]="",szCreatorIP[64]="";
    fd_set rset, allset;                                  //两个集合

    char buf[MAXLINE];
    char str[INET_ADDRSTRLEN]; /* #define INET_ADDRSTRLEN 16 */
    socklen_t cliaddr_len;
    struct sockaddr_in cliaddr, servaddr;

    listenfd = socket(AF_INET, SOCK_STREAM, 0);           //创建套接字
```

```
        //为了套接字能马上复用
        int val = 1;
        ret = setsockopt(listenfd,SOL_SOCKET,SO_REUSEADDR,(void *)&val,
sizeof(int));

        //绑定
        bzero(&servaddr, sizeof(servaddr));
        servaddr.sin_family = AF_INET;
        servaddr.sin_addr.s_addr = htonl(INADDR_ANY);
        servaddr.sin_port = htons(SERV_PORT);
        bind(listenfd, (struct sockaddr *)&servaddr, sizeof(servaddr));

        //监听
        listen(listenfd, 20);                            //默认最大128

        maxfd = listenfd;                                //需要接收最大文件描述符

        //数组初始化为-1
        maxi = -1;
        for (i = 0; i < FD_SETSIZE; i++)
            client[i] = -1;

        //集合清零
        FD_ZERO(&allset);

        //将listenfd加入allset集合
        FD_SET(listenfd, &allset);
        puts("Game server is running...");
        for (; ;)
        {
        //关键点3
            rset = allset; /* 每次循环时都重新设置select监控信号集 */

            //select返回rest集合中发生读事件的总数。参数1：最大文件描述符+1
            nready = select(maxfd + 1, &rset, NULL, NULL, NULL);
            if (nready < 0)
                puts("select error");

            //listenfd是否在rset集合中
            if (FD_ISSET(listenfd, &rset))
            {
                //accept接收
                cliaddr_len = sizeof(cliaddr);
                //accept返回通信套字，当前非阻塞，因为select已经发生读写事件
                connfd = accept(listenfd, (struct sockaddr *)&cliaddr,
&cliaddr_len);

                printf("received from %s at PORT %d\n",
                    inet_ntop(AF_INET, &cliaddr.sin_addr, str, sizeof(str)),
                    ntohs(cliaddr.sin_port));

                //关键点1
```

```
                    for (i = 0; i < FD_SETSIZE; i++)
                        if (client[i] < 0)
                        {
                            //保存accept返回的通信套接字connfd存到client[]里
                            client[i] = connfd;
                            break;
                        }

                    //是否达到select能监控的文件个数上限 1024
                    if (i == FD_SETSIZE) {
                        fputs("too many clients\n", stderr);
                        exit(1);
                    }

                    //关键点2
                    FD_SET(connfd, &allset);        //添加一个新的文件描述符到监控信号集里

                    //更新最大文件描述符数
                    if (connfd > maxfd)
                        maxfd = connfd;             //select第一个参数需要
                    if (i > maxi)
                        maxi = i;                   //更新client[]最大下标值
                    /* 如果没有更多的就绪文件描述符继续回到上面select阻塞监听,负责处理未处理完的
            就绪文件描述符 */
                    if (--nready == 0)
                        continue;
                }

                for (i = 0; i <= maxi; i++)
                {
                    //检测clients哪个有数据就绪
                    if ((sockfd = client[i]) < 0)
                        continue;

                    //sockfd (connd) 是否在rset集合中
                    if (FD_ISSET(sockfd, &rset))
                    {
                        //进行读数据,不用阻塞立即读取(select已经帮忙处理阻塞环节)
                        if ((n = read(sockfd, buf, MAXLINE)) == 0)
                        {
                            /* 无数据情况 client关闭链接,服务器端也关闭对应链接 */
                            close(sockfd);
                            FD_CLR(sockfd, &allset); /*解除select监控此文件描述符 */
                            client[i] = -1;
                        }
                        else
                        {
                            char code= buf[0];
                            switch(code)
                            {
                            case CL_CMD_REG:   //注册命令处理
                                if(1!=countChar(buf,','))
```

```
    {
        puts("invalid protocal!");
        break;
    }

    GetName(buf,szName);

    //判断名字是否重复
    if(IsExist(szName))
    {
        sprintf(repBuf,"r,exist");
    }
    else
    {
        insert(szName);
        showTable();
        sprintf(repBuf,"r,ok");
        printf("reg ok,%s\n",szName);
    }
    write(sockfd, repBuf, strlen(repBuf));//回复客户端

    break;
case CL_CMD_LOGIN: //登录命令处理
    if(1!=countChar(buf,','))
    {
        puts("invalid protocal!");
        break;
    }

    GetName(buf,szName);

    //判断数据库中是否注册过，即是否存在
    if(IsExist(szName))
    {
        //再判断是否已经登录了
        MYLINK *p = &myhead;
        p=p->next;
        while(p)
        {
            //判断是否同名，同名说明已经登录
            if(strcmp(p->usrName,szName)==0) {
                sprintf(repBuf,"l,hasLogined");
                break;
            }
            p=p->next;
        }
        if(!p)
        {
            AppendNode(&myhead,connfd,szName,"");
            sprintf(repBuf,"l,ok");
        }
    }
    else sprintf(repBuf,"l,noexist");
```

```
                write(sockfd, repBuf, strlen(repBuf));      //回复客户端
                break;
        case CL_CMD_CREATE:                                  //create game
            printf("%s create game.",buf);
            p = buf;
            //得到游戏创建者的IP地址
            GetItem(p,szName,szCreatorIP);

            //修改创建者标记
            MYLINK *p = &myhead;
            p=p->next;
            while(p)
            {
                if(strcmp(p->usrName,szName)==0)
                {
                    p->isCreator=1;
                    p->isFree=1;
                    strcpy(p->creatorIP,szCreatorIP);
                    break;
                }
                p=p->next;
            }
            sprintf(repBuf,"c,ok,%s",buf+2);
            //群发
            p = &myhead;
            p=p->next;
            while(p)
            {
                write(p->fd, repBuf, strlen(repBuf));
                p=p->next;
            }
            break;

        case CL_CMD_GET_TABLE_LIST:
            sprintf(repBuf,"%c",CL_CMD_GET_TABLE_LIST);
            //得到所有空闲创建者列表
            GetAllFreeCreators(&myhead,repBuf+1);
            write(sockfd, repBuf, strlen(repBuf));      //回复客户端
                break;

        case CL_CMD_CREATE_IS_BUSY:
            GetName(buf,szName);
            p = &myhead;
            p=p->next;
            while(p)
            {
                if(strcmp(szName,p->usrName)==0)
                {
                    p->isFree=0;
                    break;
                }
            }
```

```
                        p=p->next;
                    }
//更新空闲棋局列表，通知到大厅，让所有客户端玩家知道当前的空闲棋局
                    sprintf(repBuf,"%c",CL_CMD_GET_TABLE_LIST);
                    GetAllFreeCreators(&myhead,repBuf+1);

                    //群发
                    p = &myhead;
                    p=p->next;
                    while(p)
                    {
                        write(p->fd, repBuf, strlen(repBuf));
                        p=p->next;
                    }
                    break;
                case CL_CMD_OFFLINE:
                    DelNode(&myhead,buf+2);          //在链表中删除该节点
//更新空闲棋局列表，通知到大厅，让所有客户端玩家知道当前的空闲棋局
                    sprintf(repBuf,"%c",CL_CMD_GET_TABLE_LIST);
                    GetAllFreeCreators(&myhead,repBuf+1);

                    //群发
                    p = &myhead;
                    p=p->next;
                    while(p)
                    {
                        write(p->fd, repBuf, strlen(repBuf));
                        p=p->next;
                    }
                    break;
                }//switch
            }
            if (--nready == 0)
                break;
        }
    }
    close(listenfd);
    return 0;
}
```

在select通信模型建立起来后，就可以用一个switch结构来处理各个命令，这样类似的架构在服务器程序中很通用，一套通信模型，一个业务命令处理模型。以后要换其他业务，只需要在switch中更换不同的命令和处理即可。

（2）再新建一个源文件，文件名是mydb.c，该文件主要是封装对数据库的一些操作，比如函数showTable用来显示表中的所有记录，函数IsExist用来判断用户名是否已经注册过了。mydb.c的内容和第11章聊天服务器的mydb.c一样，这里就不再列举展开了，详细内容可参考源码目录。

（3）实现链表。建立头文件，内容如下：

```
typedef struct link {
    int fd;                           //代表套接字句柄
    char usrName[256];                //在线用户名
    char creatorIP[256];              //该用户创建棋盘所在客户机的IP地址
    int isFree,isCreator;             //是否空闲没对手；是否是创建棋盘者
    struct link * next;               //代表指针域，指向直接后继元素
}MYLINK;
```

下面再新建一个源文件，文件名是mylink.c，该文件主要是用来封装自定义链表的一些功能，比如向链表中添加一个节点、删除一个节点、清空释放链表等，代码如下：

```
#include "stdio.h"
#include "mylink.h"

void AppendNode(struct link *head,int fd,char szName[],char ip[]){  //声明创建节点函数
    //创建p指针，初始化为NULL；创建pr指针，通过pr指针来给指针域赋值
    struct link *p = NULL,*pr = head;
    //为指针p申请内存空间，必须操作，因为p是新创建的节点
    p = (struct link *)malloc(sizeof(struct link)) ;
    if(p == NULL){                        //如果申请内存失败，则退出程序
        printf("NO enough momery to allocate!\n");
        exit(0);
    }
    if(head == NULL){                     //如果头指针为NULL，说明现在链表是空表
        head = p;    //使head指针指向p的地址(p已经通过malloc申请了内存，所以有地址)
    }else{                //此时链表已经有头节点，再一次执行了AppendNode函数
        //注：假如这是第二次添加节点
        //因为第一次添加头节点时，pr = head，和头指针一样指向头节点的地址
        while(pr->next!= NULL){           //pr指向的地址，即此时的p的指针域不为NULL(即p
不是尾节点)
            pr = pr->next;                //使pr指向头节点的指针域
        }
        pr->next = p;                     //使pr的指针域指向新键节点的地址，此时的next指
针域是头节点的指针域
    }

    p->fd = fd;                           //给p的数据域赋值
    sprintf(p->usrName,"%s",szName);
    sprintf(p->creatorIP,"%s",ip);
    p->isFree=1;
    p->isCreator=0;
    p->next = NULL;                       //新添加的节点位于表尾，所以它的指针域为NULL
}

//搜索链表，当找到用户名为szName时，则删除该节点
void DelNode(struct link *head, char szName[]){
    struct link *p = NULL,*pre=head,*pr = head;
    while(pr->next!= NULL){
        pre=pr;
        pr = pr->next;                    //使pr指向头节点的指针域
```

```
            if(strcmp(pr->usrName,szName)==0)
            {
                pre->next=pr->next;
                free(pr);
                break;
            }
        }
    }

//输出函数，打印链表
void DisplayNode(struct link *head){
    struct link *p = head->next;          //定义p指针使其指向头节点
    int j = 1;                            //定义j记录这是第几个数值
    while(p != NULL){                     //因为p = p->next，所以直到尾节点打印结束
        printf("%5d%10d\n",j,p->fd);
        p = p->next;       //因为节点已经创建成功,所以p的指向由头节点指向下一个节点(每一
个节点的指针域都指向了下一个节点)
        j++;
    }
}
//得到空闲棋局的信息
void GetAllFreeCreators(struct link *head,char *buf){
    struct link *p = head->next;          //定义p指针使其指向头节点

    while(p != NULL)
    {
        if(p->isCreator && p->isFree)
        {
            strcat(buf,",");              //所有在线用户名之间用逗号隔开
            strcat(buf,p->usrName);
            strcat(buf,"(");
            strcat(buf,p->creatorIP);
            strcat(buf,")");
        }
        p = p->next;
    }
}

//释放链表资源
void DeleteMemory(struct link *head){
    struct link *p = head->next,*pr = NULL;    //定义p指针指向头节点
    while(p != NULL){                          //当p的指针域不为NULL
        pr = p;                                //将每一个节点的地址赋值给pr指针
        p = p->next;                           //使p指向下一个节点
        free(pr);                              //释放此时pr指向节点的内存
    }
}
```

上述代码都是一些常见的链表操作函数，我们对其进行了详细注释。

（4）至此，我们所有源码文件实现完毕，下面可以上传到Linux进行编译了，为了编译方便，我们也准备了一个makefile文件，该文件和第11章聊天服务器的makefile文件的内容相同，

因此这里不再赘述。在Linux下进入myGameSrv.c所在的目录，然后在命令行下直接make，此时将在同目录下生成可执行文件gameSrv，直接运行它：

```
root@tom-virtual-machine:~/ex/net/12/12.1/myChatSrvcmd# ./gameSrv
Game server is running...
```

运行成功。下面就可以实现客户端了。

12.8　客户端详细设计和实现

游戏客户端需要良好的图形界面，因此游戏客户端基本都是在Windows下或安卓下实现的。这就意味着，要实现一个完整的游戏系统，在Windows下实现客户端是必须的。但限于篇幅，不介绍太多Windows下的编程知识。这里希望读者有一定的VC编程基础，如果没有，可以参考清华大学出版社出版的《Visual C++2017从入门到精通》。

用户使用客户端的基本过程如下：

（1）用户注册。

（2）用户登录，登录成功后进入游戏大厅。

（3）在游戏大厅里，可以创建棋局（也可以说是创建棋桌）等待玩家加入，也可以选择一个空闲的棋局来加入。

（4）一旦加入某个空闲的棋局，就可以开始玩游戏了，游戏是在两个玩家之间展开。一旦游戏结束，棋局创建者将把游戏结果上传到服务器，以统计比分。

（5）一个棋局之间的玩家可以聊天。

根据这个使用过程，我们这样设计客户端：注册、登录、创建棋局这三大功能都是客户端和服务器端通过TCP协议交互，并且把创建游戏的客户端作为超级客户端，一旦创建游戏成功，超级客户端将作为另一个玩家的服务器端而等待其他玩家的加入，加入过程就是其他客户端通过TCP协议连接到超级客户端，一旦连接成功，就可以开始玩游戏。这个思路其实就是把C/S和P2P联合起来实现的架构，这样的好处是大大减轻游戏服务器端的压力，并增强其稳定性。毕竟，对服务器来讲，稳定性是第一位的，而游戏逻辑完全可以放到客户端上实现，服务器只要做好管理和关键数据保存工作（比如日志数据、比分数据、用户信息等）。另外，由于一个棋局之间的两个玩家已经通过TCP相互连接，因此他们之间的聊天信息没必要再经过服务器来转发，这样也减轻了服务器的压力。

在客户端实现过程中，流程实现其实不是最复杂的环节，最复杂的环节是游戏逻辑的实现。这里我们选用了最简单的五子棋游戏。为了在断线状态下游玩，我们也实现了人机对弈。

12.8.1　五子棋简介

五子棋是起源于中国古代的传统黑白棋种之一。五子棋不仅能增强思维能力，提高智力，而且富含哲理，有助于修身养性。五子棋既有现代休闲的明显特征"短、平、快"，又有古典哲学的高深学问"阴阳易理"；它既有简单易学的特性，为大众所喜闻乐见，又有深奥的技巧和高水平的国际性比赛；它的棋文化源远流长，具有东方的神秘和西方的直观；既有"场"的概念，亦有"点"的连接。它是中西文化的交流点，是古今哲理的结晶。相信大家都会下五子棋，所以不再详细阐述下棋的方法了。

12.8.2　棋盘类 CTable

该类是整个游戏的核心部分，类名为CTable。封装了棋盘的各种可能用到的功能，如保存棋盘数据、初始化、判断胜负等。用户操作主界面与CTable进行交互来完成对游戏的操作。主要成员变量如下：

（1）网络连接标志——m_bConnected

用来表示当前网络连接的情况，在网络对弈游戏模式下客户端连接服务器的时候用来判断是否连接成功。事实上，它也是区分当前游戏模式的唯一标志。

（2）棋盘等待标志——m_bWait 与 m_bOldWait

由于在玩家落子后需要等待对方落子，m_bWait标志就用来标识棋盘的等待状态。当m_bWait为TRUE时，是不允许玩家落子的。

在网络对弈模式下，玩家之间需要互相发送诸如悔棋、和棋这一类的请求消息，在发送请求后等待对方回应时，也是不允许落子的，所以需要将m_bWait标志置为TRUE。在收到对方回应后，需要恢复原有的棋盘等待状态，所以需要另外一个变量在发送请求之前保存棋盘的等待状态做恢复之用，也就是m_bOldWait。

等待标志的设置，由成员函数SetWait和RestoreWait完成。

（3）网络套接字——m_sock 和 m_conn

在网络对弈游戏模式下，需要用到这两个套接字对象。其中m_sock对象用于服务器的监听，m_conn用于网络连接的传输。

（4）棋盘数据——m_data

这是一个15×15的二位数组，用来保存当前棋盘的落子数据。其中对于每个成员来说，0表示落黑子，1表示落白子，–1表示无子。

（5）游戏模式指针——m_pGame

这个CGame类的对象指针是CTable类的核心内容。它所指向的对象实体决定了CTable在执行一件事情时的不同行为。

主要成员函数如下：

（1）套接字的回调处理——Accept、Connect、Receive

本程序的套接字派生自MFC的CAsyncSocket类，CTable的这三个成员函数就分别提供了对套接字回调事件OnAccept、OnConnect、OnReceive的实际处理，其中Receive成员函数尤其重要，它包含了对所有网络消息的分发处理。

（2）清空棋盘——Clear

在每一局游戏开始的时候都需要调用这个函数将棋盘清空，也就是棋盘的初始化。在这个函数中，主要发生了以下几件事情：

- 将m_data中每一个落子位都置为无子状态（−1）。
- 按照传入的参数设置棋盘等待标志m_bWait，以供先、后手的不同情况之用。
- 使用delete将m_pGame指针所指向的原有游戏模式对象从堆上删除。

（3）绘制棋子——Draw

这是很重要的一个函数，它根据参数给定的坐标和颜色绘制棋子。绘制的详细过程如下：

- 将给定的棋盘坐标换算为绘图的像素坐标。
- 根据坐标绘制棋子位图。
- 如果先前曾下过棋子，则利用R2_NOTXORPEN将上一个绘制棋子上的最后落子指示矩形擦除。
- 在刚绘制完成的棋子四周绘制最后落子指示矩形。

（4）左键消息——OnLButtonUp

作为棋盘唯一响应的左键消息，需要做以下工作：

- 如果棋盘等待标志m_bWait为TRUE，则直接发出警告声音并返回，即禁止落子。
- 如果单击的坐标在合法坐标（0，0）～（14，14）之外，则禁止落子。
- 如果走的步数大于1步，允许悔棋。
- 进行胜利判断，如胜利则修改UI状态并增加胜利数的统计。
- 如未胜利，则向对方发送已经落子的消息。
- 落子完毕，将m_bWait标志置为TRUE，等待对方回应。

（5）绘制棋盘——OnPaint

每当WM_PAINT消息触发时，都需要对棋盘进行重绘。OnPaint作为响应绘制消息的消息处理函数使用了双缓冲技术，减少了多次绘图可能导致的图像闪烁问题。这个函数主要完成了以下工作：

- 装载棋盘位图并进行绘制。
- 根据棋盘数据绘制棋子。
- 绘制最后落子指示矩形。

（6）对方落子完毕——Over

在对方落子之后，仍然需要做一些判断工作，这些工作与OnLButtonUp中的类似，在此不再赘述。

（7）设置游戏模式——SetGameMode

这个函数通过传入的游戏模式参数对m_pGame指针进行初始化，代码如下：

```
void CTable::SetGameMode( int nGameMode )
{
    if ( 1 == nGameMode )
        m_pGame = new COneGame( this );
    else
        m_pGame = new CTwoGame( this );
    m_pGame->Init();
}
```

这之后，就可以利用OO的继承和多态特点来使m_pGame指针使用相同的调用来完成不同的工作了，事实上，COneGame::Init和CTwoGame::Init都是不同的。

（8）胜负的判断——Win

这是游戏中一个极其重要的算法，用来判断当前棋盘的形势是哪一方获胜。

12.8.3　游戏模式类 CGame

用来管理游戏模式（目前只有网络双人对战模式，以后还可以扩展更多的模式，比如人机对战模式、多人对战模式等），类名为CGame。CGame是一个抽象类，经由它派生出一人游戏类COneGame和网络游戏类CTwoGame，如图12-5所示。

图 12-5

这样，CTable类就可以通过一个CGame类的指针，在游戏初始化的时候根据具体游戏模式的要求实例化COneGame或CTwoGame类的对象。然后利用多态性，使用CGame类提供的公有接口就可以完成不同游戏模式下的不同功能了。

这个类负责对游戏模式进行管理，以及在不同的游戏模式下对不同的用户行为进行不同的响应。由于并不需要CGame本身进行响应，所以将其设计为了一个纯虚类，它的定义如下：

```
class CGame
{
protected:
    CTable *m_pTable;
public:
    //落子步骤
    list< STEP > m_StepList;
public:
    //构造函数
    CGame( CTable *pTable ) : m_pTable( pTable ) {}
    //析构函数
    virtual ~CGame();
```

```
    //初始化工作，不同的游戏方式初始化也不一样
    virtual void Init() = 0;
    //处理胜利后的情况，CTwoGame需要改写此函数完成善后工作
    virtual void Win( const STEP& stepSend );
    //发送己方落子
    virtual void SendStep( const STEP& stepSend ) = 0;
    //接收对方消息
    virtual void ReceiveMsg( MSGSTRUCT *pMsg ) = 0;
    //发送悔棋请求
    virtual void Back() = 0;
};
```

该类主要成员变量说明如下：

（1）棋盘指针——m_pTable

由于在游戏中需要对棋盘以及棋盘的父窗口——主对话框进行操作及UI状态设置，故为CGame类设置了这个成员。当对主对话框进行操作时，可以使用m_pTable->GetParent()得到它的窗口指针。

（2）落子步骤——m_StepList

一个好的棋类程序必须要考虑到的功能就是它的悔棋功能，所以需要为游戏类设置一个落子步骤的列表。由于人机对弈和网络对弈中都需要这个功能，故将这个成员直接设置到基类CGame中。另外，考虑到使用的简便性，这个成员使用了C++标准模板库（Standard Template Library，STL）中的std::list，而不是MFC的CList。

该类主要成员函数说明如下：

（1）悔棋操作

在不同的游戏模式下，悔棋的行为是不一样的。

人机对弈模式下，计算机是完全允许玩家悔棋的，但是出于对程序负荷的考虑，只允许玩家悔当前的两步棋（计算机一步，玩家一步）。

双人网络对弈模式下，悔棋的过程为：首先由玩家向对方发送悔棋请求（悔棋消息），然后由对方决定是否同意玩家悔棋，在玩家得到对方的响应消息（同意或者拒绝）之后，才进行悔棋与否的操作。

（2）初始化操作——Init

对于不同的游戏模式而言，有不同的初始化方式。对于人机对弈模式而言，初始化操作包括以下几个步骤：

- 设置网络连接状态m_bConnected为FALSE。
- 设置主界面计算机玩家的姓名。
- 初始化所有的获胜组合。
- 如果是计算机先走，则占据天元（棋盘正中央）的位置。

网络对弈的初始化工作暂为空，以供以后扩展之用。

（3）接收来自对方的消息——ReceiveMsg

这个成员函数由CTable棋盘类的Receive成员函数调用，用于接收来自对方的消息。对于人机对弈游戏模式来说，所能接收到的就仅仅是本地模拟的落子消息MSG_PUTSTEP；对于网络对弈游戏模式来说，这个成员函数则负责从套接字读取对方发过来的数据，然后将这些数据解释为自定义的消息结构，并回到CTable::Receive来进行处理。

（4）发送落子消息——SendStep

在玩家落子结束后，要向对方发送自己落子的消息。对于不同的游戏模式，发送的目标也不同：

- 对于人机对弈游戏模式，将直接把落子的信息（坐标、颜色）发送给COneGame类相应的计算函数。
- 对于网络对弈游戏模式，将把落子消息发送给套接字，并由套接字转发给对方。

（5）胜利后的处理——Win

这个成员函数主要针对CTwoGame网络对弈模式。在玩家赢得棋局后，这个函数仍然会调用SendStep将玩家所下的制胜落子步骤发送给对方玩家，然后对方的游戏端经由CTable::Win来判定自己失败。

12.8.4　消息机制

Windows系统拥有自己的消息机制，在不同事件发生的时候，系统也可以提供不同的响应方式。五子棋程序也模仿Windows系统实现了自己的消息机制，主要为网络对弈服务，以响应多种多样的网络消息。

当继承自CAsyncSocket的套接字类CFiveSocket收到消息时，会触发CFiveSocket::OnReceive事件，在这个事件中调用CTable::Receive，CTable::Receive开始按照自定义的消息格式接收套接字发送的数据，并对不同的消息类型进行分发处理，如图12-6所示。

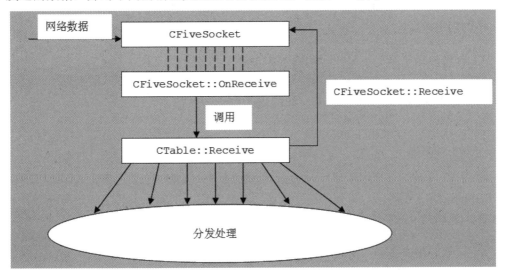

图 12-6

当CTable获得了来自网络的消息之后，就可以使用一个switch结构来进行消息的分发了。网络间传递的消息都遵循以下结构体的形式：

```
//摘自Messages.h
typedef struct _tagMsgStruct {
    //消息ID
    UINT uMsg;
    //落子信息
    int x;
    int y;
    int color;
    //消息内容
    TCHAR szMsg[128];
} MSGSTRUCT;
```

uMsg表示消息ID，x、y表示落子的坐标，color表示落子的颜色，szMsg随着uMsg的不同而有不同的含义。

（1）落子消息——MSG_PUTSTEP

表明对方落下了一个棋子，其中x、y和color成员有效，szMsg成员无效。在人机对弈游戏模式下，亦会模拟发送此消息以达到程序模块一般化的效果。

（2）悔棋消息——MSG_BACK

表明对方请求悔棋，除uMsg成员外其余成员皆无效。接到这个消息后，会弹出MessageBox询问是否接受对方的请求，并根据玩家的选择回返MSG_AGREEBACK或MSG_REFUSEBACK消息。另外，在发送这个消息之后，主界面上的某些元素将不再响应用户的操作，如图12-7所示。

（3）同意悔棋消息——MSG_AGREEBACK

表明对方接受了玩家的悔棋请求，除uMsg成员外其余成员皆无效。接到这个消息后，将进行正常的悔棋操作。

（4）拒绝悔棋消息——MSG_REFUSEBACK

表明对方拒绝了玩家的悔棋请求，除uMsg成员外其余成员皆无效。接到这个消息后，整个界面将恢复发送悔棋请求前的状态，如图12-8所示。

（5）和棋消息——MSG_DRAW

表明对方请求和棋，除uMsg成员外其余成员皆无效。接到这个消息后，会弹出MessageBox询问是否接受对方的请求，并根据玩家的选择回返MSG_AGREEDRAW或MSG_REFUSEDRAW消息。另外，在发送这个消息之后，主界面上的某些元素将不再响应用户的操作，如图12-9所示。

（6）同意和棋消息——MSG_AGREEDRAW

表明对方接受了玩家的和棋请求，除uMsg成员外其余成员皆无效。接到这个消息后，双方和棋，如图12-10所示。

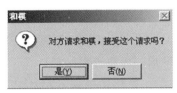

图 12-7　　　　　　　　　　图 12-8　　　　　　　　　　图 12-9

（7）拒绝和棋消息——MSG_REFUSEDRAW

表明对方拒绝了玩家的和棋请求，除uMsg成员外其余成员皆无效。接到这个消息后，整个界面将恢复发送和棋请求前的状态，如图12-11所示。

图 12-10　　　　　　　　　　　　　　图 12-11

（8）认输消息——MSG_GIVEUP

表明对方已经认输，除uMsg成员外其余成员皆无效。接到这个消息后，整个界面将转换为胜利后的状态，如图12-12所示。

（9）聊天消息——MSG_CHAT

表明对方发送了一条聊天信息，szMsg表示对方的信息，其余成员无效。接到这个信息后，会将对方聊天的内容显示在主对话框的聊天记录窗口内。

（10）对方信息消息——MSG_INFORMATION

用来获取对方玩家的姓名，szMsg表示对方的姓名，其余成员无效。在开始游戏的时候，由客户端向服务器端发送这条消息，服务器端接到后设置对方的姓名，并将自己的姓名同样用这条消息回发给客户端。

（11）再次开局消息——MSG_PLAYAGAIN

表明对方希望开始一局新的棋局，除uMsg成员外其余成员皆无效。接到这个消息后，会弹出MessageBox询问是否接受对方的请求，并根据玩家的选择回返MSG_AGREEAGAIN消息或直接断开连接，如图12-13所示。

图 12-12　　　　　　　　　　　图 12-13

（12）同意再次开局消息——MSG_AGREEAGAIN

表明对方同意了再次开局的请求，除uMsg成员外其余成员皆无效。接到这个消息后，将开启一局新游戏。

12.8.5 游戏算法

五子棋游戏中，有相当的篇幅是算法的部分，即如何判断胜负。五子棋的胜负，在于判断棋盘上是否有一个点，从这个点开始的右、下、右下、左下四个方向是否有连续的五个同色棋子出现，如图12-14所示。

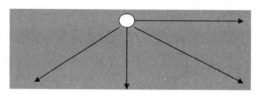

图 12-14

这个算法也就是CTable的Win成员函数。从设计的思想上，需要它接收一个棋子颜色的参数，然后返回一个布尔值，这个值来指示是否胜利，代码如下：

```
BOOL CTable::Win( int color ) const
{
    int x, y;
    //判断横向
    for ( y = 0; y < 15; y++ )
    {
        for ( x = 0; x < 11; x++ )
        {
            if ( color == m_data[x][y] &&
color == m_data[x + 1][y] &&
                color == m_data[x + 2][y] &&
color == m_data[x + 3][y] &&
                color == m_data[x + 4][y] )
            {
                return TRUE;
            }
        }
    }
    //判断纵向
    for ( y = 0; y < 11; y++ )
    {
        for ( x = 0; x < 15; x++ )
        {
            if ( color == m_data[x][y] &&
color == m_data[x][y + 1] &&
                color == m_data[x][y + 2] &&
color == m_data[x][y + 3] &&
                color == m_data[x][y + 4] )
            {
                return TRUE;
```

```
            }
        }
    }
    //判断右下方向
    for ( y = 0; y < 11; y++ )
    {
        for ( x = 0; x < 11; x++ )
        {
            if ( color == m_data[x][y] && color == m_data[x + 1][y + 1] &&
                color == m_data[x + 2][y + 2] && color == m_data[x + 3][y + 3]
&&
                color == m_data[x + 4][y + 4] )
            {
                return TRUE;
            }
        }
    }
    //判断左下方向
    for ( y = 0; y < 11; y++ )
    {
        for ( x = 4; x < 15; x++ )
        {
            if ( color == m_data[x][y] &&
    color == m_data[x - 1][y + 1] &&
                color == m_data[x - 2][y + 2] &&
    color == m_data[x - 3][y + 3] &&
                color == m_data[x - 4][y + 4] )
            {
                return TRUE;
            }
        }
    }
    //不满足胜利条件
    return FALSE;
}
```

需要说明的一点是，由于这个算法所遵循的搜索顺序是从左到右、自上而下，因此在每次循环的时候，都有一些坐标无需纳入考虑范围。例如对于横向判断而言，由于右边界有限，因而所有横坐标大于等于11的点，都构不成达到五子连成一条直线的条件，所以横坐标的循环上界也就定为11，这样也就提高了搜索的速度。

【例12.2】　游戏客户端的实现。

（1）打开VC2017，新建一个对话框工程，工程名是Five。

（2）实现"登录游戏服务器"对话框，在资源管理器中添加一个对话框资源，界面设计如图12-15所示。

分别实现"注册"和"登录服务器"两个按钮，限于篇幅，代码不再列出，可以参考本例源码工程。

（3）实现"游戏大厅"对话框，在资源管理器中添加一个对话框资源，界面设计如图12-16所示。

图 12-15

图 12-16

其中，列表框中用来存放已经创建的空闲棋局，当棋局有玩家加入时，则会自动在列表中消失。分别实现"加入棋局"和"创建棋盘"两个按钮，限于篇幅，代码不再列出，可以参考本例源码工程。当用户单击这两个按钮之中的一个时，该大厅对话框将会自动关闭，从而显示棋盘对话框。

（4）实现棋盘对话框，在资源管理器中添加一个对话框资源，界面设计如图12-17所示。

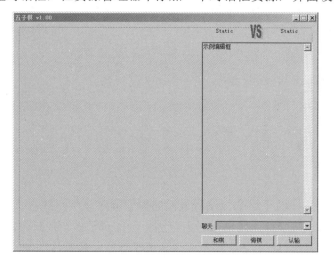

图 12-17

我们在右下角放置了一个组合框用于实现聊天功能，运行时，只需要输入聊天内容，然后按Enter键，就会把聊天内容发送给对方玩家，并显示在编辑框上。在对话框设计界面上双击"和棋"按钮，为该按钮添加事件处理函数，代码如下：

```
void CFiveDlg::OnBtnHq()
{
    //TODO: Add your control notification handler code here
    m_Table.DrawGame();
}
```

和棋功能的实现是直接调用类CTable的成员函数DrawGame。再双击"悔棋"按钮，为该按钮添加事件处理函数，代码如下：

```
void CFiveDlg::OnBtnBack()
{
    //TODO: Add your control notification handler code here
    m_Table.Back();
}
```

直接调用类CTable的成员函数Back，该函数实现了悔棋功能。再双击"认输"按钮，为该按钮添加事件处理函数，代码如下：

```
void CFiveDlg::OnBtnLost()
{
    //TODO: Add your control notification handler code here
    m_Table.GiveUp();
}
```

直接调用类CTable的成员函数GiveUp，该函数实现了认输功能。类CTable比较重要，用来实现棋盘功能，该类声明如下：

```
class CTable : public CWnd
{
    CImageList m_iml;                          //棋子图像
    int m_color;                               //玩家颜色
    BOOL m_bWait;                              //等待标志
    void Draw(int x, int y, int color);
    CGame *m_pGame;                            //游戏模式指针
public:
    void PlayAgain();                          //发送再玩一次的请求
    void SetMenuState( BOOL bEnable );         //设置菜单状态（主要为网络对战做准备）
    void GiveUp();                             //发送认输消息
    void RestoreWait();                        //重新设置先前的等待标志
    BOOL m_bOldWait;                           //先前的等待标志
    void Chat( LPCTSTR lpszMsg );              //发送聊天消息
    //是否连接网络（客户端使用）
    BOOL m_bConnected;
    //我方名字
    CString m_strMe;
    //对方名字
    CString m_strAgainst;
    //传输用套接字
    CFiveSocket m_conn;
    CFiveSocket m_sock;
    int m_data[15][15];                        //棋盘数据
    CTable();
    ~CTable();
    void Clear( BOOL bWait );                  //清空棋盘
    void SetColor(int color);                  //设置玩家颜色
    int GetColor() const;                      //获取玩家颜色
    BOOL SetWait( BOOL bWait );                //设置等待标志，返回先前的等待标志
```

```
      void SetData( int x, int y, int color );      //设置棋盘数据，并绘制棋子
      BOOL Win(int color) const;                     //判断指定颜色是否胜利
      void DrawGame();                               //发送和棋请求
      void SetGameMode( int nGameMode );             //设置游戏模式
      void Back();                                   //悔棋
      void Over();                                   //处理对方落子后的工作
      void Accept( int nGameMode );                  //接受连接
      void Connect( int nGameMode );                 //主动连接
      void Receive();                                //接收来自对方的数据
  protected:
      afx_msg void OnPaint();
      afx_msg void OnLButtonUp( UINT nFlags, CPoint point );
      DECLARE_MESSAGE_MAP()
  };
```

限于篇幅，这些函数的具体实现代码就不列举了，具体可以参考源码工程，我们对其进行了详细注释。除了这个棋盘类，还有一个重要的类就是游戏实现的类CGame，该类声明如下：

```
  #ifndef CLASS_GAME
  #define CLASS_GAME

  #ifndef _LIST_
  #include <list>
  using std::list;
  #endif

  #include "Messages.h"

  class CTable;

  typedef struct _tagStep {
      int x;
      int y;
      int color;
  } STEP;

  //游戏基类
  class CGame
  {
  protected:
      CTable *m_pTable;
  public:
      //落子步骤
      list< STEP > m_StepList;
  public:
      //构造函数
      CGame( CTable *pTable ) : m_pTable( pTable ) {}
      //析构函数
      virtual ~CGame();
      //初始化工作，不同的游戏方式初始化也不一样
      virtual void Init() = 0;
      //处理胜利后的情况，CTwoGame需要改写此函数完成善后工作
      virtual void Win( const STEP& stepSend );
```

```cpp
    //发送己方落子
    virtual void SendStep( const STEP& stepSend ) = 0;
    //接收对方消息
    virtual void ReceiveMsg( MSGSTRUCT *pMsg ) = 0;
    //发送悔棋请求
    virtual void Back() = 0;
};
//一人游戏派生类
class COneGame : public CGame
{
    bool m_Computer[15][15][572];        //电脑获胜组合
    bool m_Player[15][15][572];          //玩家获胜组合
    int m_Win[2][572];                   //各个获胜组合中填入的棋子数
    bool m_bStart;                       //游戏是否刚刚开始
    STEP m_step;                         //保存落子结果
    //以下三个成员做悔棋之用
    bool m_bOldPlayer[572];
    bool m_bOldComputer[572];
    int m_nOldWin[2][572];
public:
    COneGame( CTable *pTable ) : CGame( pTable ) {}
    virtual ~COneGame();
    virtual void Init();
    virtual void SendStep( const STEP& stepSend );
    virtual void ReceiveMsg( MSGSTRUCT *pMsg );
    virtual void Back();
private:
    //给出下了一个子后的分数
    int GiveScore( const STEP& stepPut );
    void GetTable( int tempTable[][15], int nowTable[][15] );
    bool SearchBlank( int &i, int &j, int nowTable[][15] );
};
//两人游戏派生类
class CTwoGame : public CGame
{
public:
    CTwoGame( CTable *pTable ) : CGame( pTable ) {}
    virtual ~CTwoGame();
    virtual void Init();
    virtual void Win( const STEP& stepSend );
    virtual void SendStep( const STEP& stepSend );
    virtual void ReceiveMsg( MSGSTRUCT *pMsg );
    virtual void Back();
};

#endif //CLASS_GAME
```

同样，限于篇幅，该类各成员函数的实现代码这里不再列出，具体可以参考源码工程，我们对其进行了详细注释。其实整个系统如果想换个游戏也很简单，只需要把棋盘类和游戏类换掉，即可实现其他游戏。

（5）为了让超级客户端（作为游戏服务的一方）能知道当前状态，我们需要添加一个状态对话框。在VC资源管理器中添加"建立游戏"的提示对话框，界面设计如图12-18所示。

一旦用户在游戏大厅里单击"创建棋盘"，就会开始监听端口，等待其他客户端（对方玩家）来连接。一旦游戏服务器监听成功，棋盘初始化也成功，该对话框就会自动显示出来，这样可以提示用户当前状态一切顺利，只需要等着玩家连接过来就可以了。一旦有玩家连接过来，则这个对话框会自动消失，从而开始游戏。

同样，为了让作为普通客户端的玩家知道连接到超级客户端是否成功，也需要一个状态对话框，在VC资源管理器中添加"加入游戏"的提示对话框，界面设计如图12-19所示。

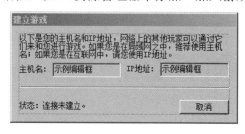

图 12-18

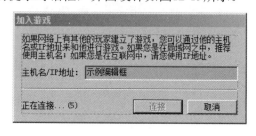

图 12-19

如果超级客户端准备就绪，网络畅通，则这个对话框的显示时间很快，一旦成功连接到超级客户端，则该对话框自动消失。至此，界面设计全部完成。为了照顾没有VC基础的读者，我们使用了最简单的界面元素，正式商用的时候，是不可能使用如此简单的界面的。我们现在主要目的是掌握程序的实现逻辑和原理。

（6）保存工程并按快捷键Ctrl+F5运行这个VC工程，注意服务器端程序要在运行中。第一个界面出来的是登录对话框，如图12-20所示。

笔者已经注册过Tom了，所以直接单击"登录服务器"按钮，出现登录成功的对话框，如图12-21所示。

此时将进入游戏大厅，目前游戏大厅是空的，如图12-22所示。

图 12-20

图 12-21

图 12-22

我们单击"创建棋盘"按钮，如果成功，则出现棋盘对话框，如图12-23所示。

同时，"建立游戏"的对话框也会提示当前状态：等待其他玩家加入……现在第一个玩家的操作就结束了，我们来运行第二个玩家，第二个玩家是加入游戏的一方。回到VC界面，切换到"解决方案资源管理器"，然后右击解决方案名称Five，在快捷菜单上选择"调试" |"启动新实例"，此时将启动另外一个进程，第一个界面依旧是登录框，如图12-24所示。

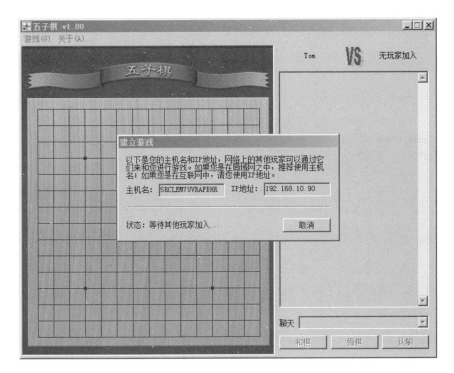

图 12-23

我们把昵称改为Jack，Jack是笔者前面已经注册好的用户名，大家也可以注册一个新的用户名。单击"登录服务器"按钮，提示登录成功，并显示"游戏大厅"对话框，如图12-25所示。

图 12-24

图 12-25

可以看到，游戏大厅里已经有一个名为Tom的玩家在等着对手加入。我们单击选中"Tom(192.168.10.90)"，然后单击"加入棋局"按钮，此时就连接到Tom，一旦连接成功，则会显示Jack的棋盘，如图12-26所示。

此时如果Tom一方在棋盘上用鼠标单击某个位置进行落子，则双方都能看到有个棋子落子了，然后Jack可以接着进行落子，这样游戏就开始了，如图12-27所示。

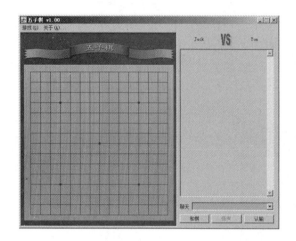

图 12-26

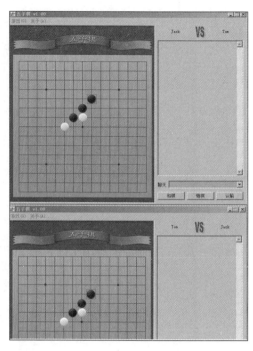

图 12-27

另外，下棋的同时，也可以相互聊天，如图12-28所示。

如果此时，再有一个用户登录到游戏大厅，它可以看到游戏大厅里是空的了，因为游戏创建者Tom已经在玩了，不能再连接了。我们可以右击解决方案名称Five，在快捷菜单上选择"调试"|"启动新实例"，然后用Alice登录（Alice笔者也已经注册过），如图12-29所示。

提示登录成功后，进入游戏大厅，此时游戏大厅是空的，如图12-30所示。

图 12-28

图 12-29

图 12-30

这就说明我们保持游戏玩家的状态是正确的。Alice可以继续创建游戏，等待下一个玩家。至此，我们的整个游戏程序实现成功了。